INTERNATIONAL UNION OF THEORETICAL
AND APPLIED MECHANICS

KREISELPROBLEME

SYMPOSION CELERINA, 20. BIS 23. AUGUST 1962

GYRODYNAMICS

SYMPOSIUM CELERINA, AUGUST 20—23, 1962

HERAUSGEBER/EDITOR

HANS ZIEGLER

MIT 152 ABBILDUNGEN

SPRINGER-VERLAG
BERLIN HEIDELBERG GMBH 1963

ISBN 978-3-662-12201-3   ISBN 978-3-662-12200-6 (eBook)
DOI 10.1007/978-3-662-12200-6

Library of Congress Catalog Card Number: 63-21725

Vorwort

Die Abhaltung eines internationalen Symposions über Kreisel-
probleme ist erstmals am 5. September 1960 während des 10. Internationalen Kongresses für Theoretische und Angewandte Mechanik in
Stresa diskutiert worden. Anläßlich seiner Sitzung vom 18. Februar in
Oxford hat sodann das Büro der Internationalen Union für Theoretische
und Angewandte Mechanik (IUTAM) definitiv Beschluß gefaßt und die
Eidgenössische Technische Hochschule in Zürich als die der IUTAM
angeschlossene schweizerische Organisation mit der Durchführung der
Tagung betraut. Als Tagungsort wurde Celerina im Oberengadin bestimmt und als Zeit die Tage vom 20. bis zum 23. August 1962.

Das vom Büro der IUTAM bestellte Wissenschaftliche Komitee
bestand aus Herrn R. GRAMMEL, Stuttgart, als Ehrenvorsitzendem,
H. ZIEGLER, Zürich, als Vorsitzendem, sowie aus den Herren R. N. ARNOLD,
Edinburgh, C. S. DRAPER, Cambridge (Mass.), G. GRIOLI, Padova,
A. YU. ISHLINSKII, Moskau, K. MAGNUS, Stuttgart, und M. ROY, Paris.
Die lokale Organisation lag in den Händen der Herren A. JACOB,
W. SCHUMANN, CH. WEHRLI und H. ZIEGLER samt einem Stab tech-
nischer und administrativer Mitarbeiter.

Das Wissenschaftliche Komitee hat am 1. Juli 1961 in Zürich ge-
tagt. Daneben haben Besprechungen in Boston und Stuttgart statt-
gefunden, und die definitive Gestaltung des Tagungsprogramms ist
schließlich auf dem Korrespondenzweg vorgenommen worden.

Hauptziel der Tagung war der Gedankenaustausch zwischen Ver-
tretern der reinen und angewandten Mechanik einerseits und Fachleuten
aus der Industrie auf der anderen Seite. Dieses Ziel ist wohl in hohem
Maße erreicht worden, und zwar nicht zuletzt dank der Konzentration
der Teilnehmer auf ein größeres Hotel (Cresta Palace) eines ruhigen
Kurortes mit allen damit verbundenen Möglichkeiten des persönlichen
Kontaktes, die noch durch einen gemeinsamen Ausflug auf Muottas
Muragl mit anschließender Bergwanderung nach Pontresina ergänzt
wurden. Dagegen hat sich bald gezeigt, daß die vorgesehene Dreiteilung
des Problemkreises in 1. theoretische Grundlagen, 2. Anwendungen
und 3. Kreiselgerätetechnik kaum aufrechtzuerhalten war, da diese
Teilaspekte nicht ohne Zwang voneinander zu trennen sind. Was die
Mechanik als Arbeitsgebiet besonders reizvoll macht, ist ihre große

Spannweite von der reinen Mathematik über die Physik bis zu den technischen Anwendungen. Diese Vielseitigkeit spiegelt sich auch in den meisten Beiträgen zu diesem Symposium, und es ist denn auch kein Versuch gemacht worden, im vorliegenden Tagungsbericht an der künstlichen Trennung dreier Gesichtspunkte streng festzuhalten.

Die Tafel auf S. VII orientiert über das Tagungsprogramm. Die Titel der Vorträge sind dem Inhaltsverzeichnis auf S. XI zu entnehmen. Die Liste sämtlicher Teilnehmer ist auf S. VIII zusammengestellt. Einige weitere, vom Wissenschaftlichen Komitee aus anderen Ländern eingeladene Teilnehmer konnten nicht erscheinen; leider war auch Herr R. GRAMMEL, Ehrenvorsitzender des Wissenschaftlichen Komitees, an der persönlichen Teilnahme verhindert.

Zur Deckung der Organisationskosten und zur partiellen Übernahme der Aufenthalts- und Reisekosten der Teilnehmer standen je ein Beitrag der IUTAM ($ 4.000.—) und des Schweizerischen Nationalfonds (Sfr. 10.000.—) zur Verfügung. Das Wissenschaftliche Komitee spricht beiden Organisationen für diese Unterstützung seinen aufrichtigen Dank aus.

Der vorliegende Bericht enthält alle an der Tagung gehaltenen Vorträge mit nur unwesentlichen Kürzungen. Die Diskussion dieser Vorträge war außerordentlich lebhaft. Die abgedruckten Beiträge sind von ihren Autoren schriftlich eingereicht worden und geben nur einen kleinen Teil der tatsächlichen Diskussion wieder.

Der Herausgeber ist den Autoren, den Mitgliedern des Wissenschaftlichen Komitees, seinen Mitarbeitern in der lokalen Organisation und schließlich auch dem Springer-Verlag für alle Hilfe und Unterstützung zu großem Dank verpflichtet.

Zürich, im September 1962

Hans Ziegler

Preface

The holding of an International Symposium on Gyrodynamics was discussed for the first time on the 5th of September 1960 during the Tenth International Congress of Applied Mechanics at Stresa. On the 18th of February, a final resolution was passed at the Oxford Meeting of the Office of the International Union of Theoretical and Applied Mechanics (IUTAM), and the Swiss Federal Institute of Technology in Zürich, as the Swiss affiliated body of IUTAM, was entrusted with the organization of the meeting. Celerina in the Oberengadin as the location for the meeting and the period from the 20th till the 23rd of August as its duration were fixed upon.

The Scientific Committee appointed by the Office of IUTAM consisted of R. GRAMMEL, Stuttgart, as Honorary President, H. ZIEGLER, Zürich, as Chairman, R. ARNOLD, Edinburgh, C. S. DRAPER, Cambridge (Mass.), G. GRIOLI, Padova, A. YU. ISHLINSKII, Moscow, K. MAGNUS, Stuttgart, and M. ROY, Paris. The local organization lay in the hands of A. JACOB, W. SCHUMANN, CH. WEHRLI, and H. ZIEGLER together with a staff of technical and administrative assistants.

The Scientific Committee met in Zürich on the 1st of July 1961. In addition, discussions took place in Boston and Stuttgart, and the final form of the program was ultimately worked out through correspondence.

The primary aim of the Symposium was the exchange of ideas between representatives of pure and applied mechanics on the one hand and specialists from industry on the other. This aim seems to have been achieved to a high degree due, to a certain extent, to the concentration of the participants in a single Hotel (Cresta Palace) at a quiet resort with all the associated opportunities for personal contact, which were further enhanced by an organized excursion to Muottas Muragl together with a walk to Pontresina. However, it soon became evident that the intended tripartition of the subject matter into 1. Theoretical Foundations, 2. Applications, and 3. Instrumentation could not be sustained, as these aspects are not to be separated without coercion. What makes mechanics an especially attractive field of endeavour is its great span from pure mathematics, over physics, to engineering applications. This diversity was also reflected in most of the contributions to the Symposium. Thus, no attempt has been made in this report to adhere rigorously to an artificial subdivision.

The table on page VII gives information on the Symposium Program. The titles of the papers can be found in the index on page XI. The complete list of participants is given on page VIII. Several others, who were invited by the Scientific Committee as participants from other countries, were unable to attend; unfortunately Prof. R. GRAMMEL, the Honorary President of the Scientific Committee, was also prevented from being present.

For covering the organizational costs and for a partial defrayal of the accommodation and travelling expenses of the participants, contributions were recieved from IUTAM ($ 4.000) and from the Swiss National Foundation (Sfr. 10.000). The Scientific Committee wishes to express its sincere gratitude for this support.

The following report contains, with minor abridgements, all the papers read at the Symposium. The discussion of these papers was extremely lively. The printed contributions were handed in in written form and represent only a small part of the actual discussion.

The editor feels bound in gratitude to the contributors, to the members of the Scientific Committee, to his collaborators in the local organization, and also to the Springer-Verlag for all their assistance and support.

Zürich, September 1962

Hans Ziegler

Tagungsprogramm — Program of the Meeting

Zeit Time	Vorsitzender Chairman	Vortragende Lecturers	
20. 8. 1962 a. m.	H. Ziegler	K. Magnus W. Wrigley	(Übersichtsvortrag) (Survey Lecture)
p. m.	M. Roy	G. Grioli H. Leipholz G. Colombo	
21. 8. 1962 a. m.	J. P. Den Hartog	P. H. Savet C. S. Draper R. H. Cannon	(Survey Lecture) (Survey Lecture)
p. m.	K. Magnus	R. N. Arnold Th. Erismann O. Rellensmann	
22. 8. 1962 a. m.	G. Grioli	P. Contensou Ch. Wehrli L. Maunder J. S. Ausman J. M. Buchanan	
23. 8. 1962 a. m.	R. N. Arnold	G. R. Pitman R. S. Read W. G. Wing A. Stratton	
p. m.	C. S. Draper	T. A. Buchhold W. Haeussermann J. P. Den Hartog	

Verzeichnis der Teilnehmer — List of Participants

Deutschland — Germany:

K. BEYERLE, P. CHRISTOPH, W. CLASEN, K. H. DOETSCH, H. LEIPHOLZ, K. MAGNUS, E. METTLER, O. RELLENSMANN.

Finnland — Finland:

S. E. STENIJ.

Frankreich — France:

P. CONTENSOU, M. GALERNE, H. HENRIC, M. ROY, J. SAGOT, J. SCHMOUKER, A. VIOLLET.

Großbritannien — Great Britain:

R. N. ARNOLD, J. BOWEN, A. R. ESSEX, J. HOLMES, R. V. HURRELL, L. MAUNDER, R. S. READ, A. STRATTON, G. WIKKENHAUSER.

Israel:

J. BOAS POPPER.

Italien — Italy:

G. COLOMBO, G. GRIOLI.

Jugoslawien — Jugoslavia:

D. RASKOVIC, M. VRECKO.

Niederlande — Netherlands:

O. BOTTEMA, J. A. HARINGX.

Österreich — Austria:

G. HEINRICH.

Polen — Poland:

W. JAROMINEK.

Schweden — Sweden:

B. J. ANDERSSON, A. HEDMAN.

Schweiz — Switzerland:

TH. ERISMANN, A. JACOB, G. MEIER, TH. RUSSENBERGER, W. SCHUMANN, CH. WEHRLI, H. ZIEGLER, A. ZWEIFEL.

Vereinigte Staaten von Amerika — United States of America:

J. S. AUSMAN, E. T. BENEDIKT, J. M. BUCHANAN, T. A. BUCHHOLD, R. H. CANNON, JR., P. A. CASTRUCCIO, J. P. DEN HARTOG, C. S. DRAPER, W. HAEUSSERMANN, R. KIRK, W. KROY, Y. H. KU, M. KÜBLER, G. R. PITMAN JR., R. E. ROBERSON, C. W. RUSH, P. H. SAVET, W. G. WING, W. WRIGLEY, J. C. WU.

Stab — Staff:

H. BRAUCHLI, M. FISCHER, Mrs. S. HANHART, D. MCVEAN, R. RÖSEL, **Mrs. M. WEHRLI**, Miss E. WEHRLI, Mrs. E. ZIEGLER, Miss R. ZIEGLER.

Verfasser der in dem Buch enthaltenen Artikel und Diskussionsbeiträge

Authors of the Articles Contained in the Book and of the Contributions to the Discussions

ARNOLD, R. N., Dr., Regius Professor of Engineering, University of Edinburgh, 11 Cluny Avenue, Edinburgh 10, Scotland.

AUSMAN, J. S., Dr., Guidance and Control Systems Division of Litton Industries, Inc., 5500 Canoga Avenue, Woodland Hills, California, USA.

BENEDIKT, E. T., Head, Space Physics Laboratory, Northrop Space Laboratories, Hawthorne, California, USA.

BUCHANAN, J. M., Assistant Director, Instrumentation Laboratory, Massachusetts Institute of Technology, Cambridge 39, Mass., USA.

BUCHHOLD, T. A., Dr., Professor, Advanced Technology Laboratories, General Electric Co., 1 River Road, Schenectady 5, N. Y., USA.

CANNON, R. H., JR., Dr., Professor of Aeronautics and Astronautics, Stanford University, Stanford, Calif., USA.

COLOMBO, G., Dr., Professore, Università di Padova, Istituto di Meccanica Applicata alle Macchine, Padova, Italia.

CONTENSOU, P., Directeur Technique Adjoint de l'ONERA, 29 Av. Leclerc, Châtillon-sous-Bagneux, Seine, France.

DRAPER, C. S., Dr., Professor, Head of the Department of Aeronautics and Astronautics, Massachusetts Institute of Technology, Cambridge 39, Mass., USA.

ERISMANN, TH., Dr., A. J. Amsler & Co, Industriestraße 1, Schaffhausen, Schweiz.

ESSEX, A. R., Divisional Manager, Gyro Division, Elliott Brothers (London) Ltd., Elstree Way, Borehamwood, Hertfordshire, England.

GOODSON, R. E., Assistant Professor, Department of Mechanical Engineering, Purdue University, Lafayette, Ind., USA.

GRAMMEL, R., Dr., Dr. h. c., em. o. Professor, Robert-Bosch-Str. 101, Stuttgart-N, Deutschland.

GRIOLI, G., Dr., Professore, Università di Padova, Seminario Matematico, Padova, Italia.

HAEUSSERMANN, W., Dr., Director, Astrionics Division, George C. Marshall Space Flight Center, National Aeronautics and Space Administration, Huntsville, Alabama, USA.

DEN HARTOG, J. P., Dr., Professor, Department of Mechanical Engineering, Massachusetts Institute of Technology, Cambridge 39, Mass., USA.

HUNT, G. H., Dr., Ministry of Aviation, Royal Aircraft Establishment, Farnborough, Hampshire, England.

JACOB, A., Dipl.-Ing., A. J. Amsler & Co., Industriestraße 1, Schaffhausen, Schweiz.

LEIPHOLZ, H., Dr., Professor, Technische Hochschule Karlsruhe, Lehrstuhl für Technische Mechanik und Festigkeitslehre, Kaiserstr. 12, Karlsruhe, Deutschland.

MAGNUS, K., Dr., Professor, Technische Hochschule Stuttgart, Institut für Technische Mechanik der Maschineningenieure, Keplerstraße 11, Stuttgart, Deutschland.

MAUNDER, L., Dr., Professor, University of Newcastle upon Tyne, Stephenson Building, Claremont Road, Newcastle upon Tyne, England.

PITMAN, G. R., JR., Aerospace Corporation, El Segundo, Calif., USA.

READ, R. S., S. Smith and Sons (England) Ltd., Kelvin Hughes Division, New North Road, Barkingside, Essex, England.

RELLENSMANN, O., Dr., Professor, Bergakademie Clausthal, Institut für Markscheidewesen, Erzstr. 22, Clausthal-Zellerfeld, Deutschland.

SAVET, P. H., Dr., Adj. Professor, Polytechnic Institute of Brooklyn, Staff Scientist, Arma Division, American Bosch Arma Corporation, Garden City, N. Y., USA.

STRATTON, A., Ministry of Aviation, Royal Aircraft Establishment, Farnborough, Hampshire, England.

WEHRLI, CH., Dr., Professor, Eidg. Techn. Hochschule, Lehrstuhl für Technische Mechanik, Zürich, Schweiz.

WING, W. G., Sperry Gyroscope Company, Division of Sperry Rand Corporation, Great Neck, New York, USA.

WRIGLEY, W., Dr., Professor of Instrumentation and Aeronautics, Department of Aeronautics and Astronautics, Massachusetts Institute of Technology, Cambridge 39, Mass., USA.

WU, J. C., Dr., Chief, General Physics Branch, Douglas Aircraft Company, Inc., Santa Monica, Calif., USA.

ZIEGLER, H., Dr., Professor, Eidg. Techn. Hochschule, Lehrstuhl für Technische Mechanik, Zürich, Schweiz.

Einführung

Von

Richard Grammel

Stuttgart, Deutschland

Mein zu früh dahingegangener Freund ERNST MEISSNER, der als unser Ehrengast hierher eingeladen worden wäre, hat einmal die Stereomechanik wegen ihrer beiden klassischen Gipfel geistvoll-scherzhaft mit TIZIANS Bild „Himmlische und irdische Liebe" verglichen: Die in sich versunkene himmlische Frauengestalt stellt dabei die Himmelsmechanik dar, also das n-Körper-Problem, die lebhaft umherblickende irdische Frauengestalt das Drehproblem des starren Körpers, des Kreisels.

So weit auch diese beiden Gipfel der Stereomechanik methodisch voneinander entfernt sind, so gibt es doch mannigfache gedankliche Fäden, die sie verbinden. Schon vor einem Jahrhundert hat der Astronom JOHN HERSCHEL den Kreisel ein philosophisches Gerät genannt.

Sein durchaus irdisches Gepräge zeigt er aber in seiner engen Verbundenheit mit dem Erdkörper — man braucht nur an den Kreiselkompaß zu denken — und als anzeigendes und steuerndes Organ eines weitverzweigten technischen Spezialgebietes.

Was für einen großen und fruchtbaren Bereich der Wissenschaft und der Technik der Kreisel schon längst rings um den Gipfel seiner Erstersteiger EULER, LAGRANGE und POINSOT umfaßt, das weist auch das weitgesteckte Programm dieses Symposions aus.

Die Kreiseltheorie hat mit der Zahlentheorie dies gemeinsam, daß es auch bei ihr immer noch Probleme gibt, die ganz einfach erscheinen, weil sie einfach und anschaulich formuliert werden können, und die trotzdem bis heute mathematisch nicht oder nicht vollständig bewältigt sind, und bei denen sogar zu vermuten ist, daß selbst von ihrer mathematischen Lösung bis zur vollen und anschaulichen Deutung der Lösung mit ihrer großen, bis zu ∞^{12}- und mehrfachen Mannigfaltigkeit noch ein weiter Weg zurückzulegen sein mag. Man braucht ja nur an den unsymmetrischen Kreisel zu erinnern, der der Schwerkraft unterliegt, oder Kräften, die von seinem Bewegungszustand abhängen, oder an Kreisel mit variablen Massen und Trägheitsmomenten.

Hier darf ich eine Anregung einschieben. Vor etwa fünfzig Jahren war ein besonderer Fall des Dreikörperproblems dringend akut geworden das sog. Darwin-Thielesche „problème restreint" der Planetoiden, genauer gesagt, die von der Störungsrechnung aus nicht beantwortbare Frage nach der Gesamtheit aller Bewegungen, die in einem bestimmten, selbstrotierenden Bezugssystem periodisch oder asymptotisch sind. Der Astronom Strömgren löste diese wichtige Aufgabe durch die fünfzehnjährige Arbeit eines vorzüglich organisierten Rechenzentrums in Kopenhagen mittels einer von der Störungsrechnung weit abliegenden geistreichen Methode, die er „numerisches Experiment" nannte, und die unseren elektronischen Rechenmaschinen auf den Leib zugeschnitten gewesen wäre. Von der so gefundenen Gesamtheit jener speziellen (periodischen und asymptotischen) Lösungen aus, die das ganze Gebiet sehr eng überdecken, ließ sich dann vollends auch das „problème restreint" gut überblicken.

Die Verbindung des Strömgrenschen Verfahrens mit der Kreiseltheorie liegt in den Begriffen „periodisch" und „asymptotisch" — im Sinne Meissners also ein feiner Faden zwischen der „himmlischen und irdischen Liebe" —, und ich möchte meinen, daß man versuchen sollte, mit einem analogen Verfahren auf elektronischem Wege in noch unerforschte, mathematisch besonders schwierige Gebiete der Kreiseltheorie einzudringen.

Während die Theorie des Kreisels heute noch gut zu überblicken ist, so hat sich das Feld der Anwendungen des Kreisels seit der Konstruktion der ersten brauchbaren Kreiselgeräte (Kreiselkompaß 1909, Kreiselhorizont und Wendezeiger 1917) so außerordentlich erweitert, daß es selbst der Fachmann nur noch schwer völlig zu überblicken vermag, ganz abgesehen davon, daß infolge der von uns allen bedauerten Weltlage manche Kreiselgeräte strenger Geheimhaltung unterliegen und nur der expliziten Kenntnis von wenigen zugänglich sind.

Auch das Programm unseres Symposions kann daher zwar die inzwischen sehr weit fortgeschrittene Technik der Instrumentation ausführlich behandeln, aber doch bloß einen engen Ausschnitt aus dem Gebiet der neueren Anwendungen des Kreisels geben. Ich bin nicht sicher, ob die Einteilung dieser Anwendungen, wie ich sie seinerzeit versucht und vorgeschlagen habe, heute noch brauchbar und ausreichend ist: in Kompaßkreisel, Pendelkreisel, Wendekreisel, Kurskreisel, Richtkreisel, Stützkreisel, Dämpfkreisel, Differentiierkreisel, Integrierkreisel, Reglerkreisel usw.

Auch darf ich es nicht wagen, eine Liste von noch nicht gelösten Kreiselproblemen vorzulegen, da ich nicht wissen kann, ob sie nicht schon an manchen Stellen überholt wäre.

Wohl aber möchte ich zum Schluß — mit aller dabei noch gebotenen Zurückhaltung — doch auf zwei Kreiselversuche hinweisen, die ich schon vor vierzig Jahren mit SOMMERFELD und mit ANSCHÜTZ-KÄMPFE, dem Erbauer des ersten schlingersicheren Kreiselkompasses, besprochen habe, und die wir zwar ideell für möglich, jedoch damals für unausführbar hielten.

Bekanntlich vollzieht die Erde als Kreisel außer ihrer täglichen Eigenrotation zwei Präzessionen, nämlich eine kräftefreie, von EULER entdeckte perizykloidische mit einem Präzessionswinkel, der aus verschiedenen (hier nicht zu erörternden) Gründen etwas variiert und bis zu 0,25″ betragen kann und einer Umlaufsdauer von etwa 1,2 Jahren sowie eine von Mond und Sonne herrührende sog. Lunisolarpräzession mit einem Winkel von 23,5° und einer Dauer von annähernd 26 Jahrtausenden. Das hat zur Folge, daß der siderische Drehvektor der Erde nicht in ihr festliegt, sondern daß die siderische Nordrichtung ein wenig schwankt, und zwar, wie man leicht ausrechnet, in unseren Breiten mit einer ungefähr 1,2jährigen Schwankung bis zu etwa 0,75″ und einer täglichen von 0,026″.

Ein hinreichend empfindlicher Kreiselkompaß „fühlt" diese Schwankungen. Aber natürlich sind sie viel zu klein, als daß wir sie an ihm unmittelbar ablesen könnten. Außerdem werden sie von den ihm anhaftenden instrumentellen Störungen überdeckt. Angesichts der fast astronomischen Genauigkeit und Fehlerfreiheit, bis zu welcher beispielsweise der ANSCHÜTZsche Raumkompaß bei ortsfester Aufstellung entwickelt worden ist, mag indessen die Überlegung erlaubt sein, ob sich die jetzt schon hochempfindliche Übertragung seiner Anzeige auf eine durch Verstärker um ein vielfaches verbreiterte Skala nicht noch viel weiter verfeinern läßt, ferner ob seine Störungen nicht durch genauestes Auswuchten und exakteste Lagerung der Kreiselkörper, durch sorgfältigste Konstanthaltung von Stromstärke und Temperatur und durch sonstige Mittel der instrumentellen Technik noch wesentlich verringert werden können, und endlich, ob man nicht auch noch die örtlichen Schwankungen der Erdkruste am Aufstellungsort auszuschalten vermöchte, wie sie gerade mit dem Kreiselkompaß seinerzeit an Orten von der geologischen Struktur der Kieler Bucht entdeckt und gemessen wurden.

Wenn es gelänge, alle diese Schwierigkeiten zu überwinden — und das erscheint heute nicht mehr ganz so hoffnungslos wie vor vier Jahrzehnten —, und wenn dann außer der Erddrehung auch die beiden Erdpräzessionen sich durch den Kreiselkompaß in Versuchen von allerdings extremer Feinheit nachweisen ließen, so wäre das ein großer Triumph für den Kreisel.

Inzwischen jedoch wenden wir uns in diesem Symposion praktisch viel wichtigeren und lösbaren Problemen der Kreiseltheorie und -technik zu.

Ergebnisse und Probleme der allgemeinen Kreiseltheorie

Von

Kurt Magnus

Stuttgart, Deutschland

1. Allgemeines

Auf dem Gebiet der Kreiseltheorie ist die Zahl der Veröffentlichungen so stark angestiegen, daß es nicht das Ziel des vorliegenden Berichtes sein kann, eine lückenlose Übersicht über den Stand der Erkenntnisse zu geben. Anstelle einer ohnehin nicht erreichbaren Vollständigkeit sollen deshalb hier bestimmte Themengruppen herausgegriffen und die dabei erzielten Ergebnisse oder zumindest die Problemstellungen erklärt werden. Daß dabei nicht alle durch Veröffentlichungen hervorgetretenen Forscher genannt oder ihre Arbeiten ausgewertet werden können, dürfte verständlich sein. Prioritätsfragen müssen dabei als zweitrangig in den Hintergrund treten.

Eine systematische Ordnung von Kreiselproblemen kann nach verschiedenen Gesichtspunkten vorgenommen werden, je nachdem man die Form des Kreisels, die Art der auf ihn einwirkenden Momente, die Zahl der Freiheitsgrade oder die Anzahl der miteinander kinetisch gekoppelten Körper zur Klassifizierung heranzieht. Da sich diese Merkmale stets mehr oder weniger stark überlagern, läßt sich auch in der vorliegenden Zusammenstellung eine Erwähnung ähnlicher Probleme in verschiedenen Kapiteln nicht ganz vermeiden.

Großen Auftrieb hat die Kreiseltheorie im Laufe der letzten Jahre durch die Untersuchung der Bewegungen künstlicher Satelliten erhalten. Randprobleme der klassischen Kreiseltheorie sind dadurch wieder aktuell geworden, und andererseits sind völlig neuartige Problemstellungen hinzugekommen. Hierzu gehören z. B.

Drehbewegungen von Körpern mit Selbsterregung,
Körper mit veränderlichen Massen oder Trägheitsmomenten,
starre Körper mit Flüssigkeitsfüllung,
Regelung der Raumlage eines Körpers,
Drehbewegungen in einem zentralen Schwerefeld,
Beeinflussung von Translations- und Rotationsbewegungen.

Der Weltraum stellt mit seinen extremen Versuchsbedingungen ein Laboratorium dar, dessen Bedingungen in terrestrischen Laboratorien nicht nachgeahmt werden können. Die jetzt notwendigen Anforderungen an die Genauigkeit zwingen auch den Theoretiker dazu, seine Voraussetzungen schärfer zu formulieren und den Grad der Approximation zu erhöhen.

Anknüpfend an die Ergebnisse der klassischen Kreiseltheorie sollen hier vor allem neuere Problemstellungen erwähnt werden. Dagegen werden solche Aufgaben ausgeklammert, die entweder den Rahmen dieser Übersicht sprengen würden (z. B. die Fehlertheorie von speziellen Kreiselgeräten, die Theorie des Spielkreisels in seinen verschiedenen Varianten und Kreisel mit Flüssigkeitsfüllung) oder die in anderen Vorträgen dieses Symposiums ausführlicher behandelt werden sollen (z. B. Spezialprobleme der Beeinflussung von Kreiseln durch Schwingungen oder Reibungseffekte).

2. Der einzelne starre Körper mit Fixpunkt

Für einen einzelnen starren Körper gilt der Drallsatz

$$\frac{d\boldsymbol{H}}{dt} = \frac{d'\boldsymbol{H}}{dt} - \boldsymbol{H} \times \boldsymbol{\omega} = \boldsymbol{M}. \tag{1}$$

Die links stehende zeitliche Ableitung gilt in einem Inertialsystem, die gestrichene Ableitung in einem körperfesten, also mit der Winkelgeschwindigkeit $\boldsymbol{\omega}$ rotierenden Koordinatensystem x, y, z. $\boldsymbol{H} = \overline{\overline{\theta}}\, \boldsymbol{\omega}$ ist der Drallvektor, $\overline{\overline{\theta}}$ der Trägheitstensor, $\boldsymbol{M}$ der Vektor des auf den Kreisel einwirkenden äußeren Moments. Schreibt man Gl. (1) in einem körperfesten Hauptachsensystem mit $\boldsymbol{\omega} = (p, q, r)$ sowie den Hauptträgheitsmomenten A, B, C und folglich $\boldsymbol{H} = (Ap, Bq, Cr)$ an, so erhält man die bekannten EULER-Gleichungen der Kreiseltheorie. Für den Sonderfall $\boldsymbol{M} = 0$ gelang bekanntlich bereits EULER die vollständige analytische Lösung der Gleichungen, während POINSOT eine überaus anschauliche geometrische Deutung für die Bewegung des allgemeinen kräftefreien Kreisels gegeben hat. Schwierigkeiten bereitet die Lösung der EULER-Gleichungen beim Vorhandensein verschiedenartiger Momentenfunktionen, von denen im folgenden einige besprochen werden sollen.

2.1 Der schwere Kreisel

Ist $\boldsymbol{r}_s$ der Fahrstrahl vom Unterstützungspunkt nach dem Schwerpunkt des Kreisels, $\boldsymbol{e}_v$ der Einheitsvektor in Richtung der Vertikalen und G das Gewicht des Kreisels, so hat man für einen schweren Kreisel das Moment

$$\boldsymbol{M} = G\, \boldsymbol{e}_v \times \boldsymbol{r}_s \tag{2}$$

in die Gl. (1) einzusetzen. Zusammen mit der geometrischen Gleichung

$$\frac{d' e_v}{dt} = e_v \times \omega \tag{3}$$

hat man somit zwei Vektorgleichungen zur Bestimmung von ω und e_v zur Verfügung. Sind für die entsprechenden sechs Skalargleichungen vier Grundintegrale bekannt, dann läßt sich die Lösung auf einfache Integrationen (Quadraturen) zurückführen. Drei Grundintegrale allgemeiner Art lassen sich angeben:

das Energieintegral: $\qquad \frac{1}{2} H \omega + G r_s e_v = E_0,$

das Impulsintegral: $\qquad H e_v = J_0,$ $\hfill (4)$

die geometrische Beziehung: $\quad |e_v| = 1.$

In der klassischen Kreiseltheorie ist das Bestreben der Forscher darauf gerichtet, ein viertes Integral zu finden, um auf diese Weise die Lösung auf Quadraturen zurückführen zu können. Unabhängig von der Tatsache, daß heute im Zeitalter der elektronischen Rechenmaschinen einer Reduktion auf Quadraturen nicht mehr jene zentrale Bedeutung beigemessen werden kann, die ihr noch vor 50 Jahren gegeben wurde, sollen die wichtigsten integrierbaren Fälle in der folgenden Tabelle zusammengestellt werden:

Nr,	Bedingungen für die			Entdecker
	Form des Trägheitsellipsoids	Lage des Schwerpunktes	Anfangswerte	
1	$A = B$	$r_s = s\, e_z$	—	Lagrange
2	$A = B = 2C$	$r_s = s\, e_x$	—	Kovalevskaja
3	$A = B = 4C$	$r_s = s\, e_x$	$H_0\, e_v = 0$	Gorjačev-Čaplygin
4	$2A = C$	$r_s = s\, e_z$	$\omega_0\, e_y = 0$	Steklov
5	—	$x_s \sqrt{A(B-C)} = z_s \sqrt{C(A-B)}$ $y_s = 0$	$H_0\, r_s = 0$	Hess
6	—	—	$\omega_0 \times e_v = 0$ $(\omega_0 \times H_0)\, r_s = 0$	Staude
7	—	$x_s \sqrt{B-C} = z_s \sqrt{A-B}$ $y_s = 0$	$\omega_0\, r_s = 0$	Grioli

Nur in den beiden erstgenannten Fällen gibt es allgemeine, d. h. für beliebige Anfangsbedingungen gültige Lösungen. Alle anderen Fälle bilden lediglich partikuläre Lösungen, die z. T. so spezieller Natur sind, daß sie kaum allgemeines Interesse beanspruchen können. Bemerkenswert ist, daß die Form des Trägheitsellipsoids in den Fällen 5 bis 7 nicht eingeschränkt wird; im Falle der „Staudeschen permanenten Drehungen" ist sogar die Lage des Schwerpunktes beliebig. Es handelt sich hier um Drehbewegungen mit einem vertikalen, nach Größe und Richtung konstanten Drehvektor. Kreiselmoment und Schweremoment sind dabei gerade im Gleichgewicht.

Einige weitere, durch Quadraturen lösbare Fälle sind im Laufe der Zeit entdeckt worden. Man findet sie zusammen mit einem neuen, sehr speziellen Sonderfall in einer Veröffentlichung von Bogojavlenski [1] dargestellt. Der Verfasser verwendet ein bereits von S. Kovalevskaja angegebenes Verfahren zum Nachweis der Existenz von partikulären Lösungen. Mit Hilfe eines neuartigen Verfahrens gelingt es Mjasnikov [2], die bisher bekannten lösbaren Fälle unter einheitlichen Gesichtspunkten abzuleiten. Er führt zu diesem Zweck eine sog. „charakteristische Ebene" ein, die von den Vektoren $\boldsymbol{\omega}$ und $\boldsymbol{H}$ aufgespannt wird. Dabei gelingt auch ihm die Auffindung eines neuen Sonderfalls. Eine Verallgemeinerung der Staude-Bewegungen ist Guljaev [3] zu verdanken. Er weist nach, daß reguläre Präzessionen des schweren unsymmetrischen Kreisels nur möglich sind, wenn der Schwerpunkt auf einer Normalen zu solchen Ebenen liegt, die das Trägheitsellipsoid des Körpers bezüglich des Unterstützungspunktes in einem Kreisquerschnitt schneiden. Die von Staude und Grioli gefundenen Fälle erscheinen dabei als Spezialfälle allgemeiner „regulärer Präzessionen".

Zahlreiche Veröffentlichungen sind der Entwicklung von Näherungslösungen gewidmet. Bei ihnen werden entweder Nachbarlösungen zu den bekannten partikulären Bewegungen gesucht, oder es werden einschränkende Voraussetzungen entweder über die Lage des Drehvektors (z. B. bei den sog. „schnellen Kreiseln") oder über die Gestalt des Trägheitsellipsoids (z. B. kleine Unsymmetrie) getroffen.

Die von einigen Autoren vorgenommene Untersuchung von Problemen der klassischen Kreiseltheorie in mehrdimensionalen oder nichteuklidischen Räumen soll hier nicht betrachtet werden.

2.2 Die Stabilität der Kreiselbewegungen

Schon bei einigen der klassischen Fälle hat man die Stabilität der gefundenen Lösungen untersucht. Dabei hat man sich zur Stabilitätsbestimmung fast ausschließlich der Methoden der Theorie kleiner Störungen bedient. Die auf diese Weise erhaltenen Stabilitätskriterien sind notwendig, aber keineswegs immer hinreichend. Andererseits ist das Verfahren anpassungsfähig und weitreichend genug, um auch schwierige Fälle damit behandeln zu können. So gelang z. B. Grammel auf diese Weise eine vollständige Klärung der schwierigen Stabilitätsverhältnisse für die Staudeschen Drehungen.

Eine wichtige Abrundung der Theorie der Stabilität von Kreiselbewegungen wurde vor etwa acht Jahren eingeleitet, als Četaev [4] die von Ljapunov entwickelte direkte Methode zum Stabilitätsnachweis auf ein Kreiselproblem anwandte. Ausgehend von dieser Veröffentlichung haben in der Folgezeit vorwiegend sowjetische Forscher alle klassischen Fälle der Kreiseltheorie aufgegriffen und konnten dabei fast ohne Ausnahme zeigen, daß die bereits bekannten notwendigen Stabilitätsbedingungen zugleich auch hinreichend sind, sofern man von einer „Stabilität im Sinne Ljapunovs" spricht. Da sich die Ljapunovsche Methode zu einem wichtigen und weitreichenden — wenn auch häufig etwas schwierigen Hilfsmittel der Kreiseltheorie entwickelt hat, soll ihr Grundgedanke kurz an dem schon von Četaev herangezogenen Beispiel des schweren symmetrischen Kreisels erläutert werden.

Es sei $A = B$ und $\boldsymbol{r}_s = s\,\boldsymbol{e}_z$ mit $s > 0$. Neben den drei Grundintegralen (4) findet man für diesen Fall leicht noch ein viertes aus der Tatsache, daß das Moment der Schwerkraft stets senkrecht auf der Figurenachse (z-Achse) des Kreisels steht. Folglich ist die Drallkomponente $H_z = C\,r$ konstant, woraus sofort auch $r = $ const folgt. Eine partikuläre Lösung der Bewegungsgleichungen ist die gleichförmige Drehung mit der Geschwindigkeit r_0, bei der die Figurenachse vertikal steht. Dafür gilt

$$p = 0, \qquad q = 0, \qquad r = r_0,$$
$$\gamma_x = 0, \qquad \gamma_y = 0, \qquad \gamma_z = 1.$$

$\gamma_x, \gamma_y, \gamma_z$ sind dabei die Komponenten des Vektors $\boldsymbol{e}_v$, also die Richtungskosinus der Vertikalen gegenüber den körperfesten Hauptachsen. Nun wird die durch

$$p = \xi, \qquad q = \eta, \qquad r = r_0 + \zeta,$$
$$\gamma_x = \alpha, \qquad \gamma_y = \beta, \qquad \gamma_z = 1 + \delta \tag{5}$$

gekennzeichnete Nachbarbewegung betrachtet. Für sie gelten — wie man durch Einsetzen von (5) in (4) unter Berücksichtigung von $r = $ const findet — die folgenden Integrale:

$$A(\xi^2 + \eta^2) + C(\zeta^2 + 2r_0\,\zeta) + 2G\,s\,\delta = V_1,$$
$$A(\xi\,\alpha + \eta\,\beta) + C(\zeta\,\delta + \zeta + r_0\,\delta) = V_2,$$
$$\alpha^2 + \beta^2 + \delta^2 + 2\delta = V_3,$$
$$\zeta = V_4.$$

Im Sinne der Ljapunovschen Theorie kommt es nunmehr darauf an, aus den vier Konstanten V_i eine Ljapunovsche Testfunktion

$$V = f(V_1, V_2, V_3, V_4) \tag{6}$$

aufzubauen, die eine bezüglich der Variablen ξ, η, ζ, γ_x, γ_y, γ_z positiv definite quadratische Form darstellt. Zu diesem Zweck kann man in den Ansatz (6) Faktoren hereinnehmen, die dann so zu bestimmen sind, daß alle Glieder, welche die Definitheit von V stören, zum Verschwinden gebracht werden. Die Forderung nach positiver Definitheit drückt sich dann in Beziehungen zwischen den Parametern des Systems aus, die hinreichende Bedingungen für die Stabilität der betrachteten Bewegung darstellen. Da nämlich wegen $V_i = \text{const}$ stets

$$\frac{dV}{dt} = \sum_i \frac{\partial V}{\partial V_i} \frac{dV_i}{dt} = 0 \tag{7}$$

gilt, ist das System nach einem von LJAPUNOV bewiesenen Satz stabil.

2.3 Der selbsterregte Kreisel

Ein Kreisel wird als selbsterregt bezeichnet, wenn der Vektor $\boldsymbol{M}$ entweder im Kreiselkörper fest ist oder in ihm in vorgegebener Weise wandert. Eine erste Veröffentlichung dieser Art ist BÖDEWADT [5] zu verdanken. Er beschränkt sich auf einen symmetrischen Kreisel ($A = B$) und setzt $\boldsymbol{M} = \boldsymbol{M}_0 = \text{const}$ für den körperfesten Beobachter. Unter diesen Voraussetzungen läßt sich eine explizite Lösung nicht nur für den Drehgeschwindigkeitsvektor $\boldsymbol{\omega}$ sondern auch für die EULERschen Winkel des Körpers angeben.

In einer Serie von Arbeiten hat dann GRAMMEL [6] verschiedene Aspekte des selbsterregten Kreisels untersucht. Er hat vor allem die Polkurven berechnet, aus denen die Wanderung des Vektors $\boldsymbol{\omega}$ ersichtlich wird, und hat dadurch den Charakter verschiedenartiger Bewegungsformen selbsterregter Kreisel erkennen können. Seine Arbeiten bilden eine Art Fortsetzung für die STAUDEschen Untersuchungen des schweren Kreisels und sind keineswegs auf den symmetrischen Kreisel beschränkt. Gerade für den unsymmetrischen Kreisel sind einige überraschende Ergebnisse gefunden worden, die bei der Lagenregelung von Satelliten von praktischer Bedeutung sein können. Es zeigt sich nämlich, daß ein gewünschter Endzustand nicht in allen Fällen auch wirklich erreicht werden kann, wie dies im allgemeinen angestrebt wird, wenn eine Regelung der Raumlage durch innere Momente —also Selbsterregung — vorgenommen wird.

GRAMMEL untersucht auch selbsterregende Momente, die für den körperfesten Beobachter von der Drehgeschwindigkeit oder von der Zeit abhängen: $\boldsymbol{M} = \boldsymbol{M}(\omega)$ und $\boldsymbol{M} = \boldsymbol{M}(t)$. Er beschränkt sich dabei freilich auf eine spezielle Abhängigkeit von der Drehgeschwindigkeit, die für die Zwecke der Lagenregelungen besonders einleuchtend erscheint:

$$M_x = \mu\,(\omega_0^2 - \omega_x^2). \tag{8}$$

Die Selbsterregung verschwindet hier, wenn die „Solldrehzahl" ω_0 erreicht ist. Es existieren dann asymptotische und periodische Bewegungstypen, beim unsymmetrischen Kreisel auch instabile Lösungen. Aus der Vielzahl der Ergebnisse seien hier nur zwei zitiert:

1. Abgesehen von Sonderfällen gehören zu körperfesten selbsterregenden Momenten Drehgeschwindigkeitsvektoren, die nicht körperfest sind.

2. Ein Momentenvektor, der eine körperfeste Drehung $\omega = \mathrm{const}$ unterhalten soll, muß i. allg. in einer körperfesten Ebene wandern.

Wenn auch durch die GRAMMELschen Arbeiten eine gewisse Übersicht erreicht wurde, so bleiben doch noch viele Probleme offen, so daß der selbsterregte Kreisel in seinen vielfältigen Varianten noch ein dankbares Betätigungsfeld für weitere Forschungen bietet.

2.4 Der fremderregte Kreisel

Die Beeinflussung der Kreiselbewegung durch zeitabhängige äußere Störmomente kann große physikalische oder technische Bedeutung haben. Von atomphysikalischen Modellvorstellungen ausgehend untersucht BRAUNBECK [7] die Auswirkungen eines Moments von der Form

$$M = M_0(1 + \alpha \cos \omega\, t)\,(e_v \times e_z) \tag{9}$$

auf die regulären Präzessionen eines symmetrischen Kreisels $(A = B)$. Im Falle $\alpha = 0$ existiert eine solche Präzession, die in den EULERschen Winkeln durch

$$\vartheta = \vartheta_0, \qquad \psi = \dot\psi_0\, t, \qquad \varphi = \dot\varphi\, t$$

ausgedrückt werden kann. Für $\alpha \neq 0$ verändert das periodische Wechselfeld die Präzessionsbewegung, so daß resonanzähnliche Erscheinungen möglich sind. Man kann die Bewegungsgleichungen in eine einzige nichtlineare Differentialgleichung für den EULER-Winkel ϑ umwandeln. Für den Fall kleiner Störungen der regulären Präzession geht diese Gleichung in eine MATHIEUsche Differentialgleichung über, deren Lösungen bekannt sind. Aus der bekannten INCE-STRUTTschen Karte lassen sich dann stabile und instabile Lösungsbereiche auch für die Präzessionsbewegungen des Kreisels ablesen.

Zu ähnlichen Ergebnissen kommt WEIDENHAMMER [8], der die Bewegungen eines schweren symmetrischen Kreisels mit vertikal erschüttertem Aufhängepunkt untersucht. Mit Hilfe eines Reihenansatzes für ϑ kann er zeigen, daß sowohl der Öffnungswinkel ϑ_0 des Präzessionskegels als auch die Präzessionsgeschwindigkeit $\dot\psi_0$ gegenüber dem ungestörten Fall verändert werden. Für die Größe der Erschütterungseffekte ist im wesentlichen ein dimensionsloser Parameter

$$\zeta = \frac{a^2\, \omega^2}{g\, L_r}$$

maßgebend, wobei a die Erschütterungsamplitude, ω die Erschütterungsfrequenz, g die Erdbeschleunigung und L_r die reduzierte Pendellänge des schweren Kreisels ist.

Neben der Fremderregung durch periodische Störmomente gewinnt die Untersuchung der Auswirkungen von stochastischen Erregungen an Bedeutung. So hat man z. B. feststellen können, daß die Schlingerbewegungen von Schiffen durch stationäre Zufallsfunktionen mit ziemlich genau angebbarer spektraler Leistungsdichte $S(\omega)$ wiedergegeben werden können. Ein auf dem Schiff befindliches Kreiselgerät wird auf die Fremderregung mit einem Fehler reagieren, dessen Größe statistisch berechenbar ist. So untersucht SVESCHNIKOV [9] das Verhalten eines Kreiselpendels, dessen vereinfachte Bewegungsgleichungen durch

$$\dot{\alpha} - a_1\left(1 + \frac{\ddot{z}}{g}\right)\beta = -a_2\ddot{y},$$

$$\dot{\beta} + b_1\left(1 + \frac{\ddot{z}}{g}\right)\alpha = b_2\ddot{x} \tag{10}$$

wiedergegeben werden können. Die Größen x, y, z sind dabei die Koordinaten des Aufhängepunktes, dessen Beschleunigungen als Reaktionskräfte in die Gleichungen eingehen. Durch Lösen der Gln. (10) können nun zwar nicht α und β selbst als Funktionen der Zeit, wohl aber die zu erwartenden mittleren quadratischen Fehler errechnet werden:

$$\overline{\alpha^2} = \frac{1}{\pi}\int\limits_0^\infty |F_\alpha(i\,\omega)|^2\,S(\omega)\,d\omega, \qquad \overline{\beta^2} = \frac{1}{\pi}\int\limits_0^\infty |F_\beta(i\,\omega)|^2\,S(\omega)\,d\omega.$$

Dabei sind $F_\alpha(i\,\omega)$ und $F_\beta(i\,\omega)$ die aus (10) errechenbaren Übertragungsfunktionen des Systems.

Eine Reihe von Untersuchungen ähnlicher Art hat ROITENBERG [10] durchgeführt. Auch er bestimmt mittlere quadratische Fehler von Kreiselgeräten unter dem Einfluß von Zufallserregungen mit bekannten Leistungsdichten. Wenngleich dieses Verfahren nur für stationäre Zufallsfunktionen anwendbar ist und die Ergebnisse als Wahrscheinlichkeitsaussagen über *mittlere* Fehler für den Konstrukteur eines Kreiselgerätes etwas dürftig erscheinen, so kann doch nicht daran gezweifelt werden, daß Untersuchungen dieser Art zukünftig auch in der Kreiseltheorie eine ähnliche Rolle spielen werden wie heute bereits in der Nachrichtentechnik.

2.5 Störmomente verschiedener Art

Störmomente M können auch bei elastischer Fesselung der Kreiselachse an eine Gleichgewichtslage oder bei Kreiseln mit nachgiebiger Welle auftreten. Sind α und β die Verdrehungswinkel des Kreisels, dann können die Momentkomponenten i. allg. durch

$$M_x = - c_x\, \alpha \quad \text{und} \quad M_y = - c_y\, \beta$$

wiedergegeben werden. Besitzt die Fesselung gleiche Steifigkeit um beide Achsen $(c_x = c_y)$, so bekommt man ein dem schweren Kreisel sehr ähnliches Verhalten. Bei unrunder Welle $(c_x \neq c_y)$ ergeben sich jedoch andere Effekte. Dieser Fall wurde von CRANDALL und BROSENS [11] untersucht. Durch Bezug auf ein mit dem Kreisel rotierendes Koordinatensystem lassen sich Bewegungsgleichungen mit zeitunabhängigen Koeffizienten erhalten. Linearisiert man sie für kleine Störungen, dann lassen sich die Stabilitätsbereiche in bekannter Weise ermitteln. In einer ausführlichen Diskussion der kritischen Bereiche wird gezeigt, daß die Breite der instabilen Bereiche wesentlich von der relativen Lage der Trägheitshauptachsen gegenüber den elastischen Hauptachsen abhängt. Der instabile Bereich wächst an, wenn die beiden Eigenfrequenzen des Systems auseinandergehen, wenn also z. B. das größere Trägheitsmoment zu der kleinen Steifigkeit gehört.

Die Auswirkung von Störmomenten von der Form $M = - \lambda\, H$ untersucht KOSCHLJAKOV [12]. Durch diesen Ansatz soll der Einfluß eines widerstehenden Mediums, in dem sich der Kreisel dreht, erfaßt werden. Bei symmetrischem Kreisel findet man für die Drehung um die Figurenachse leicht

$$r = r(t) = r_0\, e^{-\lambda t}.$$

Aber auch $p(t)$ und $q(t)$ lassen sich explizit durch BESSEL-Funktionen ausdrücken. Die Auswertung zeigt, daß die Drehachse bestrebt ist, in die Richtung der Hauptachse mit dem größten Hauptträgheitsmoment hereinzuwandern. Daraus folgt, daß bei einem verlängerten Kreisel $(A > C)$ mit einem Überschlagen gerechnet werden muß, wie dies z. B. bei Satelliten tatsächlich beobachtet worden ist. Auch für ein andersartiges Widerstandsgesetz, das durch

$$M_x = - \lambda_1\, p, \qquad M_y = - \lambda_1\, q, \qquad M_z = \lambda_2\, r^2$$

gekennzeichnet wird, sind Berechnungen durchgeführt worden.

Wenn die Störmomente aus einem nur vom Winkel ϑ abhängigen Potential $V(\vartheta)$ abgeleitet werden können, dann hängt — wie BOTTEMA [13] gezeigt hat — die Stabilität der regulären Präzessionen $\vartheta = \vartheta_0$ von den Ableitungen $(dV/d\vartheta)_{\vartheta_0}$ und $(d^2V/d\vartheta^2)_{\vartheta_0}$ ab. Für den Fall des schweren symmetrischen Kreisels werden daraus wieder die bekannten Stabilitätsbedingungen von LAGRANGE erhalten.

3. Systeme starrer Körper

In der Kreiseltechnik wird fast nie ein einzelner starrer Körper allein verwendet. Schon das Einschließen des Rotors in ein Gehäuse läßt ein Zwei-Körper-System entstehen. Soll sich der Kreisel noch um andere Achsen als die Rotorachse drehen können, so hängt man ihn in ein System von Rahmen. Eine derartige kardanische Aufhängung bildet im einfachsten Fall ein Drei-Körper-System, und neuere Kreiselgeräte mit mehreren Kreiseln, entsprechenden Gehäusen und Rahmen bilden ein oft sehr kompliziertes System miteinander kinematisch und kinetisch gekoppelter starrer Körper.

Zur Berechnung derartiger Systeme sind zwei Wege begangen worden. Entweder schreibt man für jeden der beteiligten starren Körper die EULER-Gleichungen nach (1) an; da diese Gleichungen jeweils in körperfesten Koordinatensystemen gelten, müssen die oft sehr umständlichen Transformationen zwischen den Systemen berücksichtigt werden. Oder aber man leitet die Bewegungsgleichungen nach dem LAGRANGEschen Formalismus ab, indem man von den Ausdrücken für die kinetischen und potentiellen Energien ausgeht. Sehr allgemein gültige Bewegungsgleichungen sind nach beiden Methoden verschiedentlich aufgestellt worden. Jedoch klaffen zwischen diesen meist sehr abstrakten Ergebnissen der Theorie und den praktisch interessanten Problemen noch immer beträchtliche Lücken. Jede Konkretisierung führt meist zu Bewegungsgleichungen von fast hoffnungsloser Kompliziertheit, und erst langsam beginnen sich — dank der Arbeiten zahlreicher Autoren — die vorhandenen Lücken zu schließen. Einige Ergebnisse sollen hier mitgeteilt werden.

3.1 Mehr-Kreisel-Systeme

Ausgehend von der vorwiegend durch ROUTH zu einer gewissen Vollendung gebrachten, höchst wirkungsvollen Methode der kleinen Schwingungen haben THOMSON und TAIT eine allgemeine Klassifizierung der verschiedenen Kräftearten vorgenommen. Sie haben dabei als gyroskopische Kräfte solche bezeichnet, die von den Geschwindigkeitskoordinaten $\dot{q}_k$ abhängen und bei wirklichen Verschiebungen keine Arbeit leisten. Macht man für die gyroskopischen Kräfte den Ansatz $g_{ik}\,\dot{q}_k$, dann muß die Matrix der g_{ik} schiefsymmetrisch sein.

Viele Jahrzehnte hindurch bestand kaum ein Anlaß, die schönen Ergebnisse von THOMSON und TAIT zu erweitern oder zu ergänzen. Erst die Fortschritte der Kreiseltechnik einerseits und andererseits die Bereitstellung weiterreichender mathematischer Hilfsmittel gcben den Anlaß dazu, daß sich wieder einige Forscher der Theorie von allgemeinen Kreiselsystemen zuwandten. Man findet eine systematische Zusammenstellung der erreichten Ergebnisse in einem Buche von MERKIN [14]. Der Autor selbst hat einige sehr allgemeine Sätze abgeleitet, die z. T. als eine Art Richtschnur beim Entwurf komplizierter Kreiselsysteme dienen können. Die Sätze beziehen sich auf die Möglichkeiten der Stabilisierung durch Hinzufügen von gyroskopischen Kräften. Diese Möglichkeiten wiederum hängen von den auf ein System einwirkenden dissipativen Geschwindigkeitskräften, konservativen bzw. nichtkonservativen Lagekräften oder auch von Kombinationen hiervon ab. Von unmittelbarer praktischer Bedeutung sind Untersuchungen MERKINS, in denen die Zulässigkeit der in der technischen Kreiseltheorie fast stets durchgeführten Näherungen für den Fall schneller Kreisel untersucht wird. Die Näherungen führen zu brauchbaren Annäherungen, wenn die Determinante $|g_{ik}| \neq 0$ ist, und wenn die im System vorhandenen Eigenfrequenzen in zwei Gruppen (schnelle Nutationen und langsame Präzessionen) zerfallen. Genauere Untersuchungen dazu hat NOVOSELOV [15] angestellt. Er betrachtet Systeme vom Typ

$$a_{ik}\,\ddot{q}_k + (b_{ik} + H\,g_{ik})\,\dot{q}_k + c_{ik}\,q_k = 0 \qquad (11)$$

und untersucht den Grad der Näherungen, die man erhält, wenn man einerseits $a_{ik} = 0$ und andererseits $c_{ik} = 0$ annimmt. Bei hinreichend großem Drall H ist eine derartige Aufspaltung denkbar und ergibt im ersten Fall Näherungen für die Präzessionen, im zweiten Näherungen für die Nutationen. Es wird gezeigt, daß in endlichen Zeitintervallen die Lösungen der vollständigen Gln. (11) durch die Lösungen der verkürzten Gleichungen mit einer Genauigkeit mindestens von der Ordnung H^{-1} angenähert werden. Natürlich ist bei derartigen Betrachtungen Vorsicht geboten, weil sich gegebene Anfangsbedingungen nicht immer erfüllen lassen, wenn die Näherungen durch Vernachlässigen der höchsten Ableitungen in (11) zustande gekommen sind. Außerdem kommt es bei starren Bindungen (z. B. beim Zwei-Kreisel-Kompaß) durchaus vor, daß Eigenschwingungen auftreten, die weder zu den Nutationen noch zu den Präzessionen gezählt werden können.

Einen allgemeinen Satz von RAYLEIGH, der besagt, daß die Eigenfrequenzen konservativer Systeme durch Hinzufügen von weiteren Bindungen zwischen den Koordinaten nicht verringert werden können, hat DUFFIN [16] auf Systeme mit Kreiseln übertragen können.

Von einem mehr gerätetechnischen Standpunkt herkommend, hat sich ISCHLINSKI [17] mit der Theorie komplizierter Kreiselsysteme beschäftigt. Er gibt dabei einer sinnvollen Anwendung des Drallsatzes den Vorzug vor der LAGRANGEschen Methode und behauptet, auf diese Weise eher die Möglichkeiten und die Zulässigkeit von Vernachlässigungen erkennen zu können. Bei der Kompliziertheit moderner Kreiselgeräte könnte man geneigt sein, ihm zuzustimmen. Andererseits darf nicht vergessen werden, daß durch ein unmittelbares Betrachten des Kräfte- oder Momentengleichgewichts bei komplizierten Geräten leicht auch Glieder vergessen werden können. Für die Untersuchung des Verhaltens von Kreiselgeräten in bewegten Bezugssystemen verwendet ISCHLINSKI Gleichungen, die auf ein weder körperfestes noch raumfestes Koordinatensystem bezogen sind. Der Drallsatz kann in der Form

$$\frac{dH}{dt} = \frac{d^0 H}{dt} - H \times \omega^0 = M \tag{12}$$

geschrieben werden, wobei die Ableitung im mittleren Ausdruck in dem mit der Geschwindigkeit ω^0 drehenden Bezugssystem zu nehmen ist. Derartige Bewegungsgleichungen, die in Sonderfällen auch schon von SCHULER verwendet worden sind, haben sich für Näherungsbetrachtungen als außerordentlich nützlich erwiesen. Für exaktere Untersuchungen sind sie i. allg. unbrauchbar, da die Trägheitstensoren in dem gewählten Bezugssystem keine konstanten Elemente besitzen. Will man dies auch noch berücksichtigen, dann kommt man zu außerordentlich komplizierten Gleichungen, wie sie z. B. von LURJE [18] abgeleitet worden sind. LURJE hat die Bewegungsgleichungen für n gegenseitig aufeinander einwirkende Körper aufgestellt, indem er das in einem Trägerkörper feste Hauptachsensystem als Bezugssystem verwendet. In der Vektorschreibweise bleiben seine Gleichungen zwar noch einigermaßen übersichtlich, jedoch werden die Schwierigkeiten erst recht offenbar, wenn man in konkreten Fällen zu einer Berechnung in Komponenten übergehen muß.

Zwei Sonderfälle von Mehr-Körper-Systemen, die erhebliche praktische Bedeutung beanspruchen können, sollen im folgenden erwähnt werden.

3.2 Der Gyrostat

Nach Lord KELVIN ist der Gyrostat ein starrer Körper, der im Innern einen Rotor besitzt. Recht ausführliche ältere Untersuchungen zu diesem Zwei-Körper-System findet man vor allem in dem bekannten Buch von GRAY. Über einige neuere Ergebnisse, bei denen vor allem eine geometrische Interpretation der Bewegungen eines Gyrostaten im Sinne der POINSOTschen Theorie im Vordergrund steht, berichtet LEIPHOLZ auf diesem Symposium. Mit Sonderfragen, die an die Untersuchungen STAUDES für den unsymmetrischen schweren Kreisel anschließen, hat sich DROFA [19] beschäftigt: er hat diejenigen körperfesten Achsen des Hüllkörpers gesucht, für die permanente Drehungen kinetisch möglich sind. Eine ähnliche Aufgabe behandelt CAPRIZ [20] für die Schwingungsbewegungen eines unsymmetrischen Raumpendels mit eingebautem Rotor. Von einer technischen Fragestellung ausgehend, hat KLUMPP [21] bestimmte Bewegungsformen einer Hüllkugel mit eingebautem symmetrischem Rotor (Schwimmer eines Ein-Kreisel-Kompasses) untersucht. Er konnte zeigen, daß unter dem Einfluß von Schwingungen des Systems stets dann Fehlweisungen auftreten können, wenn die Trägheitshauptachsen der Hüllkugel gegenüber denen des Rotors verdreht sind.

3.3 Der Kreisel in kardanischer Lagerung

Wegen der großen technischen Bedeutung kardanisch gelagerter Kreisel sind über sein Verhalten zahlreiche Arbeiten veröffentlicht worden. Die neueren von ihnen sind meist der Untersuchung der systematischen Auswanderung der Rotorachse unter dem Einfluß von freien oder erzwungenen Schwingungen gewidmet. Da dieses Problem in mehreren Vorträgen des Symposiums gesondert behandelt werden wird, soll es hier übergangen werden. Ich habe jedoch den Eindruck, daß die Untersuchung des Schwingungseinflusses auf Kreiselsysteme trotz vieler Veröffentlichungen auf diesem Gebiet noch immer ein weites Betätigungsfeld bietet.

Die Aufstellung der exakten Bewegungsgleichungen für einen kardanisch gelagerten Kreisel bereitet keine Schwierigkeiten. In zwei Sonderfällen, die als unmittelbare Verallgemeinerungen der klassischen Fälle von Euler und Lagrange für den einzelnen Körper angesehen werden können, lassen sich sogar exakte Lösungen finden. Für den kräftefreien kardanisch gelagerten Kreisel, bei dem die Schwerpunkte von Rotor und Innenrahmen mit dem gemeinsamen Schnittpunkt der drei Achsen zusammenfallen, hat Poritzki [22] eine Zusammenstellung der bisherigen Ergebnisse gegeben. Dabei wurde vorausgesetzt, daß die Hauptachsen der Kardanrahmen in der Normalstellung des Systems mit den Hauptachsen des als symmetrisch angenommenen Rotors zusammenfallen.

Bei einem unsymmetrischen kardanisch gelagerten Kreisel ist vor allem das Stabilitätsverhalten interessant. Mit gewissen Modfikationen läßt sich das bekannte Ergebnis, daß permanente Drehungen um die Achse des mittleren Hauptträgheitsmoments instabil sind, auch hier nachweisen. Freilich kommt ein bisher nicht bekannter Effekt hinzu: es zeigt sich nämlich, daß die Stabilitätsbedingungen von der Verdrehung des Innenrahmens *1* gegenüber dem Außenrahmen *2* abhängen. So findet man für ein „abgeplattetes" System (d. h. $A+A_1+A_2<C$, $B+B_1<C$), daß Instabilität für einen ganz bestimmten Bereich $\vartheta_1<\vartheta<\vartheta_2$ von Schräglagen ϑ des Innenrahmens vorhanden ist. Bei Drehungen um die mittlere Hauptachse des Rotors verschwindet die ursprünglich vorhandene Instabilität, wenn die Neigung des Innenrahmens einen gewissen Grenzwert überschreitet.

Fällt der Schwerpunkt von Rotor und Innenrahmen nicht mit dem geometrischen Schnittpunkt der drei Achsen zusammen (schwerer Kreisel), so kommt der Richtung der äußeren Rahmenachse eine besondere Bedeutung zu. Bisher ist eine exakte Berechnung des schweren symmetrischen Kreisels nur für den Fall einer vertikal stehenden äußeren Rahmenachse gelungen [23]. Hier konnte die Lösung auf

Quadraturen zurückgeführt werden, wobei die vorkommenden Integrale freilich komplizierter sind als im Fall des nicht kardanisch gelagerten Kreisels. Aber auch ohne diese Integrale erst lösen zu müssen, lassen sich alle interessierenden Eigenschaften der Bewegung aus einer nichtlinearen Differentialgleichung von der Form

$$\dot{\vartheta}^2 = f(\vartheta) \tag{13}$$

für den EULER-Winkel ϑ, der hier mit dem Winkel der Relativverdrehung des Innenrahmens gegenüber dem Außenrahmen identisch ist, ableiten. Gl. (13) kann als Bestimmungsgleichung für die Phasenkurven in einer ϑ, $\dot{\vartheta}$-Ebene aufgefaßt werden. Ergänzt man das Phasenporträt in der ϑ, $\dot{\vartheta}$-Ebene durch eine entsprechende Kurvenschar in der ϑ, $\dot{\psi}$-Ebene, dann lassen sich aus beiden Kurvenscharen alle gesuchten Eigenschaften der Bewegung ablesen. Der EULER-Winkel ψ gibt dabei die Drehung des Außenrahmens an.

Eine einfache Sonderlösung ist die permanente Drehung des Rotors bei vertikal stehender Rotorachse. Wie im LAGRANGEschen Fall kann auch jetzt der aufrechte Kreisel, dessen Schwerpunkt über dem Unterstützungspunkt liegt, stabil gemacht werden. Die Stabilitätsbedingungen lauten dafür

$$C^2 r^2 > 4(A + B_1 - C_1)\,\mathrm{m\,g\,s},$$
$$\dot{\psi}_1 < \dot{\psi} < \dot{\psi}_2. \tag{14}$$

Zum Erreichen der Stabilität genügt jetzt nicht allein ein hinreichend großer Drall des Rotors, sondern es muß auch die Drehgeschwindigkeit $\dot{\psi}$ des Rahmensystems bestimmten Bedingungen genügen. Für den aufrechten Kreisel sind die Grenzwerte $\dot{\psi}_1$ und $\dot{\psi}_2$ beide positiv; also kann Stabilität nur bei drehenden Rahmen erreicht werden. Der hängende Kreisel ist dagegen auch bei nichtdrehendem Rahmen stabil, da hier $\dot{\psi}_1$ und $\dot{\psi}_2$ verschiedene Vorzeichen haben, also $\dot{\psi} = 0$ in dem nach (14) geforderten Bereich liegt. Jedoch kann der hängende Kreisel auch instabil werden, wenn dem Rahmensystem Drehungen erteilt werden, welche die Grenzwerte $\dot{\psi}_1$ bzw. $\dot{\psi}_2$ überschreiten.

Nach dem Gesagten überrascht es nicht, daß TABAROVSKI [24] für den Fall eines schweren symmetrischen Kreisels bei schräg stehender äußerer Kardanachse nachweisen konnte, daß hier der aufrechte Kreisel in jedem Falle instabil ist. Der äußere Kardanrahmen kann ja dann nicht rotieren, ohne die vertikale Lage der Rotorachse zu stören.

Die Stabilität einer Anzahl von Sonderlösungen für den schweren kardanisch gelagerten Kreisel hat RUMJANZEV [25] untersucht. Er konnte die Stabilität der regulären Präzessionen auch noch für jene Fälle nachweisen, in denen an den Rotor- oder Kardanachsen dämpfende Reibungsmomente wirksam sind.

Bei fast allen bisher erwähnten Untersuchungen wurden die Widerstandskräfte gegenüber den Rotordrehungen vernachlässigt. Bei technischen Kreiseln werden sie im allgemeinen durch einen Antrieb kompensiert, so daß bei der Betriebsdrehzahl Momentengleichgewicht herrscht. Das gilt jedoch nur für die Relativdrehung ω_R zwischen Rotor und Innenrahmen. Nun dreht der Rotor gegenüber einem Inertialsystem mit der Geschwindigkeit

$$r = \omega_R + \dot{\psi} \cos \vartheta.$$

Bei reibungsfrei laufendem Motor ist $r = r_0$, $\omega_R = r_0 - \dot{\psi} \cos \vartheta$. Bei ideal starr wirkendem Antrieb hätte man dagegen $\omega_R = \omega_{R_0}$, $r = \omega_{R_0} + \dot{\psi} \cos \vartheta$. Im ersten Fall schwankt die Relativgeschwindigkeit ω_R, im zweiten die Absolutgeschwindigkeit r. Nun wird man bei jedem realen Antrieb für das Moment um die Rotorachse ansetzen müssen:

$$M = M_{\text{Antrieb}} - M_{\text{Widerstand}} = \left(\frac{\partial M}{\partial \omega_R}\right)_{\omega_{R_0}} \tilde{\omega}_R + \cdots \approx - \lambda\, \tilde{\omega}_R.$$

Entsprechend den Schwankungen $\tilde{\omega}_R$ der relativen Drehgeschwindigkeit wirkt also ein gewisses Restmoment um die Rotorachse. HARLAMOV [26] hat gezeigt, daß dieses Moment in dämpfendem Sinne auf etwa angestoßene Eigenschwingungen (Nutationen) einwirkt.

4. Kreiselprobleme bei Satelliten

Kreiselerscheinungen und Kreiselgesetze haben für Satelliten in doppelter Hinsicht Bedeutung: einerseits ist das Starten der Satelliten und ihr Einlenken in die gewünschte Umlaufbahn nicht ohne die Mitwirkung von Kreiselgeräten denkbar, andererseits aber bildet der auf einer Umlaufbahn kreisende Satellit selbst einen mehr oder weniger starren Körper, dessen Drehbewegungen interessieren. An dieser Stelle sollen nur einige Aspekte des letztgenannten Problems erörtert werden.

4.1 Kreisel mit veränderlichen Massen oder Trägheitsmomenten

Will man die Raumlage eines Satelliten beeinflussen, so kommt es darauf an, bestimmte Momente auf den Satelliten auszuüben. Das geschieht entweder durch Bewegen von im Satelliten befindlichen Massen oder durch gerichtetes Ausstoßen von Massen nach dem Reaktionsprinzip. In beiden Fällen ändern sich die Massenverteilungen und damit auch die Trägheitsmomente — sofern man diesen Begriff überhaupt auf einen nichtstarren Körper übertragen will. Beim Ausstoßen von Massen wird neben den Trägheitsmomenten auch noch die Gesamtmasse geändert. Ist der Massenverlust klein, so kann er in erster Näherung vernachlässigt werden, wie dies bei den zuvor genannten Arbeiten zum Problem des selbsterregten Kreisels geschehen ist. Bei der Untersuchung von Langzeiteffekten ist eine solche Vernachlässigung jedoch i. allg. nicht mehr zulässig. Da der Drallsatz in der Form (1) nur für ein abgeschlossenes System mit konstanter Masse gilt, muß er für die vorliegenden Zwecke erweitert werden.

Würde man unter Verwendung der für starre Körper geltenden Beziehung $\boldsymbol{H} = \overline{\overline{\theta}}\,\boldsymbol{\omega}$ rein formal schreiben

$$\frac{d\boldsymbol{H}}{dt} = \frac{d}{dt}\left(\overline{\overline{\theta}}\,\boldsymbol{\omega}\right) = \frac{d\overline{\overline{\theta}}}{dt}\,\boldsymbol{\omega} + \overline{\overline{\theta}}\,\frac{d\boldsymbol{\omega}}{dt} = \boldsymbol{M}, \tag{15}$$

so wäre damit der Drall der bewegten Massen nur z. T. erfaßt. Gl. (15) gilt nur, wenn für alle im Trägerkörper bewegten Massen $\boldsymbol{r} \times \boldsymbol{v}_r = 0$ gilt mit $\boldsymbol{v}_r$ als der Relativgeschwindigkeit der bewegten Teilmassen. Unter diesen Voraussetzungen hat GRANTHAM [27] durch numerisches Lösen von Gl. (15) für bestimmte Anfangsbedingungen einige Probleme durchgerechnet.

Im allgemeinen Fall hat man die Dralländerung durch die hinzukommenden oder ausgestoßenen Massen zu berücksichtigen. Hat das betrachtete System die Masse m und wird diese Masse in der Zeit Δt um Δm vergrößert (oder verkleinert), dann läßt sich der für das Hauptsystem geltende Drallsatz leicht dadurch gewinnen, daß man den bekannten Drallsatz

$$\frac{d\boldsymbol{H}^*}{dt} = \boldsymbol{M} \tag{16}$$

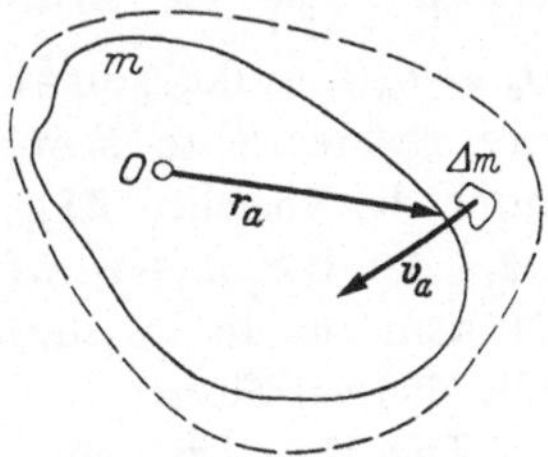

Abb. 1. System mit veränderlicher Masse

für das aus m und Δm bestehende Gesamtsystem (Abb. 1) anschreibt. $\boldsymbol{H}^*$ sei der Drall des gestrichelt umrandeten Gesamtsystems bezüglich des Bezugspunktes O. Ist $\boldsymbol{r}_a$ der den Auftreffpunkt der Zusatzmasse Δm kennzeichnende Ortsvektor, und sind $\boldsymbol{v}_a$ bzw. $\boldsymbol{v}_a'$ die Absolutgeschwindigkeiten der Zusatzmasse Δm vor bzw. nach dem Auftreffen auf die Hauptmasse, dann gilt für den Drall

$$\text{zur Zeit } t: \qquad \boldsymbol{H}^* = \boldsymbol{H} + \Delta m\,\boldsymbol{r}_a \times \boldsymbol{v}_a,$$
$$\text{zur Zeit } t + \Delta t: \qquad \boldsymbol{H}^{*\prime} = \boldsymbol{H}' + \Delta m\,\boldsymbol{r}_a \times \boldsymbol{v}_a'.$$

Bildet man nun den Quotienten

$$\frac{\Delta \boldsymbol{H}^*}{\Delta t} = \frac{\boldsymbol{H}^{*\prime} - \boldsymbol{H}^*}{\Delta t} = \frac{\Delta \boldsymbol{H}}{\Delta t} + \frac{\Delta m}{\Delta t}\,\boldsymbol{r}_a \times (\boldsymbol{v}_a' - \boldsymbol{v}_a)$$

und geht zur Grenze $\Delta t \to dt$ über, dann bekommt man aus (16) den für das System mit veränderlicher Masse geltenden Drallsatz

$$\frac{d\boldsymbol{H}}{dt} = \boldsymbol{M} + \frac{dm}{dt}\,\boldsymbol{r}_a \times \boldsymbol{v}_{ar}. \tag{17}$$

Darin ist $v_{ar} = v_a - v_a'$ die zur Zeit t vorhandene Relativgeschwindigkeit der Zusatzmasse Δm gegenüber der Hauptmasse am Ort des Auftreffens. Es macht keine Schwierigkeiten, die Gl. (17) auf die Fälle zu verallgemeinern, in denen die Massenzunahme oder -abnahme gleichzeitig an der ganzen Oberfläche des Körpers erfolgt, oder in denen die Masse Δm nach dem Auftreffen noch eine gewisse Relativgeschwindigkeit gegenüber dem Trägerkörper besitzt. Eine Gleichung von der Form (17) wurde von MERIAM [28] abgeleitet. Verschiedene andere Formen derselben Gleichung sind in einer Veröffentlichung von AMINOV [29] zu finden. Wenn man von der ursprünglichen Definitionsgleichung für den Drall,

$$H = \int r \times v \, dm,$$

ausgeht und feste und bewegliche Teile des Systems bei der Integration trennt, dann kommt man zu Gleichungen, die als erweiterte EULER-Gleichung aufgefaßt werden können:

$$\overline{\overline{\theta}}_0 \left(\frac{d'\omega}{dt} - \omega \times \omega_0 \right) - \left(\overline{\overline{\theta}}_0 \, \omega \right) \times \omega = M + M_R + M_T + M_C. \qquad (18)$$

Dabei ist ω_0 der Vektor der Drehgeschwindigkeit, mit der sich die Hauptachsen des Trägerkörpers durch die Massenabgabe verdrehen; $\overline{\overline{\theta}}_0 = \overline{\overline{\theta}}_0(t)$ ist der zeitabhängige Trägheitstensor des Trägerkörpers. Auf der rechten Seite treten neben dem Moment M der äußeren Kräfte noch die Momente M_R der Reaktivkräfte, M_T der Trägheitskräfte und M_C der CORIOLIS-Kräfte der gegenüber dem Trägerkörper bewegten Massen auf. In impliziter Form sind diese Glieder natürlich auch in Gl. (17) enthalten.

Die Kompliziertheit der Gl. (18) ist so groß, daß es — soweit bekannt — bisher nicht gelungen ist, über Lösungen einfachster Fälle hinauszukommen. AMINOV sind einige Aussagen gelungen, bei denen jedoch sehr spezielle und z. T. willkürliche Annahmen über die Bewegung der Teile innerhalb des Körpers sowie über die Zeitabhängigkeit der Trägheitsmomente getroffen wurden.

4.2 Lagenregelungen und Dralldämpfung

Will man eine bestimmte Raumlage oder einen vorgegebenen Bewegungszustand des Satelliten erreichen und einhalten, so ist dazu ein Regler notwendig, der die auszuübenden Momente ermittelt und steuert. Hierzu muß man den Zusammenhang zwischen Momenten und Bewegungen kennen, so daß also die Bewegungsgleichungen gelöst werden müßten. Anstatt jedoch die EULER-Gleichungen für vorgegebene Momente zu lösen, verfährt man hier besser umgekehrt, indem die zu einem vorgegebenen Drehungsprogramm $\omega(t)$ gehörenden Momente berechnet werden. Diesen Weg haben COLE, EKSTRAND und O'NEILL [*30*] beschritten. Fügt man zu den EULER-Gleichungen auch noch die bekannten Beziehungen zwischen den körperfesten Drehungskomponenten und den EULERschen Winkeln für die Raumlage, so lassen sich auch für die Durchführung von vorgegebenen Raumlagenänderungen die notwendigen Momente aus den sechs zur Verfügung stehenden Gleichungen bestimmen.

Schwieriger werden die Berechnungen, wenn die Lagenregelung durch Bewegen innerer Massen erfolgen soll. Eine sehr allgemeine Theorie dieser Art wurde von ROBERSON [*31*] gegeben. Auch die bereits genannte Arbeit von LURJE [*18*] läßt sich auf diese Fälle anwenden. Beide Veröffentlichungen zeigen die überaus große Kompliziertheit des allgemeinen Problems, so daß man sich bei praktischen Anwendungen vorläufig noch weitgehend mit Näherungsbetrachtungen behelfen muß.

Sehr eingehende Untersuchungen, bei denen technische Fragestellungen im Vordergrund stehen, hat CANNON [*32*] für eine einachsige Lagenregelung mit einem Schwungrad als Stellglied durchgeführt. Er berechnet das Zeitverhalten des Regelkreises und ermittelt den notwendigen Energiebedarf. Bei der Übertragung der für eine Ein-Achsen-Regelung erhaltenen Ergebnisse auf einen Drei-Achsen-Regler macht sich die Verkopplung der Drehbewegungen um die drei Raumachsen infolge der Kreiselmomente störend bemerkbar. Man hat hier entweder größere Schwungräder mit entsprechend erhöhtem Energiebedarf zu verwenden, oder es muß eine Entkopplung über einen gesonderten Regler vorgenommen werden.

Anstelle der von den meisten Autoren untersuchten, mit ihren Drehachsen fest im Satelliten eingebauten Schwungrädern kann man auch kardanisch gelagerte Schwungräder für das gleichzeitige Ausüben von Momenten um zwei Achsen verwenden. Einen derartigen Regler berechnet ADAMS [*33*]. Verwendet man als Kommandogeber für die Verdrehungen um die Kardanachsen selbst wieder Kreisel, dann ist es durch geeignete Zusammensetzung des Regelbefehls durchaus möglich, gut gedämpfte und in gewissem Sinne optimale Bewegungen des Satelliten zu erzwingen.

Häufig begnügt man sich mit der einfacheren Aufgabe, den vom Start her vorhandenen Drall oder auch die Nutationsschwingungen eines Satelliten zu verringern. Zu diesem Zweck sind verschiedenen Konstruktionen vorgeschlagen und unter meist stark vereinfachenden Annahmen berechnet worden. Zur Dämpfung von Nutationsschwingungen können z. B. Ringrohre verwendet werden, die ganz oder z. T. mit Flüssigkeit gefüllt sind. Für eine Drallminderung hat man Einzelmassen vorgeschlagen, die an Fäden hängend infolge der Zentrifugalkräfte weit vom Satelliten fortgeschleudert werden, und die auf diese

Weise einen großen Teil des Gesamtdralls aufnehmen. Berechnungen derartiger Systeme mit zwei und vier Einzelmassen sind von Hasel- tine [*34*] durchgeführt worden.

4.3 Kreisel in einem zentralen Schwerefeld

Bei der Berechnung der Drehbewegungen von Kreiseln und Satelliten hat man bisher fast immer das Schwerefeld als homogen angenommen. Es hat sich jedoch gezeigt, daß diese Voraussetzung für genauere Unter- suchungen nicht mehr zulässig ist.

Ist O der Bezugspunkt eines Körpers oder eines Systems von Körpern, deren Teilchen dm nach dem Newtonschen Gravitationsgesetz von einem Zentrum M angezogen werden, dann gilt mit den Bezeichnungen von Abb. 2 und mit dem Wert g der Gravi- tationsbeschleunigung in O

$$d\mathbf{K} = - g\, R^2\, \frac{\mathbf{R}'}{R'^3}\, dm,$$

$$d\mathbf{M} = - g\, R^2\, \frac{\mathbf{r} \times \mathbf{R}'}{R'^3}\, dm,$$

$$\mathbf{M} = - g\, R^2 \int \frac{\mathbf{r} \times \mathbf{R}'}{R'^3}\, dm. \qquad (19)$$

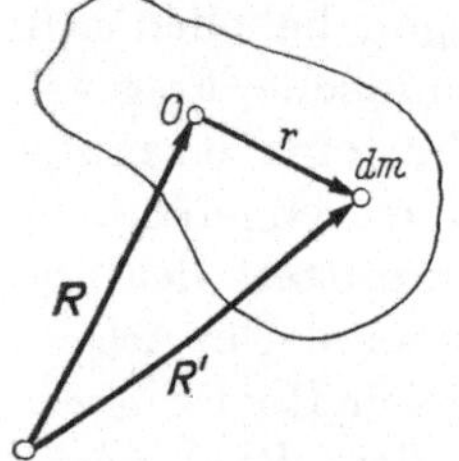

Abb. 2
Körper im Schwerefeld

Da für alle praktisch interessierenden Fälle auf der Erde $r \ll R$ gilt, läßt sich der Ausdruck (19) nach Potenzen von r/R entwickeln. Nimmt man von dieser Entwicklung nur die ersten beiden Glieder mit, dann bleibt

$$\mathbf{M} \approx \mathbf{M}_0 + \mathbf{M}_1 = G\, \mathbf{e}_v \times \mathbf{r}_s + \frac{3g}{R} \int (\mathbf{r} \times \mathbf{e}_v)(\mathbf{r}\, \mathbf{e}_v)\, dm. \qquad (20)$$

Darin ist $\mathbf{R} = R\, \mathbf{e}_v$ und $m\, \mathbf{r}_s = \int \mathbf{r}\, dm$ gesetzt worden. Der erste Anteil von (20) ist das bekannte Schweremoment in einem homogenen Schwerefeld [s. (2)], der zweite gibt den Einfluß der Inhomogenität wieder. Bei Bezug auf ein Hauptachsensystem findet man durch Aus- rechnen des Integrals

$$\mathbf{M}_1 = \frac{3g}{R} [\mathbf{e}_x(C - B)\, \gamma_y\, \gamma_z + \mathbf{e}_y(A - C)\, \gamma_z\, \gamma_x + \mathbf{e}_z(B - A)\, \gamma_x\, \gamma_y]. \qquad (21)$$

Daraus folgt u. a., daß für einen Körper mit kugelförmigem Trägheits- ellipsoid keine Zusatzmomente entstehen.

Beletzki [*35*] hat zeigen können, daß für einen einzelnen starren Kreisel mit Fixpunkt auch bei zentralsymmetrischem Schwerefeld drei allgemeine Grundintegrale der Bewegungsgleichungen gefunden werden können. Das Impulsintegral sowie die geometrische Beziehung sind gegenüber (4) unverändert; beim Energieintegral ist lediglich das veränderte Potential des Schwerefeldes einzusetzen. Im Falle eines symmetrischen Kreisels ($A = B$) läßt sich ein viertes Integral finden, so daß die Lösung der Bewegungsgleichungen auf Quadraturen zurückgeführt werden kann. Für einen Kreisel von allgemeiner Form hat BELETZKI nachweisen können, daß permanente Drehungen nur möglich sind, wenn die Drehachse in die Verbindungslinie von Anziehungszentrum M und Bezugspunkt O fällt. Eine bemerkenswerte Abweichung von den bekannten Ergebnissen bei homogenem Schwerefeld tritt bezüglich der Stabilität dieser Drehbewegungen ein: die Drehung um die Achse des größten Hauptträgheitsmoments ist stets stabil, die Drehung um die mittlere Hauptträgheitsachse ist stets instabil, aber die Drehung um die kleinste Hauptträgheitsachse ist stabil bzw. instabil, je nachdem die Drehgeschwindigkeit ω einen bestimmten Grenzwert ω_0 über- oder unterschreitet.

Ausführlichere Untersuchungen über die Möglichkeit permanenter Drehungen eines unsymmetrischen Kreisels mit $r_s \neq 0$ im inhomogenen Schwerefeld hat POSHARIZKI [36] durchgeführt. In Verallgemeinerung der STAUDEschen Ergebnisse konnte er zeigen, daß auch jetzt die kinetisch möglichen Achsen permanenter Drehungen im Körper einen Kegel bilden.

TABAROVSKI [37] hat einen kardanisch gelagerten schweren Kreisel mit symmetrischem Rotor und einer in die Verbindungslinie MO fallenden äußeren Kardanachse untersucht und auch hier die Existenz von vier Grundintegralen nachweisen können. Für die regulären Präzessionen wurden die Stabilitätsbedingungen angegeben.

Sehr bemerkenswert ist die Tatsache, daß die Translationsbewegungen in einem nichthomogenen Schwerefeld nicht mehr unabhängig von den Rotationsbewegungen sind. Hier wird auch der Begriff des Schwerpunktes gegenstandslos, so daß man statt dessen mit dem Massenmittelpunkt rechnen muß. Man erkennt diese Zusammenhänge am einfachsten an dem in Abb. 3 skizzierten Beispiel: es sei E die als kugelförmig angenommene Erde mit dem Anziehungszentrum M, und es sei ferner S ein stabförmiger Satellit mit dem Massenmittelpunkt O. Die bei der Bewegung des Satelliten auf einer KEPLERschen Kreisbahn entstehenden Zentrifugalkräfte $\mathbf{Z}$ greifen in O an. Dagegen ist die Wirkungslinie der resultierenden Schwerkraft $\mathbf{G}$ nicht identisch mit der Verbindungslinie MO, weil die erdnahen Teile des Satelliten eine stärkere Anziehung erfahren als die erdfernen. Da die beiden Kräfte $\mathbf{Z}$ und $\mathbf{G}$ eine Resultierende haben, welche die Bahn-

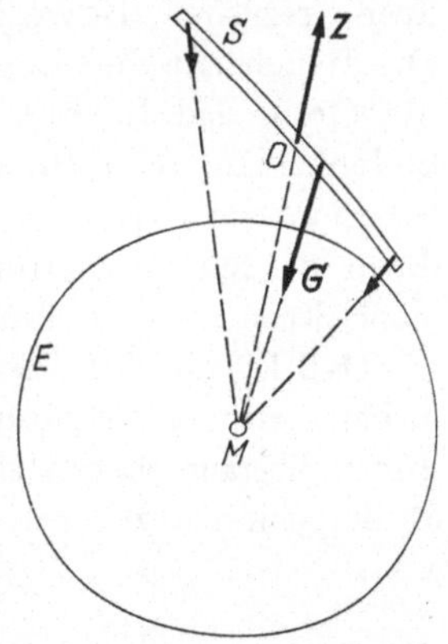

Abb. 3. Stabförmiger Satellit im Erdfeld

bewegung beeinflußt, kann der Satellit im vorliegenden Fall nicht auf einer einfachen KEPLER-Bahn umlaufen. Die Kräfte Z und G erzeugen gerade den Anteil M_1 des Moments von Gl. (20).

Auf diese Zusammenhänge hat DUBOSCHIN [38] in einer Reihe von Arbeiten hingewiesen. Er hat in völliger Allgemeinheit die Bewegungsgleichungen für ein System von n Körpern angeschrieben, die sich gegenseitig nach dem Gravitationsgesetz anziehen. Man erhält ein System von $6n$ gegenseitig miteinander verkoppelten Bewegungsgleichungen, mit denen bisher freilich nur die allereinfachsten Fälle konkreter berechnet werden konnten. DUBOSCHIN hat gezeigt, daß für ein Zwei-Körper-System aus Kugel und Stab drei partikuläre Lösungen der allgemeinen Bewegungsgleichungen gefunden werden können, bei denen sich in jedem Falle der Massenmittelpunkt des Satelliten auf einer Kreisbahn um die Erde bewegt. Die möglichen Lagen des Satelliten sind in Abb. 4 gezeichnet. Im Fall 3 steht die Stabachse des Satelliten senkrecht zur Zeichenebene.

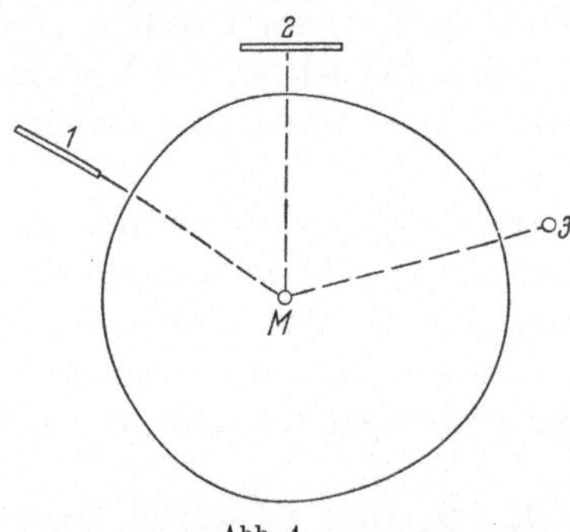

Abb. 4
Lagen der Satelliten auf der Kreisbahn

Eine Untersuchung der Stabilität dieser drei „regulären Bewegungen" zeigt, daß nur die Lage 1 stabil ist. Die Instabilität der Lagen 2 und 3 wird durchaus plausibel, wenn man die Größe und Richtung der resultierenden Schwerkraft nach Abb. 3 bedenkt. Die Ergebnisse lassen sich für Satelliten mit beliebigem rotationssymmetrischem Trägheitsellipsoid verallgemeinern, nur hängt dann die Stabilität der regulären Bewegungsformen auch noch vom Verhältnis C/A der Hauptträgheitsmomente ab.

Daß Effekte der hier beschriebenen Art nicht utopischen Charakter haben, sondern tatsächlich nachweisbar sind, konnte NAUMANN [39] durch überaus sorgfältige Auswertung von an Satelliten gewonnenen Meßergebnissen zeigen.

Literatur

[1] BOGOJAVLENSKI, A. A.: Prikladnaja Matematika i Mechanika (PMM) **22**, 622—645 (1958).

[2] MJASNIKOV, P. V.: Vestnik Moskovsk. Univ. **9**, 47—55 (1954).

[3] GULJAEV, M. P.: Akad. Nauk Kazach. SSR **1**, 202—208 (1958).

[4] ČETAEV, N. G.: PMM **18**, 123/24 (1954).

[5] BÖDEWADT, U. T.: Math. Z. **55**, 310—320 (1952).

[6] GRAMMEL, R.: Ing.-Arch. **29**, 153—159 (1960).

[7] BRAUNBECK, W.: Z. angew. Math. Mech. **33**, 174—188 (1953).

[8] WEIDENHAMMER, F.: Z. angew. Math. Mech. **38**, 480—483 (1958).

[9] SVESCHNIKOV, A. A.: PMM **26**, 402—411 (1962).

[10] ROITENBERG, J. N.: PMM **24**, 463—472 (1960).

[11] CRANDALL, S. H., u. P. J. BROSENS: J. appl. Mech. 567—570 **(1961)**.

[12] KOSCHLJAKOV, V. N.: PMM **17**, 137—148 (1953).

[13] BOTTEMA, O.: Ing.-Arch. **28**, 425—427 (1960).

[14] MERKIN, D. R.: Kreisel-Systeme. Moskau 1956, 299 S.

[15] NOVOSELOV, V. S.: PMM **23**, 176—178 (1959).

[16] DUFFIN, R. J.: Quart. Appl. Math. **18**, 215—221 (1960).

[17] ISCHLINSKI, A. J.: PMM **22**, 359—373 (1958).

[18] LURJE, A. I.: Trudy Leningr. Univ. 7—22 (1960).

[19] DROFA, V. N.: PMM **25**, 941—945 (1961).

[20] CAPRIZ, G.: R. C. Mat. appl. **7**, 229—236 (1953).

[21] KLUMPP, M.: Ing. Arch. **30**, 153—159 (1961).

[22] POR TZKY, H.: J. appl. Mech. **75**, 1—8 (1953).

[23] MAGNUS, K.: Ing. Arch. **28**, 184—198 (1959).

[24] TABAROVSKI, A. M.: PMM **24**, 572—574 (1960).

[25] RUMJANZEW, V. V.: PMM **22**, 374—378 u. 499—503 (1958).

[26] HARLAMOV, S. A.: Doklady Akad. Nauk 580—582 (1962).

[27] GRANTHAM, W. D.: NASA T. N. D-803 (1961) 40 S.

[28] MERIAM, J. L.: Aerospace Eng. 52—58 (1962).

[29] AMINOV, M. SCH.: Kazan. Avia. Inst. (1959) 116 S.

[30] COLE, R. D., M. E. EKSTRAND u. M. R. O'NEILL: ARS-J. 1446/47 (1961).

[31] ROBERSON, R. E.: Proc. IX. I.A.F.-Kongreß 33—43 (1958).

[32] CANNON, R. H.: ARS-J. **32**, 61—74 (1962).

[33] ADAMS, J. J.: NASA T.N. D-905 (1961) 30 S.

[34] HASELTINE, W. R.: Aerospace Science 543—549 (1962).

[35] BELETZKI, V. V.: PMM **21**, 749—758 (1957).

[36] POSHARIZKI, G. K.: PMM **23**, 792/93 (1959).

[37] TABAROVSKI, A. M.: PMM **25**, 259—264 (1961).

[38] DUBOSCHIN, G. N.: IUTAM-Symposium, Paris 1962, 9 S.

[39] NAUMANN, R. J.: IUTAM-Symposium, Paris 1962, 35 S.

On the General Theory of Asymmetric Gyros

By

Giuseppe Grioli

Padova, Italy

1. Introduction

The problem of finding particular solutions of the general equations of gyrodynamics is generally less difficult if one looks for motions with given characteristic properties. In doing so one has the possibility to find solutions which have an evident kinematic and geometrical meaning, and this is interesting since it is possible to understand the significance of the corresponding motions.

One of the most interesting problems in dynamics of rigid bodies is the determination of the motions of precession, i.e. of the motions which involve the rotation about an axis which is itself rotating about an axis fixed in space. This problem includes, as a particular case, uniform and non-uniform rotations which will not be dealt with in the following.

I have studied the general problem of the motions of precession for an unsymmetrical rigid body of any shape, subjected to a certain set of external actives force. This case includes, in particular, the problem of the heavy top and that of the CORIOLIS and LORENTZ'forces.

The general problem is mathematically very difficult. After serveral attempts I became convinced that the least complicated approach is a method that at first sight seems to be less plain than others.

2. General Theory

I think that it is possible to achieve one's purpose by expressing the basic kinematic condition characterizing the motions of precession only by means of the components p, q, r of the angular velocity of the body with respect to a lefthanded coordinate system fixed in the body, although this approach seems at first sight less natural than that of postulating that the angle between a straight line fixed in the body and a line fixed in space be independent of time, which is the usual condition characterizing precession motions. It is possible to show that this condition is [1]

$$\frac{p\,\dot{q}-q\,\dot{p}+r\,(p^2+q^2)}{(p^2+q^2)\,\sqrt{p^2+q^2}}=\cot\vartheta, \tag{1}$$

where ϑ is a non-zero constant.

From (1) it follows that the necessary and sufficient condition for a rigid motion to be a precession is that every unit vector $\boldsymbol{u}$, independent of the time, can be represented in the form

$$\boldsymbol{u}=\frac{\sin\vartheta}{\sqrt{p^2+q^2}}\,[(f_1\,p+f_2\,q)\,\boldsymbol{i}+(f_1\,q-f_2\,p)\boldsymbol{j}]+f_3\,\boldsymbol{k}, \tag{2}$$

where $\boldsymbol{i},\boldsymbol{j},\boldsymbol{k}$ are the unit vectors of the reference system fixed in the body, ϑ the constant introduced in (1) and .

$$\left.\begin{aligned}
\cos\eta-\cot\vartheta\,\sin\eta\,\sin(\mu+c)&=f_1,\\
\frac{\sin\eta}{\sin\vartheta}\,\cos(\mu+c)&=f_2,\\
\cos\eta\cos\vartheta+\sin\vartheta\,\sin\eta\,\sin(\mu+c)&=f_3
\end{aligned}\right\} \tag{3}$$

with

$$\dot{\mu}=\frac{\sqrt{p^2+q^2}}{\sin\vartheta}. \tag{4}$$

In (3) η denotes the angle between $\boldsymbol{u}$ and the precession axis.

Let $\boldsymbol{\omega}$ be the angular velocity of the body, $\boldsymbol{V}$ an invariant space vector and σ the matrix of inertia with respect to the fixed point, whose components are the moments of inertia A,B,C and the products of inertia, A',B',C'. I assume that the ellipsoid of inertia is not an ellipsoid of revolution[1]. I will suppose that the basic vectorial equation of motion, expressing the theorem of angular momentum, is

$$\frac{d\sigma\,\boldsymbol{\omega}}{dt}=\boldsymbol{M}_0(\boldsymbol{\omega},\,V), \tag{5}$$

where $\boldsymbol{M}_0$ is a vectorial function of $\boldsymbol{\omega}$ and V, depending on the point O. Further I will assume that the function $\boldsymbol{M}_0$ is such that two first integrals exist: the integral of energy

$$\sigma\,\boldsymbol{\omega}\cdot\boldsymbol{\omega}=N(V), \tag{6}$$

and another first integral of the form

$$\sigma\,\boldsymbol{\omega}\cdot V=L(V). \tag{7}$$

In Eqs. (6) and (7), $N(V),L(V)$ are scalar functions of the vector V.

In order to determine the precessions it is convenient to express the vector V in the form (2). Then the right hand members of Eqs. (5),

---

[1] In the case that the ellipsoid of inertia is an ellipsoid of revolution, see [2].

(6), (7) depend only on p, q, r and f_1, f_2, f_3, and by means of (5) and (7) it is easy to express the time derivatives $\dot{p}$, $\dot{q}$ as well as r in the form

$$
\left.
\begin{aligned}
\dot{p} &= F_1(p, q, f_1, f_2, f_3), \\
\dot{q} &= F_2(p, q, f_1, f_2, f_3), \\
r &= F_3(p, q, f_1, f_2, f_3).
\end{aligned}
\right\}
\tag{8}
$$

Bearing in mind Eq. (4), one may put

$$
p = \dot{\mu} \sin\vartheta \sin\varphi, \quad q = \dot{\mu} \sin\vartheta \cos\varphi.
\tag{9}
$$

Substituting the expressions (8), (9) in (1) and in the energy Eq. (6) one finds two equations of the kind

$$
\left.
\begin{aligned}
\psi_1(\dot{\mu}, \varphi, \mu) &= 0, \\
\psi_2(\dot{\mu}, \varphi, \mu) &= 0.
\end{aligned}
\right\}
\tag{10}
$$

Necessary and sufficient condition that precessions exist is that the set of Eqs. (10) and of an independent dynamical equation or, better, of Eqs. (10) and the equation obtained from (1) by substituting p, q by their expressions (9), admits a solution.

The Eqs. (10) become simpler if the precession axis is parallel to V, as in this case $\eta = 0$ and (3) give constant values for f_1, f_2, f_3.

Some modifications of the above method may be necessary if $\vartheta = \pi/2$.

In the two interesting cases of a body subjected to gravity or to Coriolis and Lorentz forces or, more generally, to forces perpendicular to the velocity of the particles, the basic equations of dynamics of rigid bodies are of the kind (5), (6), (7).

It is well known that, in the case of the motion of a rigid body pivoted at a point O with negligible friction, one has

$$
\left.
\begin{aligned}
\boldsymbol{M}_0(\boldsymbol{\omega}, \boldsymbol{V}) &= m\,OG \times \boldsymbol{V}, \\
N(\boldsymbol{V}) &= 2(E_0 + m\,OG \cdot \boldsymbol{V}), \\
L(\boldsymbol{V}) &= h,
\end{aligned}
\right\}
\tag{11}
$$

where m, E_0, h are constants whose meaning is evident, V denotes the gravity acceleration, and G the center of gravity.

In the second case—Coriolis forces, etc.—one has

$$
\boldsymbol{M}_0 = -2 \int_C \gamma(P)\, OP \times (\boldsymbol{V} \times \boldsymbol{v})\, dC,
\tag{12}
$$

where $\gamma(P)$ is a scalar quantity and v the velocity of the typical element of the body. If V is the angular velocity of the Earth and γ the material density, one has the case of the Coriolis forces; if, instead, V denotes a magnetic field and γ an electrical density, one has the case of the Lorentz forces.

Let A^*, B^*, C^*, A'^*, B'^*, C'^* be the moments and products of inertia corresponding to the density $\gamma(P)$. Let σ^* be the corresponding matrix and $\lambda^* = A^* + B^* + C^*$. One can prove that, in the case of the motion of the body fixed at a point O with negligible friction and in the one of the motion about the centre of mass when the material mass and the fictitious mass of density $\gamma(P)$ have the same center of gravity, (12) becomes

$$M_0(\omega, V) = \omega \times (\lambda^* - 2\sigma^*)\, V. \tag{13}$$

The first integral (6) exists with $N(V) = 2E$, where E is a positive constant. Further, it is possible to show that also the first integral (7) exists, with

$$L(V) = h - \sigma^* V \cdot V, \tag{14}$$

where $h = \text{const.}$

In the particular cases of gravity and of CORIOLIS or LORENTZ forces, Eqs. (10) have the form

$$\left. \begin{aligned} a\,\dot{\mu}^2 + b\,\dot{\mu} + c = 0, \\ d\,\dot{\mu}^2 + e\,\dot{\mu} + f = 0, \end{aligned} \right\} \tag{15}$$

where a, b, c, d, e, f are independent of $\dot{\mu}$.

Let us note some results.

3. Case of the Heavy Top

A few years ago I have determined all of the motions of *regular* precession of a rigid heavy asymmetric body [2]. By *"regular* precession" I mean that the two component motions of rotation, the one around an axis f of the body and the one of this axis around an axis p in space, are both uniform rotations. My results have been generalized, for what regards the external forces, by SIGNORINI. Precession motions which are not regular are also possible. Particularly interesting on account of certain properties of the angular momentum are some kinds of non-regular precession motions belonging to the HESS motions.

Let us suppose that, for the fixed point O,

$$(A - B)\, C + A'^2 = 0, \qquad B' = C' = 0, \qquad A' \neq 0. \tag{16}$$

Then a class of precession motions exists for which the body turns about the straight line passing through O and the center of mass, G, which line is rotating itself about a horizontal axis ($\eta = \pi/2$). Further, one obtains $\vartheta = \pi/2$ and

$$r = \dot{\varphi} = \frac{A'}{C}\,\dot{\mu}\cos\varphi, \qquad \dot{\mu}^2 = \frac{2}{A}\,[E + \alpha \sin(\mu + c)], \tag{17}$$

where c and E are two arbitrary constants and $\alpha = m\,V\,|O\,G| > 0$. One can show that this class of motions characterizes all motions for which the direction of the angular momentum is invariable in space. Each one of these motions is composed of a Mlodzjejowsky motion and a rotation about an axis f passing through the center of mass.

There exists a second class of precession motions, whose axis of precession p is vertical ($\eta = 0$). The material constitution of the body must satisfy (16) for the fixed point O, and the motion is characterized by (2), (3), (4) and by the equations

$$\left. \begin{array}{ll} \dot\mu = -\sqrt{\dfrac{\alpha}{A\cos\vartheta}}, & r = -\cos\vartheta\,\dot\mu + \dot\varphi, \\[2ex] \dot\varphi = \dot\mu\left[\cos\vartheta + \dfrac{A'}{C}\sin\vartheta\cos\varphi\right], & \cos\vartheta > 0. \end{array} \right\} \tag{18}$$

It is possible to show that the necessary and sufficient condition for the angular momentum to be the resultant of two vectors, one of which is invariable in space, the other in the body, is that the motion coincides with one of the above precessions.

4. Case of the Coriolis or Lorentz Forces

In the case of Coriolis forces there is no motion of regular precession. Not so for Lorentz forces. From the constancy of the kinetic energy and of the modulus of the angular velocity for every regular precession it follows that the axis of the rolling cone must coincide with one of the two straight lines which are perpendicular to the planes of the circular sections of the ellipsoid of inertia and that r must be zero. Therefore,

$$A - B = 0, \quad B' = C' = 0, \quad A' \neq 0. \tag{19}$$

If, in addition, the conditions

$$(2A^* - C^*)A' - 2AA'^* = 0, \quad B'^* = C'^* = 0, \quad A^* = B^* \tag{20}$$

are satisfied, then it is possible to show that a class of motions of regular precessions exists, having the axis of precession parallel to the magnetic field V and characterized by the equations

$$\ddot p + \varrho^2 p = 0, \quad \ddot q + \varrho^2 q = 0, \quad r = 0;$$

$$V = -\frac{A'}{2A'^*}\,\omega + V\cos\vartheta\,k.$$

In (21) ϱ is an arbitrary constant.

Motions of non-regular precession also exist. Particularly, one can show that in the case of Coriolis forces the only precession motions, having p parallel to the axis of rotation of the Earth and f coinciding with a principal axis of inertia through O are characterized by the equations

$$p = -V \sin\varphi, \quad q = -V \cos\varphi, \quad r = \dot\varphi, \quad \vartheta = \frac{\pi}{2},$$

$$\dot\varphi^2 = -\frac{1}{C}[2E - V^2(A \sin^2\varphi + B \cos^2\varphi)],$$

$$\boldsymbol{V} = -V(\sin\varphi\,\boldsymbol{i} + \cos\varphi\,\boldsymbol{j}),$$

where $E > O$ is the constant kinetic energy. It is easy to understand the kinematic significance of such motions.

References

[1] GRIOLI, G.: Sul moto di un corpo rigido asimmetrico soggetto a forze di potenza nulla. Rend. Seminario Mat. Univ. Padova, XXVII, 90—102 (1957).
[2] GRIOLI, G: Moto attorno al baricentro di un giroscopio sogetto a forze di potenza nulla. Rend. di Mat. e delle sue applicazioni, fasc. III—IV, 1—26 (1947).
[3] GRIOLI, G.: Precessioni regolari di un solido pesante asimmetrico. Rend. Accad. Naz. Lincei, Classe Sci. fis., mate. e nat., VIII, IV, fasc. 4, 420—423 (1948).

Über die Poinsot-Bewegung eines gyroskopischen Systems, das aus zwei starren Körpern besteht

Von

Horst Leipholz

Stuttgart, Deutschland

1. Einleitung

Das gyroskopische System bestehe aus einem starren, hohlen Körper, künftig Kasten genannt, und aus rotierenden Teilen, die im Innern des Kastens auf einer reibungsfrei gelagerten Achse aufgebracht sind und künftig Rotor genannt seien. Der Rotor sei im Kasten so gelagert, daß die Drehachse des Rotors durch die Schwerpunkte S_R, S_K, S_G von Rotor, Kasten und Gesamtsystem geht und daß sie Trägheitshauptachse sowohl für den Rotor als auch für den Kasten und damit auch für das Gesamtsystem ist.

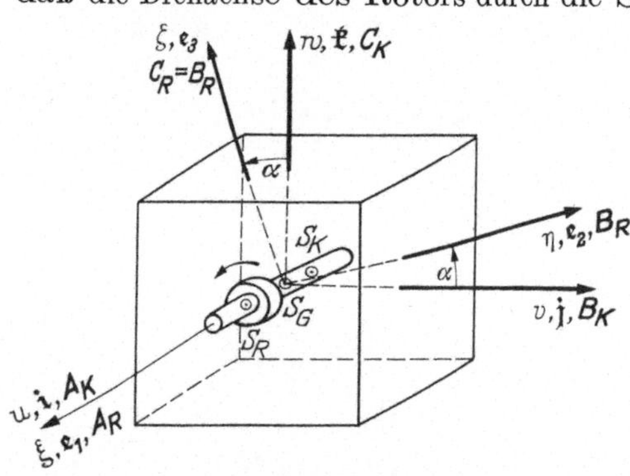

Abb. 1. Bezugssysteme

Es werden zwei Bezugssysteme mit gemeinsamem Ursprung in S_G eingeführt: das (u, v, w)-System (Einheitsvektoren i, j, k) ist mit dem Kasten fest verbunden, das (ξ, η, ζ)-System (Einheitsvektoren e_1, e_2, e_3) mit dem Rotor (Abb. 1). Die Achsen u und ξ fallen mit der Rotorachse zusammen. Beide Achsensysteme sollen Hauptachsensysteme für die Körper sein, mit denen sie fest verbunden sind. Die Hauptträgheitsmomente bezüglich dieser Systeme seien für den Kasten A_K, B_K, C_K und für den Rotor A_R, B_R, C_R. Für den Rotor soll stets Symmetrie bezüglich seiner Drehachse gelten, so daß immer $B_R = C_R$ ist.

Gegenüber einem Intertialsystem sei die Bewegung des Kastens durch $w = (w_u, w_v, w_w)$ und die des Rotors durch $o = (O_u, O_v, O_w)$

festgelegt. Die Komponenten dieser beiden Drehgeschwindigkeitsvektoren sind im (u, v, w)-System gemessen. Die Drehgeschwindigkeit des (η, ζ)-Kreuzes gegenüber dem (v, w)-Kreuz ist $\dot\alpha = O_u - w_u$, so daß $v = w + \dot\alpha\, i$ gilt, woraus $o = (O_u, O_v, O_w) = (w_u + \dot\alpha, w_v, w_w) = (O_u, w_v, w_w)$ folgt.

Ist das Gesamtsystem kräftefrei, dann ist das Moment bezüglich S_G gleich Null, und der Drallsatz gibt für den Gesamtdrall D_G, welcher die

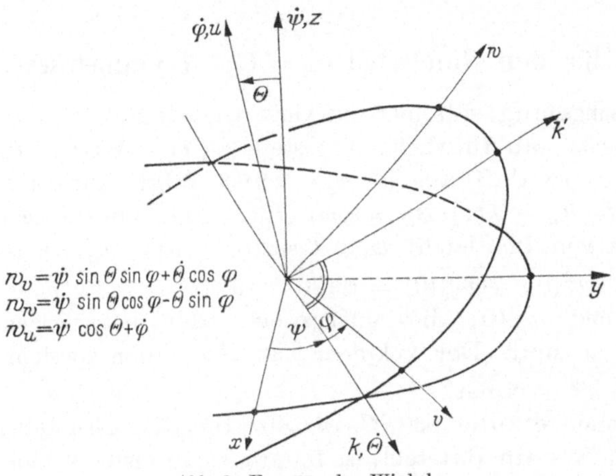

Abb. 2. Eulersche Winkel

Summe aus D_K (Drall des Kastens) und D_R (Drall des Rotors) ist, $dD_G/dt = 0$, woraus sofort

$$\frac{dD_K}{dt} = -\frac{dD_R}{dt} \tag{1}$$

folgt. Rechnet man (1) bezüglich des bewegten (u, v, w)-Systems aus, setzt noch ein für allemal $O_u = \text{const}$ fest und führt die Bezeichnungen $B_G = B_K + B_R$, $C_G = C_K + C_R$, $D_R = A_R O_u = \text{const}$ ein, so erhält man

$$\left.\begin{aligned}
A_K \dot w_u + (C_G - B_G)\, w_v\, w_w &= 0, \\
B_G \dot w_v + (A_K - C_G)\, w_w\, w_u &= -D_R w_w, \\
C_G \dot w_w + (B_G - A_K)\, w_v\, w_u &= D_R w_v.
\end{aligned}\right\} \tag{2}$$

Das Gleichungssystem (2) kann als die Eulerschen Gleichungen eines „Ersatzkreisels" mit drehzahlabhängiger Selbsterregung aufgefaßt werden. Sein Trägheitstensor bezüglich S_G im (u, v, w)-System hat eine *Diagonalmatrix* mit den Elementen A_K, B_G, C_G. Das auf den Ersatzkreisel wirkende Moment ist drehzahlabhängig und hat die Komponentendarstellung $M = (0, -D_R w_w, D_R w_v)$; es ist ein in der Äquatorebene (v, w) des Ersatzkreisels umlaufender Vektor.

Im Stützpunkt S_G des Ersatzkreisels sei noch das raumfeste Achsenkreuz (x, y, z) errichtet (Abb. 2). Ihm gegenüber wird die Lage des Kreisels in bekannter Weise durch die EULERschen Winkel festgelegt:

$$\left. \begin{aligned} w_v &= \dot\psi \sin\Theta \sin\varphi + \dot\Theta \cos\varphi, \\ w_w &= \dot\psi \sin\Theta \cos\varphi - \dot\Theta \sin\varphi, \\ w_u &= \dot\psi \cos\Theta + \dot\varphi. \end{aligned} \right\} \tag{3}$$

2. Lösung für den Sonderfall $B_K = C_K$ (symmetrischer Kasten)

Der Lösungsgang soll hier nur kurz angedeutet werden; er ist an anderer Stelle ausführlich dargestellt [1]. Wegen $B_K = C_K$ ist $C_G - B_G = 0$, so daß aus (2) $w_u = $ const folgt. Mit der Abkürzung $v = [(A_K - B_G)w_u + D_R]:B_G = $ const erhält man aus den beiden letzten Gleichungen von (2) leicht $w_v = W \sin(\sigma - v\,t)$, $w_w = W \cos(\sigma - v\,t)$ mit $W = \sqrt{w_v^2(0) + w_w^2(0)} = $ const, $\tan\sigma = w_v(0)/w_w(0) = $ const, wo $w_v(0)$ und $w_w(0)$ die Anfangswerte der betreffenden Komponenten von w sind. Der Vektor w hat also einen konstanten Betrag $|w| = \sqrt{w_u^2 + W^2} = $ const.

Nach Voraussetzung ist $d D_G/dt = 0$; da dies eine Differentiation im absoluten System darstellt, ist D_G ein raumfester Vektor mit konstantem Betrag. Anstatt $D_G = D_K + D_R$ zu verwenden, sei jetzt die Darstellung $D_G = D_K^* + D_R^*$ benutzt, wo $D_K^* = A_K w_u \, i + B_G w_v \, j + C_G w_w \, k$ und $D_R^* = A_R O_u \, i = D_R \, i$ ist. Es ist D_K^* der Drall des Ersatzkreisels. Er hat, ebenso wie D_R^*, konstanten Betrag

$$|D_K^*| = \sqrt{A_K^2 w_u^2 + B_G^2(w_v^2 + w_w^2)} = \sqrt{A_K^2 + B_G^2 W^2} = \text{const}, \tag{4}$$

$$|D_R^*| = D_R = \text{const},$$

doch sind beide Vektoren *nicht raumfest*. Es gilt noch

$$D_G^2 = (D_K^* + D_R^*)^2, \qquad |D_G|^2 = |D_K^*|^2 + 2 A_K w_u D_R + D_R^2 = \text{const}. \tag{5}$$

Jetzt sei die Lösung auf ein raumfestes (x, y, z)-System bezogen, das so gelegt sei, daß seine z-Achse mit D_G zusammenfällt, Dann bildet die u-Achse mit der z-Achse den konstanten Winkel Θ, denn es ist $D_G \, i = |D_K^* + D_R^*| \cos\Theta = A_K w_u + D_R = $ const, woraus wegen (5)

$$\cos\Theta = \frac{A_K w_u + D_R}{|D_G|} = \frac{D_{Gu}}{|D_G|}, \qquad \sin\Theta = \frac{B_G W}{|D_G|}, \tag{6}$$

also $\Theta = \Theta_0 = $ const folgt. Aus (3) erhält man $\dot\psi = W/\sin\Theta$, was wegen (6)

$$\psi(t) = \frac{|D_G|}{B_G} t + \psi_0 \tag{7}$$

ergibt. Ebenso erhält man mittels (6) und (7) aus (3) $\dot{\varphi} = \dfrac{(B_G - A_K)\,w_u - D_R}{B_G}$

$\doteq -\nu$, woraus $\varphi(t) = -\nu t + \varphi_0$ folgt. Die allgemeinste Bewegung des symmetrisch vorausgesetzten Ersatzkreisels ist also eine reguläre Präzession mit $\dot{\psi}$.

3. Die anschauliche Deutung der in Ziffer 2 betrachteten Bewegung des symmetrischen Ersatzkreisels

Zuerst sei die Betrachtung im körperfesten (u, v, w)-System durchgeführt (Abb. 3).

Die u-Komponenten der Vektoren w, D_K^* und $D_G = D_K^* + D_R^*$ sind

$$w_u,\ D_{Ku}^* = A_K w_u,\ D_{Gu} = D_{Ku}^* + D_{Ru}^* = D_{Ku}^* + D_R = A_K w_u + D_R$$

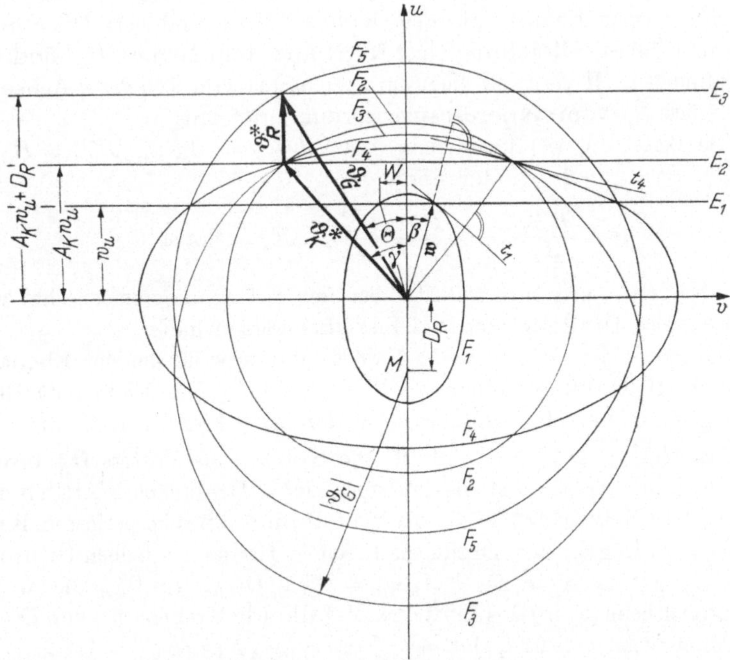

Abb. 3. Deutung im körperfesten System

und daher alle konstant. Die Spitzen dieser Vektoren müssen sich also in den körperfesten Ebenen E_1, E_2 und E_3 bewegen.

Es ist

$$D_K^*\, w = A_K\, w_u^2 + B_G(w_v^2 + w_w^2) = A_K\, w_u^2 + B_G W^2 = F_1 = \text{const.} \quad (8)$$

Faßt man w_u, w_v und w_w als Variable auf, so stellt (8) die Gleichung des dem Poinsot-Ellipsoid ähnlichen Energieellipsoids des Ersatzkreisels

3*

dar, auf dessen Oberfläche sich die Spitze des Drehvektors bewegt. Die Schnittkurve der Ebene E_1 mit dem Rotationsellipsoid F_1 ist ein Kreis und stellt, als der geometrische Ort, auf dem sich die Spitze von w im Ersatzkreisel bewegt, die körperfeste Polkurve dar. Ihr Radius ist $W = \sqrt{w_v^2 + w_w^2}$. Der Vektor w bildet bei seiner Bewegung im Körper die Mantellinien des körperfesten Polkegels, der ein Kreiskegel ist und für dessen halben Öffnungswinkel β die Beziehung $\tan\beta = W/w_u$ gilt.

Nach (4) ist

$$D_K^{*2} = D_{Ku}^{*2} + D_{Kv}^{*2} + D_{Kw}^{*2} = A_K^2 w_u^2 + B_G^2 W^2 = F_2 = \text{const}, \qquad (9)$$

und es ist

$$D_G^2 = (D_{Ku}^* + D_R)^2 + D_{Kv}^{*2} + D_{Kw}^{*2} = F_3 = \text{const}. \qquad (10)$$

Faßt man jetzt D_{Ku}^*, D_{Kv}^* und D_{Kw}^* als Variable auf, so stellt (9) die Gleichung einer Kugel mit dem Radius $|D_K^*|$ und dem Mittelpunkt in O und (10) die Gleichung einer Kugel mit dem Radius $|D_G|$ und dem Mittelpunkt in M dar; M liegt auf dem negativen Teil der u-Achse um das Stück D_R vom Koordinatenursprung entfernt.

Die Beziehung (8) kann man wegen $D_{Ku}^* = A_K w_u$, $D_{Kv}^* = B_G w_v$, $D_{Kw}^* = B_G w_w$ auch in der Form

$$\frac{D_{Ku}^{*2}}{A_K} + \frac{D_{Kv}^{*2}}{B_G} + \frac{D_{Kw}^{*2}}{B_G} = F_4 = \text{const} \qquad (11)$$

schreiben, und man hat mit (11) das hier rotationssymmetrische MAC-CULLAGHsche Drallellipsoid des Ersatzkreisels erhalten.

Die Spitze des Vektors D_K^* bewegt sich sowohl auf der Ebene E_2 als auch auf den Oberflächen von F_2, F_3 und F_4, die sich in einer ihnen allen gemeinsamen Raumkurve schneiden, die hier ein Kreis mit dem Radius $\sqrt{D_{Kv}^{*2} + D_{Kw}^{*2}} = B_G W$ ist. Die Spitze des Vektors D_K^* bewegt sich im Ersatzkreisel auf diesem Kreis, der „Drallhodie 1. Art" heißen soll, und der Vektor D_K^* bildet die Mantellinien eines körperfesten Kreiskegels, des „Kegels der Drallhodie 1. Art"; für seinen halben Öffnungswinkel γ gilt $\tan\gamma = B_G W/A_K w_u = D_{KE}^*/D_{Ku}$, wo D_{KE}^* die in die Äquatorialebene (v, w) des Ersatzkreisels fallende Komponente von D_K^* ist.

Es sei noch erwähnt, daß $w = \frac{1}{2} \operatorname{grad}_{(D_{Ki}^*)} F_4$ und $D_K^* = \frac{1}{2} \operatorname{grad}_{(w_i)} F_1$ ist, was man anhand von (11) und (8) nachrechnen kann. Das bedeutet aber: der Vektor w steht senkrecht zur Tangentialebene des MACCULLAGHschen Drallellipsoids, die im Endpunkt des zu w entsprechenden Drallvektors D_K^* aufgespannt wird, und umgekehrt steht der zu w gehörende Drallvektor D_K^* senkrecht zur Tangentialebene des Energieellipsoids im Endpunkt von w.

Man kann aber auch $D_G^2 = D_{Gu}^2 + D_{Gv}^2 + D_{Gw}^2 = F_5 = \text{const}$ schreiben. Mit den Variablen D_{Gu}, D_{Gv} und D_{Gw} stellt dies die Gleichung einer Kugel mit dem Radius $|\boldsymbol{D}_G|$ und dem Mittelpunkt in O dar. Die Spitze des Vektors $\boldsymbol{D}_G$ bewegt sich also gleichzeitig auf der Ebene E_3 und der Kugel F_5 und damit in deren Schnitt, einem körperfesten Kreis mit dem Radius $B_G\,W$, der „Drallhodie 2. Art". Entsprechend bildet $\boldsymbol{D}_G$ die Mantellinien eines körperfesten Kreiskegels, des „Kegels der Drallhodie 2. Art", für dessen halben Öffnungswinkel Θ

$$\tan\Theta = \frac{B_G\,W}{A_K\,w_u + D_R} = \frac{D_{GE}}{D_{Gu}} \tag{12}$$

gilt, wo D_{GE} die in die Äquatorialebene (v, w) des Ersatzkreisels fallende Komponente und D_{Gu} die u-Komponente des Dralles $\boldsymbol{D}_G$ ist. Es ist aber $\cos\Theta = (1 + \tan^2\Theta)^{-\frac{1}{2}}$, so daß man wegen (12)

$$\cos\Theta = \frac{A_K\,w_u + D_R}{\sqrt{(A_K\,w_u + D_R)^2 + B_G^2\,W^2}} = \frac{D_{Gu}}{|\boldsymbol{D}_G|}$$

erhält, was die Übereinstimmung mit (6) bringt.

Damit ist das Verhalten der Vektoren w, $\boldsymbol{D}_K^*$ und $\boldsymbol{D}_G$ im körperfesten System des Ersatzkreisels völlig beschrieben.

Jetzt sei die Betrachtung im raumfesten (x, y, z)-System durchgeführt. Hierfür sind die Beziehungen (8) $\boldsymbol{D}_K^*\,w = F_1 =$ const und (5) $\boldsymbol{D}_G^2 = (\boldsymbol{D}_K^* + \boldsymbol{D}_R^*)^2 =$ const von Bedeutung. (8) steht im Zusammenhang mit dem Energiesatz, denn aus (8) entnimmt man mittels des Ausdrucks für die kinetische Energie $T = \frac{1}{2}(A_K\,w_u^2 + B_G\,W^2 + D_R\,O_u)$ die Beziehung $\boldsymbol{D}_K^*\,w = 2T - D_R\,O_u =$ const.

Beachtet man, daß $\Theta =$ const ist, wenn $\boldsymbol{D}_G = \boldsymbol{D}_K^* + \boldsymbol{D}_R^*$ mit der raumfesten z-Achse zusammenfällt, so ergeben sich die Verhältnisse der Abb. 4.

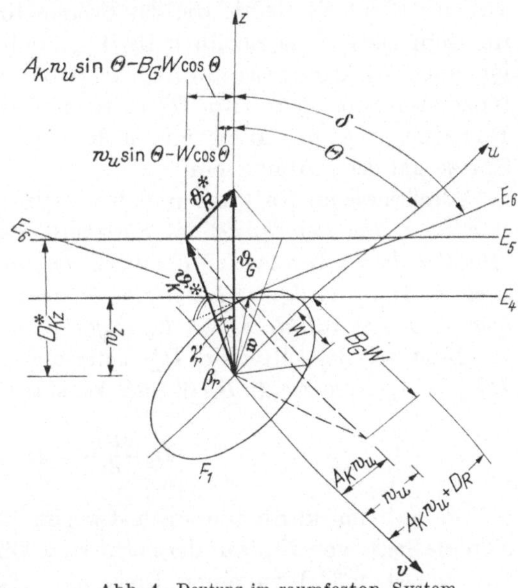

Abb. 4. Deutung im raumfesten System

Zuerst sei wieder der Vektor w untersucht. Es ist hier wegen $D_R =$ const nicht nur $\boldsymbol{D}_K^*\,w$, sondern auch

$$\boldsymbol{D}_G\,w = (\boldsymbol{D}_K^* + \boldsymbol{D}_R^*)\,w = (A_K\,w_u + D_R)\,w_u + B_G\,W^2 =\text{const.}$$

Daraus folgt wegen $d\boldsymbol{D}_G/dt = 0$ noch

$$\boldsymbol{D}_G\frac{d\boldsymbol{w}}{dt} = 0. \tag{13}$$

Berücksichtigt man, daß $w_z = w_u \cos\Theta + W \sin\Theta$ von konstantem Betrag ist, so entnimmt man aus (13), daß sich die Spitze von $\boldsymbol{w}$ im (x, y, z)-System auf der raumfesten Ebene E_4, die senkrecht zu $\boldsymbol{D}_G$ ist, in einem Kreis, der Spurkurve, bewegen muß. Der Vektor $\boldsymbol{w}$ bildet dabei die Mantellinien des raumfesten Spurkegels. Der Radius des Spurkreises ist $w_u \sin\Theta - W \cos\Theta$, und für dessen halben Öffnungswinkel β_r gilt

$$\tan\beta_r = \frac{w_u \sin\Theta - W \cos\Theta}{w_u \cos\Theta + W \sin\Theta} = \frac{|\boldsymbol{w} \times \boldsymbol{D}_G|}{\boldsymbol{w}\,\boldsymbol{D}_G}.$$

Die räumliche Bewegung des Systems besteht aus dem Abrollen des körperfesten Polkegels des Ersatzkreisels auf dem raumfesten Spurkegel des Ersatzkreisels.

Aus $\boldsymbol{D}_K^* = \frac{1}{2}\mathrm{grad}_{(w_i)} F_1$ folgt, daß der Vektor $\boldsymbol{D}_K^*$ immer senkrecht auf der Ebene E_6 steht, die das Energieellipsoid des Ersatzkreisels F_1 im Endpunkt von $\boldsymbol{w}$ berührt. Da $\boldsymbol{D}_K^*$ jedoch kein raumfester Vektor ist, ist auch E_6 keine raumfeste, invariable Ebene, sondern E_6, deren Normalenvektor stets mit $\boldsymbol{D}_K^*$ zusammenfällt, wird von $\boldsymbol{D}_K^*$ bei dessen Bewegung mitgenommen und hüllt einen *invariablen Kegel* mit der Spitze auf der z-Achse ein.

Ähnlich wie im Fall des kräftefreien symmetrischen Kreisels hat man den Satz: *Die Bewegung des Körpersystems ,,Kasten-Rotor`` besteht im Abrollen des Polkegels des Ersatzkreisels auf dem Spurkegel des Ersatzkreisels. Dabei wird das körperfeste Energieellipsoid des Ersatzkreisels so bewegt, daß es auf dem von E_6 eingehüllten invariablen Kegel abrollt.*

Jetzt sei der Vektor $\boldsymbol{D}_K^*$ untersucht. Da seine z-Komponente $D_{KZ}^* = A_K w_u \cos\Theta + B_G W \sin\Theta$ konstant ist, muß

$$\boldsymbol{D}_G\frac{d\boldsymbol{D}_K^*}{dt} = 0 \tag{14}$$

gelten, und man kann hieraus und wegen $|\boldsymbol{D}_K^*| = \mathrm{const}$ schließen, daß sich die Spitze von $\boldsymbol{D}_K^*$ auf der raumfesten Ebene E_5, die zu $\boldsymbol{D}_G$ senkrecht ist, bewegt und dort einen Kreis, die ,,Herpodrallhodie 1. Art`` beschreibt. Der Vektor $\boldsymbol{D}_K^*$ bildet wieder die Mantellinien eines Kreiskegels, des ,,Kegels der Herpodrallhodie 1. Art``. Der Radius dieses Kreises ist durch $A_K w_u \sin\Theta - B_G W \cos\Theta$ gegeben, so daß für den halben Öffnungswinkel γ_r des Kegels

$$\tan\gamma_r = \frac{A_K w_u \sin\Theta - B_G W \cos\Theta}{A_K w_u \cos\Theta + B_G W \sin\Theta} = \frac{|\boldsymbol{D}_K^* \times \boldsymbol{D}_G|}{\boldsymbol{D}_K^*\,\boldsymbol{D}_G}$$

gilt. Hieraus folgt für den halben Öffnungswinkel δ des invariablen Kegels (der Komplementwinkel von γ_r ist):

$$\delta = \frac{\pi}{2} - \gamma_r \quad \text{bzw.} \quad \tan \delta = \cot \gamma_r = \frac{D_K^* \, D_G}{|D_K^* \times D_G|} \, .$$

Die Bewegung des Drallvektors des Ersatzkreisels D_K^* im Raum entsteht durch das Abrollen des körperfesten Kegels der Drallhodie 1. Art auf dem raumfesten Kegel der Herpodrallhodie 1. Art, wobei die Wirkungslinie von D_K^* mit der momentanen Drehachse dieser Abrollbewegung zusammenfällt.

Zuletzt sei der Vektor D_G betrachtet. Hierdurch findet man eine Verallgemeinerung der von Poinsot gegebenen Deutung der kräftefreien Kreiselbewegung.

Die Drallkugel F_3 ist, ebenso wie der Kegel der Drallhodie 1. Art, im Ersatzkreisel körperfest; beide sind also miteinander verbunden, ja die Drallhodie 1. Art ist sogar der Schnitt dieser beiden Flächen. Daraus folgt, daß sich F_3 mit dem Kegel der Drallhodie 1. Art mitbewegt. Aus (14) entnimmt man, daß die Änderung dD_K^*/dt des Vektors D_K^* immer

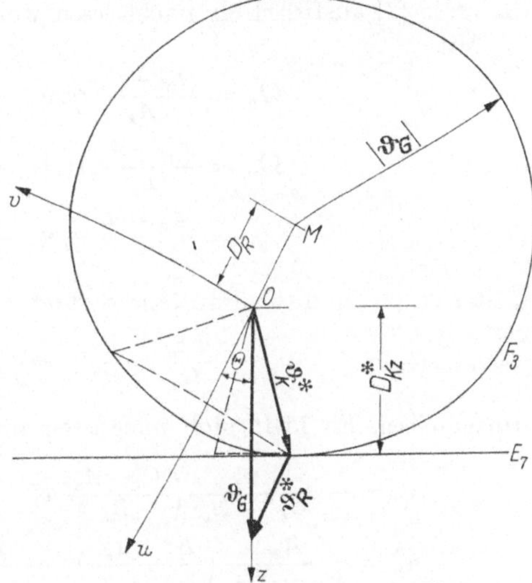

Abb. 5. Drallkegel und invariable Ebene

senkrecht zu D_G steht. Da der Endpunkt von D_K^* stets auf F_3 liegt, muß dD_K^*/dt aber in einer Tangentialebene von F_3 liegen, die wegen (14) senkrecht zum raumfesten Vektor D_G ist. Und wirklich findet man aus (10)

$$D_G = (D_{Gu} \equiv D_{Ku}^* + D_R, \; D_{Gv} \equiv D_{Kv}^*, \; D_{Gw} \equiv D_{Kw}^*)$$

$$= \frac{1}{2}\left(\frac{\partial F_3}{\partial D_{Ku}^*}, \; \frac{\partial F_3}{\partial D_{Kv}^*}, \; \frac{\partial F_3}{\partial D_{Kw}^*}\right) = \frac{1}{2}\,\text{grad}_{(D_{Ki}^*)}\,F_3 \, ,$$

was die vorhergehende Überlegung bestätigt. Da außerdem noch die z-Komponente von D_G, $D_{Gz} = \dfrac{D_K^* \, D_G}{|D_G|} = $ const und D_G raumfest ist, stellt die besagte Tangentialebene die *invariable Ebene E_7* dar (Abb. 5). Bei der Bewegung des Kegels der Drallhodie 1. Art wird die fest mit ihm verbundene Kugel F_3 mitgenommen und rollt auf dieser invariablen Ebene ab. Man hat daher den Satz: *So wie das Abrollen des Polkegels des Ersatzkreisels auf dem Spurkegel desselben das Abrollen des Energie-*

ellipsoids F_1 des Ersatzkreisels auf einem invariablen Kegel zur Folge hat, so hat das Abrollen des Kegels der Drallhodie 1. Art des Ersatzkreisels auf dem Kegel der Herpodrallhodie 1. Art desselben das Abrollen der Drallkugel F_3 des Ersatzkreisels auf einer invariablen Ebene E_7 zur Folge.

4. Lösung für den allgemeinen Fall $B_K \neq C_K$ (unsymmetrischer Kasten)

Auch hier soll der Lösungsgang wieder nur kurz angedeutet werden, da er in [1] ausführlich nachgelesen werden kann. Mit

$$\left.\begin{aligned}
\Omega_u &= \frac{B_G - C_G}{A_K}\, w_v w_w, \\[2mm]
\Omega_v &= \frac{C_G - A_K}{B_G}\, w_w w_u - \frac{D_R}{B_G}\, w_w, \\[2mm]
\Omega_w &= \frac{A_K - B_G}{C_G}\, w_v w_u + \frac{D_R}{C_G}\, w_v
\end{aligned}\right\} \tag{15}$$

läßt sich (2) in das simultane System

$$\frac{dw_u}{\Omega_u} = \frac{dw_v}{\Omega_v} = \frac{dw_w}{\Omega_w} = dt$$

umschreiben. Es läßt sich integrieren und liefert

$$\left.\begin{aligned}
w_v^2 &= -\frac{A_K}{C_G - B_G}\left(\frac{C_G - A_K}{B_G}\, w_u^2 - \frac{2 D_R}{B_G}\, w_u + \text{const}\right), \\[2mm]
w_w^2 &= \frac{A_K}{C_G - B_G}\left(\frac{B_G - A_K}{C_G}\, w_u^2 - \frac{2 D_R}{C_G}\, w_u + \text{const}\right).
\end{aligned}\right\} \tag{16}$$

Mit Hilfe von (16) kann man Ω_u mittels der ersten Zeile von (15) als Funktion von w_u allein ausdrücken, so daß man als drittes Integral $t = \int_{w_u(0)}^{w_u} \dfrac{dw_u}{\Omega_u(w_u)}$ erhält.

Zur Bestimmung der Lage im Raum werden die Komponenten $\gamma_1, \gamma_2, \gamma_3$ des lotrechten Einheitsvektors k_Z verwendet (Abb. 6). Aus $dk_Z/dt = k_Z \times w$ folgt

$$\dot\gamma_1 = \gamma_2 w_w - \gamma_3 w_v = \Gamma_1,$$

$$\dot\gamma_2 = \gamma_3 w_u - \gamma_1 w_w = \Gamma_2,$$

$$\dot\gamma_3 = \gamma_1 w_v - \gamma_2 w_u = \Gamma_3,$$

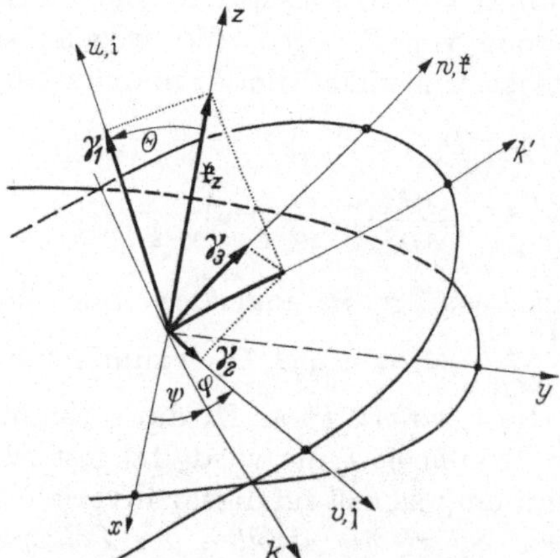

Abb. 6. Komponenten des Einheitsvektors k.

was zusammen mit (2) sich als das simultane System

$$\frac{dw_u}{\Omega_u} = \frac{dw_v}{\Omega_v} = \frac{dw_w}{\Omega_w} = \frac{d\gamma_1}{\Gamma_1} = \frac{d\gamma_2}{\Gamma_2} = \frac{d\gamma_3}{\Gamma_3} \tag{17}$$

schreiben läßt. Auch für (17) existiert eine strenge Lösung, die hier im einzelnen nicht vorgeführt werden soll. Für das Folgende seien die vier Integrale

$$f_1 = \boldsymbol{D}_K^* \, \boldsymbol{w} = c_1 = \text{const}, \qquad f_2 = \boldsymbol{D}_G^2 - D_R^2 = c_2 = \text{const},$$

$$f_3 = \boldsymbol{k}_Z = 1 = \text{const}, \qquad f_4 = \boldsymbol{D}_G \, \boldsymbol{k}_Z = D_{GZ} = \text{const}$$

hingeschrieben, deren Existenz ohne Rechnung schon allein aus mechanischen Überlegungen heraus feststeht.

5. Die anschauliche Deutung der Bewegung im unsymmetrischen Fall

Zunächst sei der Vektor $\boldsymbol{w}$ im körperfesten (u, v, w)-System betrachtet. Aus $f_1 = \boldsymbol{D}_K^* \, \boldsymbol{w} = c_1$ folgt, daß die Spitze des Drehgeschwindigkeitsvektors $\boldsymbol{w}$ sich stets auf dem körperfesten Poinsot-Ellipsoid $f_1 = A_K \, w_u^2 + B_G \, w_v^2 + C_G \, w_w^2 = c_1$ des Ersatzkreisels bewegt. Aus $f_2 = \boldsymbol{D}_G^2 - D_R^2 = c_2$ folgt andererseits, daß sich die Spitze von $\boldsymbol{w}$ aber auch auf dem körperfesten Ellipsoid $(A_K \, w_u + D_R)^2 + B_G^2 \, w_v^2 + C_G^2 \, w_w^2 = c_2 + D_R^2$ befinden muß. Dieses zweite Ellipsoid erhält man, wenn man das Ellipsoid $A_K^2 \, w_u^2 + B_G^2 \, w_v^2 + C_G^2 \, w_w^2 = c_2 + D_R^2$ mit seinem Mittelpunkt aus dem Ursprung des Achsenkreuzes um D_R/A_K entlang der negativen w_u-Achse verschiebt.

Die körperfeste Bahn der Drehvektorspitze, also die Polkurve, ist eine Raumkurve, die sich aus dem Schnitt der beiden Ellipsoide ergibt. Da die Ellipsoide nicht mehr rotationssymmetrisch sind, sind die Schnittkurven algebraische Raumkurven vierter Ordnung. Wofern der Schnitt aus zwei getrennten Kurvenzügen besteht, folgt hieraus die Periodizität der Komponenten von $\boldsymbol{w}$. Ebenso ist zur Polkurve ein körperfester Polkegel gehörig, der kein Kreiskegel mehr, sondern ein allgemeiner Kegel vierter Ordnung ist.

Jetzt sei der Vektor $\boldsymbol{w}$ im raumfesten Koordinatensystem betrachtet. Auch der raumfeste Spurkegel, dessen Mantellinien durch $\boldsymbol{w}$ gebildet werden, ist hier ein Kegel höherer Ordnung. Denn der Vektor $\boldsymbol{w}$ bildet weder mit der körperfesten u-Achse einen konstanten Winkel β, da hier $\cos\beta = w_u/|\boldsymbol{w}| \neq \text{const}$ ist, noch bildet jetzt die körperfeste u-Achse mit der raumfesten z-Achse einen konstanten Winkel Θ. Daher ändert sich auch ständig der Winkel, den $\boldsymbol{w}$ mit der z-Achse bildet, wodurch die Gestalt des Spurkegels bestimmt wird. Erhalten bleibt dagegen die Beziehung

$$\boldsymbol{D}_K^* = (D_{Ku}^*, D_{Kv}^*, D_{Kw}^*) = \frac{1}{2}\left(\frac{\partial f_1}{\partial w_u}, \frac{\partial f_1}{\partial w_v}, \frac{\partial f_1}{\partial w_w}\right) = \frac{1}{2}\,\text{grad}_{(w_i)}\,f_1,$$

so daß auch hier wieder der Drallvektor D_K^* des Ersatzkreisels senkrecht zur Tangentialebene des Ellipsoids f_1 im Endpunkt von w steht.

Da aber D_K^* im Raum nicht konstant ist, nimmt D_K^* diese Tangentialebene bei seiner Bewegung mit, und es wird eine Strahlfläche eingehüllt. Die Erzeugenden dieser Strahlfläche sind die durch die raumfeste Spurkurve (raumfester Ort der w-Spitzen) und zugleich senkrecht durch D_K^* gehenden Tangenten des Energieellipsoids f_1. Diese Tangenten schneiden auf D_K^* das vom Koordinatenursprung aus gemessene Stück $|x| = \dfrac{D_K^*\,w}{|D_K^*|}$ ab, das veränderlich ist, und ihre Schnittpunkte mit D_K^* bilden eine Leitkurve der Strahlfläche, deren Gleichung $x = \dfrac{D_K^*\,w}{D_K^{*\,2}}\,D_K^*$ lautet. An die Stelle des invarianten Kegels von Ziffer 3 (symmetrischer Fall) tritt hier die Strahlfläche $\Phi = x(1-p) + p\,w$, wo p ein Parameter ist. Man kann daher den Satz aussprechen: *Die Bewegung des Kreiselsystems erfolgt so, als ob das Energieellipsoid des Ersatzkreisels auf der Strahlfläche Φ abrollt, deren Leitkurve x und deren Erzeugenden die senkrecht durch D_K^* und durch die Spurkurve von w gehenden Tangenten von f_1 sind; dabei ist die Spitze des Drehvektors w Momentanpol und die Wirkungslinie des Drehvektors die Momentanachse dieser Abrollbewegung, deren Geschwindigkeit durch den Betrag von w gegeben ist.*

Nun sei die Betrachtung für den Drall durchgeführt (Abb. 7). An Aussagen stehen $f_2 + D_R^2 = c_2 + D_R^2 = D_G^2$ und $f_4 = D_G\,k_Z = c_4$ zur Verfügung. Daraus folgt, daß D_G einen konstanten Betrag hat und mit k_Z (und damit mit der z-Achse) einen konstanten Winkel bildet. Beide Aussagen stimmen mit der Tatsache überein, daß D_G raumfest ist.

Es ist

$$D_G^2 = (D_{Ku}^* + D_R)^2 + D_{Gv}^2 + D_{Gw}^2 = c_2 + D_R^2 = \text{const} \qquad (18)$$

wieder die mit ihrem Mittelpunkt aus dem Koordinatenursprung um D_R entlang der negativen u-Achse verschobene Drallkugel des Ersatzkreisels mit dem Radius $|D_G|$.

Da in (18) wegen $D_{Gv} = D_{Kv}^*, D_{Gw} = D_{Kw}^*$ die Komponenten von D_K^* als Variable vorkommen, stellt (18) außerdem einen geometrischen Ort für die Spitze von D_K^* dar. Diese Spitze beschreibt auf der Drallkugel wieder die körperfeste Drallhodie, die jetzt nicht mehr ein Kreis, sondern eine sphärische Kurve höherer Ordnung ist.

Da sich f_1 auch als

$$\frac{D_{Ku}^{*\,2}}{A_K} + \frac{D_{Kv}^{*\,2}}{B_G} + \frac{D_{Kw}^{*\,2}}{C_G} = c_1 \qquad (19)$$

schreiben läßt, stellt das MacCullaghsche Drallellipsoid (19) einen geometrischen Ort für die Spitze von D_K^* dar. Die körperfeste Drallhodie ergibt sich also aus dem Schnitt von (18) und (19) als algebraische Raumkurve vierter Ordnung.

Aus (18) errechnet man

$$D_G = \frac{1}{2}\left(\frac{\partial\,(c_2 + D_R^2)}{\partial\,D_{Ku}^*},\ \frac{\partial\,(c_2 + D_R^2)}{\partial\,D_{Kv}^*},\ \frac{\partial\,(c_2 + D_R^2)}{\partial\,D_{Kw}^*}\right) = \frac{1}{2}\,\mathrm{grad}_{(D_{Ki}^*)}\,(c_2 + D_R^2),$$

so daß wieder der Vektor D_G stets senkrecht auf der Tangentialebene der Drallkugel des Ersatzkreisels steht, wie dies in Abb. 7 eingezeichnet ist. Diese Tangentialebene E_8 ist jetzt aber nicht mehr invariabel, denn ihr Abstand vom raumfesten Punkt O wird durch $\dfrac{D_G D_K^*}{|D_G|}$ gegeben und ist daher nicht konstant; die Ebene E_8 tanzt also beständig im Raum auf und ab.

Indem sich der Vektor D_K^* bewegt, beschreibt er die körperfeste Drallhodie und den körperfesten Drallhodiekegel; ebenso beschreibt aber D_K^* bei seiner Bewegung die raumfeste Herpodrallhodie erster Art mit dem zugehörigen Kegel. Bei der Be-

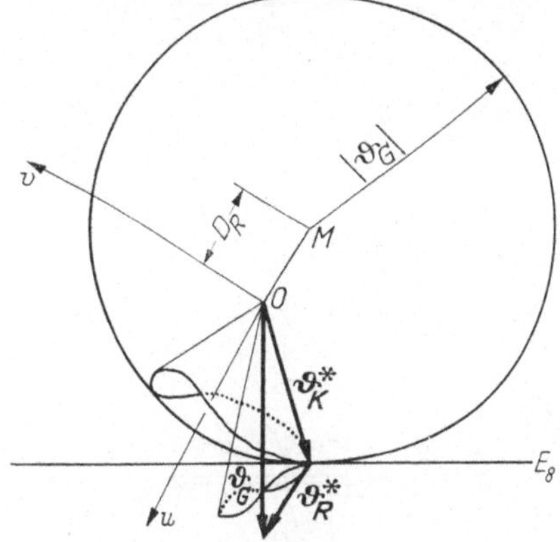

Abb. 7
Drallkugel beim asymmetrischen Kreisel

wegung des Kreiselsystems im Raum rollen diese beiden Kegel aufeinander ab. Dabei nimmt der Drallhodiekegel die fest mit ihm verbundene Drallkugel des Ersatzkreisels mit, so daß diese eine „Abrollbewegung" auf der sich auf und ab bewegenden, zum raumfesten Vektor D_G senkrechten Ebene E_8 ausführt. Diese Bewegung der Drallkugel ist der wirklichen Bewegung des Kreiselsystems äquivalent.

Trägt man von der Spitze des raumfesten Vektors D_G den Vektor D_R^* ab, so erhält man wegen $|D_R^*| = D_R = $ const die raumfeste Herpodrallhodie auch als „sphärisches Bild" von D_R^*. Über die Lage der Punkte der Herpodrallhodie bezüglich des raumfesten Punktes O kann man noch folgendes aussagen: Die horizontale Entfernung eines Punktes der Herpodrallhodie von O ist gegeben durch $D_R \sin\Theta$ (Abb. 8). Sie kann höchstens D_R betragen. Die vertikale Entfernung ist durch $|D_G| - D_R \cos\Theta$ gegeben (Abb. 8), und sie kann daher höchstens $|D_G| + D_R$ und muß mindestens $|D_G| - D_R$ betragen.

Die äquivalente Bewegung der Drallkugel des Ersatzkreisels kann auch hier wieder im Zusammenhang mit einer Strahlfläche beschrieben werden, deren Erzeugende stets in E_8 liegen, also alle horizontal sind,

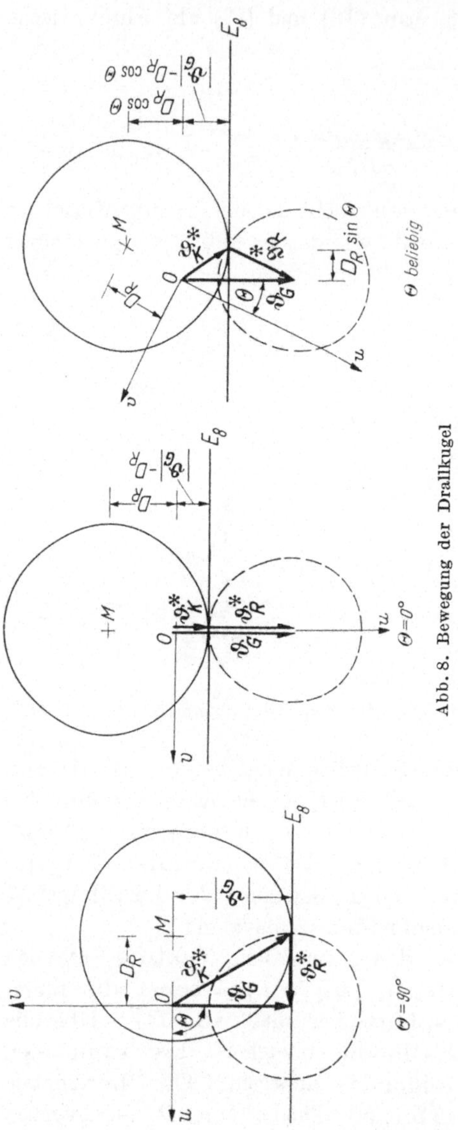

Abb. 8. Bewegung der Drallkugel

so daß die Strahlfläche speziell zum Konoid wird. Man kann also den Satz aussprechen: *Die mit ihrem Mittelpunkt um D_R entlang der negativen u-Achse verschobene Drallkugel $|D_R|$ des Ersatzkreisels bewegt sich um den raumfesten Punkt O so, daß die Punkte der auf ihr befindlichen Drallhodie nacheinander die Erzeugenden eines Konoids berühren.*

Zu diesem Konoid seien noch die folgenden Bemerkungen gemacht:

Die Erzeugenden des Konoids sind die Lote von der raumfesten Herpodrallhodie (dem sphärischen Bild des Vektors D_R^*) auf den raumfesten Vektor D_G. Die raumfeste Herpodrallhodie ist die Leitlinie des Konoids, seine Striktionslinie ist D_G selbst. Ist, wie im Sonderfall des symmetrischen Kastens, die Herpodrallhodie eine ebene, horizontale Kurve (Kreis), so entartet das Konoid in eine invariable Ebene. Im allgemeineren Fall des unsymmetrischen Kastens ist nur der „Richtkegel" der Strahlfläche (weil Konoid) eine „invariable Ebene".

Literatur

[*1*] LEIPHOLZ, H.: Ein Beitrag zu dem Problem des Kreisels mit drehzahlabhängiger Selbsterregung. Ing.-Arch. **32** (1963).

[*2*] VOLTERRA, V.: Sur la theorie des variations des latitudes. Acta math., Stockh. **22** (1898).

Two-Degree-of-Freedom Gyroscopes

By

Paul H. Savet

Garden City, N. Y., U.S.A.

1. Introduction

Following accepted terminology, a *gyroscope* is essentially a spinning wheel, suspended generally upon bearings and having at least a partial freedom to carry out a change of orientation of its spin axis. We also know that this angular rate of change is proportional to the component of the torque applied perpendicularly to the spin axis. Expressed in this way, the behavior of any gyro is fully explainable by the laws of classical mechanics without any additional assumption. Particularly, NEWTON's law of inertia, which relates the time history of the angular momentum vector to a torque input, is directly applicable to any gyroscope. From this point of view, one may say that the whole history of gyro development is dominated by the endeavor of creating and maintaining in a rotating wheel an adequate angular momentum and trying to minimize spurious torque inputs to achieve optimum operational performance. This presentation, oversimplified as it may appear, is truthful enough, considering the hard (and still unfinished) work accumulated since 1852, when LEON FOUCAULT appears to have demonstrated by gyroscopic means (in addition to his famous pendulum) that the earth is rotating about its axis and that this rotation can be utilized to make a gyroscope with a horizontally constrained spin axis seek out the local meridian of the earth.

FOUCAULT's original gyroscope was very simple and, aside from demonstrating a principle, could hardly be considered an acceptable directional or meridian seeking device. His experiments did dramatize, however, the fundamental problem of defining (inertial) space in which NEWTON's laws are applicable. This problem, fascinating as it is, will not be touched upon here. Indeed, in what follows we shall assume as a *postulate* that inertial space is fixed in orientation with respect to the overwhelming mass of the universe.

In this inertial frame a *free gyro*, to be mainly considered in this paper, maintains a fixed orientation of its spin axis, unless purposely (or spuriously) torqued to behave differently. As the angular rate of precession is proportional to the torque applied, and considering that it is possible to create a large angular momentum in any modern design (several million C.G.S. units in practical instruments of today), a gyro may produce very low angular rates under the influence of appreciable torques. A gyro may act, therefore, as a low pass filter and thus offer a natural solution to the problem of directional stabilization in space, if properly used upon a platform.

Considering the nature of torques (disregarding the unintentional ones), they fall into categories which were historically responsible for the development of two essentially different kinds of gyro designs, depending upon the number of degrees of freedom available for precession. Of these torques one kind is applied with the intent of actually creating an angular precession. The possibility of effectively applying this torque in any direction perpendicularly to the spin axis and creating a corresponding precession rate characterizes a *two-degree-of-freedom gyro*. Yet another design might be conceived in which the input torque is restricted to a fixed, called output direction within the plane of rotation of the wheel. Perpendicularly to this torque (still within the rotational plane) another torque is *built in*, as it were, acting as a permanent constraint, so that any precession corresponding to this last torque is prevented. Gyros embodying this principle are called *single-degree-of-freedom gyros*. The remaining degree of freedom might in turn be partially constrained, by means of a spring for instance, which would provide a rate gyro. Or a constraint proportional to the velocity may be introduced, thus creating an integrating gyro, etc.

Strictly speaking, a gyro has a third degree of freedom. While the mentioned two are perpendicular to the spin axis, the third one is aligned with the latter. The steady portion of this torque is counteracted by motor bearings, aerodynamic drag effects, etc. Yet these torques have to be considered, not so much because of possible fluctuations in the spin mechanism, as on account of angular vibration inputs which may be communicated to the wheel as an angular momentum *modulation*. As is well known, the combination of this disturbance with a similar modulation present along any axis of precession may create (if properly phased) a rectified torque bias, liable to impair seriously the performance of the gyro.

These considerations might be expressed by saying that in a two-degree-of-freedom of free gyro, the torque inputs L_1 and L_2 are independent of each other and determine the precession rates $\dot{\theta}_1$ and $\dot{\theta}_2$. In a single-degree-of-freedom design, however (if subscript 1 refers to output axis), the torque equation pertaining to L_2 shows only that there exists a permanent internal constraint which creates the precise value of L_2 necessary to accommodate any pair $\dot{\theta}_1$ and $\dot{\theta}_2$, exclusively determined by the equation relative to L_1. The latter also shows that in a single-degree-of-freedom gyro the viscous drag coefficient occurs both as an output/input inverse scale factor and contributes (inversely) to the time constant of response to a steady state.

As against this behavior a two-degree-of-freedom instrument follows both torque equations independently We thus possess in a two-degree-of-freedom gyro a *true* gyro mechanism, as it relates any angular precession rate directly to the applied torques Also, the viscous drag coefficient does not enter in the *principal* term of the response function either as a scale factor or as a time delay of adjustment Finally, because of the very weak coupling permissible (and actually prevailing) between gyro housing and spin assembly, any angular vibration disturbance along the spin axis will cause but a negligible modulation of the angular momentum. As a result, a simultaneous modulation of $\dot{\theta}_1$ or $\dot{\theta}_2$ will not produce any appreciable rectification term as might happen if the value of the viscous drag coefficient had to be kept high, because of other requirements.

These overall considerations reveal that a two-degree-of-freedom gyro is really a true (or free) gyro, while a single-degree-of-freedom gyro its a transducer, inasmuch as it transfers information from one direction (input) to the other (output). In applications to guidance, navigation and related operations, these two kinds of gyro designs are ultimately equivalent in overall attainable system performance, although their mechanisms of operation are quite different from each other.

2. Two-Degree-of-Freedom Gyros Designs

Considering actual performance capabilities and possible applications, gyroscopes might be divided (arbitrarily perhaps) into categories which express not so much an ultimate quality, as a *requirement* to which any rational design has to conform.

If performance is defined, everything else being the same, as a maximum drift rate expressed in degrees/hour, non-removable by compensation, the suggested categories could be listed as follows:

a) "Inertial quality" gyros, as used in precise long range ballistic or cruise vehicles for purposes of inertial guidance and navigation. These gyros have a basic performance of the order of .1 to .001°/hour or possibly even below this last figure.

b) Gyros of a quasi-inertial quality utilized in short range cruise vehicles or in short range guidance of ballistic missiles, or again, in shipborne compassing. The performance of these units could be down-graded as compared to a) by an order of magnitude or even more perhaps, depending on the application considered.

c) Gyros for autopilot type applications, essentially utilized in control mechanisms related to guidance, i.e., transmission of information or command orders, but not performing guidance or navigation functions themselves. These instruments in turn could be further downgraded by one or perhaps two orders of magnitude. In fact, a 10°/hour allowable drift rate would still be very satisfactory in many of these applications.

d) Stabilization gyros for fire and flight control applications; performance figures for these types of units are of the order of 10 to 100°/hour as a permissible drift rate.

Although in these four categories both single-degree and two-degree-of-freedom units find their place, we shall confine ourselves to the latter design. The exact selection of quality depends on many considerations, such as performance, size, weight, power consumption, reliability, etc., and last, but not least, price. Altogether, if we restrict ourselves to the most exacting requirements as mentioned in category a) and assume that b), c), and d) are simplified versions of these along a sliding scale, any progress of design made in satisfying category a) should have a direct influence upon the design potential pertaining to other categories. It is desirable therefore to spell out the salient operational requirements raised by gyros of category a) and point out the progress made in their design implementation. A tentative list, not necessarily compiled in order of preference or importance, is as follows:

1. High performance capability expressed in terms of a) low drift rates caused by systematic spurious torques with the possibility of their being calibrated and thus removed; b) low random torques which cannot be overcome except (perhaps) on the basis of an empirically apparent regularity.

2. Structural stability of design and repeatability of performance, including applications which involve a sequence of startings and shut-downs.

3. High rigidity of structure in presence of external forces applied.

4. Isoelasticity, i.e., shift of center of gravity, aligned with the forces applied.

5. Torquing accuracy and linearity expressed in terms of angular precession rates *vs,* torque applied.

6. Maximum torquing and corresponding precession rate capability to be accommodated without saturation.

7. Dynamic response to variable torques and minimum time lag (if any) exhibited in the response to torquing.

8. Low power consumption (including driving mechanism and other functions).

9. High degree of reliability.

10. Small size.

11. Short warmup time and minimum requirements of temperature control.

12. Low cost of manufacturing, etc.

Let us look at a representative two-degree-of-freedom gyro of inertial quality shown, somewhat schematically, in a cutaway view in Fig. 1. In agreement with up to date practice, the gyro proper, i.e.,

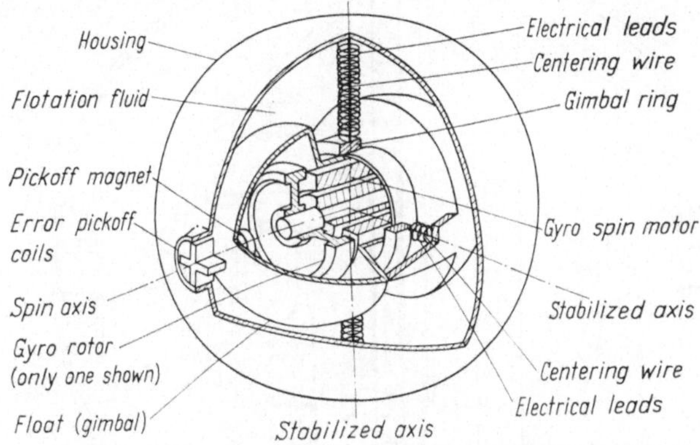

Fig. 1. Cutaway drawing of a two-degree-of-freedom gyro

the spin assembly, is hermetically sealed and floated. Actually, the main housing is filled with a dense liquid of flotation (with a relative density slightly below 2, into which the float or spin assembly is immersed and adjusted to neutral buoyancy. The spin assembly is mounted in this design by centering wires to a gimbal ring, visible in the figure, which in turn is connected to the housing with a pair of wires perpendicular to the previous ones as shown. This kind of suspension, while not allowing a completely unrestrained relative angular motion of the float, is practically free, as the spring rate created by the suspension wires is small enough when considering the servo followup system between spin assembly and housing. Any residual angular error incurred in this followup operation may amount usually to a few seconds of arc and renders mentioned spring restraint insignificant. The radial thickness of the liquid layer is generally of the order of .5 to 2 mm as against single-degree-of-freedom designs in which this value is, as a rule, substantially smaller. The spin motor stator is mounted upon the float or spin assembly, while the inertia wheels shown are driven at a constant usually 400 cps frequency and, accordingly, the wheel is running at a synchronous speed of 12,000 or 24,000 RPM depending on whether a

4 or 2 pole motor is used. In many modern gyros (at least in those with
spin ball bearings) a speed of 12,000 RPM is selected, as a higher speed
might, but does not necessarily improve the overall performance and
may adversely influence the lifetime of the bearings. A more moderate
speed also minimizes the aerodynamic losses sustained by the rotation
of the wheel. The electric motor is of a synchronous design which,
together with a precise control of the supply frequency, provides a
well defined value of the angular momentum. This is indispensable

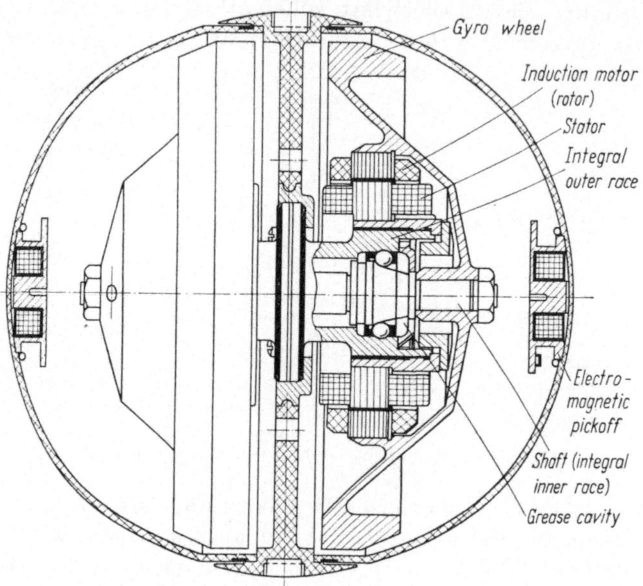

Fig. 2. Section of "Ten Million" two-degree-of-freedom gyro float (Am. Bosch Arma Corp.)

in order to make any precise torquing meaningful. A torquing arrangement
is shown schematically in Fig. 1, combined with the angular error pickoff
scheme of float vs. housing. Two of these pickoff-torquer combined units
are provided, one on either end of the spin axis, so that any small
relative translation of the spin assembly should produce but second
order effects in the pickoff signals sensed. As shown in this example,
the pickoff and torquing coils are wound in the housing and face a
circular symmetry magnet embedded in the float or spin assembly.

A more precise picture of an actual representative gyro is offered
by the longitudinal section of the float of the "Ten Million" gyro
manufactured by the American Bosch Arma Corporation (Figs. 2 and 3)
named after the approximate magnitude of its angular momentum
in C.G.S. units. In this design the float is completely spherical for better
temperature distribution and improved hydrostatic stability. It is

hermetically sealed and filled with helium at roughly one-half of atmospheric pressure. The gyro is completely symmetrical if referred to the equatorial web or "spider". Accordingly, there are two identical electric motors, two inertia wheels, two pickoff magnets (facing two sets of pickoff coils), etc. The synchronous angular speed is 12,000 RPM. One of the salient features of this design is the integral inner ball bearing upon which the inertia wheels, the electric motor stators are mounted, and the so assembled parts attached to the central spider support. The diameter of the float is about 11 cm surrounded by the flotation liquid layer .9 mm thick, measured radially.

Another representative inertial quality two-degree-of-freedom gyro, called G-200, manufactured by Litton Industries in Beverly Hills, California, is shown in Figs. 4 and 5. As revealed by the exploded view, the gyro float in this design is perfectly spherical, if the internal gimbal ring is also considered. The motor stator is directly mounted upon an inner shaft, while the rotor and inertia wheel are supported upon a pair of preloaded ball bearings. The rotor has a cross section in the form of a "T" with a high density rim to enhance the moment of inertia vs. weight ratio. The speed of rotation is 24,000 RPM which provides an angular momentum of 1.8 million C.G.S. units. The gyro float is separated from the housing by a liquid layer (Fluorolube) $\frac{1}{4}$ mm thick, measured radially. The gyro, being

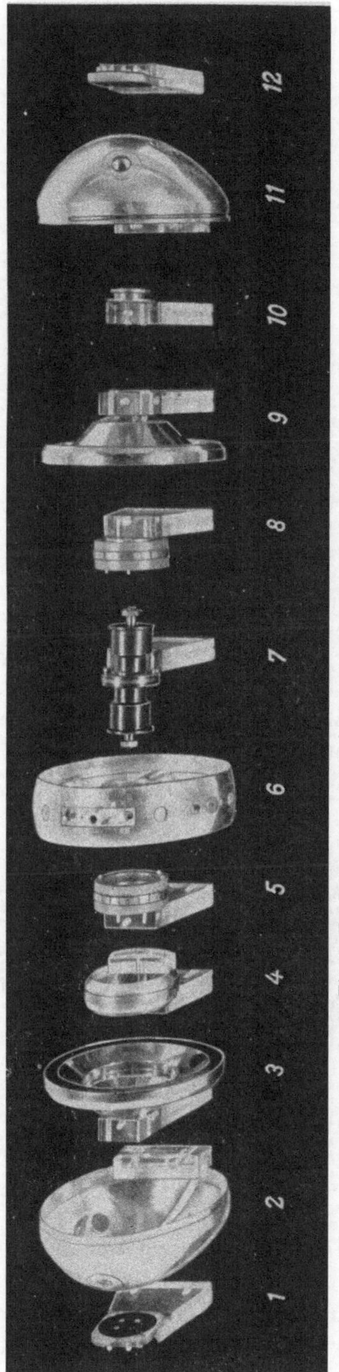

Fig. 3. Exploded view of "Ten Million" gyro (Am. Bosch Arma Corp.)

1 Pick up coil; 2 End bell; 3 Inertia wheel; 4 Spin motor rotor; 5 Spin motor stator; 6 Gyro spider; 7 Bearing cartridge; 8 Spin motor stator; 9 Inertia wheel; 10 Pick up magnet; 11 End bell; 12 Pick up coil

a two-degree-of-freedom instrument, has pickoffs and torquers for
each axis. The pickoffs for each axis are mounted in voltage oppo-

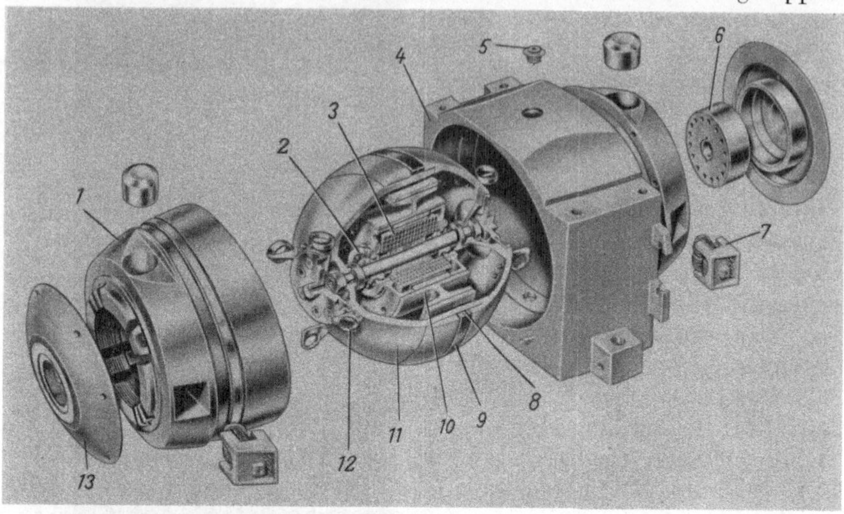

Fig. 4. Exploded view of Litton model G-200 gyro (Courtesy Litton Industries, Inc.)
1 End bell; *2* Ball bearing; *3* Motor stator; *4* Case; *5* Gimbal pivot; *6* Bellows assembly;
7 Pickoff primary; *8* Jewel gimbal bearing; *9* Gimbal ring; *10* Rotor; *11* Float; *12* Pickoff;
13 Access cover

sition to each other, so that the instrument generates no electrical
output for a relative translation of the gyro float. As can be seen in
Fig. 4, the torquers are mount-
ed directly on the float, which is
possible as the gyro is operating
within a very limited angular
displacement. As against a
slightly different practice seen
in the Arma gyro, the internal
gimbal ring in the Litton design
is suspended on instrument
grade sapphire bearings. Electrical connections to the float
are made with extremely thin
(.025 mm diameter) gold plated
aluminum wires. Mounting and
orientation of the gyro on the

Fig. 5. Litton model G-200 gyro (Courtesy Litton
Industries, Inc.)

platform is facilitated by steel pads shown in Fig. 5. The overall size
of the Litton gyro is 7.5 times 10 cm and weighs less than 1 kg.

In terms of overall performance capability, both gyros mentioned
show a *random* drift rate substantially below .01 degrees/hour, together

with other essential high quality characteristics, not quoted here, as they depend, as in any other gyro, on the precise environment of operation.

3. Recent Developments

While up to date two-degree-of-freedom inertial quality gyros do not differ essentially from the designs shown in Figs. 2 to 5, considerable progress has been made in a series of design details with a view of achieving both better performance and more reliable operation. Let us remember that simply to raise the angular momentum by increased speed and expect an improved performance may often be fallacious. One has to bear in mind that minimization of drift rates requires rendering maximum the *ratio* of angular momentum and disturbing torques. These two variables often depend upon each other, and it may (and often does) happen that a lower angular momentum yields a lower drift rate. This last trend may also enhance the overall reliability of the gyro.

Conspicuous progress achieved by most gyro manufacturers (and these include not only those engaged in two-degree-of-freedom design) appears in the following areas—not listed necessarily in order of importance:

1. Selection of materials and design techniques applied to the spin assembly to achieve maximum momentum vs. weight ratio, long term dimensional stability, etc.

2. Choice of bearings of suspension.

3. Choice of liquid of flotation.

4. Pickoff and torquing schemes.

5. Driving mechanisms and problems related thereto, like minimization of heat sources inside the gyro, etc.

6. Selection of gas for filling the spin assembly.

7. Restraints and inside gimballing of the spin assembly within the gyro housing.

8. Minimization of stray magnetic fields, suspension wire twists and other disturbances liable to impair the performance of gyros, etc.

Let us review the noteworthy improvements achieved in some of these areas and show applications resulting from this endeavor.

1. The gyro designer's interest in material properties mainly concerns rigidity, low (and preferably matched) coefficients of thermal expansion, long term dimensional stability (under conditions which include temperature cycling as caused by repeated startings and shutdowns), density, magnetic properties, etc. A variety of materials finding their application in gyros has been studied, and a comprehensive listing with properties is available in report R-137 published by the Instrumentation Laboratory

of the Massachusetts Institute of Technology. A concise presentation is also available in G. H. NEUGEBAUER's chapter 10 of *Gyroscopes*, edited by P. H. SAVET[1].

A number of new materials have recently been applied in gyro design. Beryllium is a conspicuous one, used primarily because of its stability, low density, low coefficient of thermal expansion and high elastic modulus. It is also nonmagnetic and a rather good conductor of heat and electricity. The parts made of beryllium in many applications comprise the gyro float and the inertia wheel. In the latter case, a rim made of tungsten alloy (mallory) of very high density, is mounted on the wheel to secure maximum moment of inertia for a given overall weight of the wheel.

Ceramic materials and metal oxides are being used, mostly in pressurized and unpressurized gas bearing designs.

The suspension wires in many modern floated gyros are made of beryllium copper. Due to its excellent characteristics of stability, this material is rather hard to match or surpass in quality.

In terms of long range stability, the materials used at present are essentially those listed in the M.I.T. report mentioned, and in all likelihood very few, if any, radically new entires will be added to this list in the near future. What could be, and probably will be, improved, however, is the particular design to match different materials for appropriate thermal expansions or include particular compensating features for overall stability or other desirable features.

2. The choice of spin bearings is one of the most crucial aspects of modern gyro design. Indeed, in no other field of gyro development has there been a dramatic progress made comparable to the design of suspension of the inertia wheel.

Ball bearings have undergone a considerable refinement of quality of manufacturing, together with improved geometry, accuracy, surface finish, balancing, etc. A major contribution of design has been accomplished by preloading a pair of these, mounted as an integral unit. A typical, though not unique, arrangement of this kind is offered in Figs. 6a and b showing the principle of preloading. In one particular design, the preloaded bearing cartridge contains the gyro shaft itself so that no separate inner race is necessary (see Figs. 2 and 3).

The bearing compliance plays a major role in gyro performance under appreciable g-loading. The compliance should be kept small, and the corresponding axial and radial compliance rates should be exactly matched, if possible. This *isoelastic* behavior is necessary in order to minimize any deterioration of performance under the influence of an

---

[1] New York: McGraw-Hill 1961.

intercardinal g-loading. A stiff compliance and a preloading corresponding to an isoelastic behavior may raise problems as a result of an excessive loading for instance, which may compromise the reliability of
operation. Due to significant improvements achieved in present day
high quality gyros (running from 12,000 to 24,000 RPM) a useful
lifetime of 15 to 20,000 hours, or in some instances above this figure,
could be anticipated.

A most important contribution to gyro technology has been made
recently with the introduction of *gas spin bearings* of both pressurized
and unpressurized design. Originally, this change in bearing design
was motivated by the desire of improving the reliability of suspension

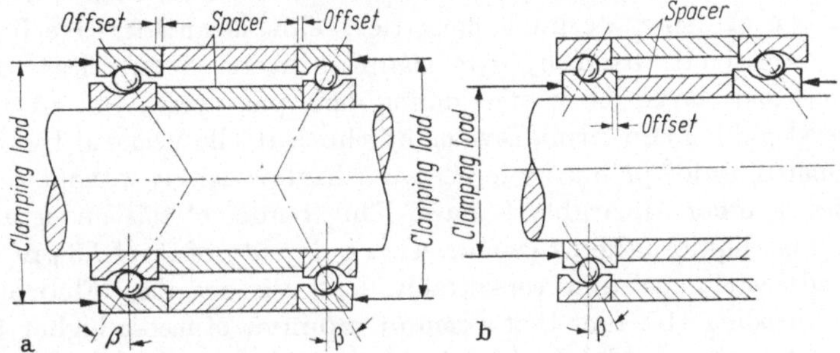

Fig. 6a and b. Preloaded pair of ball bearings

of the inertia wheel. Interestingly enough, however, not only do the
gas bearings show superior reliability, as anticipated, but the problems
raised by considerations of isoelasticity have also become more manageable
with this design change. Unpressurized gas spin bearings are designed
generally in a way not to change (if at all) the external geometry of the
gyro float or the electrical arrangements therein. Understandably, there
is hardly any company manufacturing high precision gyros (at least
in the United States), not engaged in the redesign of some of their
gyros to gas spin-bearing operation. Application of unpressurized gas
spin-bearings may rightfully be considered a major step in the improvement of basic gyro design.

One of the difficulties to be overcome in the upressurized design
is the metal-to-metal contact during a short period after starting.
Since extremely close tolerances and mirror finished bearing surfaces
are involved, it is essential that any harmful effect of dry rubbing
contact be avoided or reduced to a minimum. For this purpose, very
hard bearing surfaces (of which one is coated with a metal oxide) are
provided. As an example of accepted practice, a tungsten carbide
surface facing an aluminum oxide coating is considered a good com-

4 a*

bination. It should be kept in mind, however, that other combinations of equal or perhaps superior quality could be developed.

If we disregard the magnetic suspension of a superconducting spherical wheel, to be described by another speaker, or the electrostatic suspension, or again other bearingless suspensions, there is no doubt that gas bearing design occupies a conspicuous place in modern high quality gyros.

3. The selection of the liquid of flotation appears to have been settled during the past ten-odd years with the choice of organic compound fractions, collectively called Fluorolube, of 1.9 relative average density and a viscosity ranging from .1 to 10 poises, depending on the temperature of operation and the particular fraction used. In terms of density and a host of other desirable properties, this is an attractive liquid, and is extensively used by gyro manufacturers. Nevertheless, other organic liquids have been tried during the past years. One of these was developed for the Arma Division by the Battelle Memorial Institute in Columbus, Ohio, primarily to achieve a higher density without undue sacrifice of other desirable features. The result of this undertaking is an organic liquid called *Densilube*, with a density of about 2.3 gm/cm^3. It is adequately though considerably less viscous than Fluorolube. Notwithstanding the fact that a gain in moment of inertia higher than the density ratio could be achieved, this liquid is not used extensively, mostly because of problems of stability, slight corrosivity, toxicity and a higher cost of production.

In many respects, satisfactory as Fluorolube may be, it has undesirable features. Its coefficient of thermal expansion is appreciable. Its thermal conductivity is low; for all practical purposes, it is an insulator. Its density, while almost twice as high as water, is far from an optimum value (of say 3 or higher) to sink in a neutral buoyancy a spin assembly of low volume and higher moment of inertia. As no organic liquid of this density is available, a development program has been initiated to replace Fluorolube with a liquid metal, notwithstanding some technical problems like corrosion, electrical conductivity, possibility of chemical contamination during handling, and many others. The attractive features are high density, high thermal conductivity and much lower coefficient of thermal expansion. In the development program two directions have been followed. One involved the application of mercury; the other was based on a ternary alloy (bismuth-indium-tin) of density equal to 7.8 at the temperature of utilization. At present the ultimate potentiality of these developments has not been definitely assessed. There is no doubt, however, that the outcome of these efforts (if successful) will have a far-reaching importance in free gyro design. Their eventual application in single-degree-of-freedom gyros appears questionable, however, because of the low viscosity involved and the resulting excessive time constant created in the output/input transfer function.

4. In many two-degree-of-freedom gyros, the angular error pickoff and torquing schemes are combined into a single unit, one on either side of the spin axis. As pointed out previously, in one of these designs two pairs of secondary coils are wound as shown in Fig. 7 and superposed to each other in perpendicular directions. They are energized by the magnetic flux variations of the primary electromagnet located in the float. The secondary windings mentioned are mounted in voltage opposition to each other

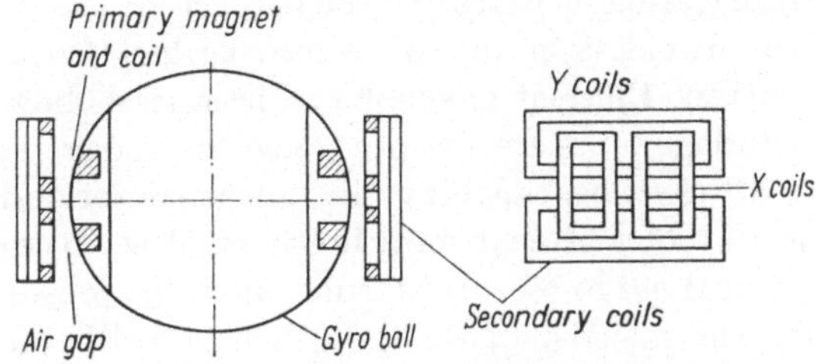

Fig. 7. Torquer and pickoff windings

in a way to yield a combined output signal proportional to the relative angular deviation of float with respect to the housing. The primary magnets while energized with AC for inductive pickoff purposes are also fed with DC for torquing. The secondary torquing windings energized with DC are separate from the secondary pickoff coils, though physically superposed upon these. Because of this design arrangement, there are altogether eight secondary windings and a single primary winding at each end of the spin axis, at least in a particular design considered. The primary circuit in the float is wound upon a silicon steel core, while all the secondaries are air wound. This is shown in a somewhat simplified way in Fig. 8.

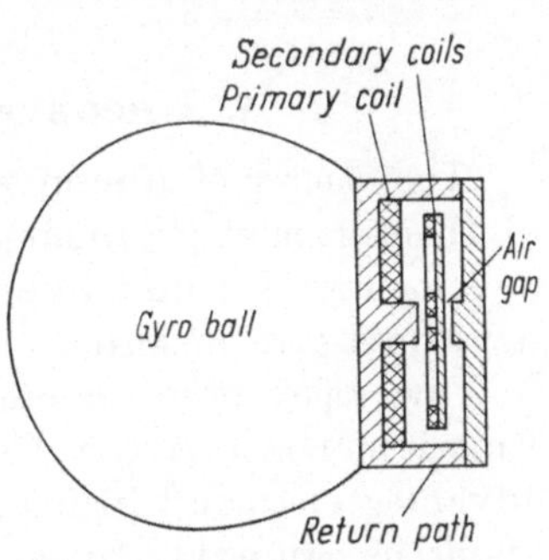

Fig. 8
Torquer and pickoff windings

The pickoff and torquing design as described is typical, though not unique in modern high quality free gyros. The power dissipation in these detection-torquing schemes is of the order of a fraction of a watt in the majority of designs.

5. In the driving mechanism, one of the main considerations is the creation of synchronous speed (for purposes of torquing accuracy) and minimization of heat dissipation. Synchronism is achieved by a particular rotor design according to known standard practice. In addition to electrical requirements, the laminations used have to satisfy stringent tolerances of mechanical stability. Experience gained in this domain

led to a practice, at Arma at least, of mounting the laminations (usually .010 to .015″ thick) in a stack assembled by "Cycleweld" process as developed by the Chrysler Corporation. This procedure gave excellent results, according to expectations. It is recognized, however, that other procedures of assembly may be developed and eventually achieve comparable performance.

6. The spin assembly is filled with a gas in order to make the lubrication of bearings (either ball or gas bearings) possible and also to provide a means of removing heat from existing sources of dissipation. Different gases have been tried, bearing in mind that drag or windage losses are proportional to the density of the gas. So is also the load-carrying capacity in an unpressurized gas bearing. From the standpoint of heat conductivity alone, hydrogen would be the most logical gas to use. As a rule, up to the present time (with ball bearings in the majority of designs) helium had been selected for this purpose. This gas is a good thermal conductor and has a relatively low density. With the advent of unpressurized gas spin bearings, however, in which the load-carrying capability is of prime importance, it may become necessary to compromise for a heavier gas, or operating at a higher pressure notwithstanding the fact that the drag losses would thus become higher.

4. Unconventional Gyro Developments

The number of unconventional free gyros is quite impressive. Some of them are most promising, if one may evaluate them in an early stage of development. I would like to select for presentation here three recently developed gyro designs.

One, represented schematically in Fig. 9, has been designed by the American Bosch Arma Corporation. This gyro was inspired by the advantages incurred in maintaining the spin assembly in a slow rotation about its own axis. In so doing, a compensation is achieved through time-averaging, essentially eliminating the effect created by the shift of the center of gravity of the float perpendicularly to the spin axis. In this design the gyro float is immersed in a liquid of flotation (Fluorolube). The stationary gyro housing contains the electric stator, which produces a revolving magnetic field. The latter entrains the rotor within the float through a hysteresis ring mounted upon its circumference. The float itself is also entrained at a much slower angular rate (50 to 100 RPM) corresponding to the equilibrium reached between the viscous drag torque of the float and the resistive torque developed by the spin bearings. No wires and no gimbals are associated with the float. Radial stability of flotation is achieved by slightly less than neutral buoyancy,

while axial stability is secured by means of a secondary flow produced
by the rotation of the float relative to the housing. Altogether a gyro
of extreme simplicity, low price and yet very good performance is

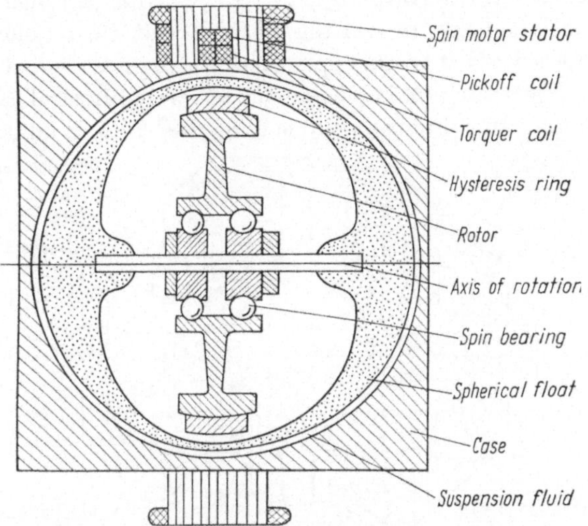

Fig. 9. Rotating float gyro (Am. Bosch Arma Corp.)

obtained, placing it into performance category b) with ample growth
potential available. In a recent development the wheel has been mounted

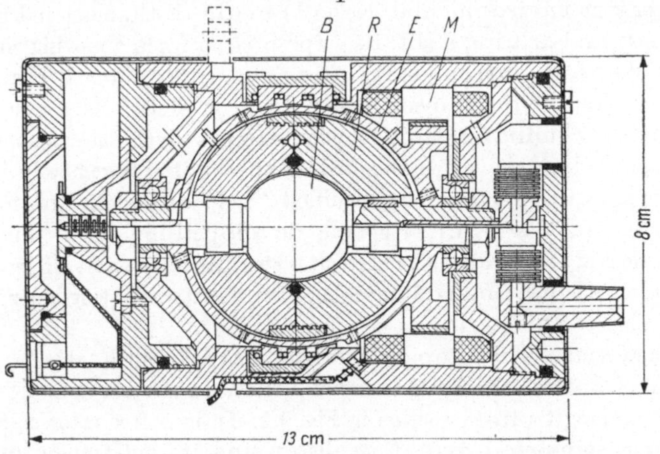

Fig. 10. Dual sphere presurized gas bearing gyroscope (Am. Bosch Arma Corp.)

upon self-acting gas bearings not shown in the figure. Pickoff and
torquing designs are similar to those used in other free gyros.

Another unconventional gyro is represented in longitudinal section
by Fig. 10. This is a dual sphere pressurized gas bearing gyro developed

by the American Bosch Arma Corporation. In this gyro the rotor is supported by a pressurized spherical gas bearing (B), the inner member of which is rotated at 12,000 RPM by a hysteresis type spin motor (M). Pressurized gas is introduced into the bearing through a quill type rotary seal. In a later model this seal will not be required, as the gas will be supplied via the gas spin bearings (appearing as ball bearings in Fig. 10). The rotor (R) is an assembly of two spherical half-shells, with an approximate angular momentum of 8×10^6 C.G.S. units. Surrounding

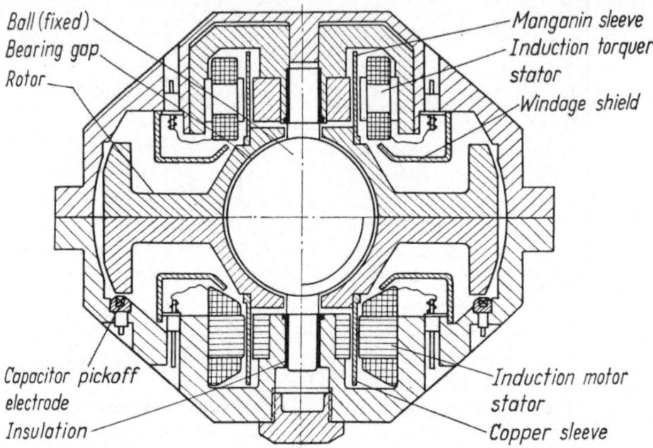

Fig. 11. Autonetics gas bearing free-rotor gyro (Courtesy North American Aviation, Inc.)

the rotor is an environmental shield (E) made of titanium and rotating with the central driving shaft. Its purpose is to form a moving container for the gas which surrounds the rotor. The rotor turns at nearly synchronous speed with respect to the driving shaft. As a result, this configuration eliminates large coupling effects with the housing. Heat and magnetic leakage are minimized as the motor is remotely located. The torquer features a set of four modified "E-I" differential transformers. The pickoff (not shown) is optical, developed by the Perkin-Elmer Corporation in Norwalk, Connecticut. Preliminary tests offered most encouraging results, and additional improvements are being incorporated at the time of this writing.

A third remarkable gyro development, carried out by the Autonetics Division of North American Aviation, Inc., in Downey, California, is shown in a longitudinal section in Fig. 11. It is a free rotor self-acting gas bearing supported gyro. Notwithstanding its outstanding performance, it is a simple instrument, of small size and weight. As in the previously mentioned design, many problems encountered in liquid floated gyros are eliminated. The rotor assembly is supported by a stationary ball and entrained by a drag-cup type electric motor with a magnetic return path and a nonmagnetic sleeve. In this arrangement a relative tilt of the rotor does not change the mean magnetic energy in the motor gap. This is a most important feature, instrumental in avoiding any stray coupling torque being transferred to a slightly tilted rotor. The stator windings create a constant magnetic field revolving in synchronism with the supply frequency. The motor torque is the result of eddy currents generated in the copper sleeve attached to the rotor.

The torquers are located upon the other half of the rotor and are also of the drag-cup type. In mentioned motor it is not possible to maintain a synchronous speed, which in most instances would be required to achieve any torquing accuracy. An ingenious artifice overcame, however, this apparent difficulty completely. Indeed, in a drag-cup torquer the torque developed is proportional to the electric current input and the angular velocity of the rotor. But the latter also occurs as a direct scale factor in the angular momentum. As a result the precession rate achieved becomes proportional to the torquing current and independent of the rotor speed. Angular deviations of the rotor are sensed with a set of capacitance detectors energized at a relatively high audio frequency.

As far as typical design features are concerned, the gyro is hermetically sealed and filled with a light gas (hydrogen or helium). The rotor is of a flanged type for the highest ratio of moment of inertia and weight. The radial bearing gap is less than 0.001 cm. The ball has a smooth spherical surface, while the rotor has cups in the polar region to get the desired axial stiffness.

Problems associated with this gyro are those encountered in gas bearings. The gas viscosity produces drag torques which in case of rotor misalignment may result in a spurious torque input. Another problem is raised by the repeated starts and stops with a possible damage to the bearing surfaces. While these problems appear considerable, they have been solved to an extent required by practical operation in a most severe environment.

The greatest advantage of this gyro lies in its extreme simplicity and naturally offered solutions to support, damping of vibrations, etc. It is an outstanding example of a very original, highest quality instrument with a growth potential still left open.

Bibliography

[1] KLEIN, F., u. A. SOMMERFELD: Über die Theorie des Kreisels, 4 vols., Leipzig: B. G. Teubner 1897—1910.
[2] SCARBOROUGH, J. B.: The Gyroscope, New York: Interscience 1958.
[3] ARNOLD, R. N., u. L. MAUNDER: Gyrodynamics, New York: Academic Press 1961.
[4] SAVET, P. H.: Gyroscopes, New York: McGraw-Hill 1961.
[5] PITMAN, JR., G. R.: Inertial Guidance, New York: J. Wiley 1962.
[6] SLATER, J. M., and J. C. BOLTINGHOUSE: Free-Rotor Gyroscope Motor and Torquer Drives (U.S. Patent No. 3,025,708 issued in March, 1962, and assigned to North American Aviation, Inc., Downey, California).

Single-Degree-of-Freedom Gyroscopes

By

Walter Wrigley

Cambridge, Mass., U.S.A.

1. Introduction

In the guidance and control of ships, aircraft and now spacecraft, it is necessary to have available certain directional references. These references, which serve as the basis for navigational data or for geometrical stabilization of the craft or some of its equipment, must be maintained against various interferences and should also be capable of being rotated by command. Various physical factors that possess inherent directional properties may be used for this purpose. The factor that has proven to be the most feasible and practical is the combination of mass and spin known as *angular momentum* or *moment of momentum*.

Although angular momentum has played a very important part in the history of the world, it was not until 1852 that practical instrumentation of the subject was made, by LEON FOUCAULT [1]. He called devices exhibiting strong angular momentum traits *gyroscopes*.

The basic properties of gyroscopes are treated in many texts on advanced mechanics [2 to 6] under the heading of "rigid body dynamics" and "theory of the spinning top", as well as in several texts on the subject itself [7 to 18].

2. Gyroscopic Theory

A gyroscope is a device that possesses a high rate of spin about an axis of symmetry and is so mounted that this spin axis has freedom of angular rotation. The basic parts of a gyroscope, shown in Fig. 1, are:

a) *Gyro element* — consisting of the spinning rotor, its drive mechanism, spin axis support and rotor case or gyro element gimbal.

b) *Gimbals* — consisting of necessary structure and axis support to allow desired rotational freedom for the gyro element.

c) *Attendant components* — torque generator, signal generator, etc.

The number of gimbals and the nature of the support and attendant components determine the type of gyro, namely:

a) *Two-degree-of-freedom gyro*, having one gimbal or equivalent in addition to the gyro element gimbal, thus permitting the spin axis to have two degrees of rotational freedom; in the absence of any torque-generating equipment this becomes a *free gyro*.

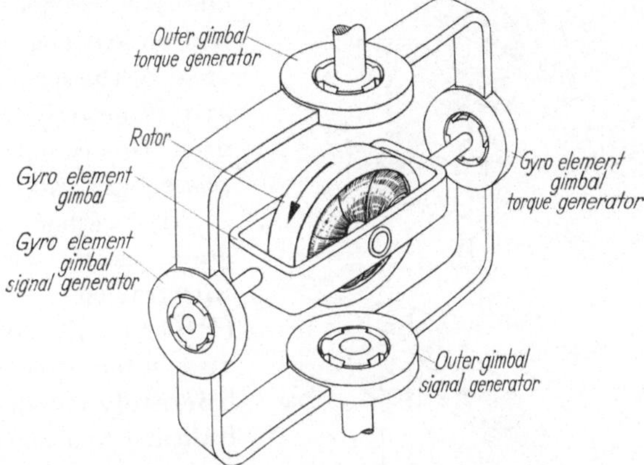

Fig. 1. Essential elements of a two-degree-of-freedom gyro

b) *Single-degree-of-freedom gyro*, having no gimbal other than that of the gyro element; there are three types of such gyros depending on the nature of the reaction torque employed in the unit, namely,

1. *rate gyro*—primarily elastic reaction,
2. *integrating gyro*—primarily damping reaction,
3. *unrestrained gyro*—only inertia reaction.

The existence of no gimbal other than that of the gyro element means that one of the possible degrees of rotational freedom has been suppressed.

Fig. 1 illustrates the essential elements in a two-degree-of-freedom gyro; and Figs 2a, 2b, and 2c show those for the three single-degree-of-freedom types.

The classical treatment of the spinning top or of the gyrostat, e.g. by GRAY [8], leads to a beautiful picture of geometrical motions. However, for a practical device, certain assumptions may be made that simplify the problem without restricting its useful validity On this basis, a gyro element is assumed to have the following properties:

a) The rotor spins about an axis of symmetry.
b) The rotor spins at constant speed.
c) Spin angular momentum is much greater than non-spin momentum.
d) The center of mass of the rotor and that of the gyro element coincide.
e) The rotor bearing structure is rigid.

For various reasons certain of the above assumptions may be violated or modified in practice, e.g.

b) the ANSCHÜTZ and ARMA gyrocompasses have varying rotor speed to maintain the SCHULER tuning condition,

c) although not deliberately done in a practical instrument, cases where spin momentum is not clearly dominant, as in the case of the spinning projectile, are effectively treated by the gyro theory to be used in this paper [*19, 20*],

d) certain instruments, such as the pendulous gyro integrating accelerometer (PIGA), the gyropendulum and some gyrocompasses, deliberately introduce mass unbalance to obtain desired control properties.

e) departure from the assumption of rigidity leads to a significant increase in the effective inertia of the gyro element of sinle-degree-of-freedom gyros with a corresponding increase in their time constants.

The gyro theory given in Derivation Summaries 1 and 2 is based on the above assumptions and recognizes the above modifications. Its validity rests on its usefulness and accuracy when applied to practical instruments under operating conditions. To the best of the present author's knowledge this gyro theory was first really made effective about thirty years ago by Dr. C. S. DRAPER of the Massachusetts Institute of Technology, and has been subsequently very useful in teaching gyro theory at M.I.T. and elsewhere. Except for the transient

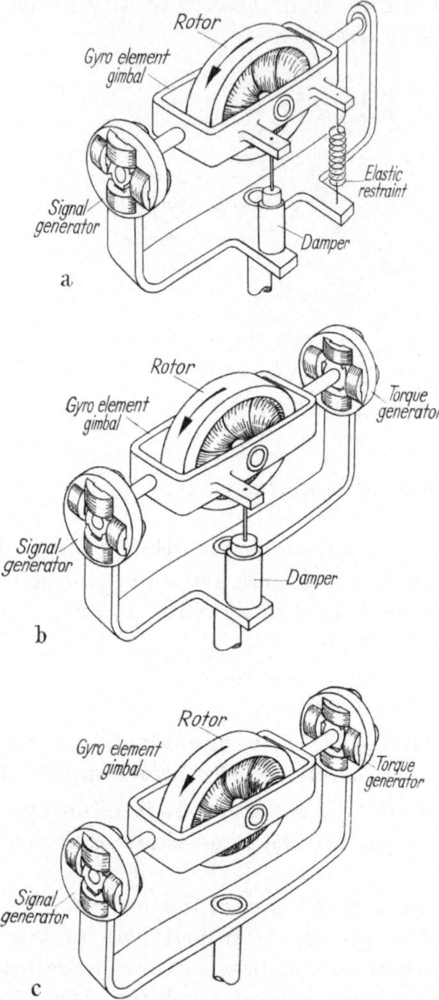

Fig. 2. a) Essential elements of a rate gyro; b) Essential elements of an integrating gyro; c) Essential elements of an unrestrained single-degree-of-freedom gyro

effects indicated by the rate-of-change of non-spin momentum, the gyro is represented solely by its spin angular momentum vector. The basic equation of motion for a practical gyro is then given by Eq. (1-5) of the Summary. Its geometrical interpretation is that the spin angular momentum vector rotates (precesses) relative to inertial space in an attempt to align itself with the applied torque vector; this is shown in Fig. 3.

The equations of motion for a gyro element are developed in Derivation Summary 3. For this Eq. (1-4) of Derivation Summary 1 is expanded into components along axes fixed in the gyro element, giving the EULER equation for motion of a rigid body, but modified by the previous practical assumptions. The modified EULER equation is then particularized to the single-degree-of-freedom gyro. For this case, with one degree of freedom deliberately suppressed, the gyro element is not free of its surroundings; and the various torques applied are of major importance. Two sets of torques operate,

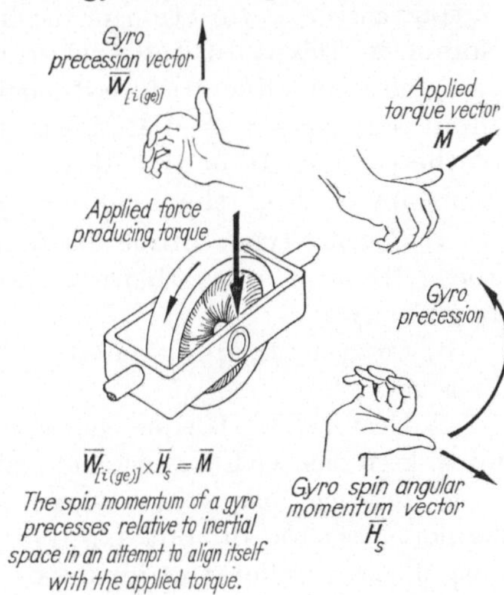

Fig. 3. Basic law of motion of a practical gyro

a) those about the input and spin reference axes are applied by the structure, either by mechanical contact or by pressure gradients in the supporting fluid;

b) those about the output (precession) axis are applied by a torque generator, elastic restraint or damping, or are the residual uncertainty torques due to mass unbalance, friction, etc.

Theoretically only the motion of the gyro element about its output axis need be considered for a single-degree-of-freedom gyro. The single equation so resulting, with only implicit recognition of motion about the other two axes, is the way that this problem has generally been treated. However, MÜLLER [21] showed several years ago that the difference between measured and theoretical values of the characteristic times of integrating gyros could be explained by considering the effect of gimbal compliance. This gives an effective moment of inertia of the gyro element about its output axis that is the actual moment of inertia plus the ratio of spin momentum squared to the effective elastic coefficient of the gyro element about its input axis. The elastic coefficient so derived from characteristic time measurements agrees very well with that derived from vibrational resonance for the gyro element, as is shown in Derivation Summary 3.

Inclusion of gyro element compliance also leads to an apparent symmetry in the performance equations for a single-degree-of-freedom gyros as shown by Eq. (3-7) of the Summary. This symmetry between input-axis and output-axis equations is mathematically apparent, but the numbers involved are of quite different magnitudes because of the lack of geometrical symmetry due to the gyro element's single-axis nature.

The general equation of motion about its output axis, giving the output angle as a function of the different inputs, is Eq. (3-10) of the Summary. This is in the "subjective" form where the precession of spin momentum due to forced rotation of the gyro element about the input axis appears as a CORIOLIS-type torque on the right-hand side of the equation. It is seen there that a gyro output angle may result from any or all of the following inputs:

a) CORIOLIS-type torque due to forced rotation of the gyro element about the input axis; this is a major input for any single-degree-of-freedom gyro.

b) Command torque applied by the torque generator; this is absent in a rate gyro.

c) Unavoidable torque uncertainty (the designer and producer must keep this within tolerance limits).

d) Reaction torque due to angular acceleration of the gyro unit support about the output axis; this may be controlled by having the output axis parallel the input axis of another associated gyro unit, or by a compensating torque.

e) Cross-coupling of spin-reference-axis component of angular velocity; controlled primarily by keeping the gyro output angle very small (a major performance weakness of a rate gyro) or by a compensating torque.

Note that the elastic restraint and damping torques are included with the output angle characteristics on the left-hand side of Eq. (3-10) rather than as forcing functions on the right-hand side.

The expression for the output angle of a rate gyro is given by Eq. (3-11), for an integrating gyro by Eq. (3-12) and for an unrestrained gyro by Eq. (3-13) of Derivation Summary 3. It is seen that basically the output angle of a rate gyro is proportional to the input-axis angular velocity (the proportionality being the ratio of spin momentum to elastic coefficient), of an integrating gyro to the integral of the angular velocity (or directly to the change in angular orientation) (the proportionality being the ratio of spin momentum to damping coefficient), and of an unrestrained gyro to the double integral of the angular velocity (the proportionality being the ratio of spin momentum to the output axis moment of inertia).

All such gyros also have an indicating system that converts the output angle A_g into either an electrical signal or to a mechanical display.

3. Rate Gyros

The earliest type of single-degree-of-freedom gyro to be used was the rate gyro. It started to find use about 1920 as a basic indicator for instrument flying [22], later for providing lead-angle data for anti-aircraft fire control sights [23] and later in the flight control systems

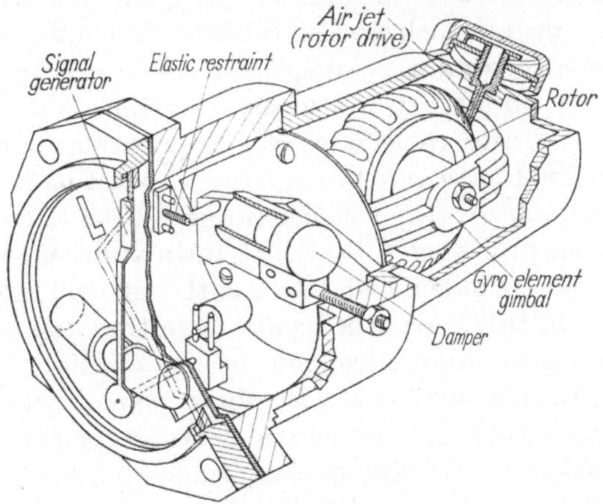

Fig. 4. Pioneer turn indicator

of aircraft and missiles [24, 25]. Rate gyros generally follow the pattern set by HENDERSON [26] and use a mechanical spring for the elastic restraint[1], e.g., the Pioneer Turn Indicator shown in Fig. 4 and based on the work of COLVIN [27]. Rate gyros are treated in many texts [9, 11 to 18] on gyros or aircraft instruments [22], generally under the name of "turn-indicators", from their main use. A rate gyro may be considered to operate by summing the torques acting on the gyro element where the angular momentum change due to rotation of the unit about the input axis is treated as a CORIOLIS-type torque. These torques are primarily balanced against elastic restraint, with some damping to control the natural oscillation and give suitable transient response. Fig. 2a shows pictorially the essential parts of a rate gyro. From Eq. (3-11) of Derivation Summary 3, the expression for the performance

---

[1] The SCHILOVSKY-COOKE turn indicator [11, 13, 22] (now obsolete) using centrifugal force of a turn; and the two-degree-of-freedom rate gyro [13], using velocity-lag torquing are recognized as exceptions, but are not further discussed.

5*

of a rate gyro is

$$\frac{1}{\omega_{ng}^2}\ddot{A}_g + \frac{2\zeta_g}{\omega_{ng}}\dot{A}_g + A_g$$

$$= \frac{H_s}{k_g}\left[W_{(IA)} - A_g W_{(SRA)} + (U)W_g\right] - \frac{1}{\omega_{ng}^2}\dot{W}_{(OA)}, \tag{1}$$

where the terms are defined in the Summary. It is seen from Eq. (1) that the response of a rate gyro is essentially that of a damped oscillator. The gyro output angle A_g is directly related to the input-axis angular velocity $W_{(IA)}$ by H_s/k_g, the ratio of spin momentum to elastic coefficient. A major weakness of a rate gyro lies in the fact that it must have a finite output angle for a finite input-axis angular velocity. This means that, strictly speaking, such angular velocity indication is reduced by $\cos A_g$ and that any simultaneous spin-reference-axis angular velocity $W_{(SRA)}$ is directly indicated as a linear function of A_g. Accordingly, a rate gyro has a finite range of effective operation; being limited on the high angular velocity side by too large A_g and on the low side by output signal noises. A stiff unit (low momentum to elasticity ratio) will give small output angles, the signal indication of which becomes troubled with noise problems, whereas a soft unit will encounter cross-coupling with spin-reference axis inputs. Another rate gyro problem is that of obtaining a simultaneous null for the elastic restraint and for the signal pickoff. DRAPER et al. [18] show some representative rate gyro performance data, and also show a better type of rate unit made from an integrating gyro using an electromechanical "spring" formed by feeding the signal output back to the torque generator (thus making the two above-mentioned nulls into one). Rate gyros should not be used for primarily directional references, as in inertial navigation, because their information is rate not orientation; but they are very useful for space-rate data as in stabilizing a flight control system. They also give gyro information of moderate accuracy with a minimum amount of physical equipment and are the only type of single-degree-of-freedom gyro that is used without auxiliary equipment. Early rate gyros, see Fig. 4, were mechanically supported on ball bearings, used a linkage indicator and had an air-driven rotor. A present design is fluid-supported, combines centering and elastic restraint with a torsion wire, and has an electrically-driven rotor.

4. Integrating Gyros

Although the integrating gyro concept was formulated many years ago, as is shown in a patent issued to BOYKOW [28], it was the work of Dr. C. S. DRAPER that brought it to the stage of performance that made it so important in present-day inertial guidance [29]. Bothered by the problems associated with making rate gyros perform as desired, particularly the difficulties inherent in springs, he concluded that good engineering judgment lay in eliminating an undesirable element. Removal of the elastic restraint puts the burden of balancing the applied torques on the damper. The damping coefficient of an integrating gyro is accordingly greater than that of a rate gyro of similar moment of inertia and angular momentum. Fig. 2b shows pictorially the essential parts of an integrating gyro. In most integrating gyros the damping is obtained

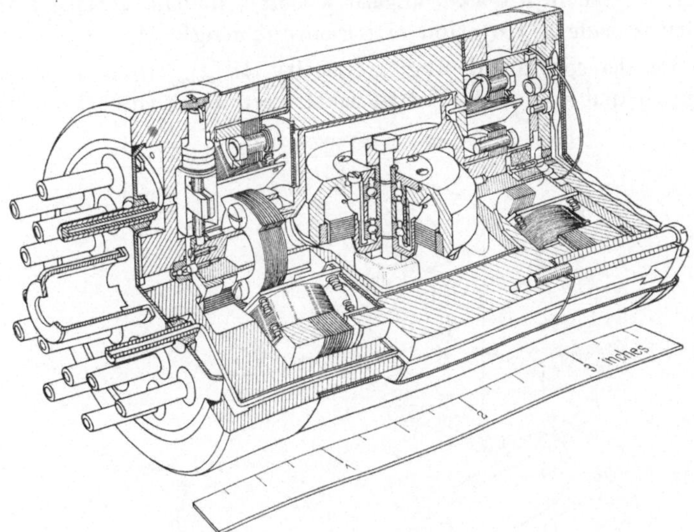

Fig. 5. Cutaway view of integrating gyro

from the fluid that also furnishes the low-friction and shock-resistant support of the gyro element. Fig. 5 shows a representative integrating gyro. The extremely low friction of the fluid support makes it possible for such gyros to have the low drift rates required for inertial navigation. From Eq. (3-12) of Derivation Summary 3 the expression for the performance of an integrating gyro is

$$T_g \dot{A} + A_g = \frac{H_s}{c_g} \int [W_{(IA)} - W_{(cmd)} - A_g W_{(SRA)} + (U) W_g] \, dt -$$
$$- T_g W_{(OA)}, \tag{2}$$

where the terms are defined in the Summary. It is seen from Eq. (2) that the response of an integrating gyro is essentially that of a simple first-order device. The gyro output angle A_g is directly related to the time integral of the difference between the input-axis angular velocity $W_{(IA)}$ and the command angular velocity $W_{(cmd)}$, the relating coefficient being H_s/c_g, the ratio of spin momentum to damping coefficient.

This means that relative to input-axis motion an integrating gyro acts like a bevel gear train with H_s/c_g as the gear ratio between input-axis motion and gyro output axis motion. It is to be noted that, due to the constant of integration required in the solution of Eq. (2), an integrating gyro has no unique preferred value of output angle A_g. Accordingly, it cannot be used alone, but must be accompanied by a feedback system that will tend to zero or null the value of A_g.

Such feedback may be accomplished in either of two ways, depending on whether the input-axis angular velocity or the command angular velocity is made a function of the output angle A_g;

a) for the command angular velocity $W_{(cmd)}$ to be a function of the gyro output angle, the output signal is fed back through an amplifier

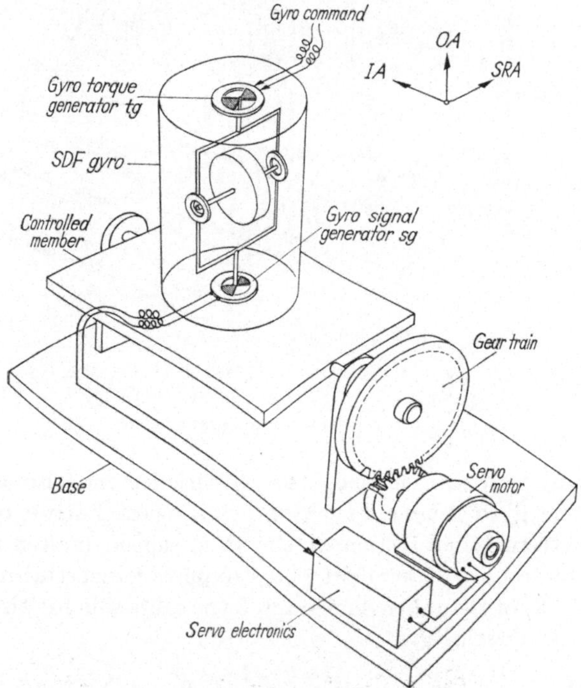

Fig. 6. Basic features of space integrator

to the torque generator that admits the command to the gyro; this produces a rate gyro which is superior to those using a mechanical spring, as previously mentioned;

b) for the input axis angular velocity $W_{(IA)}$ to be a function of the gyro output angle, the output signal is fed as the error signal to a servomechanism that rotates the gyro about its input axis; this is known as a *space integrator* [18] and is the principal way that an integrating gyro is used. In this mode also, the integrating gyro type of operation is similar to that of a two-degree-of-freedom gyro.

A space integrator is defined as a device that produces an angular velocity with respect to inertial space that is proportional to a command (it does not integrate space, but integrates with respect to space). Fig. 6 shows the essential features of a single axis space integrator. The operation of a space integrator is to make the gyro input-axis (servo output axis) angular velocity relative to inertial space match the command angular velocity as closely as possible, and to do this in the face of interfering torques or motions of the base on which the space integrator is mounted. This arrangement has the added advantage that the servo furnishes power-level protection for the gyro.

It is to be noted from Eq. (2) that the making of $W_{(IA)}$ and $W_{(cmd)}$ as equal as possible is interfered with by three possible inputs;

a) cross-coupled component of spin-axis angular velocity, which is minimized by keeping the gyro output angle nulled; this is successfully accomplished by the space integrator action as is shown in Derivation Summary 5;

b) gyro drift uncertainty, which is a false command and is minimized by careful engineering design;

c) output axis angular velocity, which is minimized by making the gyro characteristic time small.

The lower limit of the integrating gyro performance is determined primarily by the drift uncertainty and the upper limit by saturation of the torque generator [18].

5. Unrestrained Single-Degree-of-Freedom Gyros

Single-degree-of-freedom gyros that are supported by a low viscosity liquid or by a gas are called unrestrained. In this case there is no real torque reaction to balance the inputs, but rather the angular momentum change due to inertia reaction by angular acceleration of the gyro element about its output axis balances the rotation of spin momentum about the input axis. Fig. 2c shows pictorially the essential parts of an unrestrained gyro. Fig. 7 shows a representative unrestrained gyro having air bearing support. Some unrestrained gyros are essentially the same as integrating gyros, except that the viscosity of the supporting liquid is sufficiently low that the damping torque is essentially negligible in the desired regions of operation. Single-degree-of-freedom gyros that are supported by pressure gradient in a gas are sufficiently unrestrained to act as doubly-integrating gyros in the desired region of operation. To the best of the author's knowledge, the successful development and application of air bearing gyros must credited to Dr. W. VON BRAUN and his group [30, 31], now at the National Aeronautics and Space Administration. From Eq. (3-13) of Derivation Summary3 the expression for the performance of an unrestrained gyro is

$$A_g = \frac{H_s}{I_g} \iint [W_{(IA)} - W_{(cmd)} - A_g W_{(SRA)} + (U) W_g] \, dt \, dt - \int W_{(OA)} \, dt, \tag{3}$$

where the terms are defined in the Summary.

As no single-degree-of-freedom unit is strictly completely free of damping effects, the pattern of operation of integrating and unrestrained gyros will be treated together. Fig. 8 shows the forced frequency response of such gyros, where the mathematical background is given in Derivation Summary 4. It is seen from the figure that a heavily damped (viscosity of a few hundred centipoises) gyro integrates from zero frequency up to its characteristic time breakpoint, which is about one hundred sixty cycles per second for a typical unit [18]. A low viscosity (about one centipoise) liquid-supported gyro operates as an integrating gyro for low frequency inputs and gradually changes to essentially double integration for the higher frequency end of its expected input range. A gas-supported gyro (viscosity of a few hundred micropoises) is doubly-integrating for all of its operating range.

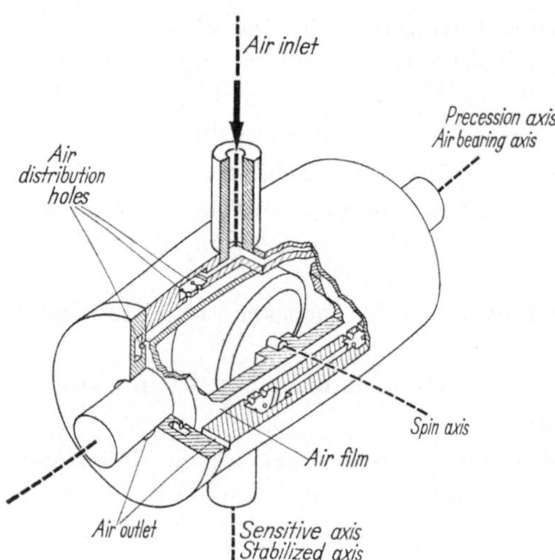

Fig. 7. Cutaway view of air bearing gyro

6. Space Integrators

The operation of a single-axis space integrator is that of a servomechanism with the gyro unit serving as its error sensing device. Because a gyro operates with respect to inertial space, the gyro-servo combination then operates with respect to inertial space rather than with respect to the base on which it is mounted. DRAPER et al. [18], STOCKARD [32, 33], ÅSTRÖM [34] and others have treated this subject at length. It is not the purpose of this paper to be involved in the servo problems but

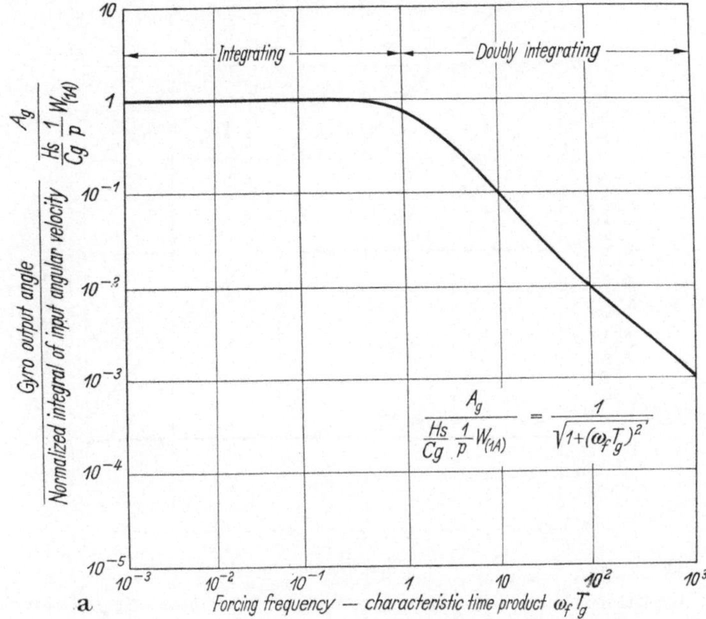

$$\frac{A_g}{\frac{Hs}{Cg}\frac{1}{p}W_{(1A)}} = \frac{1}{\sqrt{1+(\omega_f T_g)^2}}$$

Fig. 8a. Normalized amplitude-frequency response for gyros showing regions of integration and double integration

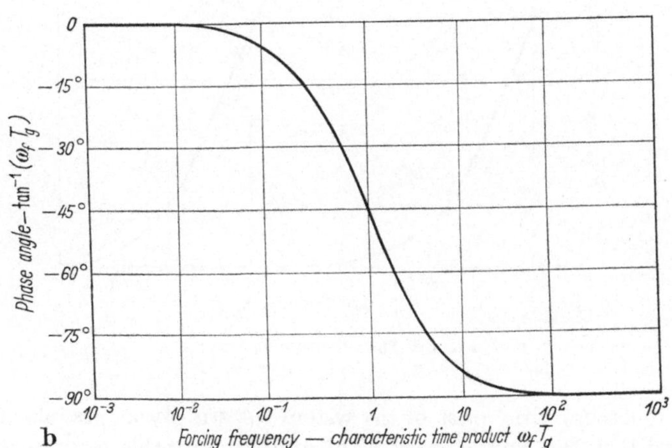

Fig. 8b. Phase response for gyros

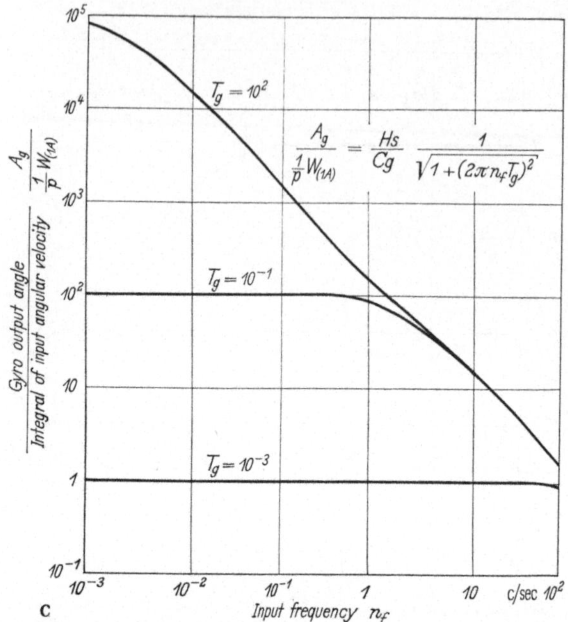

Fig. 8c. Amplitude-frequency response for gyros $T_g = 10^{-3}$ sec integrating gyro (heavy damping liquid), $T_g = 10^{-1}$ sec light damping liquid gyro, $T_g = 10^2$ sec air bearing gyro, $T_g = l_g/C\,g$, $Ig/Hs = 10^{-3}$ sec for all gyros

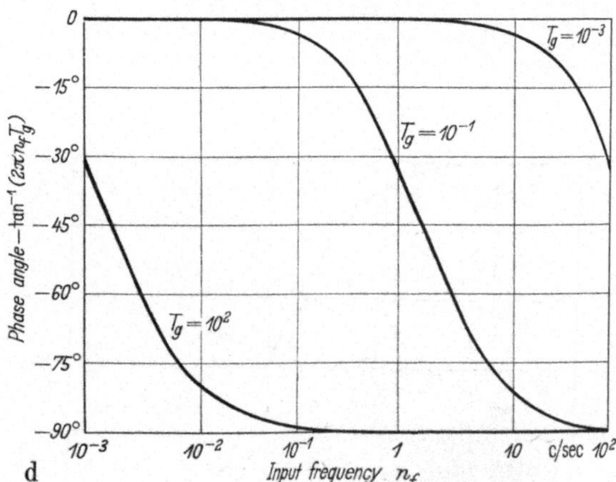

Fig. 8d. Phase response for gyros

rather to discuss this part of the system as simply as possible. It is to be noted that the servo must be of quality suitable for its operating .requirements, being of the highest for inertial operations. For this to be achieved it has often been found useful to incorporate nonlinear aspects [35].

The basic performance equations for a space integrator are developed in Derivation Summary 5. The servo motor torque not only accelerates the controlled member on which the gyro is mounted. but also will cause a precession rate of the gyro about its output axis. The space integrator must meet desired static stiffness, transient response and obedience to command. As an integral part of the space integrator the gyro performance has marked effect on the space integrator performance. The space integrator equations for the servo (gyro input) axis angular velocity and for the gyro output angle are given by Eqs. (5-5) and (5-6) of Derivation Summary 5. For the normal operating region, the lower frequency end, these equations simplify to Eqs. (5-7) and (5-8) of the Summary; they are

$$W_{(IA)} \cong W_{(cmd)} + A_g W_{(SRA)} - (U) W_g + \frac{I_g}{H_s} p W_{(OA)} +$$
$$+ \frac{1}{S_{(cs)} (FF)_{(cs)}} \frac{c_g}{H_s} p M_{(intf)} \tag{4a}$$

for the heavily damped integrating gyro,

$$W_{(IA)} \cong W_{(cmd)} + A_g W_{(SRA)} - (U) W_g + \frac{I_g}{H_s} p W_{(OA)} +$$
$$+ \frac{1}{S_{(cs)} (FF)_{(cs)}} \frac{I_g}{H_s} p^2 M_{(intf)} \tag{4b}$$

for the gas (air-bearing) supported unrestrained gyro,

$$A_g \cong \frac{1}{S_{(cs)} (FF)_{(cs)}}$$
$$\left\{ - I_{(cm)} p \left[W_{(cmd)} + A_g W_{(SRA)} - (U) W_g + \frac{I_g}{H_s} p W_{(OA)} \right] + M_{(intf)} \right\} \tag{5}$$

for any gyro; and terms are defined in Derivation Summary 5.

The integrating gyro and the air-bearing gyro clearly show integrating and doubly-integrating characteristics, respectively. The lightly-damped liquid-supported gyro is in the transition regime between the two above types; its problems are therefore those inherent in transition, analogous to the transonic airplane. Eqs. (4) show that the input-axis angular velocity is, in the operating range of the servo, equal to the command angular velocity, that gyro drift uncertainty and output-axis angular acceleration appear as unwanted false commands, this holding for all gyros. The spin-reference-axis angular velocity term depends on the gyro output angle, which is subsequently discussed. STOCKARD [32, 33] and MARSHALL [36] show that the $S_{(cs)} (FF)_{(cs)}$ product for a well-designed servo is about one-thousand times larger for the broad bandpass type that can be used with the integrating gyro than for the narrow band type used with the air-bearing gyro. This leads to approximately the same total effect on controlled member angular velocity due to the interfering torque for both types of gyro. Although static compliance and average value of the controlled angular velocity and space orientation can be made about equally well-behaved and accurate, the system using the integrating gyro and broad band servo will lie steadier, and have a lower rms displacement error value. Eq. (5) gives the cause for this, where it is seen that the gyro output angle is inversely related to the $S_{(cs)}$ $(FF)_{(cs)}$ product. This means, effectively, that the smoothing action of the highly-damped integrating gyro leads to extremely small gyro output angle and provides a balanced servo performance at all frequencies. On the other hand, the air-bearing gyro's greater motion at low frequencies leads to a sharing of the system response between gyro precession reaction and servo action and the possibility of greater cross-coupling with the spin-reference axis angular velocity. The overall space integrator action is similar for both types of systems in static and average values, as previously indicated, but with the action shared differently between gyro and servo over the frequency spectrum. This leads to a superior overall performance of the integrating gyro-broad band servo type of space integrator. The lightly-damped liquid-supported gyro lies in between with the attendant problems of a transition device.

For the three-axis space integrator action the close support of one axis control system for another, with closely nulled gyro units, leads to satisfactory inertial guidance operation [*33*]. However, STOCKARD [*33*] and ÅSTRÖM [*34*] show that inter-axis effects can be accentuated or reduced by various gyro axes configurations. The concern that angles are not the true vector integrals of their corresponding angular velocities does not appear to have serious effect on inertial operation (read any newspaper or professional journal) due to the very small angles involved. When tracking elements, e.g., accelerometers, etc., are included, the question is academic.

7. Engineering Aspects

Single-degree-of-freedom gyros all have the distinguishing feature of cylindrical symmetry about the output axis. This is a welcome aspect in any machining and assembly work. The required balancing to give a gyro its low drift uncertainty is most directly accomplished by single-axis assembly and calibration. Furthermore, viscosity in a supporting fluid can be used for smoothing and consequent integration of input angular velocities.

Three types of support are available for carrying the weight of a gyro element; namely, *mechanical, fluid pressure gradient,* and *flotation.*

Mechanical support is generally the least expensive, but also has the highest torque uncertainty. It is accordingly used only in rate gyros where low cost is desired and moderate accuracy is permissible. Ball bearings furnish both the support and centering action such as is shown in Fig. 4. A combination mechanical-fluid arrangement for a rate gyro uses flotation to provide the support and damping with a torsion wire for centering and elastic restraint. This permits lower torque uncertainty than the mechanical support. The torsion wire can be used, however, only with something like the liquid to support the lateral loads.

Fluid pressure gradient both supports and centers the gyro element with a very low torque uncertainty. It is essential with this type of support, as it is of a dynamic flow nature, to ensure symmetry of flow. Otherwise, lack of symmetry leads to torques that contribute to the drift uncertainty of the gyro. Either liquid (incompressible) or gas (compressible) may furnish this type of support. However, the gas support (air bearing) has also to ensure that, due to the compressibility of the air, mechanical contact does not take place between the gyro element and the case under high-g thrust. Inertial quality gyros have been successfully made and used in guidance systems [30] where the fluid pressure gradient supported the units. Such units generally fall into the class of unrestrained gyros. Fig. 7 shows such a unit, where it is seen how the pressurized air enters the unit and escapes, through carefully arranged holes, into the space between the gyro element and the case.

Flotation by a liquid whose density matches that of the gyro element as nearly as possible produces a support of very low torque uncertainty and high resistance to shock or high-g thrust but requires an associated centering device. At first the centering was achieved mechanically by a pivot and jewel [18]. Another method was to use hydrodynamic bearings for centering. Recently it was found that the microsyn [37] could be given centering as well as torque or signal generating properties [38]. With almost all the weight of the gyro element taken by the liquid this electromagnetic support furnishes an extremely accurate centering with very low torque uncertainty. A feature of this support is that it is entirely passive and static; the liquid flotation makes the gyro element inert to gravity and vehicle accelerations and transmits the pressure data to accomplish this inherently at the speed of sound in the liquid, while the electromagnetic trim and centering is accomplished by simple tuning of its external circuits. Such support generally makes use of the viscosity of the liquid and produces integrating gyros.

All gyro units require precision balance to minimize torque uncertainty and generally find that some sort of temperature control leads to superior performance. The objective of the gyro design engineer is to produce a unit that will maintain its reference direction in inertial space in the face of interferences and will rotate (precess) this direction relative to inertial space at an angular velocity proportional to a command. This involves a high degree of control of the factors that cause torque uncertainties and a design that *wants* to keep its original calibration values as much as possible. Fig. 9 shows the essential design features that must be incorporated in a typical precision gyro [*39*]. The rotor

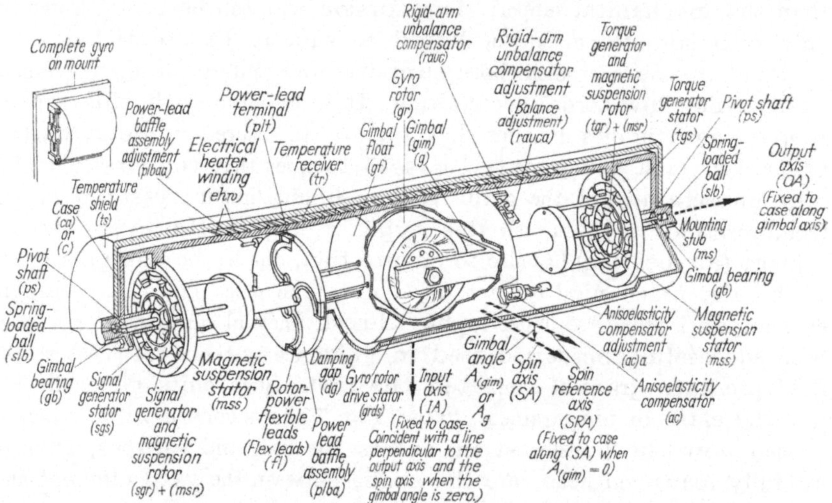

Fig. 9. The M.I.T single-degree-of-freedom floated integrating gyro unit. *Notes:* 1.The clearance volume between the gimbal float and the case of the gyro unit is completely filled with high-density, high-viscosity NEWTONIAN fluid. 2. Anisoelasticity can be reduced by using a very stiff material (Beryllium) for the basic structure of the unit and adjusting for the optimum bearing-contact angle

is driven by a multiphase, alternating current, synchronous motor. The gyro element has a cylindrical outer covering and is floated in its surrounding case with a radial clearance of about 0.005 inch between them. The flotation fluid should be gas-free, particle-free, of appropriate density and NEWTONIAN in its viscosity behavior. A spirally wound electric heater controls the gyro unit temperature, which is the trim to bring the fluid density into agreement with the gyro element average density. A uniform temperature pattern in the gyro unit will tend to reduce torque uncertainties. This can be most readily obtained by control of the ambient temperature surrounding the gyro unit. Static balance is obtained by rigid-arm compensators that are essentially weighted screws that can be adjusted from outside the unit during operation. Flexing, or lack of rigidity, of the gyro element under acceleration leads to the condition known as anisoelasticity. This effect is compensated by spring-mounted weights whose shift under acceleration balances the corresponding shift of the gyro element. Power is introduced to the rotor drive by thin flexible leads. Such leads should have a density equal to that of the supporting fluid and be mounted in protecting baffles to prevent damage when the liquid solidifies during storage. This arrangement produces a low-torque assembly for power transmission. The microsyns, or ducosyns, center the float as well as either generating torque or signals as required.

Investigations are proceeding on the feasibility of mounting single-degree-of-freedom gyros directly on the vehicle frame in inertial navigation. Such units would have to give rate measurements. WIENER [*40*] shows that such operation requires a linear range of 10^7 that must be accurately covered (from inertial rates of about 10^{-7} radian/sec to one radian/sec for vehicle rolling and pitching). A most difficult and improbable engineering problem!

8. Summary

Single-degree-of-freedom gyros have progressed in the last fifty years from simple turn indicators to complex devices of high accuracy for inertial navigation. Much has been acoomplished in that time and much remains to be done make the gyros smaller, lighter, less expensive, more accurate, more reliable and using less power. They are operationally proven devices of an outstanding engineering accomplishment representing years of steady, hard and painstaking effort.

Derivation Summary 1: Gyro Element Theory

The following quantities are used in the discussion of the gyro element:

$$H_{(ge)} = \text{angular momentum vector of gyro element}$$
$$= H_s + H_{(ns)},$$

where

H_s spin angular momentum vector of rotor $= I_s W_s$,
$H_{(ns)}$ non-spin angular momentum of gyro element,
I_s spin axis moment of inertia of rotor,
W_s spin angular velocity vector $=$ angular velocity of rotor relative to gimbal.

Two coordinate frames are used in the discussion of the gyro element:

    1. inertial frame, i, origin at the center of mass of the earth,
    2. gyro element frame, ge, origin at the center of mass of the gyro element, fixed to the gyro element gimbal (ge does not spin with the rotor).

By NEWTON's Law for rotation, with moments taken about the center of mass of the gyro element,

$$p_i \, H_{(ge)} = M, \qquad\qquad (1\text{-}1)$$

where

$$p_i \equiv \left[\frac{d}{dt}\right]_i = \text{time derivative taken in inertial frame, } i.$$

Applying the equation of CORIOLIS to the left hand side of Eq. (1-1) gives

$$p_i \, H_{(ge)} = p_{(ge)} \, H_{(ge)} + W_{i(ge)} \times H_{(ge)} = M. \tag{1-2}$$

Separation of $H_{(ge)}$ into its spin and non-spin components gives

$$p_{(ge)} \, H_s + p_{(ge)} \, H_{(ns)} + W_{i(ge)} \times H_s + W_{i(ge)} \times H_{(ns)} = M. \tag{1-3}$$

By assumption b) (p. 63)

$$p_{(ge)} \, H_s = 0 \quad \text{since} \quad W_s = \text{constant (validity of this assumption is given}$$
$$\text{in Derivation Summary 2),}$$

and by assumption c),

$$H_s \gg H_{(ns)}.$$

Hence Eq. (1-3) reduces to

$$p_{(ge)} \, H_{(ns)} + W_{i(ge)} \times H_s = M. \tag{1-4}$$

Eq. (1-4) is the basic law of motion of a practical gyroscopic element. The term $p_{(ge)} \, H_{(ns)}$ is the source of the characteristic dynamics or transient response of the gyro element giving rise to nutation in a two-degree-of-freedom unit and to the characteristic time or natural period in a single-degree-of-freedom unit. When this term is negligible compared to the applied torque M, then

$$W_{i(ge)} \times H_s = M \tag{1-5}$$

becomes the practical gyro element performance equation. Note that in Eq. (1-5) the gyro element is represented by the "disembodied" angular momentum vector of spin.

Derivation Summary 2: Gyro Spin-Drive Dynamics

The spin-drive system of a gyro consists of some device to rotate the rotor about the spin-axis relative to the gyro element gimbal at a pre-determined speed. For convenience, and because it is so widely used, a synchronous hysteresis electric drive is selected to illustrate spin-drive dynamics. A magnetic field rotates at a desired constant rate relative to the stator, which is fixed in the gyro element gimbal. A magnet, fixed in the rotor, attempts to align itself with the rotating field vector. This effect is produced by magnetic interaction that acts like an elastic torque. Also present is some damping, due mainly to drag of the surrounding air and to bearing friction. The equation of motion is effectively

$$I_s \, p_i \, W_{is} = -k_s \, A_{fs} - c_s \, W_{(ge)s}, \tag{2-1}$$

where

W_{is} angular velocity of rotor relative to inertial space,
k_s effective elastic coefficient of spin drive,
A_{fs} angular misalignment between rotor magnet and magnetic field,
c_s effective damping coefficient,
$W_{(ge)s}$ angular velocity of rotor relative to gyro-element gimbal (identical to W_s of Derivation Summary 1, fullform notation used here for clarity);

also

$$W_{is} = W_{i(ge)} + W_{(ge)f} + W_{fs}, \tag{2-2}$$

where

$W_{i(ge)}$ angular velocity about spin axis of gyro element gimbal relative to inertial space,
$W_{(ge)f}$ desired angular velocity of magnetic field relative to gyro element gimbal (circular spin frequency),
W_{fs} $p_{(ge)} A_{fs}$.

Substitution of Eq. (2-2) into the derivative of Eq. (2-1) and regrouping of terms gives[1]

$$\left[\frac{p^2}{\omega_{ns}^2} + 2\zeta_s \frac{p}{\omega_{ns}} + 1 \right] W_{(ge)s} = W_{(ge)f} - \frac{p^2}{\omega_{ns}^2} W_{i(ge)}, \tag{2-3}$$

where

$$\omega_{ns} = \sqrt{\frac{k_s}{I_s}} = \text{undamped circular natural frequency of spin-drive,}$$

$$\zeta_s = \frac{c_s}{2\,\omega_{ns} I_s} = \text{damping ratio of spin-drive.}$$

The drive frequency $W_{(ge)f}$ is considered to be constant. It is also assumed that the gyro element gimbal may oscillate about the spin-axis at a sinusoidal forcing frequency, ω_f, which acts as a disturbance to the rotor spin. The forced sinusoidal solution of Eq. (2-3) is

$$W_{(ge)s} = W_{(ge)f} + W_{i(ge)} \frac{\beta_s^2}{\sqrt{(1-\beta_s^2)^2 + (2\zeta \beta_s)^2}} e^{j\left[\omega_f t - \tan^{-1} \frac{2\zeta_s \beta_s}{1-\beta_s^2} \right]},$$

$$\tag{2-4}$$

where

$$\beta_s = \frac{\omega_f}{\omega_{ns}} = \text{forcing frequency ratio.}$$

The amplitude and phase responses to $W_{i(ge)}$ of Eq. (2-4) are shown in Figs. 10 and 11. It is seen there that

$$\mu_s = \frac{\beta_s^2}{\sqrt{(1-\beta_s^2)^2 + (2\zeta_s \beta_s)^2}}, \qquad \phi_s = \tan^{-1} \frac{2\zeta \beta_s}{1-\beta_s^2},$$

$$W_{(ge)s} \cong \begin{cases} W_{(ge)f} & \text{when } \beta_s \ll 1, \\ W_{(ge)f} + W_{i(ge)} & \beta_s \gg 1. \end{cases}$$

---

[1] For spin-drive dynamics it is assumed that $p_i = p_{(ge)} \equiv p$.

As $W_{(ge)s}$ differs from $W_{(ge)f}$ only for high frequencies, i.e., those associated with periods of less than about 0.25 second, and these would have small amplitudes, it is reasonable to conclude that the spin momentum is essentially constant relative to gyro element axes

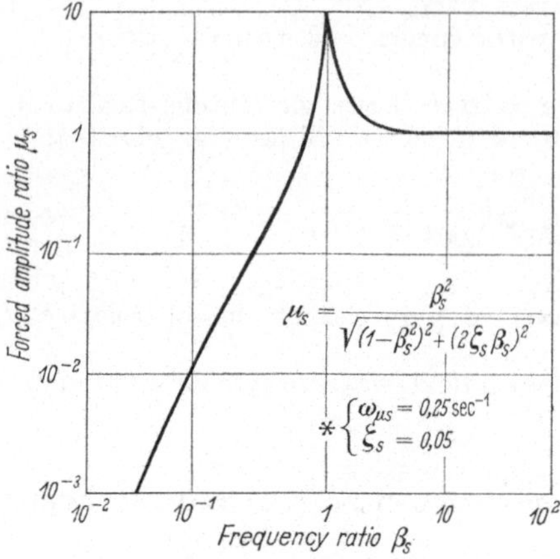

Fig. 10. Amplitude response

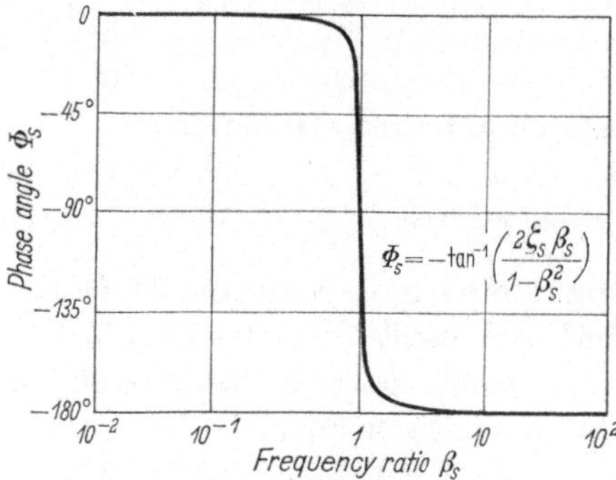

Fig. 11. Phase response

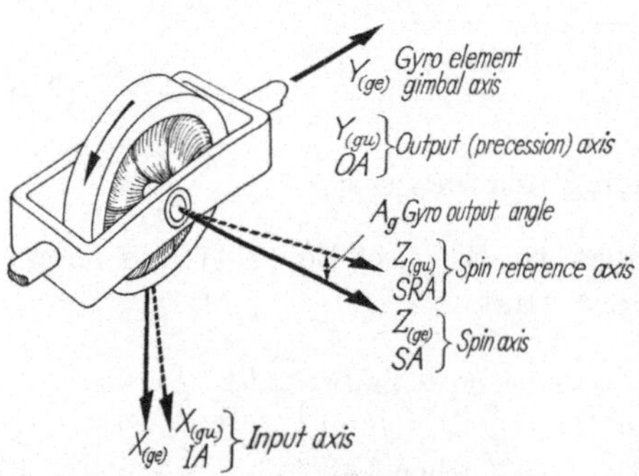

Fig. 12. Gyro element coordinate axes

Derivation Summary 3: Gyro Element Equations of Motion

Let the gyro element coordinate system be chosen such that

$z_{(ge)}$ is along the positive spin axis,

$y_{(ge)}$ is along the positive gyro element gimbal axis,

$x_{(ge)}$ completes a right-hand orthogonal triad as shown in Fig. 12.

The important quantities of Eq. (1-4) of Derivation Summary 1 become in gyro element axes

$$W_{i(ge)} = i\,W_x + j\,W_y + k\,W_z,$$

$$H_s = k\,I_s\,W_s,$$

$$H_{(ns)} = i\,I_x\,W_x + j\,I_y\,W_y + k\,I_z\,W_z,$$

where I_x and I_y contain both rotor and gyro element gimbal inertias about their respective axes, but I_z is only the gyro element gimbal inertia about the spin axis. Eq. (1-4) then becomes the famous EULER equation modified to

$$I_x\,p\,W_x + H_s\,W_y = M_x, \qquad (3\text{-}1\text{a})$$

$$I_y\,p\,W_y - H_s\,W_x = M_y, \qquad (3\text{-}1\text{b})$$

$$I_z\,p\,W_z \qquad\qquad = M_z. \qquad (3\text{-}1\text{c})$$

---

*Oral communications by D. C. WHIPPLE of the M.I.T. Instrumentation Laboratory.

Eq. (3-1c) represents rotation of the gyro element about the spin axis, and is only of secondary interest. The pertinent angular motions for single-degree-of-freedom gyros are those of the gyro unit case, which are related to gyro element axes by

$$x_{(ge)} = x_{(gu)} \cos A_g - z_{(ge)} \sin A_g \rightarrow x_{(gu)} - z_{(gu)} A_g, \qquad (3\text{-}2\text{a})$$

$$y_{(ge)} = y_{(gu)}, \qquad (3\text{-}2\text{b})$$

where A_g = angle from $z_{(gu)}$ to $z_{(ge)}$, the gyro output, or precession angle, and $\cos A_g \cong 1$, $\sin A_g \cong A_g$, as A_g can be considered "small." Conventional terminology for single-degree-of-freedom gyro axes, shown in the accompanying figure, is

$$x_{(gu)} \rightarrow IA, \text{ input axis,} \qquad (3\text{-}3\text{a})$$

$$y_{(gu)} \rightarrow OA, \text{ output (precession) axis,} \qquad (3\text{-}3\text{b})$$

$$z_{(gu)} \rightarrow SRA, \text{ spin reference axis.} \qquad (3\text{-}3\text{c})$$

Substitution of the relationships of Eqs. (3-2) and (3-3) into Eq. (3-1) gives

$$I_x(p\,W_{(IA)} - A_g\,p\,W_{(SRA)} - W_{(SRA)}\,p\,A_g) + H_s(W_{(OA)} + p\,A_g)$$
$$= M_{(IA)} - A_g\,M_{(SRA)}, \qquad (3\text{-}4\text{a})$$

$$I_y(p\,W_{(OA)} + p^2\,A_g) - H_s(W_{(IA)} - A_g\,W_{(SRA)}) = M_{(OA)}. \quad (3\text{-}4\text{b})$$

The torques $M_{(IA)}$ and $M_{(SRA)}$ are applied to the gyro element by the support structure by means of mechanical contact or fluid compression. The torque $M_{(OA)}$ is applied at the designer's choice and determines the type of single-degree-of-freedom gyro; thus

a) $M_{(OA)} = -k_g\,A_g - c_g\,p\,A_g$; primarily elastic torque, rate gyro,

b) $M_{(OA)} = -c_g\,p\,A_g$; damping torque, integrating gyro,

c) $M_{(OA)} = 0$; unrestrained gyro.

In addition, the designer may desire a command torque $M_{(tg)}$, from a torque generator; an unavoidable uncertainty torque $(U)\,M_g$ due to mass unbalance, friction, etc. must always be considered. In practice the assumption of gimbal and spin support rigidity cannot strictly be maintained [21]. Accordingly, it is convenient to consider $M_{(IA)}$ as applied by elastic deformation and to express an input axis flexure represented by the very small deformation angle A_x; then

$$M_x = -k_x\,A_x, \qquad (3\text{-}5)$$

and

$$W_x = W_{(IA)} - A_g\,W_{(SRA)} + p\,A_x, \qquad (3\text{-}6)$$

where k_x = elastic coefficient of gimbal flexure about $x_{(ge)}$-axis and Eq. (3-6) replaces that of Eq. (3-2a).

6*

With these assumptions Eqs. (3-4) become, using both elastic and damping torques about the output axis,

$$(I_x p^2 + k_x) A_x + H_s p A_g \qquad = - H_s W_{(OA)} - I_x p (W_{(IA)} -$$
$$- A_g W_{(SRA)}), \qquad (3\text{-}7a)$$
$$- H_s p A_x \qquad + (I_y p^2 + c_g p + k_g) A_g = H_s W_{(IA)} \qquad - I_y p W_{(OA)} -$$
$$- H_s A_g W_{(SRA)} +$$
$$+ M_{(tg)} + (U) M_g. \qquad (3\text{-}7b)$$

Solution of Eqs. (3-7) for A_g gives

$$[(I_y p^2 + c_g p + k)(I_x p^2 + k_x) + H_s^2 p^2] A_g = k_x H_s W_{(IA)} -$$
$$- k_x H_s A_g W_{(SRA)} + (I_x p^2 + k_x)[M_{(tg)} + (U) M_g] -$$
$$- [(I_x p^2 + k_x) I_y + H_s^2] p W_{(OA)}. \qquad (3\text{-}8)$$

The ratio k_x/I_x represents the square of the fundamental undamped natural frequency of the gyro element gimbal and spin-axis support structure. It is generally large enough relative to the frequency range of normal operation of a gyro that it can be ignored. Eq. (3-8) then becomes

$$\left[\left(I_y + \frac{H_s^2}{k_x}\right) p^2 + c_g p + k_g\right] A_g = H_s W_{(IA)} +$$
$$+ M_{(tg)} - H_s A_g W_{(SRA)} + (U) M_g - \left(I_y + \frac{H_s^2}{k_x}\right) p W_{(OA)}. \qquad (3\text{-}9)$$

DRAPER et al. [18] show that the measured characteristic time of a particular HIG-4 gyro is 0.0027 second in contrast to the theoretical value, using the I_y/c_g ratio only, of 0.0017 second. For values of $H_s = 10^4$ gm cm²/sec and $I_y = 35$ gm cm² and the above time measurements $k_x = 5 \times 10^6$ dyne cm/rad. If it is assumed for convenience that $I_x = 50$ gm cm² the ratio $k_x/I_x = 10^5$ (rad/sec)², which gives an undamped natural frequency of approximately 50 cps. and justifies the above assumption that

$$\frac{I_x}{k_x} p^2 \ll 1$$

for operating conditions. This value of 50 cps. is low for many gyros, but the HIG-4 had a fairly flexible gimbal.

For convenience define

$$I_g = I_y + \frac{H_s^2}{k_x} = \text{effective output axis moment of inertia of gyro element,}$$

$$(U) W_g = \frac{(U) M_g}{H_s} = \text{drift rate uncertainty of gyro element,}$$

$$W_{(cmd)} = - \frac{M_{(tg)}}{H_s} = \text{command angular velocity.}$$

Eq. (3-9) then becomes

$$[I_g\,p^2 + c_g\,p + k_g]\,A_g = H_s[W_{(IA)} - W_{(cmd)} - A_g W_{(SRA)} + (U)W_g] - \\ - I_g\,p\,W_{(OA)}. \qquad (3\text{-}10)$$

For a rate gyro unit, the torque generator torque $M_{(tg)} = 0$; Eq. (3-10) is then

$$A_g = \frac{1}{\dfrac{p^2}{\omega_{ng}^2} + 2\zeta_g\,\dfrac{p}{\omega_{ng}} + 1} \times$$

$$\times \left\{ \frac{H_s}{k_g}\,[W_{(IA)} - A_g W_{(SRA)} + (U)W_g] - \frac{1}{\omega_{ng}^2}\,p\,W_{(OA)} \right\}, \qquad (3\text{-}11)$$

where

$$\omega_{ng} = \sqrt{\frac{k_g}{I_g}} = \text{undamped natural frequency of rate gyro unit,}$$

$$\zeta_g = \frac{c_g}{2\,\omega_{ng}\,I_g} = \text{damping ratio of rate gyro unit.}$$

For an integrating gyro unit, the elastic coefficient $k_g = 0$; Eq. (3-10) is then

$$A_g = \frac{1}{T_g\,p + 1} \times$$

$$\times \left\{ \frac{H_s}{c_g}\,\frac{1}{p}\,[W_{(IA)} - W_{(cmd)} - A_g W_{(SRA)} + (U)W_g] - T_g\,W_{(OA)} \right\},$$

$$(3\text{-}12)$$

where

$$T_g = \frac{I_g}{c_g} = \text{characteristic time of integrating gyro unit.}$$

For an unrestrained (single-degree-of-freedom) gyro unit, both the elastic and damping coefficients $k_g = c_g = 0$; Eq. (3-10) is then

$$A_g = \frac{H_s}{I_g}\,\frac{1}{p^2}\,[W_{(IA)} - W_{(cmd)} - A_g W_{(SRA)} + (U)W_g] - \frac{1}{p}\,W_{(OA)}.$$

$$(3\text{-}13)$$

Derivation Summary 4: Forced Frequency of Damped Gyros

From Eq. (3-12) of Derivation Summary 3 the equation of motion for a damped gyro is

$$[T_g\,p + 1]\,A_g = \frac{H_s}{c_g}\,\frac{1}{p} \times$$

$$\times [W_{(IA)} - W_{(cmd)} - A_y W_{(SRA)} + (U)W_y] - T_g W_{(OA)}. \qquad (3\text{-}12) \quad (4\text{-}1)$$

Consider only the desired inputs $W_{(IA)} - W_{(cmd)}$ and let this term have a sinusoidal frequency variation at circular forcing frequency ω_f and amplitude $[W_{(IA)} - W_{(cmd)}]_a$. Solution of Eq. (4-1) to this input gives

$$\frac{c_g}{H_s} \frac{A_g}{\frac{1}{p}\,(W_{(IA)} - W_{(cmd)})} = \frac{1}{\sqrt{1 + (\omega_f T_g)^2}}\, e^{-j\tan^{-1}(\omega_f T_g)}. \qquad (4\text{-}2)$$

The amplitude ratio for Eq. (4-2) and the phase relationship are plotted in Figs. 8. The plots have non-dimensional coordinates as well as separate diagrams showing the effect of different damping ratios for a given input frequency range. The following data are used:

	Heavy damping liquid	Light damping liquid	Gas
H_s/c_g	1	10^2	10^5
$T_g = I_g/c_g$ (sec)	10^{-3}	10^{-1}	10^2
I_g/H_s (sec)	10^{-3}	10^{-3}	10^{-3}

Derivation Summary 5: Space Integrator Dynamics

A single-axis space integrator consists of a gyro and its associated servomechanism as is shown in Fig. 6. The drive axis of the servo is parallel to the input axis of the gyro. From Eq. (3-12) of Derivation Summary 3 the expression for an integrating gyro is

$$[T_g p + 1] A_g = \frac{H_s}{c_g} \frac{1}{p} \times$$

$$\times [W_{(IA)} - W_{(cmd)} - A_g W_{(SRA)} + (U) W_g] - T_g W_{(OA)}. \qquad (3\text{-}12) \qquad (5\text{-}1)$$

The servo platform, or controlled member, supporting the gyro unit is acted on by servo motor torque M_m and an interfering torque $M_{(intf)}$, the latter containing any base motion coupling through gears, namely

$$I_{(cm)}\, p W_{(IA)} + H_s\, p A_g = M_m + M_{(intf)}, \qquad (5\text{-}2)$$

where $I_{(cm)} =$ moment of inertia of controlled member. And $H_s\, p A_g$ represents the gyro reaction to the application of a torque about the input axis. The motor torque is related to the gyro output angle by $(PF)_{(cs)}$, the control system performance function, which is yet to be determined,

$$M_m = (PF)_{(cs)} A_g \qquad (5\text{-}3)$$

$$= - S_{cs} (FF)_{(cs)} A_g, \qquad (5\text{-}4)$$

where

S_{cs} sensitivity of control system (sometimes called gain),
$(FF)_{(cs)}$ frequency function of control system.

Substitution of Eqs. (5-1) and (5-4) into Eq. (5-2) gives for the input axis angular velocity and for the gyro output angle under space integrator operation

$$\left[\frac{c_g}{H_s}\frac{I_{(cm)}}{S_{(cs)}}\frac{T_g p + 1}{(FF)_{(cs)}} p^2 + \frac{H_s}{S_{(cs)}}\frac{1}{(FF)_{(cs)}} p + 1\right] W_{(IA)}$$

$$= \left[\frac{H_s}{S_{(cs)}}\frac{1}{(FF)_{(cs)}} p + 1\right]\left[W_{(cmd)} + A_g W_{(SRA)} - (U)W_g\right] +$$

$$+ \left[\frac{H_s}{S_{(cs)}}\frac{1}{(FF)_{(cs)}} p + 1\right]\frac{I_g}{H_s} p\, W_{(OA)} + \frac{c_g}{H_s}\frac{1}{S_{(cs)}}\frac{T_g p + 1}{(FF)_{(cs)}} p\, M_{(intf)},$$

$$\tag{5-5}$$

$$\left[\frac{c_g}{H_s}\frac{I_{(cm)}}{S_{(cs)}}\frac{T_g p + 1}{(FF)_{(cs)}} p^2 + \frac{H_s}{S_{(cs)}}\frac{1}{(FF)_{(cs)}} p + 1\right] A_g$$

$$= -\frac{I_{(cm)}}{S_{(cs)}}\frac{p}{(FF)_{(cs)}}\left[W_{(cmd)} + A_g W_{(SRA)} - (U)W_g\right] -$$

$$- \frac{I_{(cm)}}{S_{(cs)}}\frac{I_g}{H_s}\frac{p^2}{(FF)_{(cs)}} W_{(OA)} + \frac{1}{S_{(cs)}}\frac{1}{(FF)_{(cs)}} M_{(intf)}. \tag{5-6}$$

For normal operation, within the capabilities of the servo, an understanding of the space integrator performance may be obtained by studying the lower-frequency end of Eqs. (5-5) and (5-6), namely

$$W_{(IA)} \cong W_{(cmd)} + A_g W_{(SRA)} - (U)W_g + \frac{I_g}{H_s} p\, W_{(OA)} +$$

$$+ \frac{1}{S_{(cs)}(FF)_{(cs)}}\frac{c_g}{H_s} p\, M_{(intf)} \tag{5-7a}$$

for a heavily-damped integrating gyro, and

$$W_{(IA)} \cong W_{(cmd)} + A_g W_{(SRA)} - (U)W_g + \frac{I_g}{H_s} p\, W_{(OA)} +$$

$$+ \frac{1}{S_{(cs)}(FF)_{(cs)}}\frac{I_g}{H_s} p^2 M_{(intf)} \tag{5-7b}$$

for a gas-supported unrestrained gyro.

$$A_g \cong \frac{1}{S_{(CS)}(FF)_{(cs)}} \times$$

$$\times \left\{-I_{(cm)} p\left[W_{(cmd)} + A_g W_{(SRA)} - (U)W_g + \frac{I_g}{H_s} p\, W_{(OA)}\right] + M_{(intf)}\right\}$$

$$\tag{5-8}$$

for both types of gyros.

References

[1] FOUCAULT, L.: Sur une nouvelle demonstration experimentale du mouvement de la terre fondee sur la fixité du plan de rotation. C. R. Acad. Sci., Paris, **35**, 421—427 (1852).

[2] JOOS, G.: Theoretical Physics (translated by IRA M. FREEMAN), Chapter VII, New York: Hafner Publishing Company 1934.

[3] PAGE, L.: Introduction to Theoretical Physics, Chapter II, New York: D. Van Nostrand 1928 (2d edition 1935).

[4] SCHAEFER, C.: Einführung in die Theoretische Physik, Vol. I, Berlin: Walter de Gruyter 1922.

[5] THOMSON, W. T.: Introduction to Space Dynamics, Chapter 5, New York: John Wiley 1961.

[6] HALFMAN, R. L.: Dynamics, Chapter 6, New York: Addison-Wesley 1962.

[7] KLEIN, F., and A. SOMMERFELD: Über die Theorie des Kreisels (4 vols.), Leipzig: B. G. Teubner 1897—1910.

[8] GRAY, A.: A Treatise on Gyrostatics and Rotational Motion, Theory and Applications, London: Macmillan 1918.

[9] FERRY, E. S.: Applied Gyrodynamics, New York: John Wiley 1932, 1933.

[10] RAWLINGS, A. L.: The Theory of the Gyroscopic Compass and its Deviations, 2d edition, New York: Macmillan 1944.

[11] DAVIDSON, M., ed.: The Gyroscope and its Applications, London: Hutchinson's Scientific and Technical Publications 1946.

[12] GRAMMEL, R.: Der Kreisel, seine Theorie und seine Anwendungen, Braunschweig: Vieweg 1920 (2 d edition Berlin/Göttingen/Heidelberg: Springer 1950).

[13] RICHARDSON, K. I. T.: The Gyroscope Applied, New York: Philosophical Library 1954.

[14] SCARBOROUGH, J. B.: The Gyroscope, Theory and Applications, New York: Interscience Publishers 1958.

[15] SIFF, E. J., and C. L. EMMERICH: An Engineering Approach to Gyroscopic Instruments, New York: Speller 1960.

[16] SAVET, P. H.: Gyroscopes, Theory and Design, New York: McGraw-Hill 1961.

[17] ARNOLD, R. N., and L. MAUNDER: Gyrodynamics, New York: Academic Press 1961.

[18] DRAPER, C. S., W. WRIGLEY and L. R. GROHE: The Floated Integrating Gyro and its Applications to Geometrical Stabilization Problems on Moving Bases, S.M.F. Fund Paper FF-13, New York, Institute of the Aeronautical Sciences, 1955.

[19] Gunsight Mark 15 for the Control of Short- and Medium-Range Antiaircraft Fire from Naval Vessels, Navord Report 3-47, Vol. II, Part I, M.I.T Instrumentation Laboratory, 1947.

[20] WRIGLEY, W., and J. HOVORKA: Fire Control Principles, Chapter 2, New York: McGraw-Hill 1959.

[21] MUELLER, R. K.: Proposed Method for Producing a Lead Performance Function in Integrating Gyros, M.I.T. Instrumentation Laboratory Engineering Note E-38, Cambridge, Mass., 1951.

[22] STEWART, C. J.: Aircraft Instruments, Chapter IX, New York: John Wiley 1930.

[23] DRAPER, C. S., and E. P. BENTLEY: Gunsight Having Lead Computing Device, U.S.Patent No. 2,609,606, Department of Commerce U.S. Patent Office, Washington, D. C., 1952.

[24] DRAPER, C. S.: Flight Control, 43rd WILBUR WRIGHT Memorial Lecture. J. Roy. Aeron. Soc. 59, July 1955.

[25] WHITAKER, H. P., J. YAMRON, and A. KEZER: Design of Model-Reference Adaptive Control Systems for Aircraft. M.I.T. Instrumentation Laboratory Report R-164, Cambridge, Mass., 1958.

[26] HENDERSON, Sir JAMES: British Patent No. 125,096/16.

[27] COLVIN, U.S. Patent No. 1,660,152, Department of Commerce, U.S. Patent Office, Washington, D. C., 1928.

[28] BOYKOW, J. M.: Gyroscopic Pendulum, U.S. Patent No. 1,940,387, Department of Commerce, U.S. Patent Office, Washington, D. C., 1933.

[29] THOMAS, S.: Men of Science, C. STARK DRAPER, Philadelphia: Chilton 1961.

[30] A Brief History of Inertial Guidance, Huntsville, Alabama, George C. Marshall Space Flight Center (Office of the Director, Guidance and Control Division), 1961.

[31] HAEUSSERMANN, W., letter to W. WRIGLEY, July 1962.

[32] Inertial Guidance—Terrestrial and Interplanetary, M.I.T. Summer Course 16.45 S Notes, Section XI, M.I.T. Department of Aeronautics and Astronautics, Cambridge, Mass., 1960.

[33] STOCKARD, J. L.: Space Integrator Dynamics, M.I.T. Sc. D. Thesis, Department of Aeronautics and Astronautics, Cambridge, Mass., 1961.

[34] ÅSTRÖM, K.-J.: Characteristics of a Stable Platform, TTN-Group Report 591,201, Royal Institute of Technology, Stockholm, Sweden.

[35] DRAPER, C. S., W. WRIGLEY, J. HOVORKA and R. E. MARSHALL: Nonlinear Effects in Radio-Monitored Inertial Guidance Systems, IUTAM Symposium, Non-linear Vibrations, Kiev, U.S.S.R., 1961.

[36] MARSHALL, R. E.: Oral Communication to W. WRIGLEY, July 1962.

[37] MUELLER, R. K.: Microsyn Electromagnetic Components, M.I.T. Instrumentation Laboratory Engineer Memo E-224, Cambridge, Mass., 1953.

[38] GILINSON, P. J., Jr., W. G. DENHARD and R. H. FRAZIER: A Magnetic Support for Floated Inertial Instruments, S.M.F. Fund Paper FF-27, New York, Institute of the Aerospace Sciences, 1960.

[39] DRAPER, C. S., W. WRIGLEY and J. HOVORKA: Inertial Guidance, Chapter 7, New York: Pergamon Press 1960.

[40] WIENER, T. F.: Theoretical Analysis of Gimballess Inertial Reference Equipment Using Delta-Modulated Instruments, M.I.T. Sc. D. Thesis, Department of Aeronautics and Astronautics, Cambridge, Mass., March 1962.

Discussion

J. S. AUSMAN: It is well to point out that the name "integrating gyroscope" is also applied to the gyro which the author calls an "unrestrained" gyro, meaning one which is restrained only by its gimbal inertia. The logic behind the assignment of this name stems from the name "rate gyro" which from long usage has been assigned to the elastically restrained gyro. Such a gyro has an input to output transfer function as shown in Fig. 1a, where

ϕ is the input angle, in general a dynamic or time-varying quantity,

H is the angular momentum,

k is the output axis elastic restraint (spring) constant,

s is the LAPLACE operator and

θ is the output or gimbal angle.

In effect, the rate gyro differentiates the input angle to produce an output proportional to the input rate, hence the name "rate" gyro.

Similarly, the transfer functions for the viscous-restrained and for the inertially restrained gyros are as in Fig. 1b and c, where

D is the damping coefficient and

I is the moment of inertia of the float (gimbal) about the output axis.

Applying the same logic as used in naming the rate gyro, namely that the name describes the transfer funtion, we would call the viscous-restrained gyro a "proportional" or "integrating-rate" or "rate-integrating" gyro. In fact, in years past these last two names were used by M.I.T. personel to describe the viscous-restrained gyros.

By the same token, the inertially restrained gyro could be and is called an "integrating" gyro because its transfer function is one of integrating the input angle to produce an output angle proportional to the time integral of the input angle.

It would certainly be possible to arrive at a similar set of nomenclature based on angular rate inputs. For example, the rate gyro could be pictured in block diagram form as in Fig. 2. From this diagram, however, it is not clear why this should be called a rate gyro. The term rate now describes not the gyro characteristic but the input $\dot{\phi}$ which presumably is the same for the two remaining types of gyros. On this basis all three could be called rate gyros.

The logically derived names "proportional" (or rate-integrating) gyro and "integrating" gyro to describe the viscous-restrained and the inertially restrained gyros, respectively, have gained acceptance in the Southern California Aerospace industry and are so taught at U.C.L.A. For this reason one must not jump to

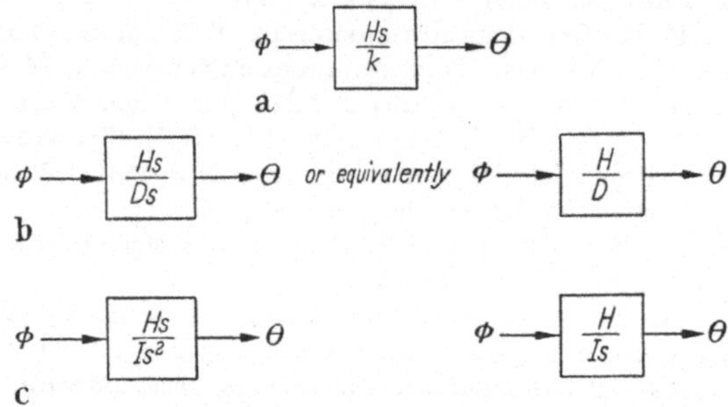

Fig. D.1.a) Rate gyro; b) Viscous-restrained gyro; c) Inertially restrained gyro

conclusions when he hears the phrase "integrating gyro". This means different things to different people.

W. WRIGLEY: The single-degree-of-freedom gyro terminology used in my paper is that which has gained current use over the past twenty years, and is based on inertial angular velocity as the gyro input quantity. It has been in continual use in gyro courses offered at the Massachusetts Institute of Technology as well as in advertising and technical litera-ture of many manufacturers of gyro instruments. A par-ticular type of single-degree-of-freedom gyro that has been produced in the thousands, the HIG-4 (Hermetic Integrating Gyro), bears this terminology.

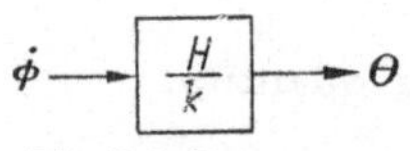

Fig. D.2. Rate gyro.

AUSMAN states that the terminology used in my paper is merely a "possible... set". He offers a terminology based on *angle* as the pertinent gyro input quantity. In the filter- and circuit-theory approach to servomechanisms, where angle does serve as input, the input angle-output angle relationship is electro-mechanically determined relative to the same reference by the supporting structure; a synchro is an excellent example. However, this situation does not apply to a gyroscope, which has no inherent knowledge of spatial orientation (and an angle is merely the measurement of orientation in a given reference coordinate frame); the initial output angle of a single-degree-of-freedom gyro depends only on the boundary conditions (constants of integration) and not at all on the particular orientation of the gyro. On the other hand, *inertial angular velocity* is the physical quantity to which a single-degree-of-freedom gyro responds, since only when the gyro orientation is changing, due to a rotation, does the gyro output angle have a dynamically meaningful value.

A. R. ESSEX: The author mentioned the use of magnetic centering of the gyro float to eliminate pivot/jewel friction.

1. Would magnetic centering be necessary if a pick-off were used which did not possess the inherent de-centering action of magnetic pick-offs, and could the author give typical relative magnitudes of the forces arising from any lack of neutral buoyancy (caused by temperature changes) and from the microsyn radial magnetic attraction?

2. What are the author's views on the use of capacitive type pick-offs which possess inherent reaction forces several orders less in magnitude than the equivalent magnetic pick-off, and moreover have a positive centering action?

W. WRIGLEY: 1. Magnetic centering is quite necessary in the performance of modern high quality single-degree-of-freedom floated gyroscopes. Magnetic centering in three dimensions keeps the gyro element or float from wandering from its assigned orientation with respect to the gyroscope outer case. This deviation or wandering of the gyro float, both axially and radially, can be made to be as small as we please. This restraint or centering is elastic, and the float displacement, both radial and axial, depends on the magnitude and direction of the external force vector. External forces on the gyro float usually arise from the following causes:

a) Lack of neutral buoyancy caused by the flotation fluid temperature changes.

b) Random hydrodynamic forces caused by temperature gradients in the flotation fluid.

c) Specific forces caused by accelerations of the gyroscope outer case when the buoyancy is not neutral.

d) The small inherent decentering forces due to the pick-off and torquer.

e) Radial forces caused by angular velocity inputs with a component along the gyroscope output axis.

Therefore, the magnetic centering does not serve to counteract the decentering force of the pick-off alone, but is used as a valuable complement to the viscously floated gyro element. Also, no matter how long the gyroscope has been shelved in storage, within minutes after it is electrically excited, it has centered its float to the proper orientation for its optimum performance capabilities and keeps it there.

Typical relative magnitudes of the forces arising from the lack of neutral buoyancy depend on gyro size and the type of temperature control. They range from 10 to 500 dynes. Typical magnetic centering elastances range from 500 to 10^4 dynes per micron. The net microsyn radial attraction is zero in the centered microsyn and can grow to 5 to 100 dynes in an outward direction with a displacement of one micron.

2. The use of capacitive pick-offs as against magnetic pick-offs is not favored because of their low energy storage capability and because of the inherent high impedance of their signal output circuit. The low energy storage usually means a low angular resolution. The high circuit impedance makes it difficult to use in today's modern systems with their environmental stray electric fields which tend to disturb the pick-off signal circuit with "noise".

Mechanization of Inertial Guidance Systems

By

Charles S. Draper

Cambridge, Mass., U.S.A.

1. Introduction

Guidance is the process of assembling pertinent data, properly processing the associated information to generate motion correction commands and applying these commands to the control system so that the vehicle involved moves along a path that leads to success in its mission. These functions are essentially identical with those carried out in past times by human navigators engaged in directing the movement of ships. Guidance is a term of recent origin that implies the operation of automatic equipment, while the word *Navigation* calls up the image of human beings taking observations and computing actual positions to be compared with desired positions. For marine vessels operating under normal conditions, navigation and automatic guidance can be used interchangeably, but for many modern vehicles, especially those of flight, automatic equipment is required. This necessity may spring from the absence of men on board or from the inability of human senses, judgment, skill and muscles to deal with the problems of effectively generating guidance commands. Man-made radiation in the forms of radio, radar, sonar, and high intensity light have removed the sensing difficulties associated with distance, night and weather, where atmosphere or clear space only intervene between guided vehicles and a cooperative environment. This solves the most troublesome problem that besets the normal peacetime navigation of vehicles using human crews. On the other hand, vehicles that operate unmanned because of small size or missions leading to destructive terminations in hostile environments require automatic guidance to be effective. Submarines, bombers, missiles, satellites, space vehicles, and all other modern craft surely must have equipment of this kind. Under many circumstances no outside contacts are available after departure; so guidance systems that operate without information supplied en route are required. Inertial principles are particularly useful for devices of this kind, because once properly started, the essential mechanisms continue to function without assistance of any sort from outside the vehicle. The development of practical inertial systems from feasibility demonstration models to high performance production items during the short span of some fifteen years has been a miracle of modern technology. This development has already had a strong effect on the course of history and will surely continue to influence the future.

Twenty-five years ago, the literature of inertial guidance was very meager and largely associated with the technology of the marine gyro compass, a new device during the early years of the Twentieth Century. MAX SCHULER of Germany reduced the theoretical problems of inertial equipment to mathematical terms and reported his results in articles [1] that are now classics of scientific literature. At the time when SCHULER wrote, the means available for mechanization of inertial systems were not well enough developed to allow success with practical equipment. This situation has greatly improved with the advancing technologies of electronics, mechanics, and other fields until today many practical demonstrations of inertial equipment have brought widespread acceptance and much associated industrial activity. A rapidly expanding literature of inertial guidance exists today that is already so massive that a proper survey would be an undertaking beyond the scope of this paper.

Inertial system developments have occured in several countries. German success with inertial guidance for the V-2 missile is well known and is documented by patents [2, 3, 4] and publications [5, 6]. S. REISCH conceived and reported [7] on the principles of inertial guidance equipment during the early years of the 1940s without describing results from any practical equipment. Work on the theory and practice of inertial guidance has been carried out in the Soviet Union, notably by A. Y. ISHLINSKY [8]. United States efforts in the field of inertial guidance are discussed in a number of publications [9 to 14] dealing with history, theory, and practice. So many different system configurations have been proposed, built and tested with a wide variety of component designs that it would be hopeless for this paper to attempt descriptions for the full spectrum of mechanization features. Rather, a more modest objective is accepted, that of discussing the basic functions of inertial guidance systems, describing the essential features of typical components and subsystems and illustrating fundamental principles by means of examples drawn from among guidance equipments that have been built and tested under operating conditions.

2. Guidance System Functions

All guidance systems operate by performing three general functions:

1. Determination of present vehicle position and motion.
2. Comparison of this information with desired position and motion.
3. Generation of correction commands for the vehicle control system.

The second and third function depend upon internal data storage and handling arrangements that, in general, do not present any great difficulty because they may be reduced to practice in various ways by straightforward engineering procedures. The first function, that of establishing position and motion, absorbs most of the effort required to develop and produce satisfactory inertial guidance equipment.

Vehicle location and motion are geometrical ideas that must be treated in geometrical terms, including a reference space, a body to be located and rules for measuring the relationship between the reference and the body. *Terrestrial Space* in terms of latitude and longitude is used as the reference space for navigation and guidance on the earth when radiation links are available between known reference points and the vehicle involved. When connections of this sort are not available, but stars are visible, the celestial sphere may be made to serve as an auxiliary reference space in which instantaneous positions may be determined. Because earth space moves with respect to celestial space, these positions must be transferred to terrestrial coordinates by use of the earth's instantaneous orientation among the stars, a quantity that may be derived from time and the known daily rotational speed of the earth. The relationships involved are described in qualtitative terms by various references and as the basic factors of a precision science by the standard text of BOWDITCH [*15*].

3. Inertial Guidance

Inertial systems provide the three basic functions required of all guidance systems under the special condition that continuous contact with the outside world is not required [*16* to *19*]. In such devices the necessary reference space is provided by a continuously available reference member from which the angles essential for system operation are measured. In effect, this artificially established reference holds the same role for automatic guidance that the celestial sphere plays in conventional navigation. The possibility of realizing such man-made orientational references is based on the NEWTON's Law property of matter by which the momentum of each particle remains constant in magnitude and direction unless some force is acting. When this principle is applied to the massive elements of a rigid wheel spinning at high speed about an axis of polar symmetry, *gyroscopic* effects appear. These effects cause a torque free rotor to maintain the orientation of its spin axis with respect to inertial space, or to respond by an angular velocity called *precession*, of the spin axis toward the axis of an applied torque with a rate proportional to the magnitude of the applied torque. Applications of this action make it possible to design gyroscopically controlled reference members that hold inertial space orientations with the accuracy required for effective inertial guidance. Because such reference members depend upon the same law of inertia that determines the behavior of the fixed stars as they establish points on the celestial sphere, it is not surprising that a coordinate system based on gyroscopic action provides a reference frame that may be directly related to celestial space. An artificial reference of this kind included as part of a properly designed system provides accurate coordinate directions for considerable periods of time without requiring contacts to outside points.

With accurate orientational information available from gyroscopically controlled members, a guidance system in effect carries inertial coordinates that may be used as the reference for establishing any other set of coordinates whose relationships with celestial space are known. For example, starting with a reference member aligned to celestial sphere coordinates, terrestrial coordinates may be generated by turning a gimbaled member about an axis parallel to earth's axis at a rate with the same sense and same magnitude as the rotation of the earth among the stars. This member then serves as terrestrial space as far as guidance with respect to earth is concerned and supplies the same reference directions in the vehicle that would be available to a stationary observer on the earth with conventional instruments at his disposal. The mechanization of terrestrial reference coordinates in this way depends on the inertial properties of matter. For this reason the part holding its orientation with respect to inertial space is called an *inertial reference member* or an *inertial reference* when a misunderstanding of terms is not likely.

Inertial reference members provide the basic geometry from which celestial, terrestrial, lunar or other desired coordinate systems may be generated, but these coordinate systems, essential though they may be, are geometrically only the initial element in the chain of components for developing indications of position and motion. Two factors remain to complete any guidance system: a concept uniquely identifying each vehicle location with respect to the reference coordinates and a means for implementing measurements of this concept. Measurements may be made in coordinates fixed at the point of departure in the reference space, and the vector distance from the origin to the vehicle taken as the observed quantity. This is the basis for conventional methods of guidance that depend on radiation links between a reference space and the moving vehicle.

Measurements of position can equally well be made by sensing and integrating acceleration components of the vehicle along axes parallel to the reference coordinates in which motion is to be indicated. In effect, acceleration components are received along each of three mutually perpendicular axes that are maintained accurately parallel to convenient directions fixed in the reference space. Velocity changes of the guidance system with respect to the reference space along each of these directions may be found by integrating the corresponding acceleration components. Changes in position along selected directions in the reference space involve an integration of the indicated velocity components.

In practice, self-contained instruments for receiving acceleration depend upon balancing the forces due to inertia reaction effects acting on a specifically restrained mass within the mechanism. Signals representing the acceleration components are generated by the constraint as it acts to balance the forces associated with the inertia reaction effects.

Indication of acceleration by self-contained devices is always complicated by the fact that forces appear on each particle within the body of any mass due to the action of gravitational fields. These forces are not directly distinguishable from the forces associated with the "lagging behind effects" that accompany linear accelerations. This means that the class of instruments commonly called "accelerometers" respond not to the acceleration effects alone, but to the resultant of *inertia reaction force* and force due to any gravitational fields that may be present. This resultant is called *specific force* because it represents the essential action on each unit mass of a body subjected to gravity and acceleration. Any guidance system intended to operate in regions that have gravitational fields of significant intensity must be designed to take the effect of gravity into account so far as indications of position and motion are concerned.

These indications appear directly when the reference space instrumented by the guidance system is identical with the space in which the vehicle is to be located. For example, if the vehicle-carried coordinates are terrestrial coordinates, the doubly integrated components of acceleration, properly corrected for gravitational effects, indicate changes in location with respect to the arth.

The situation involved is illustrated by Figs. 1 and 2. In Fig. 1, coordinate axes along the vertical, toward north and toward east are fixed to the earth at the point of departure. Distance to the vehicle and its direction in the chosen terrestrial coordinates are measured by equipment using radiation as its link with the point to be located. In Fig. 2, coordinates, up, north and east are generated by the guidance system and changes in position from the point of departure are based on measurements of specific force made along the indicated local earth axes and corrected for gravity.

In practice, coordinates non-rotating with respect to inertial space, which is practically identical with celestial space, may be realized by applying the inertia reaction torques of gyroscopic rotors without the use of links to points outside a moving vehicle. When celestial space is the reference space for vehicle motion, indications computed from specific force measurements do not require coordinate transformations. This situation would probably exist during astronautical trips and is often applied in ballistic missile guidance with the destination considered as a moving point in celestial space. Another approach to the same

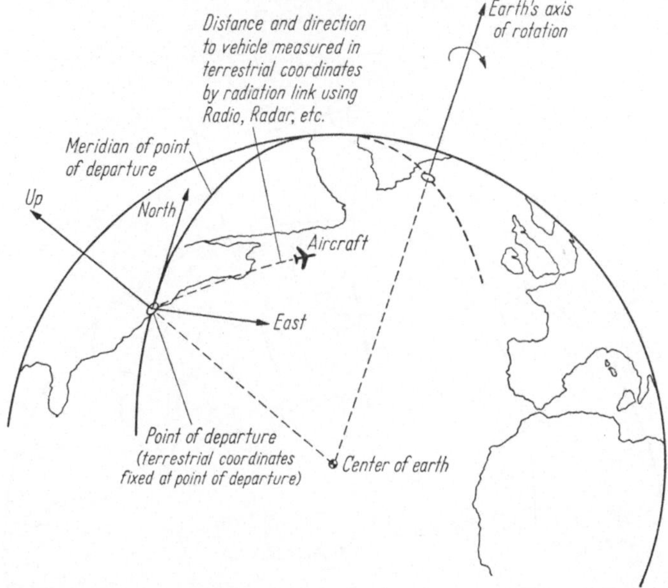

Fig. 1. Determination of vehicle position in terms of coordinates fixed in reference space. Reference coordinates not required in vehicle. Earth used as reference space for location of vehicle

problem is to use an inertial space reference as the basic geometrical entity and to generate the desired reference space by instrument means. Fig. 3 illustrates a typical transformation of this kind between an inertial reference member and a terrestrial reference member. The inertial reference member is given an orientation related to the celestial pole, and to some celestial meridian such as that of the Vernal Equinox. A gimbal mechanized to rotate at a rate corresponding to sidereal time with respect to the inertial reference member about the polar axis provides a reference that moves with the earth. When the orientation of this member with respect to the earth is established, it may be used as the *earth reference member* for a guidance system.

Practical inertial guidance systems have used various arrangements to realize reference coordinates and to measure specific force. Descriptions of these arrangements are given in a number of references [*9* to *13*, *16* to *19*]. Details vary considerably, but the basic principles are the same for all systems. This paper is concerned with these principles rather than with constructional details.

From the standpoint of mechanization, the elements that limit performance are those concerned with establishing reference coordinates and with sensing specific force. All the other functions such as timing,

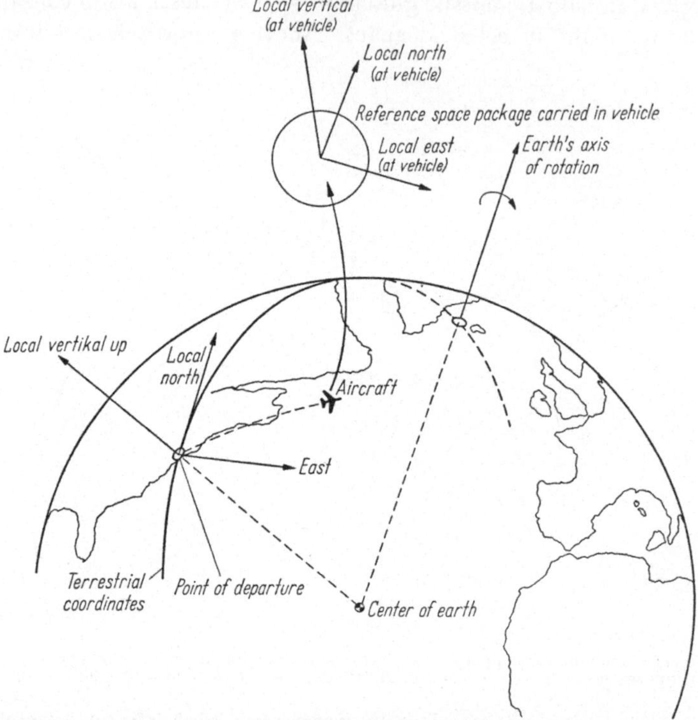

Fig. 2. Determination of vehicle position in terms of vehicle carried coordinates mechanized to maintain orientation of local reference coordinates and fix directions of specific force receiver input axes. Measurements of specific force components along terrestrial reference, correction for effects of gravity and double integration of acceleration signals gives vehicle position and motion from self-contained system. Terrestrial coordinates at vehicle continuously maintained by guidance system mechanization

stabilization, data handling, computation, etc., may be realized in various ways by the application of good engineering and the resources of current technology. The associated information is well covered by textbooks on electronics, mechanics, computing and other references, so these subjects will not be considered in this paper.

4. Functions of Subsystems

The subsystems of an inertial guidance system need to provide:

1. A reference member non-rotating with respect to inertial space.

2. A specific force receiving package providing signals that represent

components of this quantity with established relationships to the reference coordinates.

3. A base motion isolation gimbal system to support items 1 and 2.

4. An accurate time source.

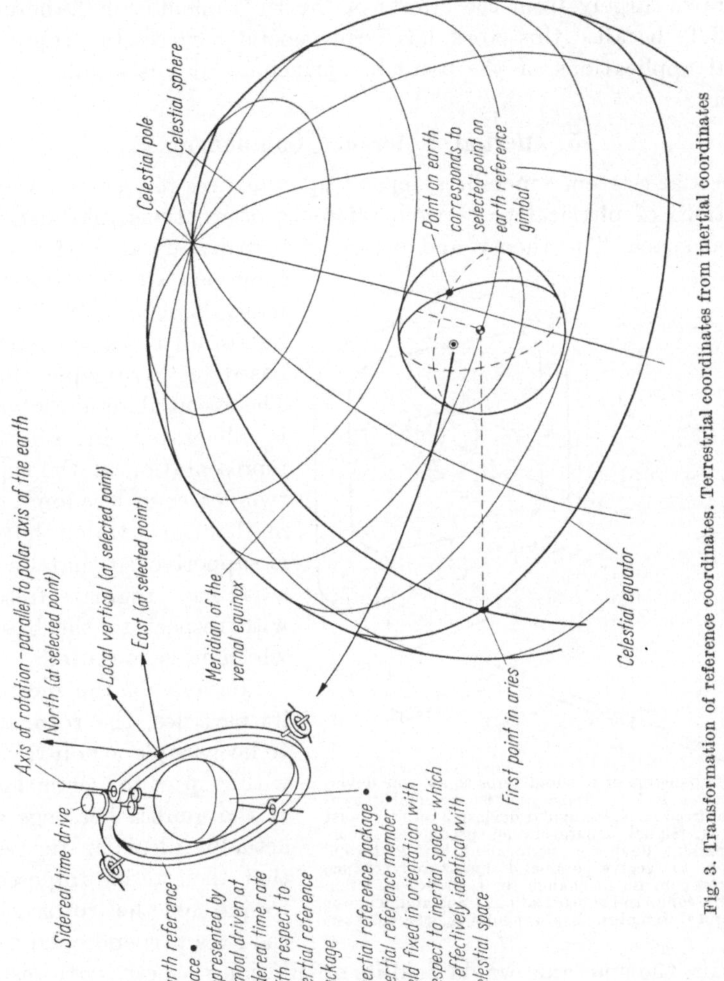

Fig. 3. Transformation of reference coordinates. Terrestrial coordinates from inertial coordinates

5. Electronics, connectors and power supplies, to support the first four items.

6. Computers to accept specific force signals and to generate output signals representing vehicle location, vehicle motion, and control system commands.

7. Indicators and monitoring controls for use by crew members when they are present.

This paper is primarily concerned with configurations for the sensing and mechanical functions of the first three items. The examples used are drawn largely from the efforts of the Instrumentation Laboratory at M.I.T. because this work has been generally successful, represents typical applications of the available principles and is familiar to the author.

5. Inertial Reference Components

Inertial reference members depend upon devices for sensing angular deviations of physical parts from reference orientations established in inertial space. The theory and design of instruments to perform this function are discussed in many references [*12, 19* to *25*], but in all cases operation is based on gyroscopic effects. The essential action involved is illustrated in Fig. 4, a representation of the typical two-degree-of-freedom gyro mechanism in which the rotor is supported so that its spin axis has angular freedom with respect to the base on which it is mounted.

Because of the inertia of its particles, the rotor tends to keep its plane non-rotating with respect to inertial space. If the gimbal bearings were actually ideal in the sense that their action imposed no torque on the rotor about the axes perpendicular to the spin axis, the spin axis would hold its orientation perfectly with respect, to inertial space. This means that once placed in a desired direction, the spin axis of such a two-degree-of-freedom gyro would provide fixed orientations for axes lying in the plane normal to the axis.

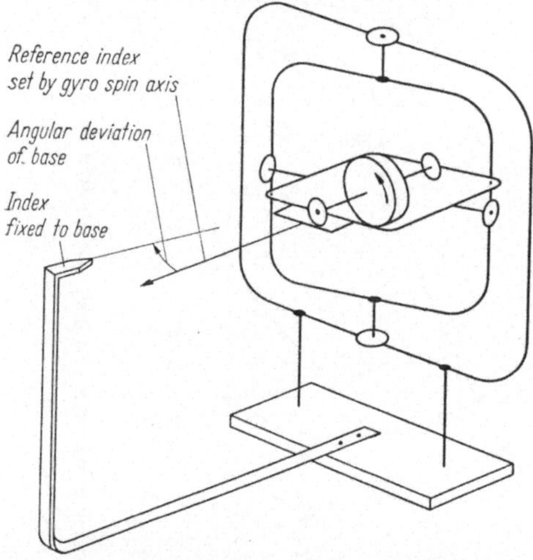

Fig. 4. Two-degree-of-freedom gyros as angular deviation receiver. In leave space practice a complete two-degree-of-freedom gyro angular deviation receiver must include: 1. Signal generators for producing signals that represent deviation components and 2. torque generators to receive command signals and produce torque components to change the reference direction toward the commanded orientation. 3. Sustaining motor on gyro rotor to maintain spin angular velocity constant

Two gyro units of this type with spin axes fixed at right angles to each other form the necessary sensing elements for an inertial reference system. The application of two-degree-of-freedom gyro units for this purpose are discussed in other papers given at this conference.

In addition to the configuration of Fig. 4, spinning rotors may be used to sense angular deviations as the active elements of single-degree-of-freedom gyro units. Three units of this type are widely used as a combination to sense angular deviations for inertial reference members. Fig. 5, taken from a patent granted to JAROSH, HASKELL, and DUNNELL [26], shows the essential features of a floated integrating single-degree-of-freedom gyro unit which has the property of generating an output signal proportional to the deviation angle of the case from a reference orientation as a displacement about an input axis fixed to the case. This result is achieved by means of a gyro rotor spun by an

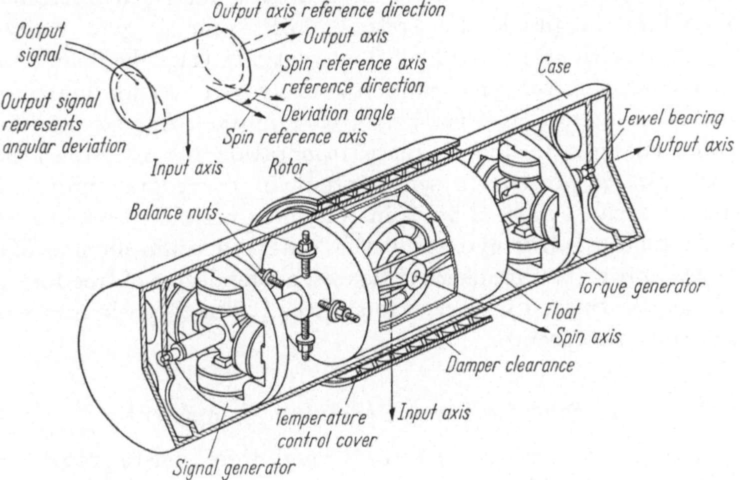

Fig. 5. Essential features of the integrating floated single- degree-of-freedom gyro unit

electric motor on bearings supported in a gimbal that is part of a float. The buoyancy of this float within the body of a high density fluid filling the case substantially removes the loading from the gimbal pivots. The configuration of the case and the float is such that the fluid which fills the clearance volume provides a high degree of viscous damping. In operation, a forced angular velocity of the gyro unit case about the input axis is accompanied by a torque from the rotor tending to turn the float about its output axis. This torque is resisted by a damping drag torque proportional to the float velocity within the case. The overall result is that the float velocity is proportional to the case velocity about the input axis so that changes in the float angle are proportional to the integral of the input angular velocity of the case, which is just the change in angular deviation of the case from a selected reference. The signal generator receives angular displacements of the float and produces the electrical signal that serves as the output of the gyro unit.

The torque generator makes it possible to use electrical command signals for turning the float.

Gyro units with the features for Fig. 5 may be mechanically placed in any desired orientation and made to respond to angular deviations from this orientation. This is accomplished by applying command signals to the torque generator in such a way that the float is adjusted to the position for which the output signal has its null value. The position of the case when this condition exists then becomes the reference orientation for the gyro unit. The reference position then remains unchanged until another setting is made by the application of new command signals. This statement disregards a number of factors that are important in practical operation. For example, gyro units are usually fitted with stops that limit float motions. Once the float touches a stop, the existing reference position is destroyed because float motion is no longer uniquely associated with case motion. Another reason for unwanted changes in the reference orientation lies in imperfections that are always present to some extent in every gyro unit. These imperfections cause false changes in reference positions that are called *drifts*. In good quality gyro units the observed drifts do not exceed acceptable limits. The problems of floated single-degree-of-freedom gyro unit design are treated in various references [22 to 27] including papers given at this conference.

6. Specific Force Receiving Components

All specific force receivers operate through forces due to gravitational and inertia reaction effects acting on the particles that make up the body of a specially restrained mass. Instruments differ in the means used to restrain the specific force receiving mass and to convert the restraining action into a usable signal. Simple elastic restraints with signals taken from changes in spring length have been used for many years, but have been superseded by other arrangements as accuracy requirements have become more stringent. Elastic elements are still used for restraining specific force receiving masses, but the accuracy of signal generation has been greatly increased by beating vibrations of differentially stretched wires to produce digital output signals [9, 22]. Of the many arrangements for receiving specific force, a rotatably mounted unbalanced mass is found in a substantial fraction of high performance instruments.

Fig. 6 is a pictorial diagram of a specific force receiver described by JAROSH and PICARDI [28] with features that are generally similar to those of a single-degree-of-freedom integrating gyro unit except for the use of an unbalanced mass within the float to replace the gyro rotor.

Operation is restricted to circumstances under which the float never rotates more than a very small angle away from the position for which the signal generator has its null level. One way that this condition may

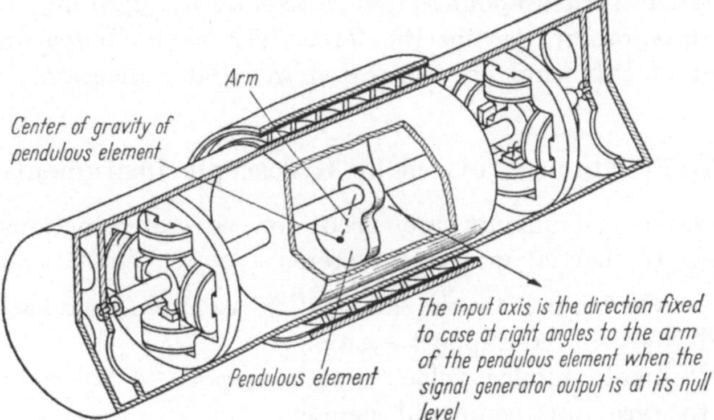

Fig. 6. Floated single-degree-of-freedom specific force receiver

be realized is by using the instrument as a pendulum with the action of gravity determining the reference orientation for the float.

Many specific force receivers use the signal generator output to control the command signal to the torque generator [29] in such a way

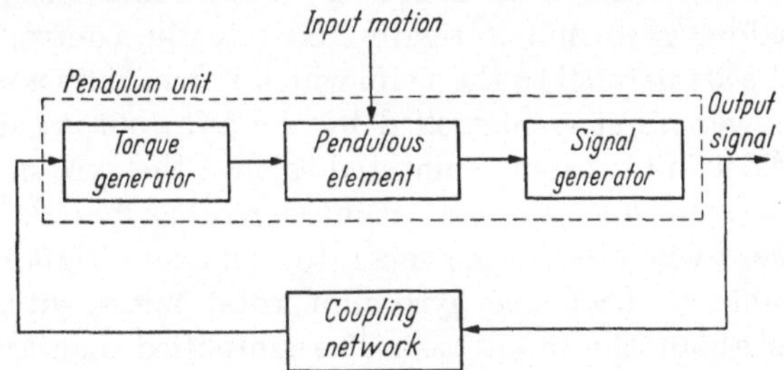

Fig. 7. Functional diagram for specific force receiver with feedback control

that the float deflection angle remains small. As illustrated by Fig. 7, the input to the torque generator required to maintain this condition is a measure of the specific force acting at right angles to the arm of the unbalanced mass.

Another widely used type of specific force receiver with the features shown by the pictorial schematic diagram of Fig. 10 applies the principle used for V-2 missile [5, 6, 10, 18] guidance accelerometers in which the restraint for the specific force receiving mass is balanced by the internal gyroscopic torque of a gyro unit. This balancing torque has a direction and magnitude determined by the angular velocity of the gyro unit about its input axis. This angular velocity is controlled by an electronic system commanded by the gyro unit output signal. With the servomechanism feedback arrangement the angular velocity of the driven member is proportional to the specific force acting on the seismic mass while the angle turned about the servo axis by the gyro unit represents the time integral of the specific force. The essential features for an instrument of this kind are illustrated in a later diagram.

7. Functions Provided by Gyroscopic Instruments

Gyroscopic instruments are used for several functions in the mechanisms of inertial guidance systems:

1. To provide signals for the *stabilization* (isolation from base motion) for servodriven gimbal support systems.

2. To control angular velocity with respect to inertial space in response to gyro unit command signals.

3. To provide nulling signals for angular velocity direction sensors.

4. To provide balancing restraint torque for *pendulous integrating gyro specific force sensors.*

Fig. 8 shows the essential elements of a single axis stabilization system which has the function of isolating a controlled member from angular motions of the base about the supporting shaft. A single-degree-of-freedom gyro unit is rigidly fixed to the controlled member with its input axis parallel to the shaft which is driven by a servo motor. The motor power input is controlled by the gyro output signal acting through an electronic system connected so that the gyro unit is turned toward the position for which its output signal has its null level. With this arrangement when the torque generator command signal is zero, the servo drive acts to keep the gyro unit rotationless with respect to inertial space about the input axis. The simplified diagram of Fig. 9a illustrates the base motion isolation action which is also called *stabilization.*

When a command signal is applied to the gyro unit of Fig. 8, the torque generator output causes the float to be displaced from its null signal position. The resulting signal acting through the servo drive causes the unit to be driven with an angular velocity in the direction for which the gyro element output torque tends to balance the command signal torque. Equilibrium is reached when the inertial space angular velocity of the controlled member has a magnitude proportional to the magnitude of the command signal. The result of this action is that the angle from an inertial space reference through which the gyro unit turns during a given time interval is proportional to the time integral of the command signal. The system of Fig. 8 acts as a *space integrator*, in effect representing the command signal by a space rotation of a controlled member.

The diagram of Fig. 9c illustrates another useful property of the single-degree-of-freedom gyro unit, the ability to sense the axis direction

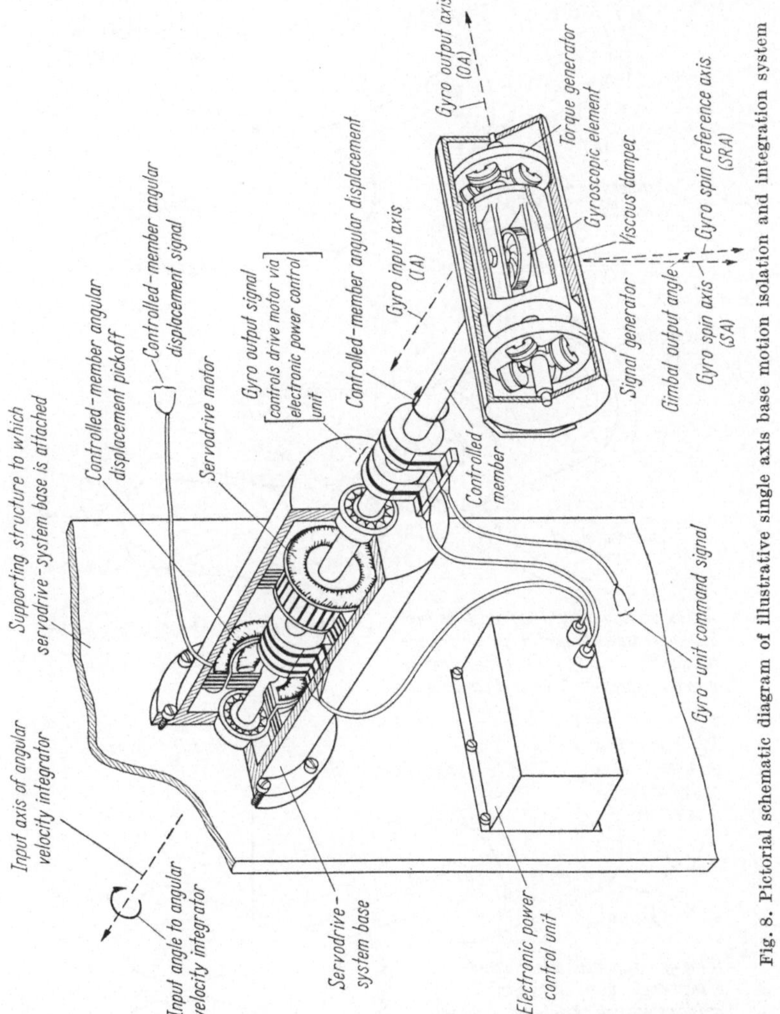

Fig. 8. Pictorial schematic diagram of illustrative single axis base motion isolation and integration system

of base angular velocity about a direction perpendicular to the servo shaft. In the configuration used, the gyro unit input axis is fixed at right angles to the shaft. When the gyro unit is turned so that there is a projection of the base angular velocity along the input axis, a corresponding output signal will appear. By proper phase connections, this signal can be made to turn the servo controlling the gyro unit input axis direction in the proper way to reduce the projection of angular velocity on this axis. That is, the input axis is rotated toward perpendi-

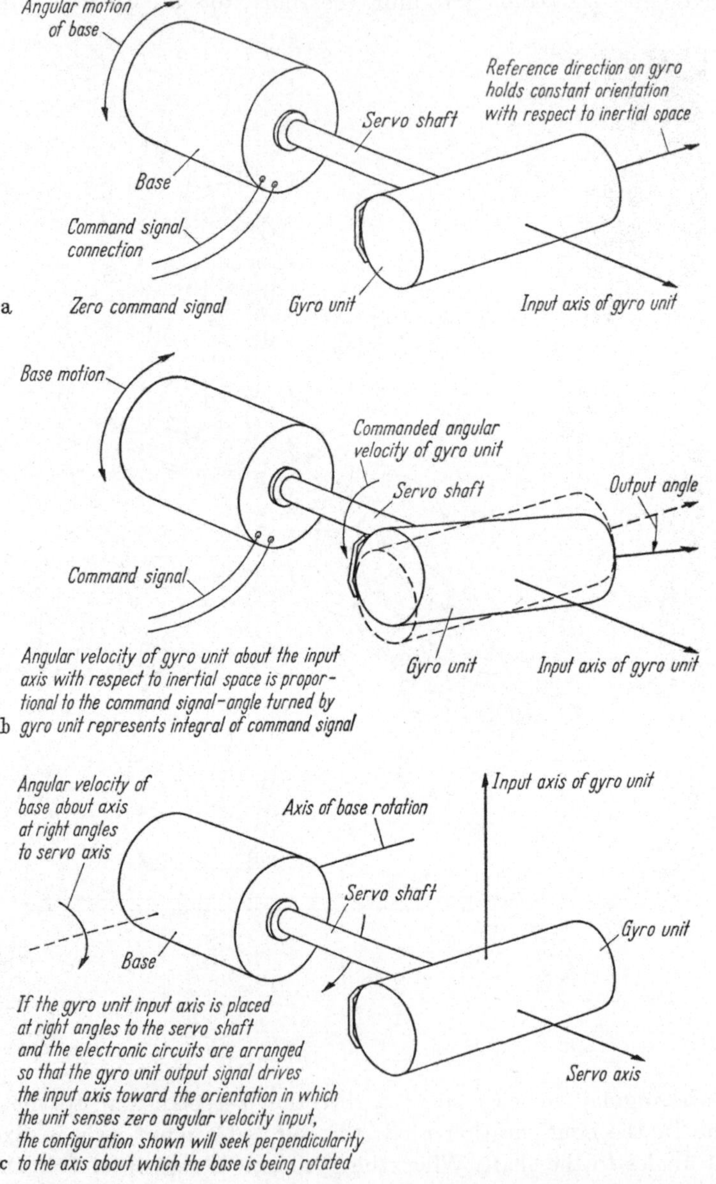

Fig. 9. Configurations of single axis servo drives and single-degree-of-freedom gyro units to provide stabiliziation, space integration of angular velocity direction sensing. a) Stabilization-base motion isolation; b) Space integrator; c) Angular velocity direction sensor

cularity with the direction of the base angular velocity component that is at right angles to the servo shaft. This action is useful for systems in which azimuth is determined by sensing the direction of the earth's rotation vector.

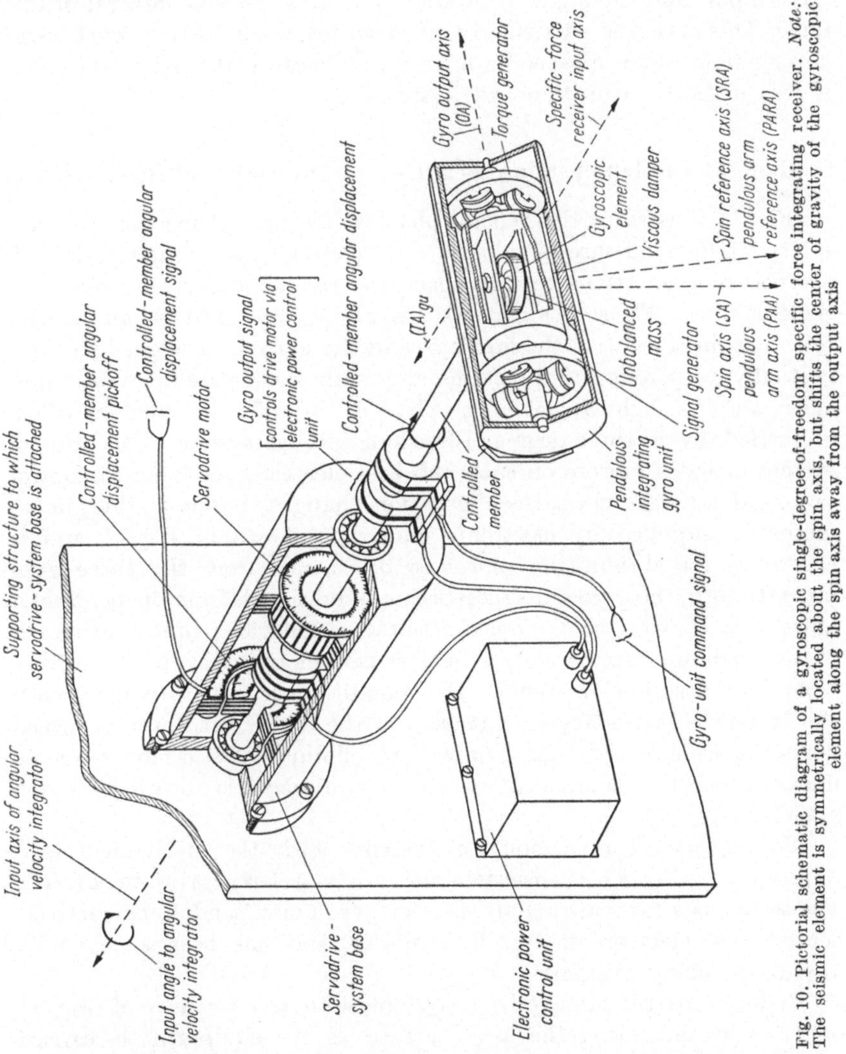

Fig. 10. Pictorial schematic diagram of a gyroscopic single-degree-of-freedom specific force integrating receiver. *Note:* The seismic element is symmetrically located about the spin axis, but shifts the center of gravity of the gyroscopic element along the spin axis away from the output axis

Fig. 10 illustrates the arrangement of elements in a pendulous gyro integrating specific force receiver. The configuration is identical with that of Fig. 8 for the space integrator, except that an unbalanced mass is fixed to one side of the gyro rotor. When a specific force component acts on this mass, a torque is applied to the gyro float and the resulting deflection produces an output signal that causes the servo to drive the gyro unit with the angular velocity for which the gyroscopic torque just balances the specific force torque. When this condition exists, the gyro unit angular velocity about its input axis represents the specific force input, and the angle of rotation indicates the time integral of this force. This action is particularly effective for receivers that must cover a very wide range of specific force input because the balancing effect is free of both saturation and hysteresis.

8. General Implementation Features of Inertial Guidance Systems

Fig. 11 illustrates the general physical features of inertial guidance systems [*30*] using three single-degree-of-freedom gyro units to establish the necessary inertial reference space and two pendulums for receiving specific force. These components are all rigidly fixed to an inertial reference member with the input axes of the gyro units aligned to three mutually perpendicular directions and with the pendulum unit input axes placed at right angles in the plane of the reference member which is carried by a three-degree-of-freedom gimbal system. This gimbal system includes motors on each axis and electrical resolvers to control servo gains as the gimbal configuration changes. Power to the gimbal motors is supplied by electronic units not shown in Fig. 11 and is controlled for stabilization purposes by signals from the three gyro units. In turn, the gyro units receive command signals from the pendulum units that change the reference orientations of these units until each of the pendulums are hanging with their pendulous mass arms effectively along the direction of gravity. This condition is easy to realize when the system is stationary with respect to the earth, but requires special dynamics called "SCHULER Tuning" to eliminate disturbances due to linear acceleration components when the equipment is aboard a moving vehicle.

The theory of operation for systems with the mechanical configuration of Fig. 11 is discussed in various references [*8* to *13*, *18*]. The technology for realizing satisfactory gyro units, pendulums, gimbals, servodrives, electronics, etc. is available and has been successfully applied to many systems.

Reduced to fundamentals, a system with the features of Fig. 11 operates by indicating the local vertical as the equipment is carried over the earth. The separation of linear acceleration effects from desired gravitational forces is accomplished by causing the reference member to follow the direction of specific force in such a way that the angular acceleration of the member in response to horizontal linear acceleration components is identical with the angular acceleration of the true vertical.

This condition exists on the earth when the system is designed to have
SCHULER Tuning, a condition that corresponds to an undamped natural
frequency of 84.4 minutes. SCHULER pointed out this requirement some
forty years ago [1], and it has been discussed by many writers since
that time and in particular reviewed for modern applications by
WRIGLEY [31].

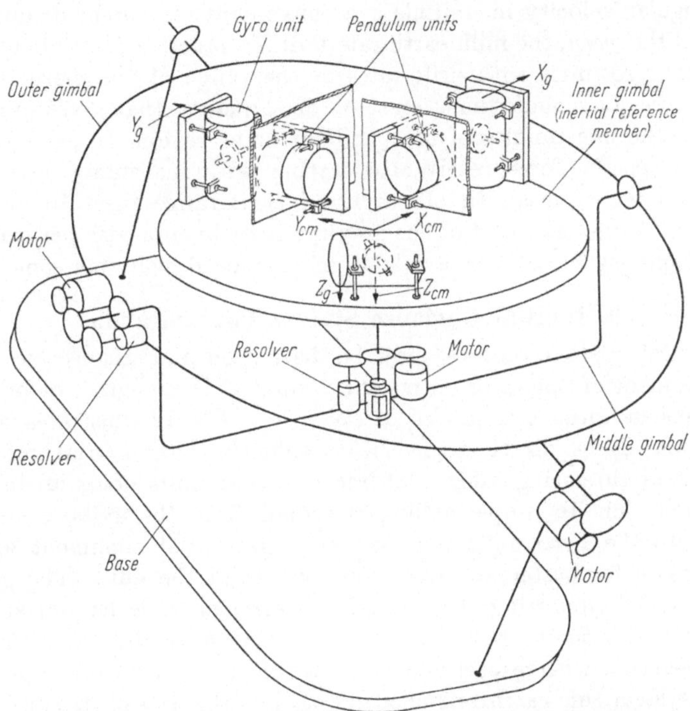

Fig. 11. Line schematic diagram illustrating the essential features of an inertial reference
package combined with a two direction specific-force receiving package. Electronics coupling
gyro units to gimbal drive motors are not represented in the diagram. Resolvers are included
in circuits to keep servo loop gains constant as gimbal configuration changes

The arrangement of Fig. 11 appears to be simple enough from the
standpoint of mechanization and actually presents no special difficulties
except for the high performance required of the gyro units and specific
force receivers. A discussion of the details that determine this performance belongs to other reports of this conference rather than to this
paper, but it is worthwhile to note the ranges of component inaccuracy
levels that are associated with various indication error magnitudes
for inertial guidance.

On the earth, an angle of one minute between two local verticals
corresponds to a distance of one mile on the surface of the earth.

Thus, if an error limit of one mile in one hour is established, the allowed deviation rate of the inertial reference due to gyro drift must be less than one minute of arc per hour. The angular velocity of the earth with respect to celestial space is 15 degrees or 900 minutes per hour so that a one mile guidance error in one hour requires gyro units that have drift rates less than one thousandth of earth's rate. In practice this angular velocity magnitude is a convenient measurement unit and is called the *meru*, the milli-earth-rate-unit. In practice, inertial guidance requires gyro units with drift rates in the range of one meru or less.

Specific force indications must be of a quality that gives guidance error in the one minute of arc per hour error region. In general, this requires specific force receivers operating with inaccuracy levels less than one ten thousandth of gravity over a range from 10 or more gravities to less than 10^{-4} of one gravity. Instruments with performance of this quality have been available in various designs for some time.

9. Inertial Guidance System Configurations

Inertial system designs may be based on indications by direct measurement of angles or on results computed from signals or on combinations of these two modes of operation. Fig. 12 illustrates a configuration using direct angle measurements. The inertial reference package of three-single-degree-of-freedom gyro units holds an initially set orientation by simple nulling of signals from the units. Command signals to the gyro units are used only for initial alignment and to compensate for systematic drift components of the units. The gimbal immediately supporting the inertial reference package has its support axis aligned with the polar axis of the earth and is driven at the rate of sidereal time with respect to the inertial reference package. In operation of the system this earth reference gimbal has the axis of its supporting gimbal aligned and clamped so that the range axis is normal to the plane of the reference great circle chosen for the purposes of guidance. A specific force receiving package carrying two pendulum units with Schuler Tuning is pivotally mounted on the range axis. Signals from the specific force receiver with its input axis parallel to the range axis provides signals for keeping the vehicle moving in the guidance reference plane while the other receiver causes the specific force receiving package to remain aligned with the local vertical. Distance along the track in the guidance reference plane is indicated by measuring the angle from the vertical at the point of departure to the indicated local vertical.

The explanation of Fig. 12 has assumed that the vehicle involved moves in the guidance reference plane. Actually by imposing command signals on the pendulum units the guidance system will operate in a broad region of the earth on either side of the reference plane.

Fig. 13 illustrates a guidance system configuration generally similar to the arrangement of Fig. 12 except that the specific force receiving

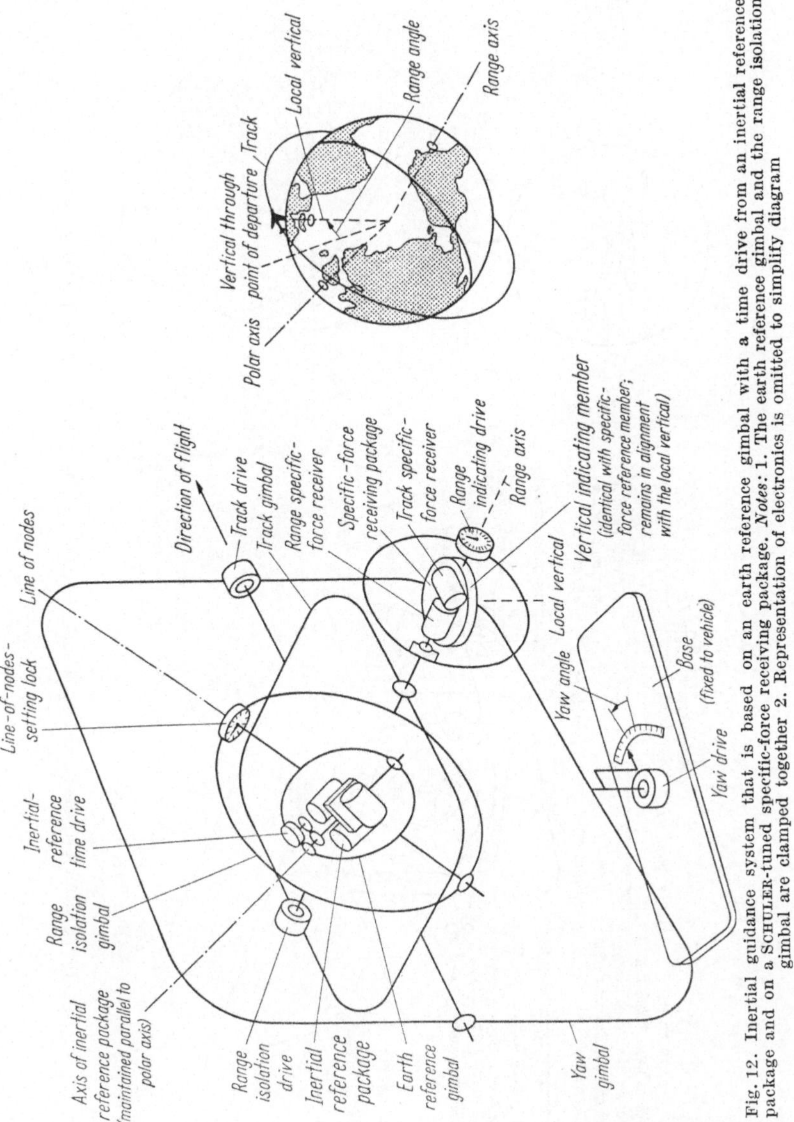

Fig. 12. Inertial guidance system that is based on an earth reference gimbal with a time drive from an inertial reference package and on a SCHULER-tuned specific-force receiving package. *Notes:* 1. The earth reference gimbal and the range isolation gimbal are clamped together 2. Representation of electronics is omitted to simplify diagram

package is carried by the gimbal that supports the earth reference and keeps the plane of this gimbal in the vertical. In operation, this arrangement has the characteristics already discussed in connection with Fig. 12.

Fig. 14 illustrates a guidance system design [*32*] in which angular indication outputs are used with continuous tracking action for all quantities except longitude. Pendulum units attached to the gimbal

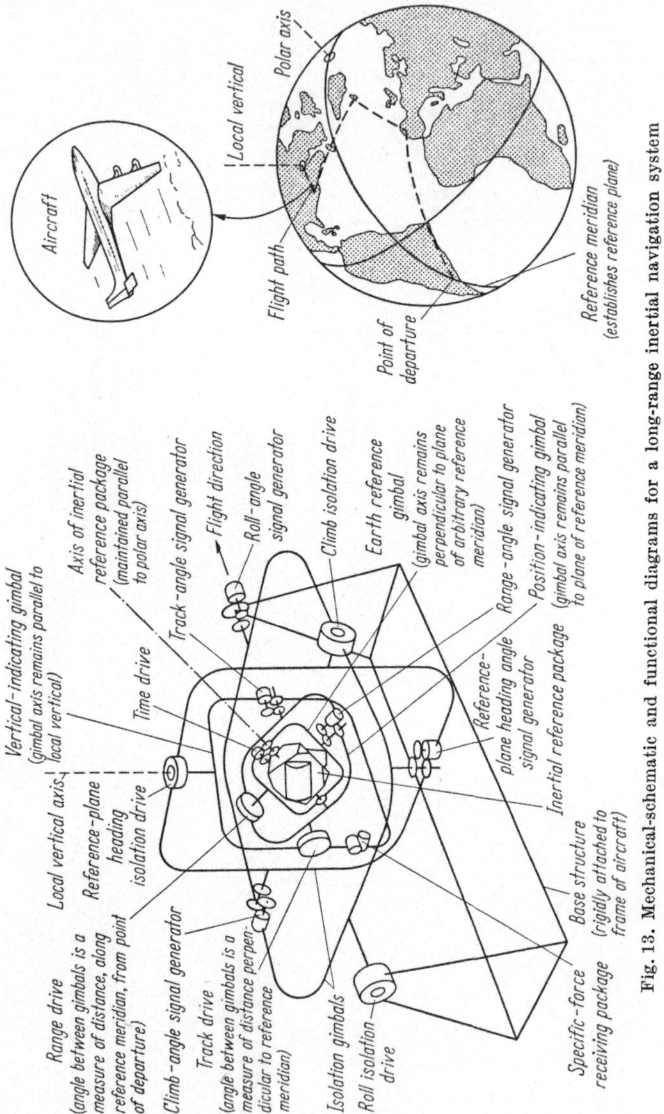

Fig. 13. Mechanical-schematic and functional diagrams for a long-range inertial navigation system

which supports all the sensors maintain the support axis of this gimbal in alignment with the local vertical by means of a SCHULER tuned control loop. Two gyro units are rigidly mounted on a gimbal pivoted to the pendulum controlled gimbal about a horizontal axis. The input axis of one gyro is parallel to the support axis and the other input axis is perpendicular to the support axis. These two gyro units are connected to the gimbal drives in arrangements that cause their input axes to seek perpendicularity to the direction of the earth's rotational vector.

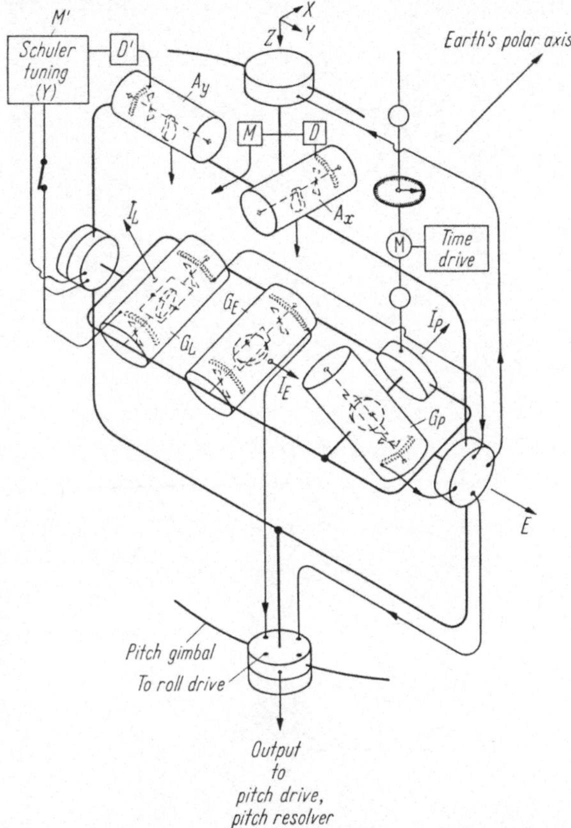

Fig. 14. Inertial navigation system with east seeking and latitude characteristics

By this action, the gyro with the horizontal input axis drives this axis so that it indicates the direction of east. The other gyro which has its input axis in a vertical plane causes its supporting gimbal to tip up from the horizontal plane by an angle representing the local latitude.

The third gyro unit is mounted on an inner gimbal free to rotate about an axis which is maintained parallel to the earth's axis of rotation. By operation of this gyro unit as a space integrator, the change in angle with respect to the supporting gimbal during any time interval represents

the rotation of guidance system with respect to inertial space about the
aerth's polar axis. The associated angular velocity represents earth's
rate plus the effect of east-west movement of the vehicle carrying the
guidance system. Earth's rate may be corrected out by means of a

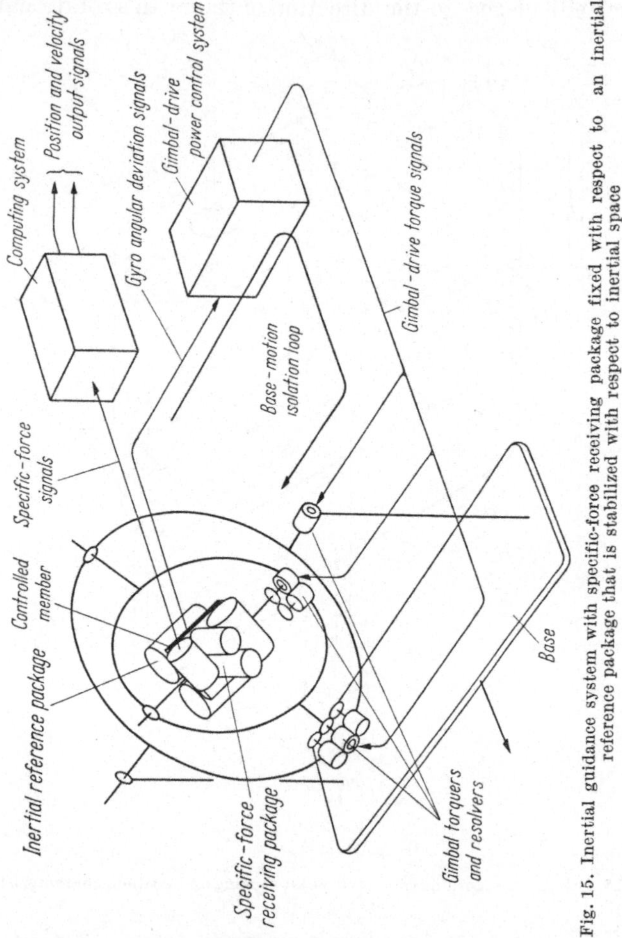

Fig. 15. Inertial guidance system with specific-force receiving package fixed with respect to an inertial reference package that is stabilized with respect to inertial space

sidereal time drive so that the gyro unit angle that remains represents
the change in longitude.

Fig. 15 illustrates a guidance system configuration in which three
single-degree-of-freedom gyro units forming an inertial reference package
are rigidly fixed to the same structure that carries the three units of
the specific force receiving package. With a three gimbal system like
that of Fig. 15, the inertial reference package may be held in an inertial
space orientation by using gyro command signals that are limited to

those required for drift compensation. It is also possible to use specific force signals to generate gyro commands to keep the gyro unit package aligned with local earth coordinates. When either one of these orientations is used, indications are generated by computer operations on the specific force receiver signals.

10. Summary

Inertial guidance systems have many ramifications in theory and mechanization with very few questions as yet having demonstratably unique answers. There is no doubt that for any system configuration performance will improve as gyro unit and specific force receiver performance is made better. When ultimate accuracy is required, component performance will almost certainly be the limiting factor[1]. In most cases gyro units are more troublesome than specific force receivers, although great progress is being made in components of both types, and it is possible that the time is not too far distant when a choice among several units is available for all but the most refined systems.

The theory of inertial systems with ideal components is straightforward to the extent that it may be treated satisfactorily by computing machines of moderate complexity. Because imperfections are generally small in good systems, error analysis is relatively simple and leads to reliable results. The problems lie in mechanization, not in theory.

With components having a given level of performance there may be differences in system performance among various configurations. Low drift rate gyro units operate well in untorqued inertial reference packages and lead to arrangements with relatively simple dynamics. Dynamic coupling effects are especially apparent in systems with inertial reference packages fixed to specific force receiving packages and computer coupling among the various components. Computer details affect this situation to some extent, with practice tending away from analogue systems toward digital equipment. In general, many arrangements are available for read-out purposes.

Inertial guidance came into existence to meet the difficulties of hostile environments. Systems of various types have been conceived, built, tested, and put into production within the span of a few years.

---

[1] It may be that this statement gives a false impression—with the quality of performance that now appears to be just ahead for sensors, imperfections in signals representing input information will not be the factors that limit system results. When this condition is realized, inaccuracies will be determined by dynamic effects associated with the necessity of filtering out noise components present in the input quantities under conditions of operation. The magnitudes of resulting uncertainties and errors under given circumstances will then depend upon the compromises in design used in engineering the systems.

A whole new technology has come into existence and matured rapidly. Details of the future are beyond prediction, but it is certain that inertial guidance equipment will be universally present on future vehicles of any considerable size whether built for the purposes of pioneering or the uses of routine operation. The unfolding of challenges in guidance and achievement of practical solutions will surely provide very interesting developments for the years that lie ahead.

References

[1] SCHULER, M.: Die Störung von Pendel- und Kreiselapparaten durch die Beschleunigung des Fahrzeuges, Phys. Z. 24, 344 (1923).

[2] BOYKOW, J. M.: U.S. Patent 1,930,082; October 10, 1933.

[3] BOYKOW, J. M.: U.S. Patent 1,940,387; December 19, 1933.

[4] BOYKOW, J. M.: U.S. Patent 2,109,283; February 22, 1938.

[5] V. MANTEUFFEL u. G. ZOEGE: Über den Ursprung der Trägheitsortung, Jahrbuch deutsche Wissenschaftliche Gesellschaft für Luftfahrt, 1959, pp. 225 to 230.

[6] KOOY, J. M., and J. W. H. UYTENBOGAART: Ballistics of the Future, New York: McGraw-Hill 1946.

[7] REISCH, S.: Reports on Absolute Navigation, No. 1, Royal Aircraft Establishment Translation 75, Vienna 1945.

[8] ISHLINSKY, A. YU.: Equations for the Problem of Determining the Position of a Moving Object by Means of Gyroscopes and Accelerometers. Prikadnaya i Mekhanika, Moscow, XXI, No. 6, 725—739 (1957).

[9] PITMAN, G. R., Editor: Inertial Guidance, New York: John Wiley 1962.

[10] DRAPER, C. S., W. WRIGLEY and J. HOVORKA: Inertial Guidance, New York: Pergamon Press 1962.

[11] MARKEY, W., and J. HOVORKA: The Mechanics of Inertial Position and Heading Indication, London: Methuen 1961.

[12] SLATER, J. M.: Newtonian Navigation. Autonetics, a Division of North American Aviation, Inc., Downey, California, 1961.

[13] BROXMEYER, C.: Inertial Navigation, New York: McGraw-Hill.

[14] DRAPER, C. S.: Navigation—From Canoes to Spaceships. Proc. Amer. Phil. Soc. 104, No. 2 (1960).

[15] BOWDITCH, N.: American Practical Navigator. U.S. Navy Hydrographic Office, Publication 9, Superintendent of Documents, Government Printing Office, Washington 25, D.C., 1958.

[16] WRIGLEY, W., R. B. WOODBURY and J. HOVORKA: Inertial Guidance. S.M.F. Paper No. FF-16; Institute of Aerospace Sciences, New York 1957.

[17] RUSSELL, W. T.: Inertial Guidance for Rocket-Propelled Missiles. Jet Propulsion (publication of the American Rocket Society) 28, 1958.

[18] KLASS, PH. J.: Inertial Navigation—Out of the Laboratory and Into Missile Systems. Aviation Week Special Report, New York: McGraw-Hill 1956.

[19] DRAPER, C. S.: Instrumentation and Inertial Guidance. Proceedings of the IAS Frontiers of Science and Engineering Symposium, Institute of the Aerospace Sciences, New York 1959.

[20] GRAY, A.: A Treatise on Gyrostatics and Rotational Motion, London: MacMillan 1918.

[21] CRABTREE, H.: An Elementary Treatment of the Theory of Spinning Tops and Gyroscopic Motion, second edition, Longmans, Green and Co. 1914.

[22] Ferry, E. S.: Applied Gyrodynamics, New York: John Wiley 1932.

[23] Savet, P. H.: Gyroscopes, Theory and Design, New York: McGraw-Hill 1961.

[24] Siff, E. J., and C. L. Emmerich: An Engineering Approach to Gyroscopic Instruments, New York: Robert Speller 1960.

[25] Draper, C. S., W. Wrigley and L. R. Grohe: The Floating Integrating Gyro and Its Application to Geometrical Stabilization Problems on Moving Bases. S.M.F. Paper No. FF-13, Institute of Aerospace Sciences, New York 1955.

[26] Jarosh, J. J., C. A. Haskell and W. W. Dunnell, Jr.: Gyroscopic Apparatus. U.S. Patent No. 2,752,791; 1956.

[27] Wrigley, W.: Single-Degree-of-Freedom Gyroscopes. IUTAM Conference Paper, 1962.

[28] Picardi, J. E., and J. J. Jarosh: Pendulum Apparatus, U.S. Patent No. 2,802,956; 1957.

[29] Draper, C. S., and C. L. Emmerich: Motion Measuring System. U.S. Patent No. 2,853,287; 1958.

[30] Draper, C. S., and R. B. Woodbury: Gyroscopic Apparatus. U.S. Patent No. 2,752,792; 1956.

[31] Wrigley, W.: Schuler Tuning Characteristics in Navigational Instruments. Navigation (J. Inst. Navigation) 2, No. 8 (1950).

[32] Wrigley, W., F. E. Houston, and J. E. DeLisle: Navigation System. U.S. Patent No. 2,953,926; 1960.

Discussion

A. Stratton: Dr. Draper has referred to the ability of very low wander rate gyroscopes ($\sim 10^{-5}$/h.) to indicate very accurately the direction of East by sensing the absence of any component of earth's rotation.

In a practical application outside the laboratory it is necessary to take into account the "noise" present on the indication of the vertical, which is the earth reference direction against which the gyroscopically defined space director has to be compared.

If this alignment is attempted in a vehicle, such as an aircraft or ship, although the vehicle is stationary, there will be small accelerations sensed by the vertically defining accelerometer due to the effects of natural and artificial disturbances — for example, wind, waves, movement of personnel in the vehicle.

Consider for example a disturbance of $10^{-3}g$ with a period of one second, which will correspond to a "noise" effect on the vertical of 6×10^{-3} radian/sec. The gyroscope performance quoted would enable a rate of 7×10^{-11} radian/sec. to be measured. For the circumstances quoted there is thus an adverse signal-noise rate of $10^8:1$ which has to be overcome by filtering smoothing which is bound to take a long time.

For many practical applications, for example, rapid preflight alignment of an aircraft vertical platform, the accuracy of meridian alignment by earth rate sensing (or gyrocompassing) is already set by disturbance levels rather than component performance. The orders of magnitude improvement in performance offered by Dr. Draper may be difficult to utilize in practical systems.

C. S. Draper: Dr. Stratton has very clearly defined the problem that remains after inertial guidance systems have sensors and other components with substantially perfect performance. This problem concerns the initial alignment of the vertical indicating subsystem with respect to the earth's gravitational field.

The use of Schuler Tuning (designing for a period under one earth's gravity of 84.4 minutes) makes it possible to realize guidance systems in which erratic variations of specific force inputs due to linear accelerations have no effect on indications of the vertical. In effect, SCHULER Tuning is a special form of long time smoothing that causes the vertical indicating element within the guidance equipment to have angular accelerations identical with the angular accelerations of the direction of gravity due to motions of the vehicle. SCHULER Tuning is not generally useful until an initial setting has been made that causes the indicated vertical to coincide with the actual vertical.

When the guidance equipment is stationary with respect to the earth, it is a simple matter to abandon the slow response associated with long periods near that for SCHULER Tuning. When the system is set into this mode, pendulum outputs are fed directly to the gyro units with the result that the vertical indication approaches the direction of gravity so rapidly that good accuracy is reached within a period of a few minutes. Once the vertical indication is accurately matched to the direction of gravity, SCHULER Tuning may be introduced. This tuning then acts to filter out effects due to erractic linear accelerations, and the guidance system will be satisfactory under the environmental conditions of actual operation.

Three courses of action are possible for realizing vertical indications from practical inertial guidance systems actually carried in operating flight vehicles:

1. Allow the system to "erect" itself aboard the vehicle carrying the system by using a dynamic response characteristic intermediate between "quick erect" and SCHULER Tuning. The indications will be subject to dynamic errors of considerable magnitude, but the problem of inital alignment is solved.

2. Use removable modular design for the guidance equipment so that erection to the vertical may be accomplished in a building or transport van with the equipment on a stationary base, followed by placing the operating equipment with initial alignment completed aboard the vehicle just before it starts on a mission.

3. Provide a means for removing the mechanical subsystem of the guidance system from direct connections to the vehicle structure, and placing this subsystem on a temporary support rigidly fixed to the earth for the short time required to erect the vertical indicating element of the guidance system. Once this erection has been accomplished on a stationary base, the temporary rigid support may be removed, the system again fastened to its vehicle brackets (perhaps by an automatic device) and flight started with the system in normal operation.

A. R. ESSEX: Dr. DRAPER has mentioned gyro wander rates of $1/100$ and $1/1000$ of a second of arc. These minute angles imply that the center of rotation of the gyro float and the pick-off stator remain stable within quantities of less than 5×10^{-8} and 5×10^{-9} ins./in.

Are the materials commonly used in the construction of these gyros (e.g. steel, iron, beryllium and potting compounds) stable to this order of magnitude (or minitude) and have the results of any material stability tests been published?

C. S. DRAPER: The small gyro wander rates, or drift, in the order of $1/100$ and $1/1000$ seconds of arc are obtained under the most optimum controlled conditions. The gryo excitation and temperature are kept as constant as possible. The gyro is kept in a fixed orientation or attitude with respect to the vertical. Three or four days are allowed to elapse after excitation and thermal control "turn-on" in order that all thermal, mechanical and hydrodynamic transients die out. The time interval for the test is relatively short compared to the three or four days "settling" time. While no absolute measurement of angles of $1/100$ and $1/1000$ seconds of arc were made, incrementally it is possible to read and obtain meaningful data regarding drift angles at the milliarc second level. The materials used, including the potting compounds, are stable under the controlled conditions previously mentioned, provided that adequate means of stress relief have been used previous to a test of this nature.

Über Anwendungen des Vermessungskreisels im Bergbau, in der angewandten Geodäsie und in der angewandten Geophysik

Von

Otto Rellensmann

Clausthal, Deutschland

1. Entwicklung

Der Vermessungskreisel ist eine Weiterentwicklung des auf Schiffen seit 1906 benutzten Kreiselkompasses. Die geschichtliche Entwicklung des Kreiselkompasses in Deutschland und auch die Entwicklung des Vermessungskreisels bis zum Jahre 1959 ist kürzlich von M. SCHULER [1] sehr übersichtlich dargestellt worden. Von 1947 bis heute ist die Entwicklung des Vermessungskreisels in seinen verschiedenen Typen gut vorangekommen, und im Anschluß an frühere Veröffentlichungen des Verfassers [2 bis 7] sowie der Veröffentlichungen seiner früheren Mitarbeiter G. JUNGWIRTH [8], K. H. STIER [9, 25], K. BEHRNDT [10], J. HENNIES [11], J. LUDEMANN [12], H. LAUTSCH [13], F. G. OERTGEN [14], D. WARTENBERG [15], W. ECKMANN [16], J. McLELLAND [17], J. FISCHER [18], R. JÜSTEN [19], G. KAUER [20], H. KNÜPPEL [21], M. HÄDICKE [22] und B. H. MERTENS [23] möge nachfolgend vor allem über die neueste Entwicklung berichtet werden. Insbesondere sollen die heutigen Anwendungen des Vermessungskreisels im Bergbau, in der angewandten Geodäsie und in der angewandten Geophysik besprochen werden, ohne im Rahmen dieser kurzen Veröffentlichung einen Anspruch auf Vollständigkeit erheben zu wollen.

Bereits 1921 hatte SCHULER ([1], Seite 12) einen Vermessungskreisel zum Vermessen des Meridians gebaut, der im Labor die besten Ergebnisse brachte, jedoch wegen seines schwierigen Transports für Vermessungen nicht in Betracht kam. In den Jahren 1925/26 wurde ein zweiter Vermessungskreisel von Fox und Haibach unter Beteiligung der Firmen Anschütz, Kiel, und Breithaupt, Kassel, erstellt, der jedoch ebenfalls den Bedingungen der Praxis nicht gewachsen war. Erst das dritte, unter Leitung des Verfassers von G. JUNGWIRTH [8] gebaute Gerät, das als

8a*

Meridianweiser bezeichnet wurde, brachte nach langwierigen Versuchsmessungen den gewünschten Erfolg. Dieses Gerät ist dann laufend
durch die Arbeiten von STIER [9], BEHRNDT [10], LUDEMANN [12]
und OERTGEN [13] verbessert worden. Seine heutige Arbeitsweise und
seine Einsatzbedingungen wurden kürzlich von STIER [25] eingehend
beschrieben.

Die Genauigkeit von Gerät und Verfahren konnte durch eine Zu-
sammenarbeit in der Forschungsgemeinschaft Meridianweiser (Institut
für Markscheidewesen, Claus-
thal, und Westfälische Berggewerkschaftskasse, Bochum)
von 3^c ($1'$ bis $2'$) auf 30^{cc}
($10''$) und weniger gesteigert
werden. Die Beobachtungs-
dauer für eine Richtungsangabe
ist von 300 Minuten auf weniger
als 30 Minuten gesenkt worden.
Die Abb. 1 zeigt den schlag-
wettergeschützten Meridianweiser 1959, Typ MW 10, der
in zwei Ausfertigungen laufend
im Ruhrbergbau für Richtungsangaben eingesetzt wird. Was
Konstruktion, Arbeitsweise,
Einsatzbedingungen und technische Daten anbelangt, so sei
auf die genannte Veröffentlichung von STIER [25] hingewiesen.

Abb. 1. Meridianweiser MW 10

Eine neuere Entwicklung
wurde mit der Erstellung des
Kreiseltheodoliten (Abb. 2) be-
gonnen. Sie war mit der Arbeit von MCLELLAND [17] abgeschlossen. Es
handelt sich in diesem Fall um ein nicht schlagwettergeschütztes, band-
aufgehängtes Kreiselgerät ohne Flüssigkeitsentlastung, d. h. mit starkem
Bandzug. Die technischen Daten dieses Kreiseltheodoliten KT-1, Meßverfahren und Genauigkeit sowie Anwendungsgebiete können einem
Prospekt der Firma Otto Fennel-Söhne KG, Kassel, entnommen werden.
Er ist seit 1957 in vielen Ausfertigungen ins In- und Ausland geliefert
worden. Der mit einem Transistorgenerator betriebene Kreiseltheodolit
KT-1 ist in Abb. 2 wiedergegeben.

Die neueste Entwicklung beginnt mit der Arbeit KAUER [20] über
,,Genauigkeitsuntersuchungen bei Richtungsfestlegungen unter Zuhilfe-

nahme des Theodolitkreisels", die von MERTENS [23] im Juli 1962 im wesentlichen abgeschlossen wurde (Abb. 3). Wie die Abb. 2 zeigt, ist beim Kreiseltheodoliten KT das richtungsgebende Kreiselelement an einem Trageband unterhalb des Theodoliten angebracht, während beim Theodolitkreisel, System RELLENSMANN, das Kreiselelement oberhalb des Theodoliten angeordnet ist. Maßgebend für diese Konstruktion war der Gedanke, jeden handelsüblichen Theodoliten durch einen Brückenaufsatz

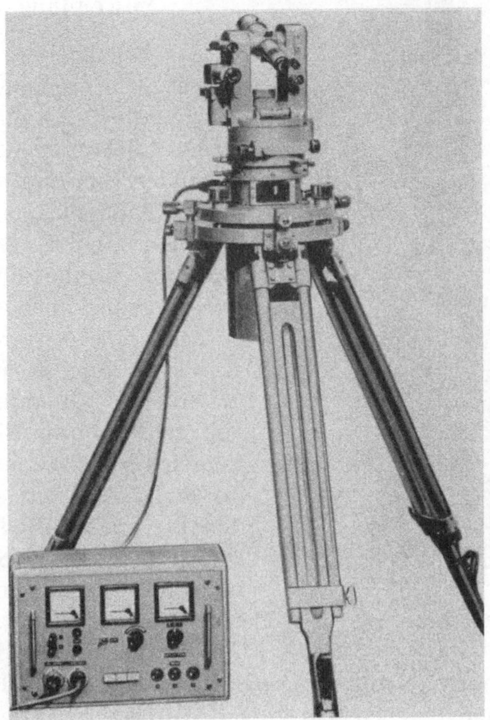

Abb. 2. Kreiseltheodolit KT-1

auf der Kippachse mit einem Kreiselaufsatzgerät versehen zu können. Auch hier sei hinsichtlich der Einzelheiten über Konstruktion und Arbeitsweise auf eine Arbeit von MERTENS [23] hingewiesen, hinsichtlich aller technischen Daten auf den Prospekt „Theodolitkreisel" der Firma Otto Fennel-Söhne KG., Kassel.

Die äußere reproduzierbare Genauigkeit des Theodolitkreisels kann heute mit $m = \pm 1^c \, (\pm 30'')$ angegeben werden, wie bei vielen Versuchsmessungen festgestellt werden konnte. Die Genauigkeit ist für viele Zwecke im bergmännischen Vermessungswesen, im Vermessungswesen über Tage und in der angewandten Geophysik als ausreichend zu betrachten, so daß auch für diesen Gerätetyp eine weitgehende Anwendung vorausgesagt werden kann.

Insgesamt stehen demnach heute drei Typen von Vermessungskreiseln zur Verfügung, erstens der Meridianweiser, zweitens der Kreiseltheodolit und drittens der Theodolitkreisel.

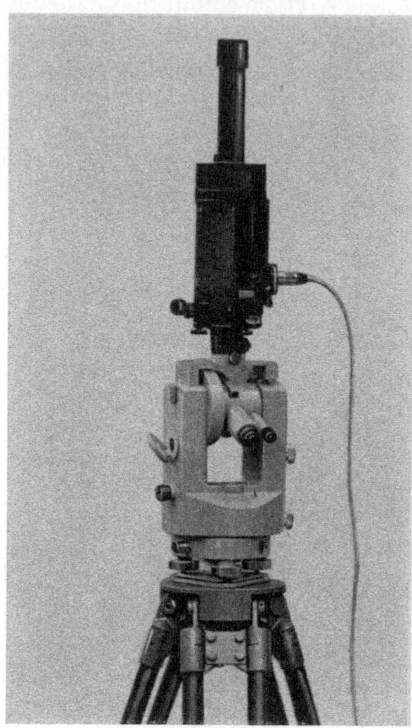

Abb. 3. Theodolitkreisel TK-3 (System RELLENSMANN)

2. Anwendung im Bergbau

Im August-Heft 1962 der Zeitschrift „Die Bergbauwissenschaften" ist hierüber von O. RELLENSMANN und B. MERTENS [28] schon eingehender berichtet worden.

Im Ruhrgebiet sind seit der Einrichtung der Kreiselmeßstelle in Bochum bereits über 1000 Richtungsangaben mit dem Meridianweiser erfolgt, im sächsischen Kohlenbergbau ist ein schlagwettergeschützter Meridianweiser seit einigen Jahren im Einsatz, und der tiefe Goldbergbau am Witwatersrand in Südafrika hat sich frühzeitig diesem neuen Meßverfahren zugewandt. Auch der Kreiseltheodolit ist durch das Institut für Markscheidewesen der Bergakademie Clausthal auf vielen Erz- und Kaligruben zum Einsatz gelangt, und neuerdings liegen ebenfalls aus Südafrika Berichte vor, nach denen sehr gute Ergebnisse bei Anwendung dieses Gerätes erzielt wurden. In Rußland werden seit einigen Jahren Geräte mit ähnlichen Konstruktionsprinzipien benutzt. Auf dem Berg- und Hüttenmännischen Tag in Freiberg i. Sa. im Jahre 1960 wurde von Prof. FILATOW vom Markscheiderischen Forschungsinstitut VNIMI in Leningrad bekanntgegeben, daß bis zu diesem Zeitpunkt bereits 800 Gruben kreiseltechnisch orientiert waren.

Es kann somit als allgemeine Entwicklungrichtung festgestellt werden, daß die konventionellen Lotorientierungen mehr und mehr gegenüber den Kreiselorientierungen zurücktreten werden. Dies ist um so mehr der Fall, als durchaus die Möglichkeit gegeben ist, sowohl das Gerät als auch das Zubehör (Generator und Akku) kleiner, handlicher und auch billiger zu gestalten.

3. Anwendung in der angewandten Geodäsie

Bei der Auffahrung des Rheintunnels bei Düsseldorf wurde der Kreiseltheodolit in weitgehendem Maße mit guten Ergebnissen eingesetzt [21]. Weiterhin erfolgte die Strahlrichtungsangabe einer Sendeanlage auf dem Oberharz in kurzer Zeit und mit der gewünschten Genauigkeit unter Zuhilfenahme eines Kreiseltheodoliten. Zur Kontrolle von Polygonzügen ist das Gerät häufiger eingesetzt worden.

Bereits 1950 hat der Verfasser [4] darauf hingewiesen, daß der Vermessungskreisel in der angewandten Geodäsie von Bedeutung sein wird. Nachdem nun auch der Theodolitkreisel in produktionsreifer Gestaltung zur Verfügung steht, wird von vielen Seiten eine Anwendung dieses neuesten Gerätes in Erwägung gezogen.

Nach Beginn der ersten Entwicklungsarbeiten zum Vermessungskreisel sind zwei günstige Umstände eingetreten, die sich sehr fruchtbar ausgewirkt haben.

Erstens sind in den letzten vier Jahren statt der bisherigen Großkreisel von Anschütz mit 13 cm Läuferdurchmesser und einem Drehimpuls von $100 \cdot 10^6$ g cm^2 sec^{-1} Kleinkreisel mit 7 cm Läuferdurchmesser und einem Drehimpuls von $8{,}4 \cdot 10^6$ g cm^2 sec^{-1} geliefert worden. Für den Theodolitkreisel konnte ein Kleinkreisel mit 5 cm Läuferdurchmesser bei einem Drehimpuls von $1{,}2 \cdot 10^6$ g cm^2 sec^{-1} benutzt werden. Dabei werden mit den Kleinkreiseln annähernd die gleichen Genauigkeiten erzielt wie mit den Großkreiseln. In dieser Hinsicht sei auf eine Veröffentlichung von D. WARTENBERG [29] hingewiesen.

Zweitens sind die elektronischen Generatoren für den Antrieb von Vermessungskreiseln laufend verbessert worden und stehen heute in sehr handlichen Ausmaßen zur Verfügung.

Beide Umstände haben die Erstellung des Theodolitkreisels ermöglicht, der sich nunmehr viele Anwendungsgebiete in der angewandten Geodäsie erschließen wird. Hinsichtlich weiterer Einzelheiten sei auf eine Veröffentlichung von O. RELLENSMANN und B. MERTENS [28] hingewiesen.

4. Anwendung in der angewandten Geophysik

Die Anwendung des Magnettheodoliten zur Aufsuchung von Lagerstätten ist seit langem bekannt und erstmalig in Schweden zur Lokalisierung von Eisenerzlagerstätten angewendet worden. Man mißt die Richtung des magnetischen Meridians mit Hilfe einer in der Horizontalebene schwingenden Magnetnadel. Den Unterschied zwischen der magnetischen und geographischen Nordrichtung bezeichnet man als Deklination. Beim Vorhandensein von magnetisch wirksamen Lagerstätten sind Deklinationsstörungen vorhanden, so daß man umgekehrt aus dem Vorhandensein dieser Störungen auf das Vorhandensein entsprechender Lagerstätten schließen kann. Die erforderliche geographische Nordrichtung läßt sich beim Vorliegen von trigonometrischen oder polygonometrischen Netzen aus den entsprechenden geodätisch festgelegten Seiten, bei geringer Genauigkeitsanforderung aus der Karte oder in gebräuchlicher Weise aus der Beobachtung der Sonne oder des Polarsterns bestimmen.

Leider ist die genaue Festlegung dieser geographischen Nordrichtung immer mit größeren Schwierigkeiten verbunden; trigonometrische und genaue polygonometrische Netze sind häufig nicht vorhanden; die Benutzung einer Karte kann nur ungenaue Ergebnisse liefern, und die Benutzung von Sonne oder Polarstern ist vor allem an wolkenbedeckten Tagen unmöglich. Die Neuerung besteht nun darin, den Geographisch-Nord suchenden Kreisel mit der Magnetisch-Nord suchenden Magnetnadel derart zu kombinieren, daß auf dem Meßpunkt unter Berücksichtigung der täglichen Variationen des erdmagnetischen Feldes die Deklination unabhängig von trigonometrischen oder polygonometrischen Netzen und auch unabhängig von Sternbeobachtungen bestimmt werden kann.

In der Veröffentlichung [2] von O. Rellensmann ist auf S. 247—250 bereits darauf hingewiesen, daß hohe Genauigkeiten in der Bestimmung von Geographisch-Nord erreicht werden können. Bei den heute vorhandenen Vermessungskreiseln, die auch als Kreiseltheodolite bezeichnet werden, kann bei Benutzung eines transistorbestückten Generators die geographische Nordrichtung mit einer Genauigkeit von $\pm$ 20 Altsekunden festgelegt werden. Montiert man auf die Kippachse eines Kreiseltheodoliten eine empfindliche Magnetnadel mit entsprechender optischer Ablesungsvorrichtung, wie dieselbe z. B. beim Spiegeldeklinatorium nach Neumayer-Schmidt-Hildebrand auf S. 228 des Lehrbuchs der Markscheidekunde von Schulte-Löhr[1] beschrieben ist, so kann mit diesem Kreiselmagnettheodoliten auf dem gleichen Meßpunkt Magnetisch-Nord bestimmt werden. Aus dem Unterschied beider Richtungsangaben ergibt sich die magnetische Deklination.

Beim Verfahren zur Aufsuchung von Lagerstätten unter Zuhilfenahme von Deklinationsmessungen besteht die Neuerung darin, daß der Unterschied zwischen Geographisch-Nord und Magnetisch-Nord auf jedem Meßpunkt mit Hilfe eines Kreiselmagnettheodoliten als Deklination auf dem Hauptkreis desselben festgestellt wird. Im einzelnen wird das Verfahren so durchgeführt, daß auf jedem Meßpunkt mit Hilfe des Kreiseltheodoliten (des Kreiselmagnettheodoliten) die geographische Nordrichtung und anschließend mit dem Magnettheodoliten (des

---

[1] Berlin/Göttingen/Heidelberg: Springer 1958.

Kreiselmagnettheodoliten) die magnetische Nordrichtung festgestellt
wird.

Es ist selbstverständlich, daß die sich so ergebenden Werte der
magnetischen Deklination um die sog. „Variation" verbessert werden.
Die bekannten Variationen der magnetischen Nordrichtung werden
dadurch berücksichtigt, daß man entweder die Änderungen der Deklination aus dem Registrierstreifen eines Variationsdeklinatoriums entnimmt oder die Variationen mit einem Variometer auf der Ausgangs-
station visuell beobachtet und notiert. Bei anschließender Auswertung
für mehrere Beobachtungspunkte lassen sich die Linien gleicher Dekli-
nationswerte in eine Karte einzeichnen (Isogenenkarte). Die Isogonen-
karte ist in der angewandten Geophysik ein außerordentlich wertvolles
Hilfsmittel für die Beurteilung der Frage, ob Lagerstätten besonderer
Art vorhanden sind oder nicht.

Wegen der hohen Genauigkeit, mit der Isogonenkarten unter Zuhilfenahme des neuen Verfahrens bei Benutzung eines kombinierten Kreisel-
und Magnettheodoliten, d. h. eines Kreiselmagnettheodoliten hergestellt
werden können, wird es möglich sein, auch Lagerstätten mit geringeren
magnetischen Störeigenschaften in kurzer Zeit und ohne größeren
Kostenaufwand zu lokalisieren.

Ein praktischer Versuch zur Anwendung dieses neuen Verfahrens
ist von M. HÄDICKE [22] dadurch unternommen worden, daß er eine
Feinisogonenkarte des Nordwestharzes unter Benutzung von etwa
60 Meßpunkten hergestellt hat. Eine Reihe von magnetischen Störkörpern konnte lokalisiert werden. Die Ergebnisse der Arbeit von
HÄDICKE ermutigten dazu, die Anfertigung von Feinisogonenkarten
für weitere Gebiete in Angriff zu nehmen.

Für die genaue Lokalisierung und Tiefenberechnung von magnetischen Störkörpern erscheint es immer sehr vorteilhaft, nicht nur
die bekannten Horizontal- und Vertikalintensitätsmessungen, sondern
zusätzlich auch die Messungen mit dem Kreiselmagnettheodoliten zur
Anwendung zu bringen.

5. Schlußbetrachtungen

Außer den bereits erwähnten russischen Bauarten von Vermessungskreiseln, bei denen z. T. die Spitzenlagerung unter Flüssigkeitsentlastung
angewandt wurde, sind in der westlichen Welt neben den bereits beschriebenen Geräten (Abb. 1 bis 3) weitere Geräte gebaut worden.

a) Die Firma Lear-Electronic GmbH., München, hat [26] unter
Mitarbeit von Dr. STIER und dem Verfasser einen Lear-Vermessungs-
kreisel, Modell LMK 604, entwickelt, bei dem die Kreiselschwingungen
über ein Abtastorgan unter Einschaltung eines Verstärkers einem
Nachdrehmotor mitgeteilt werden, so daß der Theodolit automatisch

in der Nullage des Bandes mitgesteuert wird. Die Meßgenauigkeit dieses Gerätes ist mit $\pm\,9^{cc}$ angegeben.

b) Die Firma Anschütz, Kiel, liefert einen Vermessungskreisel „Girolit" mit bandaufgehängtem, flüssigkeitsgedämpftem Kreisel in einem Schwingungsgehäuse, der selbsttätig Geographisch-Nord sucht. Die Genauigkeit ist bei diesem Gerät zugunsten einer robusten Behandlung und einfacher Bedienungsweise bewußt niedrig gehalten und wird mit $\pm\,1$ Strich $(3,5')$ angegeben.

c) Die English Electric Aviation Limited [27] bringt einen P.I.M.-Kreiseltheodoliten (Precision Indicator of the Meridian) auf den Markt, der, ebenso wie ein Gerät der amerikanischen Firma Kearfott, „Gytor" genannt, nach einem anderen Prinzip arbeitet. Es findet dabei ein empfindlicher, drehgeschwindigkeitsmessender Kreisel Anwendung. Im englischen und deutschen Prospekt dieser Firma sind präzise Angaben über die erreichten Genauigkeiten zwar nicht enthalten, jedoch wird angeführt, daß dieses Gerät für Geländevermessungen mit großer Genauigkeit arbeitet.

6. Zusammenfassung

Zusammenfassend kann festgestellt werden, daß der Vermessungskreisel im Anschluß an die früheren Entwicklungen des Kreiselkompasses für die Schiffahrt zu einem bestens brauchbaren Gerät für die Vermessungspraxis erstellt werden konnte. In der Hauptsache haben die seit 1947 betriebenen Clausthaler Forschungsarbeiten und die Forschungsarbeiten der Westfälischen Berggewerkschaftskasse, Bochum (beide Institute sind in der Forschungsgemeinschaft Meridianweiser zusammengeschlossen), zu diesen kreiseltechnischen Fortschritten beigetragen. Auch im Ausland, vor allem in Rußland, den USA und in England, sind Vermessungskreisel für die verschiedensten Zwecke gebaut worden.

Heute steht der Vermessungskreisel in Form des Meridianweisers, des Kreiseltheodoliten, des Kreiselmagnettheodoliten und des Theodolitkreisels für die verschiedenen Aufgaben zur Verfügung. Der Meridianweiser findet sein Hauptanwendungsgebiet in Schlagwettergruben, der Kreiseltheodolit in schlagwetterfreien Gruben und in der übertägigen Geodäsie. In der geophysikalischen Lagerstättenforschung kann der Kreiselmagnettheodolit zur Lokalisierung von magnetischen Störgebieten eingesetzt werden. In der neuesten Entwicklung konnte ein Theodolitkreisel erstellt werden, der sich als leicht zu handhabendes Aufsatzgerät ein weitgehendes Anwendungsgebiet erschließen wird.

Die weitere Entwicklung wird dahin arbeiten, die Genauigkeit zu steigern, die elektronischen Antriebs-, Steuer- und Registrierelemente bis zum maximal möglichen Automatisierungsgrad zu führen, die Geräte noch kleiner und handlicher zu bauen, und alle Anstrengungen zu unternehmen, die Kostenfrage für die genannten Arten von Vermessungskreiseln diskutabel zu gestalten.

Mit Sicherheit kann vorausgesagt werden, daß im Bergbau, in der angewandten Geodäsie und Geophysik die Vermessungskreiselgeräte immer größere Anwendungsgebiete finden werden.

Literatur

[1] SCHULER, M.: Die geschichtliche Entwicklung des Kreiselkompasses in Deutschland. VDI-Z. **104**, 469—476 u. 593—599 (1962).

[2] RELLENSMANN, O.: Der Vermessungskreisel. Z. Vermessungsw., Stuttg. **75**, 250—254 (1950).

[3] RELLENSMANN, O.: Die Kreiselforschung im Dienste des Bergbaus. Glückauf **85**, 465—467 (1950).

[4] RELLENSMANN, O.: Die Bedeutung des Vermessungskreisels für die Geodäsie. Die Geodätische Woche, Köln, 1950, Stuttgart: Wittwer 1951, S. 57—62.

[5] RELLENSMANN, O., u. F. J. OERTGEN: Der Einsatz des Vermessungskreisels im nordschwedischen Erzbergbau. Mitt. Markscheidew. **63**, 108—111 (1956).

[6] RELLENSMANN, O., u. E. P. PFLEIDERER: Gyrocompass Surveys Underground Workings and Boreholes. Mining-Engineering, May 1959.

[7] RELLENSMANN, O.: Recent Application of the Gyrotheodolite in Tunneling Work, in Underground-Workings and in Applied Geophysics. Mining-Research, New York, 1961, pp. 283—288.

[8] JUNGWIRTH, G.: Der Meridianweiser, ein neuer Vermessungskreisel nebst einer Theorie über das Verhalten eines schnellen schweren symmetrischen Kreisels bei veränderlichem Drehimpuls. Diss. Bergakademie Clausthal, 1949.

[9] STIER, K. H.: Ein Vermessungskreiselkompaß mit optischer Richtungsabnahme. Diss. Bergakademie Clausthal, 1954.

[10] BEHRNDT, K.: Die bei schnell rotierenden Kreiseln in einem Magnetfeld entstehenden magnetischen Polpaare und die Mißweisungen, die sich bei einem Vermessungskreisel daraus ergeben. Diss. Bergakademie Clausthal, 1954.

[11] HENNIES, J.: Fehlertheoretische Untersuchungen zum Einsatz von Vermessungskreiselgeräten. Diss. Bergakademie Clausthal, 1952.

[12] LUDEMANN, J.: Entwicklungsarbeiten zum bandaufgehängten Vermessungskreisel. Diss. Bergakademie Clausthal, 1955.

[13] LAUTSCH, H.: Untersuchungen und Betrachtungen über Weiterentwicklungsmöglichkeiten des Kurskreisels und des Meridianweisers. Diss. Bergakademie Clausthal, 1955.

[14] OERTGEN, F. J.: Untersuchungen zum bandaufgehängten Vermessungskreisel. Diss. Bergakademie Clausthal, 1957.

[15] WARTENBERG, D.: Untersuchungen über die Stromzuführung und den elektrischen Antrieb beim Vermessungskreisel. Diss. Bergakademie Clausthal, 1957.

[16] ECKMANN, W.: Untersuchungen über konstruktive und elektrische Maßnahmen zur Schwingzeitverkürzung beim Vermessungskreisel. Diss. Bergakademie Clausthal, 1958.

[17] McLELLAND, J.: Untersuchungen über die Brauchbarkeit eines Kleinkreisels für geodätische Arbeiten. Diss. Bergakademie Clausthal, 1959.

[18] Fischer, J.: Der luftaufgehängte Vermessungskreisel. Diss. Bergakademie Clausthal, 1960.

[19] Jüsten, R.: Untersuchungen über die Verwendbarkeit von elektronischen Generatoren für den Antrieb von Vermessungskreiseln. Diss. Bergakademie Clausthal, 1960.

[20] Kauer, G.: Genauigkeitsuntersuchungen bei Richtungsfestlegungen unter Zuhilfenahme des Theodolitkreisels. Diss. Bergakademie Clausthal, 1960.

[21] Knüppel, H.: Untersuchungen über die Genauigkeit von geodätischen und kreiseltechnischen Richtungsangaben bei der Auffahrung des Rheintunnels bei Düsseldorf. Diss. Bergakademie Clausthal, 1960.

[22] Hädicke, M.: Der Kreiseltheodolit als Hilfsmittel zur Aufsuchung magnetisch wirksamer Lagerstätten. Diss. Bergakademie Clausthal, 1962.

[23] Mertens, B. H.: Untersuchungen über die Konstruktion und Verwendbarkeit von Kreiselaufsatzgeräten im Vermessungswesen. Diss. Bergakademie Clausthal, 1962.

[24] McLelland, J.: Kreiseltheodolit im geodätischen Einsatz. Verm. Techn. Rdsch. H. 2, 38—46 (1959).

[25] Stier, K. H.: Der Vermessungskreiselkompaß und seine Einsatzbedingungen. Z. Vermessungsw. H. 1, 1—6, H. 2, 57—65 (1962).

[26] Lear-Electronic GmbH.: North Seeking Gyroscope, Prospekt, München 64, Airport, 1961.

[27] English Electric Avation Limited: Precision Indicator of the Meridian, Prospekt 1961.

[28] Rellensmann, O., u. B. Mertens: Über Fortschritte in der Anwendung von Kreiselmessungen im Bergbau, in der angewandten Geodäsie und in der angewandten Geophysik. Bergbau-Wiss. 9, H. 15/16, 374—377 (1962).

[29] Wartenberg, D.: Wachstumsgesetze beim Vermessungskreiselkompaß. Bergbau-Wiss. H. 12, 273—282 (1961).

The Magnetic Torque Acting on Artificial Satellites

By

Giuseppe Colombo

Cambridge, Mass., U.S.A.

1. Introduction

The prediction and control of an artificial satellite's orientation around
its center of mass has become more and more important in the last
few years for both manned and unmanned scientific space probes.
Intensive studies of the torques acting on a satellite in orbit close to
the earth have been made for the purpose of predicting, and sometimes
for programming, the satellite's orientation. Initially attention was
directed only toward the aerodynamic and gravitational torques
(Beletsky [1]). But as soon as the satellite orientation had been carefully observed it was obvious that the magnetic effects were the most
important because of the conductivity and magnetic permeability of
a satellite's structure and above all, because the instrumentation of
a satellite usually contains closed current loops or permanent magnets
(Bandeen and Manger [2], Colombo [3]).

This report gives a general survey of the magnetic effects on satellite
orientation. Analytical and numerical results in good agreement with
observational material will be reported. We will refer to the Satellites
Vanguard I (1958 $\beta 2$), Vanguard II (1959 $\alpha 1$), Explorer XI (1961 Nu),
Tiros I (1960 $\beta 2$), and Solar Radiation I (1960 $\eta 2$). The criteria we
followed for this selection were based on the availability of the observational material and on the variety of the mechanical and magnetic
properties. In general, the satellites have almost rotational symmetry.
We may, therefore, consider the motion around the center of mass
to be a precessional motion whose characteristics (angular momentum
vector and nutation angle, or angular momentum vector and kinetic
energy) are perturbed by external torques or by internal dissipation
(vibration). In most cases it is possible to make the important separation
of first and second order perturbations. The first-order perturbation

(gravitational torque and magnetic torque acting on the satellite's equivalent magnetic dipole) affects the orientation of the precessional axis, that is, the orientation of the angular momentum vector. The second-order perturbation (eddy currents effect, magnetic hysteresis effect, atmospheric drag torque, and internal vibration (WILSON [4]) affects the magnitude and the orientation of the angular momentum vector of the satellite as well as its kinetic energy. Naturally, the internal dissipation of energy (KUEBLER [5]) may be designed for a specific purpose and may have a first-order effect, but since we are concerned only with the motion after final operational conditions have been reached, the internal dissipation, in most cases (low angular velocity), may be considered to be a second-order effect. The difficulties encountered, in the evaluation of these second-order effects must be emphasized.

The torques involved in this process are one or two orders of magnitude smaller than those of the first order. This distinction is actually related to the group of satellites referred to in this report. Proper design may change some of the first-order effects into second-order effects, or vice versa. The behavior of ferromagnetic components in a varying weak magnetic field is still open to question. But, in general, we may say that most of the questions, or at least those related to technical applications (i.e., the possibility and reliability of using the earth's magnetic field for orientation control of the satellite), have been solved satisfactorily, and a new technique for magnetic steering of satellites in the earth's magnetic field has been successfully developed (HECHT and MANGER [6], FISCHELL [7]).

In the first part of this report we will treat analytically the general problem of motion of the angular momentum vector, that is, the motion of the precessional axis under the operation of both the gravitational and magnetic torques (first-order effects). We will assume a rotational symmetry in the distribution of mass and the validity of certain averaging procedures which have been proved to be quite good by comparison with results obtained by numerical integration on a high speed computer in the cases of Explorer XI and Tiros I (NAUMANN [8], HECHT and MANGER [6]). The analytical problem can be reduced to quadratures when the averaging procedure is valid (COLOMBO [9]). In this case interesting properties of the solution can be found. Application to the motion of Explorer XI, Tiros I, and Solar Radiation I will follow. In the second part of this report we will discuss the decay of the magnitude of the angular momentum due to eddy currents and hysteresis torques (WILSON [4]). Systematic oscillation of the angular acceleration (observed in Vanguard I, Vanguard II, Solar Radiation I, and Explorer XI) has been successfully correlated with the variation of the component of the earth's magnetic field normal to the spin axis.

I. Motion of the Angular Momentum Vector

2. Precessional Motion

Let

G	denote the center of mass of the satellite S,
c_3	the unit vector along the axis of symmetry of S,
$(c_1,\ c_2,\ c_3)$	an orthogonal frame of reference rigidly connected to S,
$L\,\Omega$	the angular momentum vector,
Ω	the unit vector parallel to the axis of precession,
C	the moment of inertia of S about the axis of symmetry,
A	the moment of inertia of S about a transversal axis,
ω	the angular velocity of S,
α	the opening of the angle of precession, where $0 < \alpha < \pi$.

As usual, we put

$$\omega = \omega_0\, c_3 + \omega_2\, \Omega, \tag{1}$$

and we define as the spin velocity

$$r = \omega_0 + \omega_1 \cos\alpha. \tag{2}$$

We have

$$\left.\begin{aligned} L &= A\omega_1 = \frac{Cr}{\cos\alpha}, \\ \mathfrak{T} &= \frac{1}{2} L^2 \left[\frac{\cos^2\alpha}{C} + \frac{\sin^2\alpha}{A} \right]. \end{aligned}\right\} \tag{3}$$

We will assume that $\dfrac{d\alpha}{dt}$, $\left|\dfrac{d\Omega}{dt}\right|$, and $\dfrac{2\pi}{T}$ (where T is the orbital period of G) are very small with respect to both ω_0 and ω_1 if $r \neq 0$, and are very small with respect to ω_1 if $r = 0$. From Eq. (3) we see that if $\mathfrak{T}$ (the kinetic energy) and L are constant, then α, r, and ω_1 are constant. If L is constant and $\mathfrak{T}$ is decreasing, α varies toward $\pi/2$ if $C < A$ (unstable satellite) or away from $\pi/2$ if $A < C$ (stable satellite). This may happen of there is internal dissipation.

3. Gravitational Torque

The following is the equation of motion of S, neglecting second-order effects, in vector form:

$$\frac{d}{dt}(L\,\Omega) = M_g + M_m, \tag{4}$$

where M_g is the gravitational torque and M_m is the magnetic torque. The gravitational torque is given by

$$M_g = \frac{3m\,k^2}{\varrho^3}(A - C)(c_3 \cdot \varrho)(c_3 \times \varrho), \tag{5}$$

where $m\,k^2$ is the gravitational constant, ϱ is the distance from the earth's center E to G, and ϱ is the unit vector along $E\,G$. Since M_g depends only on the orientation of c_3 we may average over one precessional period. Hence we obtain

$$M_g = \frac{3}{2}\,\frac{m\,k^2}{\varrho^3}\,(A-C)\,(1-3\cos^2\alpha)\,(\varrho\cdot\varOmega)\,(\varrho\times\varOmega). \qquad (6)$$

Finally, by averaging over one orbital revolution of G, we have

$$M_g = \frac{3}{4}\,\tilde{\omega}^2(A-C)\,(1-3\cos^2\alpha)\,(\varOmega\cdot n)\,(\varOmega\times n), \qquad (7)$$

where n is the unit vector of the angular momentum of G and is normal to the orbit plane. Moreover,

$$\tilde{\omega}^2 = \frac{m\,k^2}{T}\int\limits_0^T \frac{dt}{\varrho^3}\,. \qquad (8)$$

4. Magnetic Torque

The torque produced by the earth's magnetic field is

$$M_m = I \times H, \qquad (9)$$

where I is the magnetic moment of the satellite, and H is the earth's magnetic field. We may consider the total magnetic moment I of S to be the sum of the intrinsic dipole I_0 coming from the magnetized components and from possible closed current loops, and the induced dipole $m\,(H)$ resulting from the interaction of the ferromagnetic components and the earth's magnetic field. Actually m is a complicated function of H along the orbit of G since it depends on both the instantaneous value of H and the past history of the value of m (hysteresis effect). As a first approximation we could put

$$I = I_0 + \sum_i \mu_i(H\cdot c_i)\,c_i, \qquad (10)$$

assuming, for reasons of simplicity, that the permeable components of the body are symmetric with respect to $(c_1,\,c_2,\,c_3)$. We observe that the coefficients μ_1, μ_2 and μ_3 are functions of the permeability, volume and shape of the permeable components, as well as the rate of change of $H\cdot c_i$. From Eqs. (9) and (10) we have

$$M_m = I_0 \times H + m\,(H) \times H. \qquad (11)$$

In performing the next step, the computation of the average torque over one precessional period, we meet the first difficulty. This difficulty is overcome only if $\mu_1 = \mu_2 = I\times c_3 = 0$, or if the motion is purely rotational ($\alpha = 0$, $\alpha = \pi/2$). If we assume $\omega_0 \gg \omega_1$ (slow precession)[1], we may write $n\,\omega_1 \leqq \omega_0 \leqq (n+1)\,\omega_1$, with n large. Let us compute the average value of $I_0\times H$ in one precessional period; if we neglect

---

[1] Since $\omega_1 = \dfrac{C\,\omega_0}{(A-C)\cos\alpha}$, slow precession occurs when α is small and $A \gg C$, or only for an unstable satellite.

torques of the order of $1/n$ of the main torque we will find

$$\tilde{M}_m = \overline{I_0 \times H} = (I_0 \cdot c_3)\,(c_3 \cdot \Omega)\,\Omega \times H \tag{12}$$

This means that we have first-order effects only from the components of I_0 parallel to the axis of symmetry. The average torque resulting from the induced dipole is computed on the same hypothesis, and the value

$$\tilde{M}_m'' = \frac{1}{2}\left\{\mu_3 - \frac{1}{2}(\mu_1 + \mu_2)\right\}(\Omega \cdot H)\,(\Omega \times H)\,(2 - 3\sin^2\alpha) \tag{13}$$

is found. Suppose now that $\omega_0 = 0$ and $\alpha = \pi/2$, that is, the body is rotating around an equatorial axis[1] c_1, for instance; if we average over one rotational period we find

$$\tilde{M}_m = (I_0 \cdot \Omega)\,\Omega \times H + \mu^*\,(H \cdot \Omega)\,\Omega \times H, \tag{14}$$

where $\mu^* = \mu_1 - \frac{1}{2}(\mu_2 + \mu_3)$. We will not consider the case of rapid precession because (1) the analytical treatment becomes so very complicated that the averaging procedure may cease to be valid, and (2) the unperturbed tangential motions of Tiros I, Solar Radiation I, and Explorer XI are rotational motions around the axis of maximum moment of inertia. From Eqs. (12), (13), and (14) we obtain the general form of the magnetic torque[2]

$$M_m = \lambda_1\,\Omega \times H + \lambda_2(\Omega \cdot H)\,\Omega \times H. \tag{15}$$

As in the case of the gravitational torque, we should now average the total magnetic torque [Eq. (15)] over one orbital revolution of S. The difficulties we will encounter here are of two different types; the first is due to the complicated form of the earth's magnetic field, and the second to the torque's dependence on time. It seems quite reasonable to assume, within our degree of approximation and in view of the averaging procedure, the earth's magnetic field to be represented in the form

$$\tilde{H} = \frac{\mu_E}{\varrho^3}\{k - 3\,(k \cdot \varrho)\,\varrho\}, \tag{16}$$

which is the field of a dipole μ_E oriented as the unit vector k. In this way the expression for the field becomes quite handy if k could be considered constant, at least during one orbital revolution, with respect to the orbital plane. Since during one revolution of a satellite in orbit close to the earth, the right ascension of the ascending node does not vary more than a fraction of one degree and the inclination is not affected to any appreciable extent, we may consider N (the unit vector of the ascending node on the earth's geographical equator) to be

---

[1] This is a limiting case for an unstable satellite $(C \ll A)$.

[2] We observe, incidentally, that, since $(M_g + M_m) \cdot \Omega = 0$, the first order torque does not change the magnitude of the angular momentum.

constant. In the same period k, which makes an angle $I = 11.°5$ with U (the unit vector along the earth's geographical axis), will change its orientation by $\frac{1}{2}\sin 11.°5$ radians, which is less than $6°$. Therefore, if we take the mean orientation of k during one orbital revolution, the maximum variation is less than $3°$. We proceed now to average over one orbital revolution. Computing

$$\tilde{M} = \frac{\lambda_1}{T} \int_0^T \boldsymbol{\Omega} \times \boldsymbol{H}\, dt + \frac{\lambda_2}{T} \int_0^T (\boldsymbol{\Omega} \cdot \boldsymbol{H})\, \boldsymbol{\Omega} \times \boldsymbol{H}\, dt \tag{17}$$

and neglecting small terms in the eccentricity, we have

$$\tilde{M} = \frac{\lambda_1 \mu_E}{a^3 (1 - e^2)^{3/2}} \times \boldsymbol{\Omega} \left[\left(1 - \frac{3}{2}\sin^2 i\right) \boldsymbol{k} - \frac{3}{2}\sin i \cos i\; \boldsymbol{k} \times \boldsymbol{N}_m \right]$$

$$+ \frac{\lambda_2 \mu_E}{a^6 (1 - e^2)^{9/2}}\, \boldsymbol{\Omega} \times \left\{ \frac{9}{8}\sin^2 i\; \Omega_1\, \boldsymbol{N}_m + \frac{27}{8}\sin^2 i \cos^2 i\; \Omega_2\, \boldsymbol{k} \times \boldsymbol{N}_m \right.$$

$$+ \left(1 - 3\sin^2 i + \frac{27}{8}\sin^4 i\right) \Omega_3\, \boldsymbol{k}$$

$$\left. - \frac{3}{2}\sin i \cos i \left(1 - \frac{9}{4}\sin^2 i\right) \left(\Omega_2\, \boldsymbol{k} + \Omega_3\, \boldsymbol{k} \times \boldsymbol{N}_m\right) \right\}, \tag{18}$$

where a is the semi-major axis of the orbit, e is the eccentricity, i is the inclination of the orbit with respect to the mean geomagnetic equator, $\boldsymbol{N}_m$ is the unit vector of the ascending node along the geomagnetic equator, Ω_1, Ω_2, and Ω_3 are the magnitudes of the components of $\boldsymbol{\Omega}$ with respect to $\boldsymbol{N}_m$, $\boldsymbol{k} \times \boldsymbol{N}_m$, and $\boldsymbol{k}$, respectively (see Fig. 1).

5. Equation of Motion

The equation of motion (4) has to be projected onto a reference system. We choose the system $(\boldsymbol{U},\ \boldsymbol{N},\ \boldsymbol{U} \times \boldsymbol{N})$ which we will denote as $(\boldsymbol{U},\ \boldsymbol{N},\ \boldsymbol{W})$ (Fig. 1).

Taking into account the fact that the nodal line is regressing with an angular velocity $\dot{\Omega}$, we may write the equation of motion in the form

$$\left. \begin{aligned} L\left(\frac{d\Omega_x}{dt} - \dot{\Omega}\,\Omega_y\right) &= M_m^{(x)}(\Omega_x, \Omega_y, \Omega_z, t) + M_g^{(x)}(\Omega_x, \Omega_y, \Omega_z) \\ L\left(\frac{d\Omega_y}{dt} + \dot{\Omega}\,\Omega_x\right) &= M_m^{(y)}(\Omega_x, \Omega_y, \Omega_z, t) + M_g^{(y)}\,\Omega_x, \Omega_y, \Omega_z), \\ L\,\frac{d\Omega_z}{dt} &= M_m^{(z)}(\Omega_x, \Omega_y, \Omega_z, t) + M_g^{(z)}(\Omega_x, \Omega_y, \Omega_z), \end{aligned} \right\} \tag{19}$$

where Ω_x, Ω_y, and Ω_z are the components of $\boldsymbol{\Omega}$ with respect to $(\boldsymbol{N}, \boldsymbol{W}, \boldsymbol{U})$; $M_m^{(x)}$, $M_m^{(y)}$, and $M_m^{(z)}$ are periodic functions of t with a period of one day; $M_g^{(x)}$, $M_g^{(y)}$, and $M_g^{(z)}$ are functions of Ω_x, Ω_y, and Ω_z only. Next we discuss the possibility of eliminating the variable t from the components of the magnetic torque when we average over one day. This is quite reasonable if the variation of $\boldsymbol{\Omega}$ in one day is small. For moderate inclinations, neglecting second-order terms, we may derive from Eq. (18) the average value of $\boldsymbol{M}_m$ over one day. We obtain

$$\tilde{\boldsymbol{M}}_m = \Lambda_1 \boldsymbol{\Omega} \times (a_1 \boldsymbol{W} + a_2 \boldsymbol{U}) + \Lambda_2 \boldsymbol{\Omega} \times$$
$$\times [b_1 \Omega_x \boldsymbol{N} + b_2 \Omega_y \boldsymbol{W} + b_3 \Omega_z \boldsymbol{U} + b_4(\Omega_y \boldsymbol{U} + \Omega_z \boldsymbol{W})], \quad (20)$$

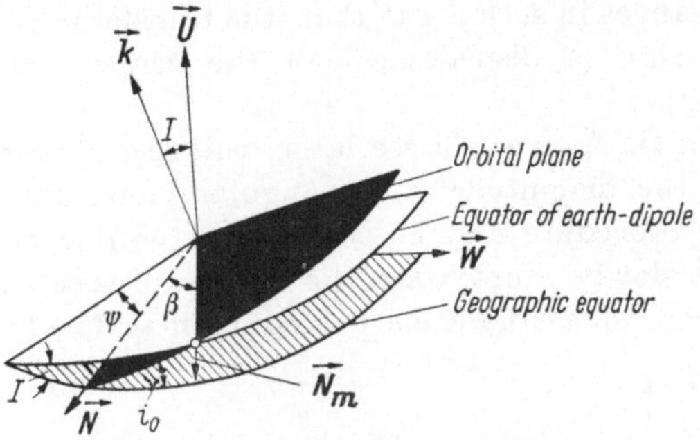

Fig. 1. Reference systems

where a_i and b_i depend only on the orbital element i_0 which may always be considered constant. Finally, we may write Eq. (19) in the explicit form

$$L\left(\frac{d\Omega_x}{dt} - \dot{\Omega}\,\Omega_y\right) = (a - b)\,\Omega_y\,\Omega_z + c(\Omega_z^2 - \Omega_y^2) + d\,\Omega_y - e\,\Omega_z,$$
$$L\left(\frac{d\Omega_y}{dt} + \dot{\Omega}\,\Omega_x\right) = -a\,\Omega_z\,\Omega_x + c\,\Omega_x\,\Omega_y - d\,\Omega_x, \qquad (21)$$
$$L\frac{d\Omega_z}{dt} = b\,\Omega_x\,\Omega_y - c\,\Omega_x\,\Omega_z + e\,\Omega_x.$$

In addition to the obvious relation $|\boldsymbol{\Omega}| = 1$, we have the first integral

$$\frac{b}{2}\,\Omega_y^2 + \frac{a}{2}\,\Omega_z^2 - c\,\Omega_z\,\Omega_y + e\,\Omega_y + (d + L\dot{\Omega})\,\Omega_z = C_0. \qquad (22)$$

We may now deduce the following properties of the motion:

a) The path of the vertex of $\boldsymbol{\Omega}$ with respect to the rotating reference system $(\boldsymbol{N},\,\boldsymbol{W},\,\boldsymbol{U})$ is the intersection of the unit sphere and the quadratic cylinder given by Eq. (22), parallel to the x-axis;

b) generally, the relative motion is periodic;

c) there are stable and unstable positions of relative equilibrium.

Observation I. Assume that the induced dipole is negligible. Then the equation of motion becomes

$$L\left(\frac{d\Omega_x}{dt} - \dot{\Omega}\,\Omega_y\right) = g\cos 2i_0\,\Omega_y\,\Omega_z + \frac{g}{2}\sin 2i_0(\Omega_z^2 - \Omega_y^2) +$$
$$+ \Lambda_1(\Omega_y a_2 - \Omega_2 a_1),$$
$$L\left(\frac{d\Omega_y}{dt} + \dot{\Omega}\,\Omega_x\right) = -g\cos^2 i_0\,\Omega_z\,\Omega_y + \frac{g}{2}\sin 2i_0\,\Omega_x\,\Omega_y - \Lambda_1 a_2\,\Omega_y,$$
$$L\frac{d\Omega_z}{dt} = g\sin^2 i_0\,\Omega_x\,\Omega_y - \frac{g}{2}\sin 2i_0\,\Omega_x\,\Omega_y + \Lambda_1 a_1\,\Omega_x,$$

where

$$g = \frac{3}{4}\,\widetilde{w}^2\,(A - C)\,(1 - 3\cos^2\alpha)$$

and i_0 is the inclination of the orbital plane. Therefore, when L and α are changing slowly, the conic normal section of the cylinder given by Eq. (22) changes in such a way that it is transformed by an homotety and a translation (a displacement of the center and an homotetic transformation).

Observation II. As we will see later, the second-order effects cause a decrease of the magnitude of the angular momentum L. Therefore, the averaging procedure may be possible in the first period of motion when Ω moves slowly. Next, when the motion of Ω becomes more rapid (since L is decreasing) the same procedure may fail to be valid, and

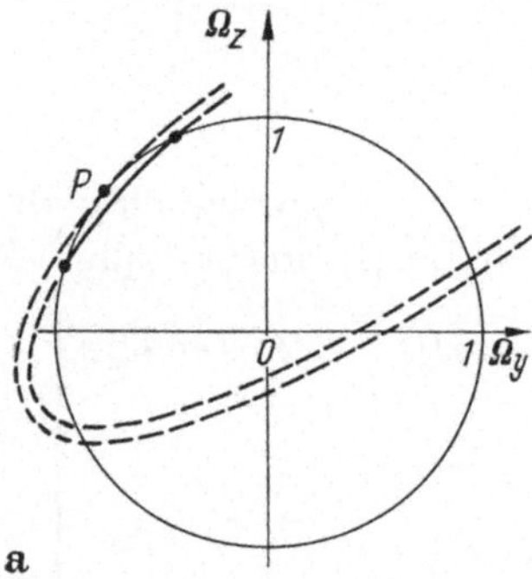

Fig. 2a. Stable pole

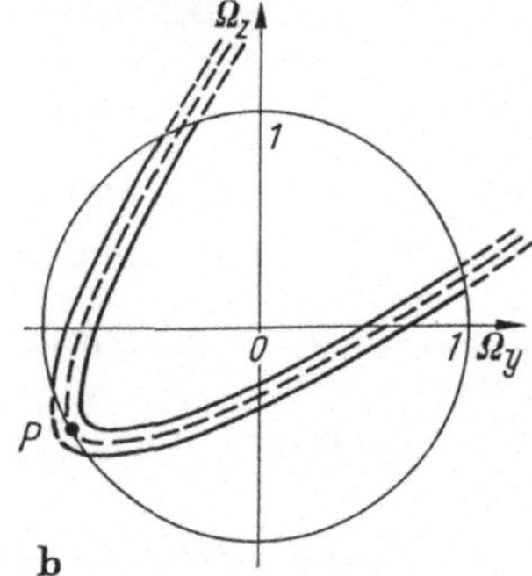

Fig. 2b. Unstable pole

the path of Ω may appear distorted by the daily oscillation of the magnetic torque due to the rotation of k around U.

Observation III. The position of relative equilibrium of Ω with respect to the rotating system (N, W, U) is in the plane normal to the nodal line. This position corresponds to a tangential point on the intersection of the cylinder [given by Eq. (22)] and the unit sphere. The alternative of stable or unstable position is schematized in Fig. 2a (stable pole) and Fig. 2b (unstable pole). In the first case, a small displacement corresponds to a periodic motion whose amplitude tends toward zero with the initial displacement. In the second case, the amplitude does not tend to zero with the initial displacement. A general discussion will be very difficult because of the large number of parameters involved; we will treat analytically only the case of Explorer XI, and we shall refer briefly to the motion of Tiros I and Solar Radiation I.

Explorer XI. Explorer XI (1961 Nu) (Naumann [8], Colombo [9]) (Fig. 3) was initially spinning around the axis of symmetry, that is, the axis of minimum moment of inertia. Such a configuration is unstable, and a nutation damper was built in to provide the mechanism for internal dissipation of energy without decreasing the angular momentum. Fifteen days after launching the satellite reached the designed steady state rotational motion around a transversal axis which is also the

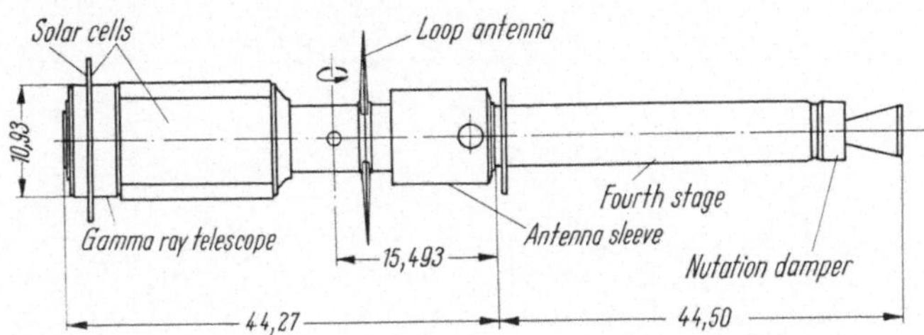

Fig. 3. Schematic drawing of Explorer XI. The total weight is 95.114 lbs. The moments of inertia are: $A_{max} = 143.792$ in.lb.sec^2; $A_{min} = 143.601$ in. lb. sec^2; $C = 3.405$ in. lb. sec^2

axis of maximum moment of inertia (the central ellipsoid of inertia is not precisely rotational).

Variations in the radio signal strength were analyzed, and accurate determinations were obtained of the orientation of the angular momentum

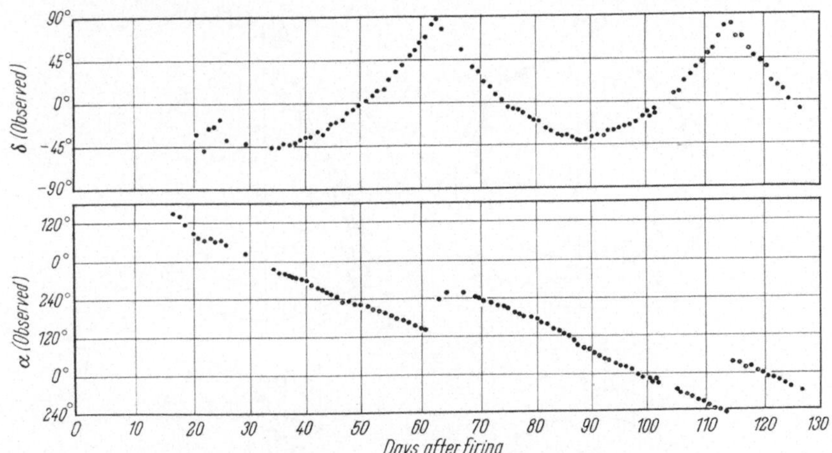

Fig. 4. Right ascension α and declination δ of Ω versus time

vector (Fig. 4) (Naumann [8]). In addition, the sun's and earth's aspect sensors enabled us to check the orientation and obtain the period of rotation with a high degree of accuracy (Fig. 5).

Because of the uncertainty in the parameters in the expression for the magnetic torque we have left undetermined the components of the intrinsic dipole along the rotational axis Ω and the parameter μ^*, which is related to the magnitude of the torque due to a hypothetical

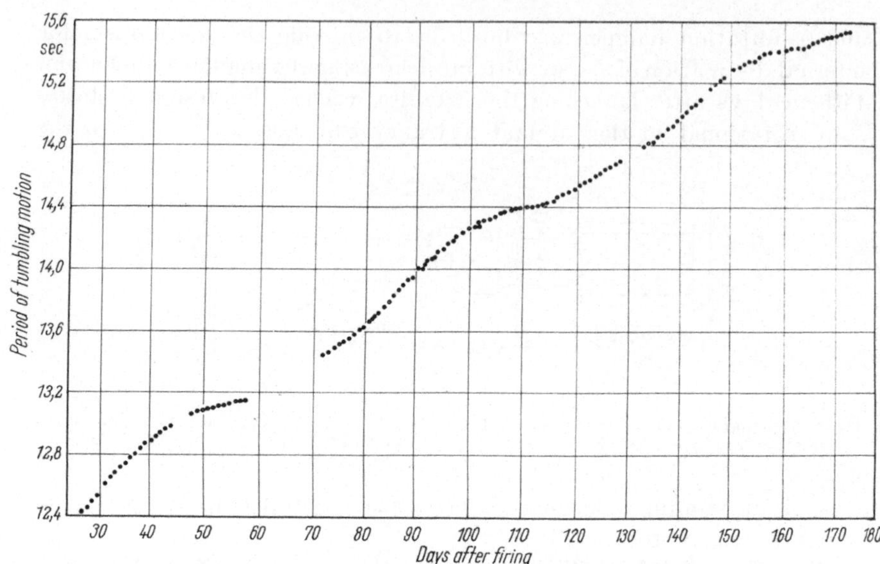

Fig. 5. Period of the rotational motion (sec) versus time

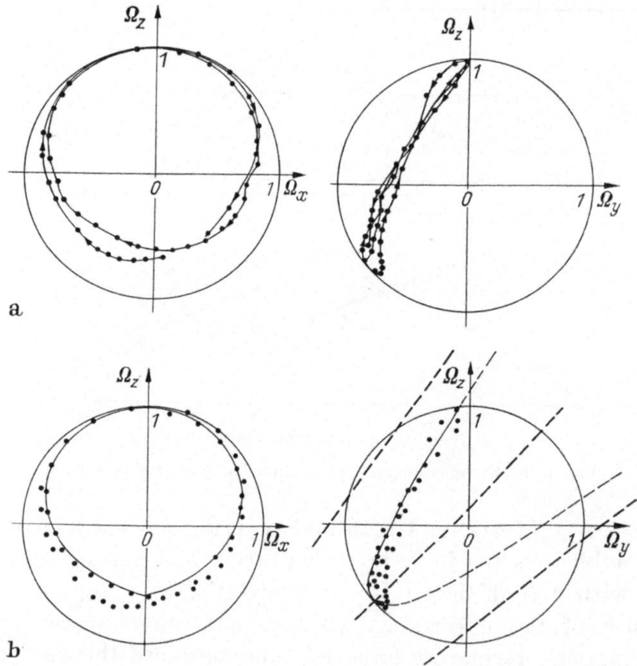

Fig. 6a and b. Projection of the observed path of the vertex of Ω over the plane yz, xz of a rotating reference system (x, ascending node, z, earth's axis). Solid lines are computed path, and dots are observed position

induced dipole. By this method we could evaluate separately *a posteriori* the magnitude of the component of the intrinsic dipole as well as the value of μ^* which gives the best fit with the observations. Naturally, we have to compare not only the closed path of the vertex of $\boldsymbol{\Omega}$ on the unit sphere but also the period of the quasi-precessional motion. To avoid complicated computations we preferred to compare the computed and observed values of $d\Omega_z/dt$ as functions of Ω_z. Assuming $\boldsymbol{I_0} \cdot \boldsymbol{\Omega} = 0$ and $\mu^* = 4\pi \times 4.75 \times 10^5$ e.m.u. we obtained the results given in Figs. 6a, b, c. Using $\mu^* = 0$ and $\boldsymbol{I_0} \cdot \boldsymbol{\Omega} = 0.63$ amp-m^2 we obtain almost equally good agreement.

Observation I. A precise numerical integration of the original differential equation of motion of the body has been performed by LUNDQUIST

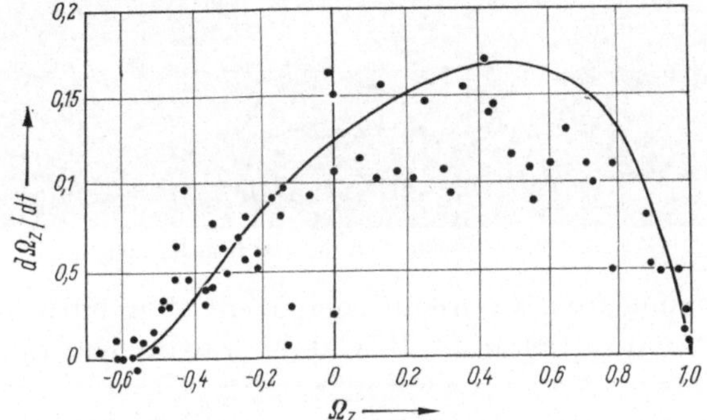

Fig. 6c. Computed (solid lines) and observed (dots) value of $d\Omega_z/dt$ versus Ω_z

and NAUMANN (1962) at the Marshall Space Flight Center, and by Cunningham at the University of California. The results are quite close to our analytical results, which means that the averaging procedure seems to be a good one for a quick analysis of the motion and also for the prediction of the motion.

Observation II. The required value of μ^* seems to be exceedingly high. Also the value of $\boldsymbol{I_0} \times \boldsymbol{\Omega}$ seems to be quite high. Perhaps over a long period of time some magnetization effect of the earth's magnetic field in the direction of the axis of rotation, whose orientation varies slowly, could become significant.

Tiros I. Tiros I (1960 β2) (Fig. 7) (BANDEEN and MANGER [2]) is a stable satellite spinning around the axis of symmetry at a rate of 10 rpm. After fifty-seven days the rate decreased to 9.4 rpm, and at that time the rate was increased for stabilization purposes. Fig. 8 shows the experimental data for the orientation of the angular momentum (the spin axis), obtained from photogrammetric altitude analyses, and the corresponding computed values of right ascension and declination of the spin vector, obtained by a numerical integration of the general equation of motion performed by BANDEEN and MANGER [2]. The equation of motion used included both the gravitational torque and

Fig. 7. Tiros I satellite showing the instrumentation

the torque coming from a constant component of an intrinsic magnetic dipole along the direction of Ω. If we take into account the regression

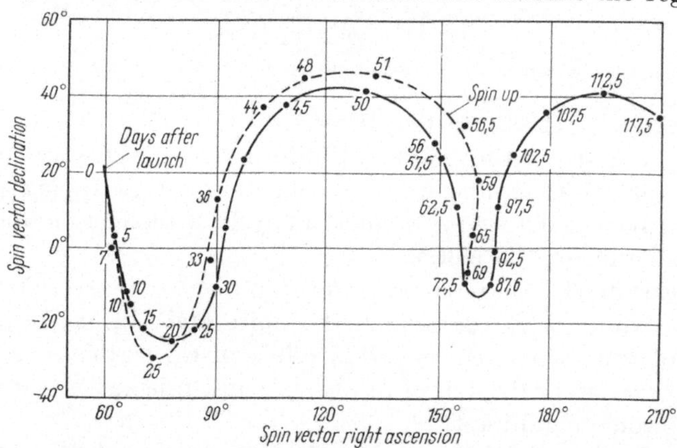

Fig. 8. Observed motion of the Tiros I spin vector based on an analysis of photographs (dashed line) compared with the theoretical motion based on the effects of a magnetic dipole moment along the spin axis and differential gravity (solid line). Declination is +north and −south of the celestial equator. Right ascension is +east of the vernal equinox along the celestial equator. Increased stability of both the theoretical and observed motion is seen after spinup on May 27 (day 56 after launch). The last picture with clearly identifiable landmarks was received on June 9 (day 69 after launch). (Figure and text from HECHT and MANGER [6])

of the ascending node of the orbit ($\dot{\Omega} = -4.°547$ per day), it is very easy to show that the path of the vertex of Ω on the unit sphere, for both the computed and observed orientations (before the spinup on

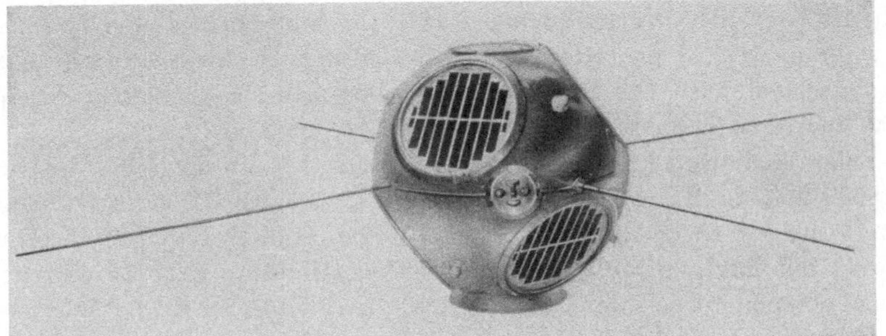

Fig. 9. Solar radiation satellite (prototype) showing magnet and X-ray sensor mount

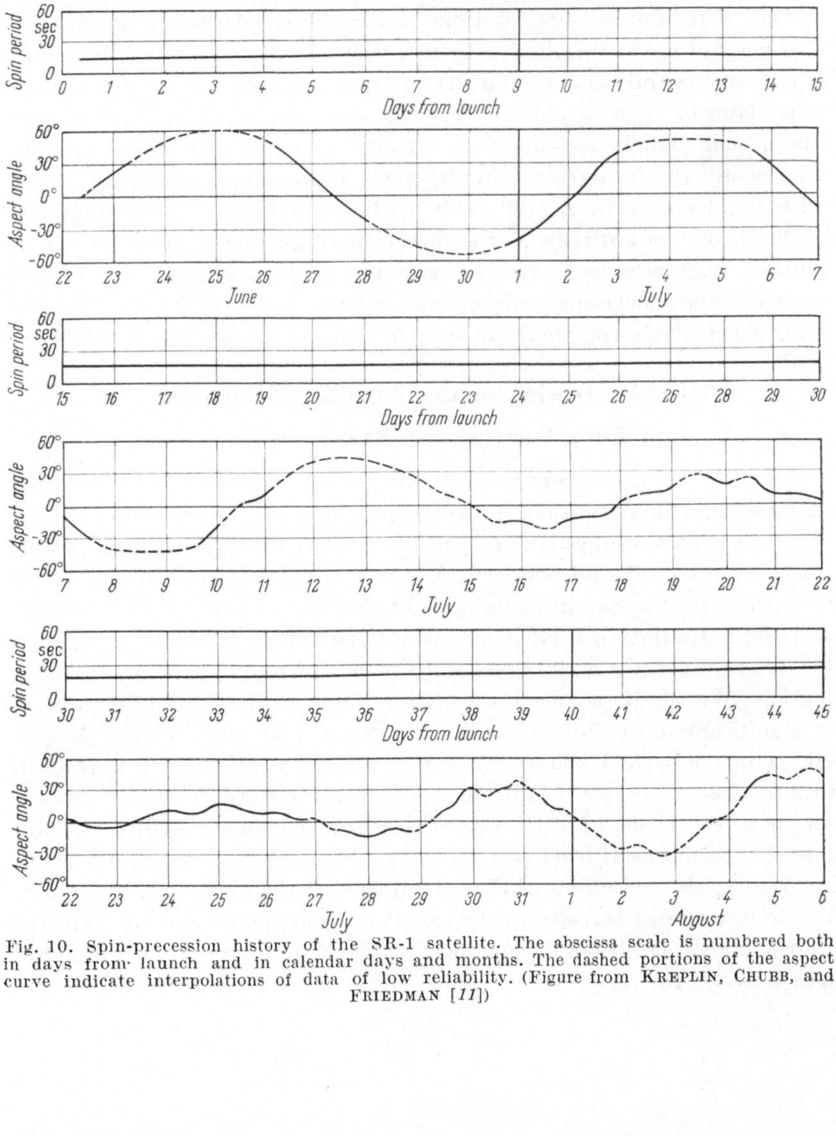

Fig. 10. Spin-precession history of the SR-1 satellite. The abscissa scale is numbered both in days from launch and in calendar days and months. The dashed portions of the aspect curve indicate interpolations of data of low reliability. (Figure from KREPLIN, CHUBB, and FRIEDMAN [11])

the fifty-seventh day after launch), is of the geometrical shape we found by the analytical procedure. After the spinup the change in the path is correlated with the variation of L, but still the geometrical shape has the same behavior.

Solar Radiation I. A magnet was mounted on Solar Radiation I (1960 η2) (Fig. 9) for shielding purposes; the dipole of the magnet was supposed to be in the equatorial plane, and, therefore, the torque would not have influenced the motion of the spin axis. However, a small component of this magnetic dipole parallel to the spin axis caused a precessional motion.

In Fig. 10 the sun's aspect angle and the period of the spinning motion were plotted against time. Since the displacement of the spin axis per day is very high (30° to 40°), the one-day averaging procedure is no longer valid, and the one-day period oscillation appears ten days after launch. The rapid increase in the amplitude of the diurnal fluctuation, which appears very strong after eighteen days, may be due mostly to the decrease in the main precessional period correlated with the decrease in L and partly with an increase in the component of the equivalent dipole in the direction of Ω due, perhaps, to some induced magnetization. In any case the motion appears to be very complex and, perhaps, subresonant effects take place; a numerical integration of the original equation of motion seems unavoidable.

II. Decreasing of the Angular Momentum

6. Eddy Currents and Hysteresis Torques

Since accurate measurement of the period of rotation of a satellite in pure rotational motion is easier than accurate observation of the orientation of the angular momentum vector, the spin-braking torque was first observed and analyzed. Wilson [4, 12, 13] studied this effect intensively for the Satellites Vanguard I (1958 β2), Vanguard II (1959 α1), and Solar Radiation I (1960 η2). Eddy currents effect and magnetic hysteresis effect are mainly responsible for the braking of the spinning motion. We shall neglect the aerodynamic braking torque since it is significant only for a satellite with a very low perigee height and a non-spherical shape. An evaluation of the torque involved in this process, and very easily obtained from the observations, gives a torque of the order of 1 dyne cm or less for the usual satellite. In any case, this torque is at least two orders of magnitude less than the torques involved in the changing of the orientation of the angular momentum. We do not intend to refer to the excellent results obtained by Wilson for the above satellites except for the effect of the orientation of the spin axis on the braking torque.

Both the eddy currents and hysteresis torques are proportional to the square of the component of the field normal to the spin axis. We can write the braking torque, for satellites in pure rotational motion, in the form
$$M_B = (\sigma\,\omega_0 + \nu)\,H_\perp^2,$$
where $H_\perp^2$ is the square of the component of $\boldsymbol{H}$ normal to $\boldsymbol{\Omega}$. That is
$$\boldsymbol{H}_\perp = \boldsymbol{H} - (\boldsymbol{H}\cdot\boldsymbol{\Omega})\,\boldsymbol{\Omega}.$$

Note that $\sigma\,\omega_0\,H_\perp^2$ is the eddy currents torque, which is proportional to the spin velocity ω_0. Also, $\nu\,H_\perp^2$ is the hysteresis torque, which is considered independent of ω_0. The exact evaluation of the coefficients σ and ν is quite difficult and requires a good deal of information about the physical properties of the conducting and ferromagnetic components

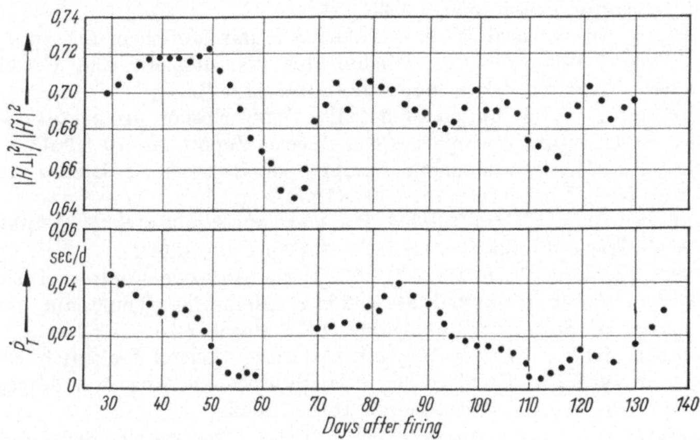

Fig. 11. Correlation between the first derivative of the period and the square of the component of $\tilde{\boldsymbol{H}}$ normal to Ω

of the satellite. Since the orientation of the spin axis varies with respect to $\boldsymbol{H}$, the component $\boldsymbol{H}_\perp$ varies similarly. In the case of a slow change in $\boldsymbol{\Omega}$ we may average $H_\perp^2$ over one orbital period of G or, better, over one day. We did this computation for Explorer XI, and we obtained the results given in Fig. 11. Since ω_0 varies from $2\,\pi/12.4$ per sec to $2\,\pi/14.6$ per sec in the one-hundred day interval of observation of the orientation of $\boldsymbol{\Omega}$, the behavior of $d\omega/dt$ cannot be very different from $(1/\omega^2)\,(d\omega/dt)$ and, at least, the positions of maxima and minima definitely cannot undergo an appreciable change. A detailed analysis of the observed variation of ω_0 in one day even shows a one day oscillation due to the change in the orientation of the earth's dipole. Analyses of the change in ω_0 as a function of time for Vanguard I, Vanguard II, and Solar Radiation I show the same general behavior of an exponential decay (eddy currents) with a small long period oscillation superimposed.

Our opinion is that the main cause of this effect is the motion of the spin axis with respect to the magnetic field rather that the variation in the time that the satellite spends in sunlight as suggested by Wilson [14]. In the case of Explorer XI no correlation was found between the braking torque and the variation of this time.

7. Acknowledgement

This work was supported by a grant from National Aeronautics and Space Administration.

References

[1] Beletsky, V. V.: Motion of an Artificial Earth Satellite about its Center of Mass. In L. V. Kurnosova, ed.: Artificial Earth Satellites, Vol. 1, New York: Plenum Press 1960, pp. 30—54.

[2] Bandeen, W. R., and W. P. Manger: Angular Motion of the Spin Axis of the Tiros I Meteorological Satellite due to Magnetic and Gravitational Torques. J. Geophys. Res. **65**, 2992—2995 (1960).

[3] Colombo, G.: The Motion of Satellite 1958 Epsilon around its Center of Mass. Smithsonian Astrophys. Obs., Special Report No. 70 (1961).

[4] Wilson, R. H., Jr.: Magnetic Damping of Rotation of Satellite 1958 β 2. Science, New York, **130**, 791—793 (1959).

[5] Kuebler, M. E.: Spin-Tumble Transfer of Satellite S-15 (Explorer XI). Marshall Space Flight Center, MTP-G&C-61-30 (1961).

[6] Hecht, E., and W. P. Manger: Magnetic Attitude Control of the Tiros Satellites. Paper Presented at Goddard Memorial Symposium, American Astronautical Society, Washington, D.C., March 16-17, 1962.

[7] Fischell, R. E.: Passive Magnetic Attitude Control for Earth Satellites. Paper Presented at Goddard Memorial Symposium, American Astronautical Society, Washington, D.C., March 16-17, 1962.

[8] Naumann, R. J.: An Investigation of the Observed Torques Acting on Explorer XI. Paper Presented at Goddard Memorial Symposium, American Astronautical Society, Washington, D.C., March 16-17, 1962; see also: Observed Torque-Producing Forces Acting an Satellites. Paper Presented at IUTAM Symposium International sur la Dynamique de Satellites, Paris, France, May 28-30, 1962.

[9] Colombo, G.: On the Motion of Explorer XI around its Center of Mass. Smithsonian Astrophys. Obs., Special Report No. 94 (1962).

[10] Lundquist, C. A., and R. J. Naumann: Orbital and Rotational Motion of a Rigid Satellite. JPL Seminar, Proceedings of Tracking Programs and Orbit Determination, California Inst. Techn., pp. 99—103 (1960).

[11] Kreplin, R. W., T. A. Chubb, and H. Friedman: X-Ray and Lyman-Alpha Emission from the Sun as Measured from the NRL SR-1 Satellite. J. Geophys. Res. **67**, 2231—2253 (1962).

[12] Wilson, R. H., Jr.: Magnetic Damping of Rotation of the Vanguard I Satellite. Science, New York, **131**, 356—357 (1960).

[13] Wilson, R. H., Jr.: Geomagnetic Rotational Retardation of Satellite 1959 α 1 (Vanguard II). Science, New York, **131**, 223—225 (1960).

[14] Wilson, R. H. Jr.,: Rotational Decay of Satellite 1960 η 2 due to the Magnetic Field of the Earth. Paper Presented at the Astrodynamics Colloquium of the XIIth International Astronautical Congress 1961, Washington, D.C.

Discussion

J. C. Wu: The momentum preserving characteristics of the deep space environment make spin attitude stabilization of space vehicles desirable in many applications. Inherent in a spin stabilized system is energy loss resulting from internal structural hysteresis and friction. This energy loss will cause eventual alignment of the maximum inertia axis of the vehicle with the spin vector. In some applications this is a favorable effect. Inital precessional rates can be passively damped, leaving smooth spin about the desired axis. Damping systems utilizing this concept have been developed by HAZELTINE and NEWKIRT[1], one of which is to be utilized in the NASA S-6 satellite.

In a recent vehicle study which Douglas Aircraft Co. did for NASA (Project Rebound), spin stabilization over a long coast period was desirable; however, it was desired to align the axis of *minimum* inertia with the spin vector. To counteract the effect of energy loss (which in this case would cause divergence of the spin axis orientation), an active coning damper was developed by Douglas. In this system coning motions are sensed by an accelerometer mounted on the periphery of the vehicle parallel to the roll axis. This signal is amplified, compensated, and applied to a flywheel motor. Proper actuation of the flywheel overcompensates for the energy losses, thus reducing the coning angle. The coning damper control concept has proved simple to stabilize, requiring relatively low-precision components. An experimental model has been constructed on a ball-mounted spin table, demonstrating the feasibility at a very nominal cost. Development is continuing to increase efficiency and to investigate substitution of gyro actuators for the flywheel. This concept has made spin stabilization practicable for many spacecraft previously forced to use other stabilization techniques because of their unfavorable configurations.

---

[1] HAZELTINE, W. R.: Nutation Damping. Aerospace Engng., March 1962.

Requirements and Design for a Special Gyro
for Measuring General Relativity Effects from an
Astronomical Satellite

By

Robert H. Cannon, Jr.

Stanford, Calif., U.S.A.

1. Introduction

L. I. SCHIFF has pointed out [1] that the principal experimental evidence to support the General Theory of Relativity beyond the Equivalence Principle is the measured precession of the perihelion of the orbit of the planet Mercury. (Other measured relativistic effects, including the red shift, can be explained on the basis of the Special Theory together with the Equivalence Principle, and do not constitute a test of the General Theory.)

Professor SCHIFF has suggested [2, 3, 4] that if an extremely accurate gyroscope could be constructed, it might be used in an experiment which would constitute the first laboratory check of the General Theory. In the SCHIFF experiment the spin axis of a free gyro would be monitored over long periods of time while the gyro was being transported through the earth's gravity field, either in an earth-fixed laboratory or in a satellite. Transport of the gyro through the earth's gravitational field would produce a relativistic precession of the gyro coordinate system through the same mechanism that imparts a precession to Mercury's perihelion as the latter is transported through the sun's gravitational field. For a satellite in a reasonably low-altitude orbit, this "major" relativity effect would be about 7 arc seconds per year. It is interesting to note that the major relativistic precession is independent of the gyro spin speed: the same coordinate precession would occur with a non-spinning mass. (Spinning the rotor, of course, greatly reduces its response to non-relativistic disturbance forces.)

In addition to the above "major" effect, the satellite gyro would experience an additional, much smaller relativity effect, known as the LENSE-THIRRING precession, of about 0.1 arc second per year due to rotation of the earth, which alters slightly the earth's gravitational field. The LENSE-THIRRING effect is without any experimental check.

Fairbank [5] has described plans to carry out the Schiff experiment using cryogenic techniques, and several preliminary experiments are now being conducted. The design goal is to develop a very special gyro which, when operating in a special satellite environment, would have a drift rate, due to non-relativistic effects, of less than 0.05 arc second per year (about 1.7×10^{-9} deg. per hour). The gyro would be so arranged that the angle between its spin vector and the optical axis of an astronomical telescope in the satellite could be measured to an accuracy of about 0.01 arc second (after smoothing of the data). The telescope, in turn, would be used to monitor the direction to a fixed star. With such an apparatus the "major" general relativity effect could be detected to about 1 per cent accuracy, while the Lense-Thirring precession could be detected to about 50 per cent accuracy.

To achieve this accuracy, the proposed gyro would have to exhibit drift performance better than the current "state of the art" by a factor of the order of 10^6. Even so, the experiment is not considered infeasible, because it may be possible to take advantage of two very special circumstances to improve the performance of the gyro by this order of magnitude. These are, first, that the forces required to support the gyro in a satellite can be made lower by at least a factor of 10^7, so that drift due to support forces should be reduced correspondingly; and second, that in this experiment a preponderant amount of averaging may be applied to attenuate the non-relativistic effects.

2. Experimental Arrangement

The general arrangement of apparatus in a satellite vehicle is shown in Fig. 1. The principal elements are the

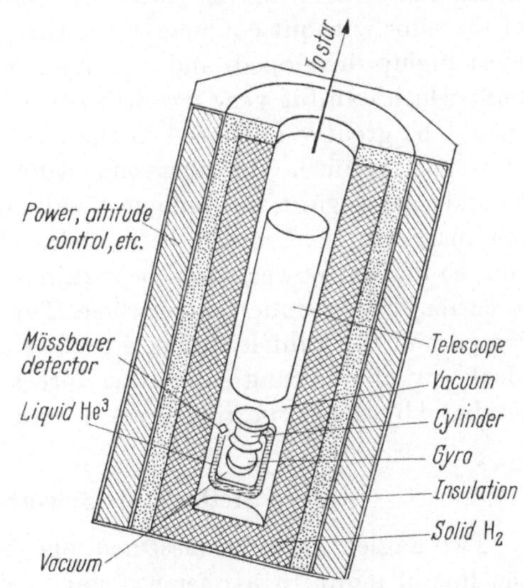

Fig. 1. Arrangement of experiment in Orbiting Astronomical Observatory

spinning gyro and a telescope, which is fixed in the vehicle, together with a means of measuring the angle between the gyro spin axis and the telescope axis. The experiment would be operated in a vacuum. In addition, it may be desirable to operate at cryogenic temperature, which would be provided by the liquid helium flask, radiating heat outward to a solid hydrogen enclosure, for example. A superconducting magnetic shield surrounds the experiment, to protect it from external electromagnetic disturbances.

The Vehicle

The Orbiting Astronomical Observatory, of which a number will be launched by the United States National Aeronautics and Space Administration in the coming five years, is in many ways an ideal vehicle in which to carry out the SCHIFF experiment. Designed specifically to house experimental astronomical equipment, the OAO provides an open tube 40 inches in diameter and 9 feet long running through its center. This space is completely at the disposal of the experimenter. The precision attitude control system can control the vehicle orientation either using its own star tracking telescopes or using a signal provided by the experimental telescope. In the latter case the system is to align the vehicle to the telescope signal to an accuracy of 0.1 arc second.

Three possible means for supporting the gyro rotor include using electric fields, making the rotor superconducting and using magnetic fields, and controlling the path of the vehicle so that it follows the orbit of the rotor without contact. Of the three means, the electrostatic is the most highly developed, and a number of experimental gyros have been built which exhibit very low drift rates. The performance of such gyros should be greatly enhanced in the low$-g$, high-vacuum environment of a space vehicle. The superconducting gyro is inherently much simpler and more elegant, the configuration being passively stable. The supporting magnetic field would be furnished by current in superconducting coils so that no power would be required. The development of such gyros is currently in a much earlier stage. The third technique, of "servoing" the path of the vehicle to follow that of the rotor, would seem to be the ideal way of avoiding supporting forces altogether. Some of the errors produced by the supporting forces are examined in the succeeding section.

Methods of Measurement

Two angles must be measured, one between the telescope axis and the line of sight to a reference star, and the other between the spin axis of the rotor and the telescope axis. The first measurement is a "standard" astronomical one.

To measure the direction of the spin axis of a spherical rotor, optical techniques may be used. These involve either viewing patterns or marks on the sphere through special window shapes by optical means, and converting to electrical signals which may be analyzed to determine rotor orientation, or grinding an optical flat on the expected spin axis.

A more exotic technique using the MÖSSBAUER phenomenon has been proposed by FAIRBANK and BOL [5]. This scheme is indicated in Fig. 1 and is shown in some additional detail in Fig. 2. A spinning cylinder rotates in synchronism with the sphere, as shown. A tiny amount of radioactive material is carried on the sphere and a suitable absorber material is carried as a coating on the flange of the cylinder. A non-spinning detector is located behind the flange. As the sphere and cylinder spin together, the emitter and the absorber are carried around in circular paths.

If the spin axes of the sphere and cylinder are coincident, then the circular paths are in parallel planes, and there is never any relative velocity between the emitter and the absorber. Under these conditions, as MÖSSBAUER discovered, radiation from the emitter will be absorbed by the absorber, and the detector will read null. However, if there is a finite angle between the axes of the circular paths of the emitter and absorber, then they will be in non-parallel planes, and the emitter will have a linear velocity relative to the absorber which will be sinusoidal at the spin frequency. This relative velocity produces a DOPPLER shift in the frequency of radiation arriving at the absorber, so that the absorber fails to absorb all of the energy, and part of it is read by the detector. The absorption band is very narrow, so that extremely small relative velocities can be detected in this manner. Experiments (described below) indicate that the angle between spin axes can be read with adequate precision with this technique.

Once the angle is known between the spin axes of the rotor and cylinder, the angle between the cylinder axis and the telescope axis can be read optically, utilizing the flat surface of the cylinder.

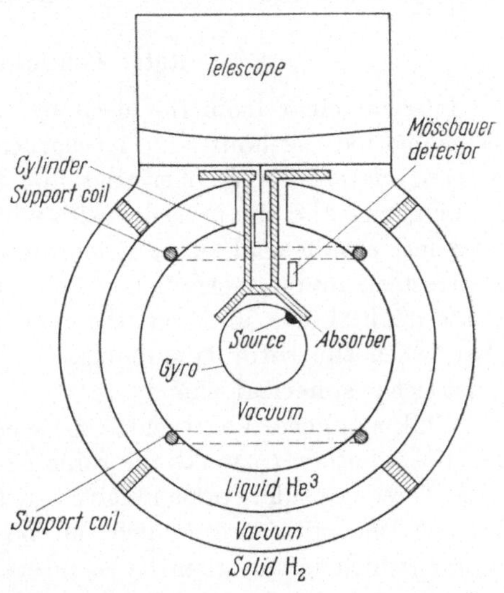

Fig. 2. Some details of a proposed configuration

Environmental Control

Whichever method of support and of readout is employed, it appears desirable to employ a cryogenic environment for a number of reasons, including those of dimensional stability, the availability of magnetic shielding by use of a superconducting material, reduction of the noise level in sensing equipment, and alleviation of outgassing problems (all gases except helium become solid at liquid helium temperature).

It is anticipated that the apparatus for the experiment may not be started up until the vehicle orbit is established, to avoid the necessity for supporting the rotor at $1g$, and for a number of other reasons.

Rotor Configuration

It seems clear from the accuracy requirements that the rotor must be supported without any mechanical contact (with either solid or gaseous material). A spherical shape then seems indicated because of its simplicity and the precision with which such a shape can be produced. Moreover a spherical shape is more easily supported with precision by electrostatic or magnetic fields. A possible modification of the spherical shape might be to undercut the equator by an appropriate amount so that, when the rotor is spinning, the centrifugal bulging will produce a perfectly spherical shape.

While a spherical external shape seems clearly desirable, the question remains whether to make the rotor isoinertial or to give it a preferred axis. Three considerations involved in this decision are: (1) the relation between the spin axis (which can be measured) and the momentum vector (which is the quantity of interest) during polhode-type motions of the rotor, (2) limitations on readout techniques, and (3) motions produced by gravity gradient torques.

To study the polhode motions of the rotor, suppose that the motions have first been damped to the point where the spin axis is rotated by a small angle γ from the major axis of the rotor, as indicated in Fig. 3. The resulting precession of the rotor about the fixed angular momentum vector, H, is elegantly represented by the rolling-cone image of Poinsot, shown in Fig. 3 (for the case of equal major moments of inertia). The "space cone" remains inertially fixed while the "body cone" rolls around it. The body cone is rigidly fixed in the rotor, as indicated, so that the total angular velocity of the body, Ω, is always at the line of tangency between the two cones. Thus the angular velocity vector precesses around the angular momentum vector with a cone angle, α, shown in Fig. 3.

The value of α is readily obtained for the general case from the usual calculation, in which p, q, r are components of angular velocity, and A, B, C are moments of inertia:

$$\cos\alpha = \frac{A p^2 + B q^2 + C r^2}{\sqrt{A^2 p^2 + B^2 q^2 + C^2 r^2}\,\sqrt{p^2 + q^2 + r^2}}. \tag{1}$$

Consider first the case of a strongly preferred axis, Suppose, for example, that the minor axes have equal moments of inertia such that

$B = C = A/2$. Then, for the severe case that the angle γ (Fig. 3) between the major axis and the spin vector is $\gamma = 45°$, it will be found from (1) that $\alpha = 18\frac{1}{2}°$, so that an extremely large error is made in using the spin axis as an indication of the direction of the momentum vector. More favorably, if γ has been made initially very small (by damping for a sufficiently long time) then $p \approx \left(1 - (\gamma^2/2)\right)\,\Omega$ and, with $\cos\alpha \approx 1 - \alpha^2/2$, α is given by:

$$\alpha \approx \frac{\gamma}{2}. \tag{2}$$

That is, for a rotor having a preferred axis the error made in using the spin axis as an indication of the direction of the momentum vector will be of the order of the angle between the spin axis and the major axis of the rotor.

If, in the other extreme, it is attempted to make the rotor iso-inertial, and if this is done within an error ε—e.g., $B = C = (1 - \varepsilon)A$ —then Eq. (1) can be converted to the following:

$$\cos\alpha = \frac{1 - \varepsilon\left(\dfrac{q^2 + r^2}{\omega^2}\right)}{\sqrt{1 - (2\varepsilon - \varepsilon^2)\left(\dfrac{q^2 + r^2}{\omega^2}\right)}}$$

or, with $\cos\alpha \approx 1 - \dfrac{\alpha^2}{2}$, and $\dfrac{(q^2 + r^2)}{\omega^2} = \sin^2\gamma$,

$$\alpha = \varepsilon\,\frac{\sin 2\gamma}{2}. \tag{3}$$

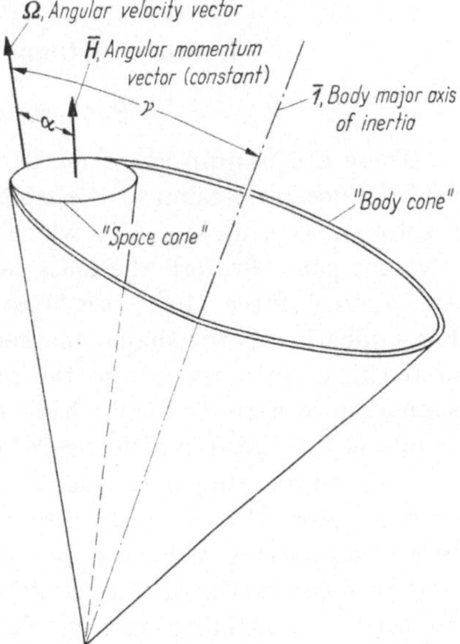

Fig. 3. POINSOT representation of polhode motion of rotor

Considering again the severe case that the initial spin direction is $45°$ from the major axis of inertia, the angle between the spin vector and momentum vector is found to be

$$\alpha = \frac{\varepsilon}{2} \tag{4}$$

while, more favorably, if initial damping has produced near-alignment of the spin vector along the major axis of inertia to within a small angle γ, then the angle between the angular velocity and momentum vectors is given by

$$\alpha \approx \gamma\,\varepsilon. \tag{5}$$

Comparison between expression (2) and (5) shows that the angle between the angular velocity and momentum vectors can be made better by the factor $\varepsilon/2$ by making the moments of inertia equal within error ε. This represents one important advantage of using an isoinertial rotor.

Gravity gradient torque produces substantial drift of the rotor when the moments of inertia are very different, and this represents an even more compelling reason for using an isoinertial rotor. The effect of gravity gradient torque will be calculated in the next section.

Note that with an isoinertial rotor the readout method must identify the spin axis directly, rather than any axis fixed in the body. Either optical methods (using a random pattern) or the MÖSSBAUER technique may be employed for this purpose.

3. Some Estimates of System Errors

Supporting Fields

There are a number of mechanisms by which the supporting field can produce precession of the momentum vector. The most common is a rotor mass unbalance, in which the resultant of the support forces does not pass through the mass center of the rotor. The support force and gravity force then form a couple which can produce precession. For a spherical rotor shape, another mechanism involves non-symmetry of the field with respect to the rotor such that the upper and lower support forces individually have different lines of action, so that a couple is produced which, again, causes precession.

Such supporting-field anomalies control the drift performance of current gyros. But, in every case where a disturbing torque is produced by the supporting field, the satellite environment should contribute an improvement factor of at least 10^7 simply because the supporting field required in a satellite at, say, 500 miles altitude will be lower by this factor. The most elegant method of carrying out the SCHIFF experiment would be to avoid support forces altogether simply by servoing the path of the vehicle so that it never touches the rotor, which would be in its own free-fall orbit. Problems associated with creating the free-fall environment for the rotor are discussed in detail in [6].

Trapped Flux

A number of other mechanisms of rotor torquing will be important, including magnetic moment due to interaction between flux trapped in the rotor and the ambient magnetic field.

The recent discovery of FAIRBANK and DEAVER [7] that trapped flux in a superconductor is quantized, leads to the possibility that initial cooling of the rotor can be performed in a sufficiently small ambient field that the trapped flux may be made precisely zero. Typically, for a sphere 1 cm in diameter the field would have to be made less than about 10^{-7} gauss.

Gravity Gradient

The gradient of the earth's gravity field produces a torque on a non-isoinertial body at a distance R from the earth's center given by the relation (c.f. [9], Eq. (40))

$$M = \frac{3\,g_e\,R_e^2}{R^3}\,\mathbf{1}_R \times \bar{I} \cdot \mathbf{1}_R, \tag{6}$$

in which g_e is free-fall acceleration at the earth's surface, R_e is earth radius, $\mathbf{1}_R$ is the unit vector along $\mathbf{R}$, and $\bar{I}$ is the moment-of-inertia diadic. Thus, for a sphere having spin-axis symmetry $(B = C < A)$, the magnitude of the torque will be

$$M = 3\,\frac{g_e}{R_e}\left(\frac{R_e}{R}\right)^3 (A - B)\,\frac{\sin 2\theta}{2}, \tag{7}$$

where θ is the angle between the sphere major axis and radius vector $\mathbf{R}$.

The sphere spin axis will be essentially fixed in inertial space. Suppose, for example, that it is normal to the earth's spin axis, so that, as the sphere is transported around in orbit, Fig. 4, two orthogonal components of the gravity-gradient torque acting on the sphere will be given by the following modification of (7):

$$\left. \begin{aligned} M_x &= -3\,\frac{g_e}{R_e}\left(\frac{R_e}{R}\right)^3 (A - B)\,\sin i\,\cos i\,\sin^2\beta, \\[2mm] M_y &= 3\,\frac{g_e}{R_e}\left(\frac{R_e}{R}\right)^3 (A - B)\,\cos i\,\sin\beta\,\cos\beta, \end{aligned} \right\} \tag{8}$$

in which i is the inclination of the orbit with respect to the earth's equator and β is location along the orbital path. (A coin-shaped body is used in Fig. 4 as a model of the non-isoinertial, symmetrical rotor, for emphasis.)

Component M_y is much less important than M_x because its average value is zero. M_x has (because of the $\sin^2\beta$ term) an *average value*, which will, in turn, produce a steady component of gyro precession given by $\dot\phi = M/h$, in which $h = A\,\Omega$:

$$\dot\phi_{av} = \frac{3}{2}\,\frac{g_e/R_e}{\Omega}\left(\frac{R_e}{R}\right)^3 \left(1 - \frac{B}{A}\right)\sin i\,\cos i. \tag{9}$$

In expression (9), $g_e/R_e = (1.24 \times 10^{-3})^2$. (This corresponds to the familiar 84.4 minute period of a SCHULER pendulum.) For an orbit at an altitude of 500 miles, $\left(\frac{R_e}{R}\right)^3 \approx 0.7$. $\dot\phi$ will be largest for $i = 45°$, which is approximately the orbit inclination most likely to be used in the experiment. Using these values and a nominal spin speed of $\Omega = 10^3$, Eq. (9) becomes

$$\dot{\phi}_{av} = \frac{3}{2} \times 10^{-9}\left(1 - \frac{B}{A}\right). \tag{10}$$

Since the experiment requires that the gyro drift rate be less than 10^{-14} rad/sec., it is seen that the moments of inertia must be matched to one part in 10^5! That is, a preferred axis cannot be used.

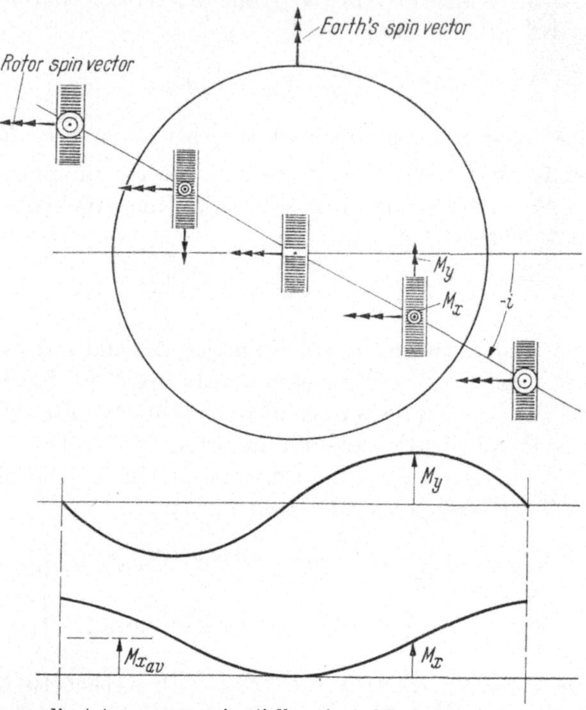

Fig. 4. Gravity gradient torque on an inertially oriented body has an average value, in genera

4. Preliminary Experiments

A number of preliminary experiments are indicated prior to the full scale SCHIFF satellite experiment described above. Some of these will now be described.

The use of the MÖSSBAUER phenomenon to check the angle between the spin axes of two rotors has been tested at very low speed in an experiment by M. BOL [5]. The rotating members in this case were disks attached to the spindles of a jeweler's lathe, rotating in synchronism at 6 rpm. An emitter was attached to one disk, and an absorbing material to the other. By varying one spindle angle slowly back and forth through null and noting the variation in the amount of radiation detected behind the absorber, BOL was able to establish the null angle to better than one minute of arc. If this data can be extrapolated to ultimate rotor speeds of 10^3 or 10^4 radians per second, then detection by this means should be possible to accuracies of the order of .04 to .004 arc second.

Experimental work is underway to study the magnetic support and control of a spinning, superconducting cylinder, for possible use with the MÖSSBAUER technique. Following this, the problems of mating the cylinder with a spherical rotor will be studied.

Development of the electrostatically supported gyro [8] was begun in 1952 by NORDSIECK, its inventor, and has proceeded quite far in Prof. NORDSIECK's laboratory and at several others, as is well known. The development of cryogenic gyros is not so far along, and several fundamental problems must be solved before this method will be successful, including those of trapped flux and of the non-ideal characteristics of superconducting materials. These problems are currently receiving strong attention in several laboratories.

Independent of, and prior to the SCHIFF experiment, it is planned to operate a satellite vehicle having a free-fall-trajectory orbit by servoing the vehicle trajectory to follow that of an internal proof mass. This project is described in Ref. [6] and would have a number of scientific uses in addition to the SCHIFF experiment. LANGE [6] has shown that the acceleration of such a vehicle could be maintained to within about $10^{-12} g_e$ (earth's gravity). The satellite could thus be used also to provide a direct, instantaneous measurement of atmospheric drag, to study the higher harmonics of the earth's gravitational field, and to perform certain point-mass relativity experiments.

Finally, it may be possible to perform a special version of the SCHIFF experiment in an earthbound laboratory at the equator, by doing a very large amount of averaging of gyro drift produced by non-relativistic disturbances. In this special case the gyro relativity effect would be about a single axis and could be measured by noting precisely the time at which the gyro spin axis passed through the zenith each day. Such an earthbound experiment would provide valuable experience with a complete experimental system, prior to performing measurements from a satellite. Moreover, should sufficient accuracy be obtained, it might be possible to measure the largest of the earth-spin-vector motions described by Prof. GRAMMEL in his introductory remarks to this Symposium.

References

[1] SCHIFF, L. I.: Experimental Tests of Theories of Relativity. Phys. Today **14**, No. 11, 42—44, 46—48 (1961).
[2] SCHIFF, L. I.: Possible New Experimental Test of General Relativity. Phys. Rev. Lett. **4**, 215—217 (1960).
[3] SCHIFF, L. I.: Motion of a Gyroscope According to EINSTEIN's Theory of Gravitation. Proc. U. S. National Academy of Sciences. Sciences **46**, 871 (1960).

156 Robert H. Cannon, Jr.

[4] Schiff, L. I.: Proposed Gyroscope Experiment to Test General Relativity Theory, Presented at the International Conference on Relativity and Gravitation, Warsaw, July 1962; to be published in the Proceedings of the Conference.

[5] Fairbank, W. M., and M. Bol: Check of General Relativity Using a Superconducting Gyroscope. Presented at ARS National Meeting on Guidance, Control and Navigation, Stanford University, August 1961.

[6] Lange, B.: Feasibility Study for a Purely Gravitational Orbit Satellite. Presented at the IAS National Summer Meeting. Los Angeles, California, June 19—22, 1962, IAS Paper No. 62-111.

[7] Deaver, Bascom, S., Jr., and W. M. Fairbank: Experimental Evidence for Quantized Flux in Superconducting Cylinders. Phys. Rev. Lett. **7**, 43 (1961).

[8] Nordsieck, A.: Principles of Electric Vacuum Gyroscopes, Progress in Astronautics and Rocketry, Vol. 8, Guidance and Control, p. 435, 1962. Edited by Robert E. Roberson, and James S. Farrior.

[9] De Bra, D. B.: Vectors and Dyadics: The Natural Tools of Space-Vehicle Mechanics. Presented at the American Astronautical Society Meeting, San Francisco, 1 August 1961.

Discussion

E. T. Benedikt: The above paper deals with an experimental demonstration of a general relativistic effect which, according to a nomenclature introduced by T. Levy-Civita can be referred to as "geodetic precession". This effect obtains because the relations defining transfer parallelism (in the sense of Levi-Civita) are not exact differentials.

This result can be verified (as suggested in the above paper) by experimentation with a system of two planetoids[1] occupying initially identical (in practice, nearly identical) positions in space, and which orbit under the (exclusive) action of a gravitational field in such a manner as to occupy coincident positions at some succesive instants (in an actual situation, one of the planets could be the Earth, whereas the planetoid could be an artificial space vehicle). If two initially parallel directions are gyroscopically maintained in the planetoids, it ought to be found that parallelism will generally no longer subsist upon reunion of the planetoids.

In addition to the above effect, another effect can (in principle) be expected due to the action of the (non-random) interstellar magnetic field, whose existence can be incontrovertibly inferred from observations of trajectories of cosmic rays and interplanetary particles. According to a theory advanced in 1918 by H. Weyl, the existence of an electromagnetic field produces a "torsion" of (four-dimensional) space time[2]. Analytically, this implies that the quadratic expression of the square of the (infinitesimal) distance between two neighboring points of space time is no longer homogeneous, but of the form

$$ds^2 = g_{\alpha\beta}\, dx^\alpha\, dx^\beta + \gamma_\lambda\, dx^\lambda \qquad (\alpha, \beta, \lambda = 0, 1, 2, 3).$$

In the above expression x^α are the generalized coordinates of an event in space time, i.e. $x^0 = i\,c\,t$, where c is the speed of light, t the time and x^k ($k = 1, 2, 3$) are ordinary curvilinear coordinates; $g_{\alpha\beta}$ are the gravitational potentials, and γ_λ are quantities proportional to the components of the four-dimensional electromagnetic vector potential; or more explicitly γ_0 and the γ_k''s are respectively proportional to the electrostatic potential and the components of the magnetic

---

[1] A planetoid is a celestial body of mass sufficiently small so as not to sensibly modify the surrounding gravitational field.

[2] This theory has been subsequently rejected by Weyl himself; however it is being recently revived in various contributions by L. Motz.

vector potential. An (in principle) experimentally verifiable consequence of this theory consists in what, by analogy with the terminology employed above, could be denoted the "geodetic expansion (or contraction)", that is, the non-integrability of length. With reference to the actual situation considered previously, two standards of length carried by the two planetoids and initially identical (by measurement) would generally no longer be found identical upon subsequent reunion.

In the particular situation in which only a (static) magnetic field is present, the change in length (in either planetoid) would result proportional to the flux of the above field across a surface bounded by its orbit (assumed to be closed). The numerical value of this change in length cannot be predicted on the basis of WEYL's theory, insomuch as the coefficient of proportionality between the metric coefficients γ_λ and the components of the electromagnetic vector potential cannot be determined within framework of the above theory[1]. At any rate, insomuch as noticeable effects arising from the orbital motion of the Earth have not been observed, this coefficient of proportionality, and hence the geodetic contraction must be extremely small. Its empirical verification—if at all humanly feasible—would obviously involve the use of large magnetic fluxes, i.e. large magnetic fields and/or particle orbits of large radius.

As shown by the numerical table below, the magnetic fluxes across the orbits of respectively a terrestrial satellite and an interplanetary space vehicle are far greater than the flux obtaining within a typical terrestrial instrument such as a cyclotron. This result can be illustrated more concretely by considering that an ion, moving with a speed comparable to that of light in a cyclotron of linear

Experimental situation	Radius of orbit	Area of orbit	Magnetic Field	Magnetic flux
Terrestrial laboratory (cyclotron)	1.5×10^2 cm	$.7 \times 10^5$ cm^2	10^3 Gauss	$.7 \times 10^8$ Gauss cm^2
Terrestrial satellite	6.3×10^8	1.3×10^{18}	$.5$	$.7 \times 10^{13}$
Interplanetary space vehicles	1.5×10^{13}	$.7 \times 10^{27}$	10^{-5}	$.7 \times 10^{22}$

dimensions of the order of 3 in., has to orbit for 1 to 3 months in order to encircle a flux comparable to that of the interplanetary field across a typical interplanetary orbit. Therefore, if there is a chance at all to detect a geodetic elongation effect, experimentation employing interplanetary vehicles appears to be the most appropriate. It is of course quite unlikely that a change in length obtained by such means can be demonstrated by direct measurement. It should therefore be quite interesting to speculate on possible indirect effects which a geodetic expansion would produce in high precision mechanical instruments, such as gyroscopes.

In conclusion, it is of interest to note that astronautical engineering may play a role in the field of basic scientific experimentation, besides its more popularly known applications to applied science and long range warfare.

R. H. CANNON, JR.: Dr. BENEDICT has suggested one of a number of additional relativistic effects which might be checked by means of an accurate orbiting gyroscope. The author is grateful for his comments and the additional detail contained in his discussion.

---

[1] An attempt to estimate the above coefficient is presently being made by the author of this note.

Gyroscopic Vibration Absorbers and Stabilizers

By

Ronald N. Arnold

Edinburgh, Great Britain

1. Introduction

The distinction between an absorber and a stabilizer is ill-defined; it depends on convention rather than scientific definition. Broadly speaking a device used to suppress rapid vibration is called an absorber while its counterpart for slow vibration is called a stabilizer. We shall preserve this usage although the terms are virtually synonomous. Some clarification of the word gyroscopic may also be helpful. It is intended to include only those absorbers which exercise control by direct gyroscopic action. Those which employ gyroscopes as sensing elements will not be considered.

2. Types of Vibration

Absorbers are used to counteract three main types of vibration, namely a), free, b) self-excited and c) forced. These may be understood by considering the torsional system of Fig. 1 having mass inertia I, shaft stiffness k and viscous damping constant c. When subjected to a torque $T(t)$, its equation of motion is

$$I\ddot{\theta} + c\dot{\theta} + k\theta = T(t). \quad (1)$$

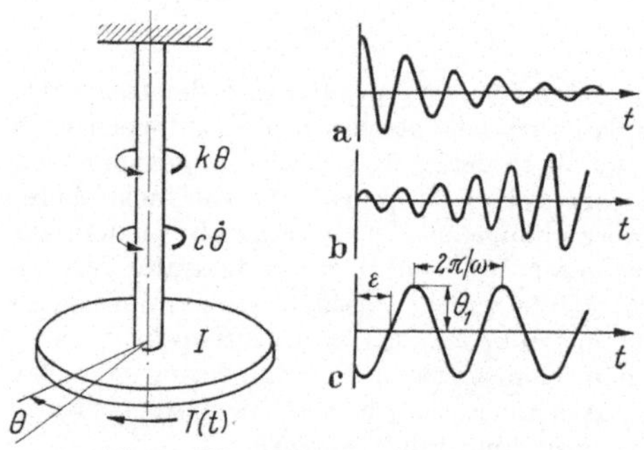

Fig. 1. Vibration of torsional system

Now if c is less than the critical value $2\sqrt{I\,k}$, $T(t) = 0$, and the system is given an angular deflection and released, free damped vibration will result as indicated in a). If, however, c is negative and $T(t) = 0$, a small disturbance will be sufficient to initiate self-excited vibration of form b). In this case the system is said to be dynamically unstable. Finally, if c is zero or positive and $T(t)$ varies periodically, the system will execute forced vibration. In particular, if $T(t) = T_1 \sin\omega t$, the steady response after free vibration has subsided will be $\theta = \theta_1 \sin(\omega t - \varepsilon)$ as shown in c).

The function of a gyroscopic vibration absorber is to eliminate or suppress vibration. Response a) may be improved by increased damping, which will produce a more rapid decrease in amplitude. Self-excitation b), however, can be eliminated if the damping created by the absorber exceeds the inherent negative damping of the system. With forced vibration c) some movement will remain, though its magnitude can be greatly reduced.

3. Historical Note

The first successful application of gyroscopic stabilization appears to be due to SCHLICK [1]. He was concerned with the rolling of ships, but his principles are still used in modern absorbers. In SCHLICK's arrangement the gyroscopic system was suspended as a compound pendulum, but later ARNOLD [7] introduced spring control for an absorber to counteract vibration in a planing machine and developed a procedure for choosing the most effective parameters for a given application. Some arrangements have introduced precession of the gyroscope controlled from the measured movement of the system [8], a principle which is necessary for stabilizing monorails. For additional information the reader may care to consult the references on page 168.

4. The Tuned and Damped Gyroscopic Vibration Absorber

We commence by studying the absorber illustrated diagrammatically in Fig. 2. It comprises a rotor of axial moment of inertia C rotating

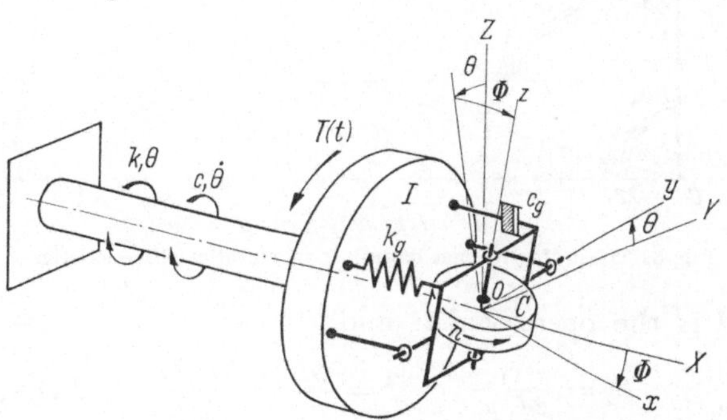

Fig. 2. Gyroscopic vibration absorber

about Oz at absolute angular velocity n. Its gimbal has limited movement ϕ about Oy and is constrained by a spring torque $k_g \phi$ and viscous torque $c_g \dot\phi$. The absorber is attached to a torsional system of moment of inertia I, shaft stiffness k_1, and viscous damping constant c_1, to which a torque $T(t)$ is applied.

If the angular displacements θ and ϕ are assumed to be small, the equations of motion for the main and gyroscopic systems are respectively

$$I_1\,\ddot{\theta} + c_1\,\dot{\theta} + k_1\,\theta + C\,n\,\dot{\phi} = T(t), \tag{2}$$

$$I_g\,\ddot{\phi} + c_g\,\dot{\phi} + k_g\,\phi - C\,n\,\dot{\theta} = 0, \tag{3}$$

where I_1 is the total moment of inertia of the system and absorber about OX and I_g is the total inertia of the absorber about Oy.

4.1 Free Vibration

This may be studied by putting $T(t) = 0$ in (2), which leads to the following equation (whose roots are $1/p_1$ times those of the auxiliary equation)

$$D^4 + 2(\beta_g + \beta_1)D^3 + (f^2 + 1 + 4\beta_1\beta_g + \varDelta)D^2 + 2(\beta_g + f^2\beta_1)D + f^2 = 0, \tag{4}$$

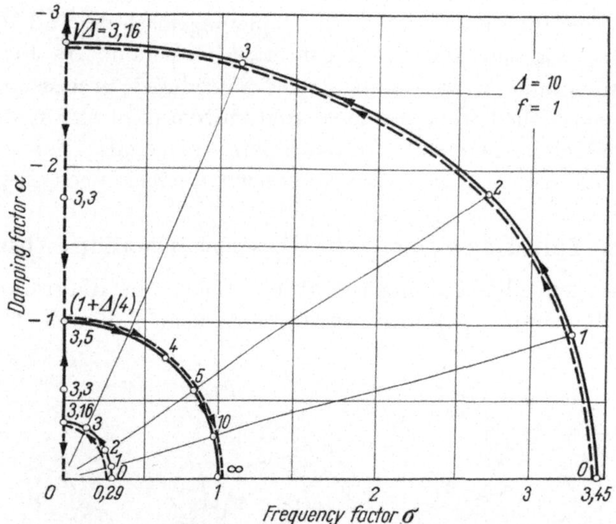

Fig. 3. Effect of gyroscopic damping on vibration characteristics

in which D is the operator d/dt and

$$\beta_g = \frac{c_g}{2I_g\,p_1}, \qquad \beta_1 = \frac{c_1}{2I_1\,p_1}, \qquad f = \frac{p_g}{p_1} = \frac{\sqrt{k_g/I_g}}{\sqrt{k_1/I_1}}, \qquad \varDelta = \frac{(C\,n)^2}{I_1\,I_g\,p_1^2}.$$

If $(\alpha_1 \pm i\,\sigma_1)$ and $(\alpha_2 \pm i\,\sigma_2)$ are the roots of (4), then

$$\theta = A_1\,e^{\alpha_1 p_1 t}\cos(\sigma_1\,p_1\,t + \varepsilon_1) + A_2\,e^{\alpha_2 p_1 t}\cos(\sigma_2\,p_1\,t + \varepsilon_2), \tag{5}$$

where A_1, A_2, ε_1 and ε_2 are constants depending on the initial conditions. The factor $\varDelta$ is a measure of the power of the absorber.

To simplify the analysis, suppose the natural frequencies of the main and gyroscopic systems are identical ($f = 1$) and that damping in the main system is zero, ($\beta_1 = 0$). This gives

$$D^4 + 2\beta_g D^3 + (2 + \Delta) D^2 + 2\beta_g D + 1 = 0, \tag{6}$$

an equation with four roots which may be real or complex depending on the value of gyroscopic damping β_g. Fig. 3 shows the variation of damping factor α and frequency factor σ with β_g when $\Delta = 10$. The figures on the curves denote the values of β_g. As β_g increases, the response follows the lower and upper curves as indicated by the arrows; there are then two pairs of complex roots and two natural frequencies. For β_g between $\sqrt{\Delta}$ and $\left(1 + \dfrac{\Delta}{4}\right)$ all roots are real, and the system, when disturbed, moves asymptotically towards its equilibrium position. For $\beta_g > \left(1 + \dfrac{\Delta}{4}\right)$ there are two complex and two real roots with only one natural frequency. Stability exists for all values of Δ, but by varying β_g the natural frequency and damping of the system may be varied within wide limits.

4.2 Self-Excited Vibration

By retaining $T(t) = 0$ and putting $c_1 = -c_1$ in Eq. (2) we introduce self-excitation. For this it transpires that $f = 1$ provides the optimum response, and in place of (4) we obtain

$$D^4 + 2(\beta_g - \beta_1)D^3 + (2 - 4\beta_1\beta_g + \Delta)D^2 + 2(\beta_g - \beta_1)D + 1 = 0. \tag{7}$$

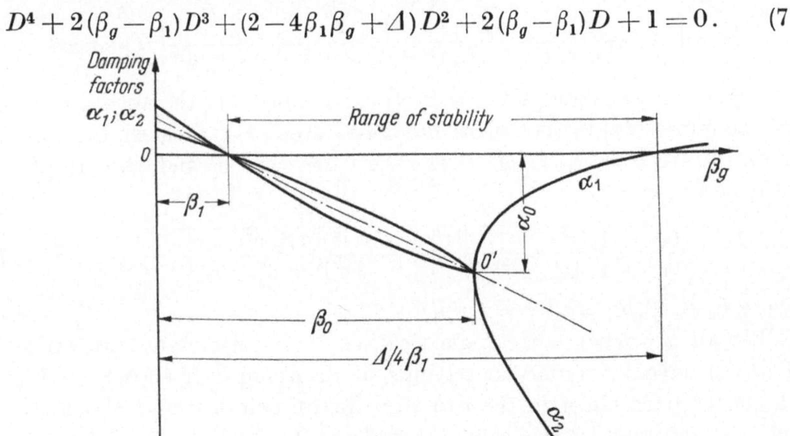

Fig. 4. Effect of gyroscopic damping on stability

For stability we thus require $\beta_g > \beta_1$. Moreover, ROUTH's criterion shows that the system is stable for values of β_g between β_1 and $(\Delta/4\beta_1)$. We are interested, however, in the degree of stability. Now if the real parts α_1 and α_2 of the roots of (7) are plotted against β_g, a diagram similar to Fig. 4 is obtained. This indicates that optimum damping occurs when $\alpha_1 = \alpha_2 = \alpha_0$, and it can be shown that for this condition $\beta_g = \beta_0 = -\beta_1 + \sqrt{\Delta}$. The value of α_1 and α_2 is then $\alpha_0 = \beta_1 - (\sqrt{\Delta}/2)$ and $\sigma_1 = \sigma_2$. The solution then takes the form

$$\theta = e^{\alpha_0 p t_1} \left[A \cos(\sigma_0 p_1 t + \eta_1) + B t \cos(\sigma_0 p_1 t + \eta_2) \right], \tag{8}$$

but this represents a critical condition which would be difficult to achieve precisely in practice. We therefore find that a gyrostatic absorber of dimension Δ is capable of introducing a damping factor $(\sqrt{\Delta}/2)$. This opposes the self-excitation β_1 to provide positive damping so that the vibration amplitude decays according to the law $e^{\alpha_0 p_1 t}$. Thus, for stability to be assured, the absorber must have $\Delta > 4\beta_1^2$.

4.3 Forced Vibration

If the applied torque $T(t)$ of Eq. (2) is assumed to be periodic in time $2\pi/\omega$, then it may be written as the FOURIER series $T(t) = \sum_{s=1}^{\infty} T_s \sin(s\omega t + \eta_s)$. Since (2) and (3) are assumed linear, the resulting motion will be the sum of the motions due to torques such as $T_1 \sin(\omega t + \eta_1)$. For this representative torque we may take $\eta_1 = 0$ and obtain the steady-state solution

$$\theta = \left[\frac{I_g D^2 + c_g D + k_g}{(I_1 D^2 + c_1 D + k_1)(I_g D^2 + c_g D + k_g) + (C n)^2 D^2} \right] T_1 \sin\omega t. \tag{9}$$

To avoid complication, let $c_1 = 0$ which means that the actual response will be more favourable than that predicted. We thus err on the side of safety. If $\theta = \theta_1 \sin(\omega t - \varepsilon)$, then $D^2 = -\omega^2$ and the amplitude ratio becomes

$$\frac{\theta_1}{\theta_0} = \sqrt{\frac{(f^2 - r^2)^2 + (2\beta_g r)^2}{[(1 - r^2)(f^2 - r^2) - \Delta r^2]^2 + (2\beta_g r)^2 (1 - r^2)^2}}, \tag{10}$$

where $\theta_0 = T_1/k_1$ and $r = (\omega/p_1)$.

For an absorber with characteristics Δ and f the general variation of (θ_1/θ_0) with r for various settings of damping β_g is shown in Fig. 5. All curves pass through the two significant points P and Q which are the intersections of the results for $\beta_g = 0$ and $\beta_g = \infty$. The former shows two resonant peaks, while the latter, since the gyro is locked, has only one. By adjusting β_g we can find a value β' at which the response follows the full line. Thus, whatever the frequency of the applied torque, the amplitude will be limited approximately to the value of the ordinate of P. Moreover, it is possible by adjusting frequency ratio f to arrange that P and Q have equal ordinates. The absorber then provides its optimum control.

To find the required characteristics, we return to (10) which is of the form

$$\frac{\theta_1}{\theta_0} = \sqrt{\frac{E_1 + F_1 \beta_g^2}{E_2 + F_2 \beta_g^2}}. \tag{11}$$

This expression is independent of β_g when $E_1/E_2 = F_1/F_2$, which allows the abscissae r_1 and r_2 of P and Q to be found from the quartic

$$r^4 - \left(f^2 + 1 + \frac{\Delta}{2}\right) r^2 + f^2 = 0. \tag{12}$$

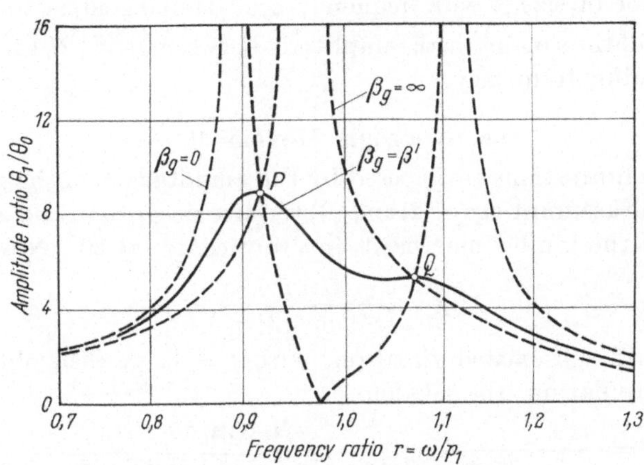

Fig. 5. Amplitude response to forced vibration

Now for the ordinates of P and Q to be equal on the curve for $\beta_g = \infty$,

$$\frac{1}{1 - r_1^2} = -\frac{1}{1 - r_2^2}, \tag{13}$$

giving

$$(r_1^2 + r_2^2) = 2 = \left(f^2 + 1 + \frac{\Delta}{2}\right), \tag{14}$$

so that the required frequency setting is

$$f = f_0 = \sqrt{1 - \frac{\Delta}{2}}. \tag{15}$$

Obviously the above condition cannot be achieved when $\Delta > 2$, but this does not restrict the use of the absorber.

If the frequency is adjusted in accordance with (15), then the maximum amplitude $(\theta_1/\theta_0)_m$ approximates to the ordinate of P or Q. Substituting (15) in (12) gives their abscissae as

$$r_{1,2}^2 = 1 \pm \sqrt{\frac{\Delta}{2}} \tag{16}$$

and thus

$$\left(\frac{\theta_1}{\theta_0}\right)_m = \frac{1}{1 - r^2} = \sqrt{\frac{2}{\varDelta}}. \tag{17}$$

The most favourable value for β_g cannot be defined precisely. However, a response which has a value $\sqrt{2/\varDelta}$ approximately midway between P and Q must be close to that required. If we take this position at $r = 1$, then by putting $\left(\frac{\theta_1}{\theta_0}\right) = \sqrt{\frac{2}{\varDelta}}$ and $f^2 = \left(1 - \frac{\varDelta}{2}\right)$ in (10), the damping constant becomes

$$\beta_g = \beta_0 = \frac{1}{4} \sqrt{\varDelta (8 - \varDelta)}. \tag{18}$$

An absorber of size $\varDelta$ with frequency and damping adjusted as in (15) and (18) will thus maintain the amplitude between 0 and $\sqrt{2/\varDelta}$ irrespective of the forcing frequency.

4.4 Gyroscopic Movement

Certain limitations are imposed by the amplitude ϕ_1 of the gyroscopic system. The assumptions of (2) and (3) require $\sin \phi_1 \approx \phi_1$ and $\cos \phi_1 \approx 1$. This limits the gimbal movement, in practice, to say $20°$. Now from (3) we obtain

$$\phi = \frac{C\,n\,D\theta}{I_g D^2 + c_g D + k_g}. \tag{19}$$

For free and self-excited vibration, with $f = 1$, we then obtain, after some manipulation, the relation

$$\frac{\phi_1}{\theta_1} = \frac{C\,n}{I_g\,p_1} \frac{(\alpha^2 + \sigma^2)}{\sqrt{[(\alpha^2 + \sigma^2)(2\beta_g + \alpha) + \alpha]^2 + \sigma^2[1 - (\alpha^2 + \sigma^2)]^2}}, \tag{20}$$

where $(\alpha \pm i\,\sigma)$ represents one set of roots of (7). For forced vibration the corresponding result is

$$\frac{\phi_1}{\theta_1} = \left(\frac{C\,n}{I_g\,p_1}\right) \frac{r}{\sqrt{(f^2 - r^2)^2 + (2\beta_g r)^2}}. \tag{21}$$

The significance of these expressions is not immediately obvious, though for forced vibration the maximum will occur close to $r = f$, and with β_g given by (18) we obtain from (21) for the case when $\varDelta < 2$

$$(\phi_1)_m = \left(\frac{C\,n}{I_g\,p_1}\right) \frac{\theta_0}{\varDelta\sqrt{1 - \dfrac{\varDelta}{8}}} \approx \left(\frac{C\,n}{I_g\,p_1}\right) \frac{\theta_0}{\varDelta} = \left(\frac{I_1\,p_1}{C\,n}\right) C_0. \tag{22}$$

Since I_1, p_1 and θ_0 are fixed for a given application, the minimum value of $(C\,n)$ required to limit ϕ_1 to say $20°$ may readily be determined.

5. Activated Gyroscopic Stabilizer

In this type of absorber, adopted originally by Sperry for ship stabilization [8], an attempt is made to precess the gyroscope in such a manner that its reactive torque brings the main system to rest. This naturally involves a control system, and it is usual to arrange the gyroscopic torque in phase opposition to the velocity of the system. This has the effect of introducing positive damping which is normally

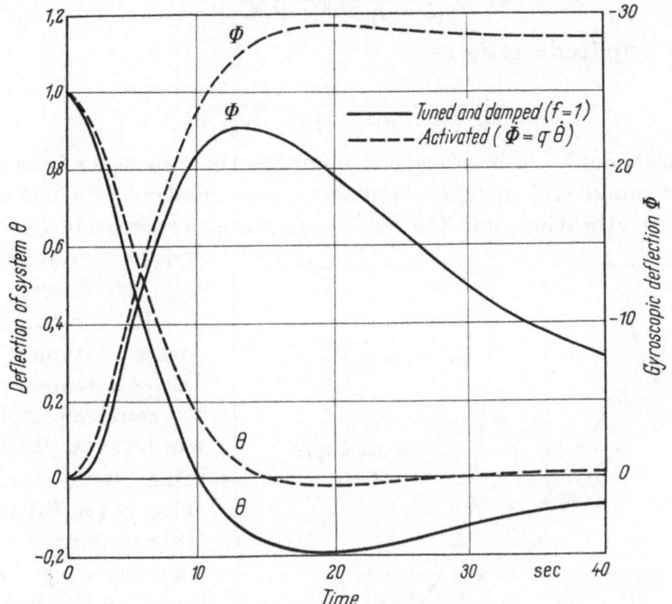

Fig. 6. Control of free vibration

a deterrent to all types of vibration. The equations of motion are obtained from (2) and (3) as

$$I_1\,\ddot{\theta} + c_1\,\dot{\theta} + k_1\,\theta + C\,n\,\dot{\phi} = T(t), \tag{23}$$

$$I_g\,\ddot{\phi} + c_g\,\dot{\phi} - C\,n\,\dot{\theta} = T_g, \tag{24}$$

where T_g is the torque required to precess the gyroscope. Now if the time lag in the control mechanism can be made small in comparison to the period of the system, then it is possible to arrange

$$\dot{\phi} = q\,\dot{\theta}, \tag{25}$$

where q is a magnification factor of the control. For an ideal system Eq. (23) then becomes

$$I_1\,\ddot{\theta} + (C\,n\,q + c_1)\,\dot{\theta} + k_1\,\theta = T(t). \tag{26}$$

In the case of free vibration $T(t) = 0$, and the vibration amplitude subsides according to the law $e^{-\left(\frac{C\,n\,q + c_1}{2\,I_1}\right)t}$, while for self-excited vibration it is only necessary to replace c_1 by $-c_1$.

The steady-state amplitude under forced vibration, taking $T(t) = T_1 \sin\omega\, t$ and assuming $c_1 = 0$, may be written directly from (26) as

$$\theta_1 = \frac{T_1}{\sqrt{(k_1 - I_1\,\omega^2)^2 + (C\,n\,q)^2\,\omega^2}} \tag{27}$$

and the amplitude ratio as

$$\frac{\theta_1}{\theta_0} = \frac{1}{\sqrt{(1 - r^2)^2 + (I_g/I_1)\,\Delta\,q^2\,r^2}}. \tag{28}$$

'Calculations have been made to compare the responses of the activated and tuned and damped stabilizers under similar conditions of free and forced vibration, and the results are shown respectively in Figs. 6 and 7[1]. These refer to ship stabilizers with $\Delta = 10$, the tuned and damped having $f = 1$. The control constant q for the activated stabilizer was taken as 28.5, this being the maximum value of (ϕ_1/θ_0) for the other stabilizer. These diagrams show that the tuned and damped type, when correctly designed, is hardly inferior to an activated stabilizer controlled as in (25). It is doubtful, in fact, if the latter could achieve the stated result in practice

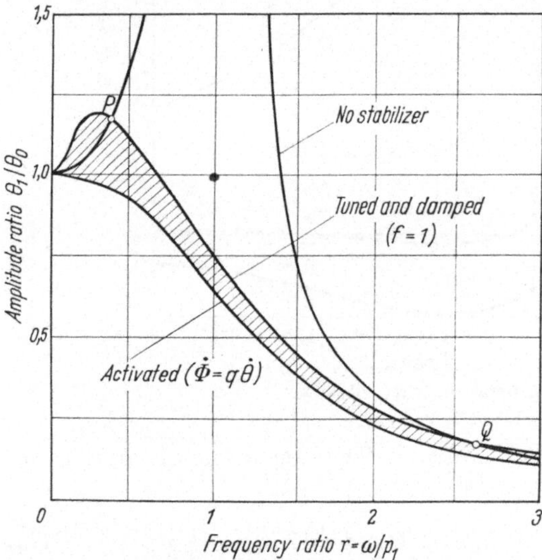

Fig. 7. Control of forced vibration

since any time lag would have a detrimental effect. Cost alone would, therefore, favour the conventional design. The curves of Fig. 7 show also the type of response obtained when $\Delta > 2$. In such cases the maximum amplitude approaches the static value θ_0 and it is not possible or necessary for the ordinates of P and Q to be equal.

6. The Monorail

Early this century interest was aroused in the stabilization of monorails by gyroscopes. The names of Brennan [9], Scherl [10] and Schilovsky [11, 12] are linked with this work, and although their

---

systems were not used commercially, they are not without theoretical interest. There would, in fact, be no insuperable difficulty in building a monorail of this type at the present day.

In this case it is found that stability can be achieved if the gyroscopic system is statically unstable and forced precession is applied to the gyroscope. Consider the monorail running on a straight track (Fig. 8). The weight of the total assembly is taken as W acting at L above $O'X'$ and of the gyroscope as w acting at l above the trunnion axis Oy. The

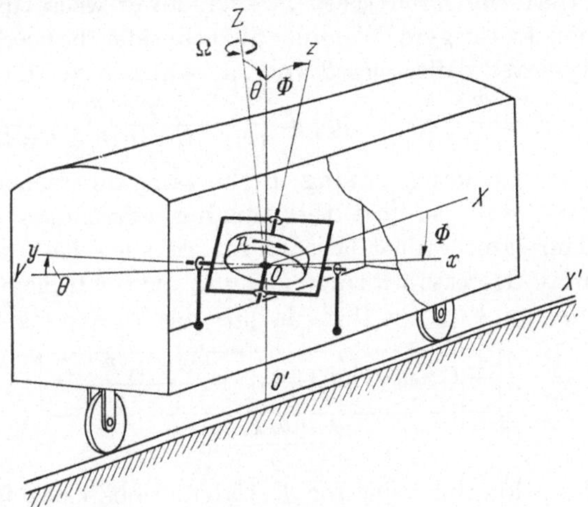

Fig. 8. Monorail

equations of motion may be derived from (2) and (3) by making the spring constants negative and $T(t) = 0$. This gives

$$I_1\,\ddot{\theta} + c_1\,\dot{\theta} - k_1\,\theta + C\,n\,\dot{\phi} = 0, \tag{29}$$

$$I_g\,\ddot{\phi} + c_g\,\phi - k_g\,\phi - C\,n\,\dot{\theta} = T_g, \tag{30}$$

where I_1 is the total moment of inertia about $O'X'$, $k_1 = WL$, $k_g = wl$ and T_g is the control torque on the gyroscopic system. If we arrange $T_g = q'\,k_1\,\theta$, where q' is a constant, then for small angular deflections the auxiliary equation becomes

$$I_1\,I_g\,D^4 + (I_1\,c_g + I_g\,c_1)\,D^3 + (C^2\,n^2 - I_1\,k_g - I_g\,k_1 + c_1\,c_g)\,D^2$$
$$+ (C\,n\,q'\,k_1 - c_g\,k_1 - c_1\,k_g)\,D + k_1\,k_g = 0. \tag{31}$$

In this case stability exists if the coefficients of D^2 and D are positive and that of D^2 is sufficiently large. This is clearly possible since the magnitudes of $C^2\,n^2$ and q' can be chosen accordingly.

When a monorail turns in a curve, a serious speed limitation is imposed. Suppose, for example, the turn is made at angular velocity Ω about the vertical OZ (Fig. 8) on a curve of radius R. This results in component precession $\Omega \sin\theta$ and $\Omega \cos\theta \cos\phi$ about Oy and Oz together with a centrifugal torque $T_c = \dfrac{W}{g}\,\Omega^2\,RL$ about $O'\,X'$. These precessions affect the spring characteristics so that the last term in (31) becomes $(k_1 - C\,n\,\Omega)\,(k_g - C\,n\,\Omega)$. Since $k_1 > k_g$, it follows that instability occurs when $\Omega > k_g/C\,n$, and this sets a limit to the speed of turning in the direction of gyro rotation. The remaining stability criterion for (31) is more complicated, but calculations for a specific case indicate that the stable speed is even lower when turning in the reverse direction to the gyro. We must also consider the need for restricting the steady-state deflections θ and ϕ, which have the magnitudes

$$|\theta| = \frac{T_c}{(k_1 \mp C\,n\,\Omega)}, \qquad |\phi| = \frac{q'\,k_1\,T_c}{(k_1 \mp C\,n\,\Omega)(k_g \mp C\,n\,\Omega)}, \qquad (32)$$

the negative signs denoting turning in the same direction as the gyro. Normally $k_1 \gg C\,n\,\Omega$, so that the turning effect does not greatly influence θ. The same cannot be said for ϕ, since both terms in the denominator may decrease with increasing Ω and $C\,n\,\Omega$ may approach k_g in value. Assuming $k_1 \gg C\,n\,\Omega$, it is possible to express the limiting velocity as

$$V = \frac{\left[\mp C\,n\,\phi_1 + \sqrt{(C\,n\,\phi_1)^2 + \dfrac{4\,q'\,\phi_1\,R\,k_1\,k_g}{g}}\,\right]}{\dfrac{2\,q'\,k_1}{g}}, \qquad (33)$$

where ϕ_1 is the allowable value for ϕ. Calculations made for a typical design revealed that if ϕ_1 were limited to $30°$, the maximum speed of negotiating a curve of 0.5 mile radius would be as low as 30 m.p.h.

The author wishes to thank Academic Press, New York, for permission to reproduce Figs. 3, 6, 7, and 8.

References

[1] SCHLICK, O.: Gyroscopic Effects of Flywheels on Board Ships. Trans. Inst. N.A. **46**, 117 (1904); also Engineering **77**, pp. 459, 484 (1904).

[2] WHITE, W. H.: Gyroscopic Apparatus for Steadying Ships. Trans. Inst. N. A. **49**, 157 (1907).

[3] LORENZ, H.: Phys. Z., No. 1, 27 (1904).

[4] FÖPPL, A.: Z. VDI, No. 14, 478 (1904).

[5] PERRY, J.: The Use of Gyrostats. Nature, 12 March, 1908.

[6] KLEIN, F., and A. SOMMERFELD: Über die Theorie des Kreisels, Vol. 4, Leipzig: B. G. Teubner 1910.

[7] ARNOLD, R..N.: The Tuned and Damped Gyrostatic Vibration Absorber. Proc. Instn. Mechn. Engrs., London **157**, 1 (1947).

[8] DE SANTIS, R., and M. RUSSO: Rolling of S. S. Conte di Savoia. The Engineer, Lond., 323 (1936).

[9] British Patent Specification 27212 (1903).

[10] British Patent Specification 21843 (1908).

[11] British Patent Specification 12021 (1909); 29892 (1910).

[12] SCHILOVSKY, P. P.: The Gyroscope, Spon 1938.

[13] ROSS, J. F. S. : Gyrodynamic Stabilization of Land Vehicles, Arnold 1933.

Bestimmung einer horizontalen Bezugsebene auf bewegten Fahrzeugen mit Hilfe nichtkardanisch aufgehängter Kreisel

Von

Theodor Erismann

Schaffhausen, Schweiz

Sei langer Zeit gilt die *Überhöhung*, d. h. die Höhendifferenz zwischen bogenäußerer und bogeninnerer Schiene eines Eisenbahngeleises, als eine der wichtigsten Größen bei der Vermessung von Eisenbahngeleisen. Zweck dieser Querneigung des Geleises ist eine möglichst gute Kompensation der bei Kurvenfahrt auftretenden Fliehkräfte. Während man sich anfänglich im Interesse eines möglichst angenehmen stoßfreien Fahrens vor allem für einen stetigen Verlauf der Überhöhung interessierte, rückt mit zunehmender Reisegeschwindigkeit immer mehr auch ihr Absolutwert in den Mittelpunkt der Betrachtung, da man immer näher an die durch technische Gegebenheiten fixierten Grenzen herangehen und damit auch die zulässigen Toleranzen immer enger ziehen muß.

Einer genauen Überhöhungsmessung mit Wasserwaage oder Pendel stehts nichts im Wege. Die Langsamkeit dieser Meßverfahren bringt es aber mit sich, daß sie nur zur Aufnahme kurzer Streckenabschnitte geeignet sind. Dem natürlichen Bedürfnis nach einer rationellen Vermessung langer Strecken kann nur ein sog. *Oberbau- oder Gleismeßwagen* entsprechen, der mit Schnellzugsgeschwindigkeit über ein Geleise fährt und dabei sämtliche für die geometrische Gleisanalyse wesentlichen Größen simultan mißt und registriert.

Im Rahmen eines solchen Meßwagens stellt die Überhöhungsmessung bei weitem das schwierigste technische Problem dar. Es handelt sich darum, eine horizontale Bezugsachse auf einem Fahrzeug zu bestimmen, das beträchtlichen und unregelmäßigen Beschleunigen aller Art unterworfen ist. Dabei liegt der höchste zu messende Winkel bei etwa 5°, so daß ein zulässiger Meßfehler von wenigen Winkelminuten nicht überschritten werden darf. Diese *hohe Meßgenauigkeit* muß über mehrere Stunden ununterbrochen aufrechterhalten werden. Es ist klar, daß gyroskopische Mittel bei der Lösung dieser Aufgabe eine bevorzugte Stellung einnehmen.

Die zahlreichen Versuche, mit *kardanisch aufgehängten Kreiseln oder Kreiselsystemen* ans Ziel zu gelangen, führten zur Erkenntnis, daß auf diesem Wege nur mit großem Aufwand einigermaßen brauchbare Resultate erzielt werden können, wobei die Kompliziertheit der erforderlichen Apparaturen im rauhen Eisenbahnbetrieb unerwünscht ist und eine wesentliche potentielle Störungsquelle darstellt. Diese Sachlage führte die Schaffhauser Firma Alfred J. Amsler & Co. dazu, die Entwicklung eines *eigenstabilen Systems mit relativ kurzer Einstellzeit* in Angriff zu nehmen. Man entdeckte dabei eine Relation zwischen Kreisel- und Pendelkräften, mit deren Hilfe ein Pendel konstruiert werden konnte, dessen Verhalten bei Geradeaus- und Kurvenfahrt ein und dasselbe ist.

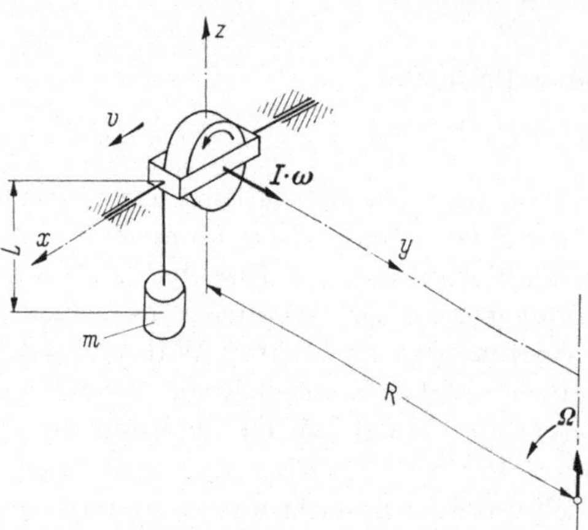

Abb. 1. Schema des nichtkardanischen Kreiselpendels

Das Meßprinzip ist in Abb. 1 dargestellt. Ein Pendel mit der Länge L und der Masse m ist um die Fahrtrichtung (x-Achse) frei schwingend aufgehängt. Starr daran befestigt ist ein um die Querachse (y-Achse) rotierender Kreisel mit dem Drall $J\,\omega$ (J = Trägheitsmoment, ω = Winkelgeschwindigkeit). Bei gerader Fahrt hängt das Pendel vertikal, und es treten keinerlei Kreiselmomente auf. Wird nun eine Kurve (Radius R) mit einer Geschwindigkeit v durchfahren, so erzeugt die Fliehkraft ein Pendelmoment

$$M_P = m\,L\,\frac{v^2}{R} \tag{1}$$

um die x-Achse. Gleichzeitig wird dem Kreisel eine Präzessionswinkelgeschwindigkeit

$$\Omega = \frac{v}{R} \tag{2}$$

um die Vertikalachse (z-Achse) aufgezwungen, die mit dem Drall zu einem Kreiselreaktionsmoment

$$M_G = J\,\omega\,\Omega = J\,\omega\,\frac{v}{R} \tag{3}$$

führt. Die Besonderheit des Systems besteht nun darin, daß die Rotationswinkelgeschwindigkeit ω des Kreisels nicht konstant, sondern der

Fahrtgeschwindigkeit v proportional gewählt wird:

$$\omega = c\,v. \tag{4}$$

Damit ergibt sich

$$M_G = J\,c\,\frac{v^2}{R}. \tag{5}$$

also eine Größe, deren variabler Term v^2/R demjenigen des Pendelmomentes gemäß Formel (1) gleich ist. Wählt man den Drehsinn des Kreisels und die Konstanten derart, daß die Bedingung

$$J\,c = -\,m\,L \tag{6}$$

Abb. 2. Erster Prototyp des Kreiselpendels aus dem Jahre 1949. Der Kreisel befindet sich in dem achteckigen Metallgehäuse rechts, das z. T. in die auf dem dreibeinigen Holzgestell ruhende Grundplatte eingelassen ist. Der Antrieb erfolgt durch zwei zu beiden Seiten des Kreisels angeordnete Mehrphasen-Synchronmotoren, die von einem ganz links über dem Transmissionsriemen teilweise sichtbaren kollektorartigen Geber mit Rechtecksdrehstrom gespeist werden (direkter Gleichstrombetrieb wurde damals im Eisenbahnbetrieb noch als unerläßlich betrachtet). Das Zweimassenpendel mit niedriger Frequenz dient zur Ausschaltung des Einflusses von Störmomenten kurzer Dauer. Die untere Pendelmasse ist größtenteils verdeckt. Der Öldämpfer ist nicht sichtbar

erfüllt ist, so ist die erstrebte *Kompensation des Einflusses der Fliehkräfte* verwirklicht.

Wäre die Zentrifugalkraft die einzige auftretende Störungsquelle, so wäre das gestellte Problem mit der technisch einwandfreien Durchführung des durch die obige Theorie gegebenen Programms gelöst. In Tat und Wahrheit treten aber verschiedene *störende Effekte* auf,

11 a*

deren Ausschaltung einer mehrjährigen technischen Entwicklung bedurfte.

Zunächst ist zu berücksichtigen, daß der Meßwagen infolge der unvermeidlichen *Unebenheiten des Geleises* und des *Spieles der Radsätze in der Spur* dauernd eine komplizierte dreidimensionale Schwingbewegung ausführt, deren Amplituden größtenteils verhältnismäßig gering sind, und deren Frequenzen durchwegs über 1 Hz liegen. Schon beim ersten Prototyp (Abb. 2) wurde diesem Umstand durch ein großes Trägheitsmoment des Pendels um die x-Achse (zwei Massen in beträchtlichem Abstand über und unter der Aufhängung) Rechnung getragen. Die resultierende niedrige Eigenfrequenz in der Größenordnung von 0,2 Hz erwies sich in Verbindung mit einer schwachen Dämpfung als genügend wirksam.

Es zeigte sich aber bald, daß eine andere Fehlerquelle viel gefährlicher war als die Stöße des Fahrzeuges. Abb. 3 zeigt den Grundriß eines Meß-

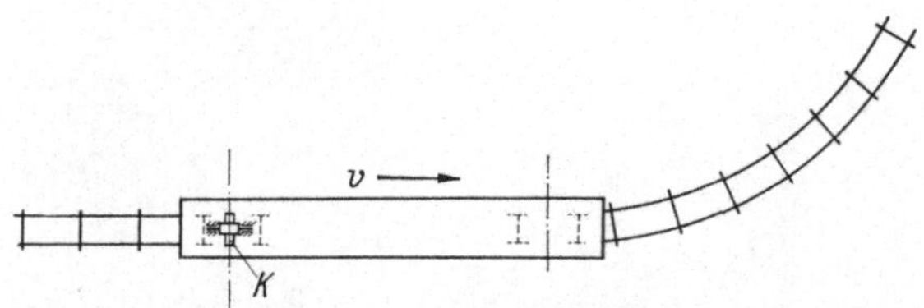

Abb. 3. Phasenverschiebung zwischen Kreisel- und Pendelmoment bei außermittiger Lage des Kreiselpendels K

wagens, dessen Kreiselpendel K mit der übrigen Meßausrüstung in der Gegend des hinteren Drehgestells eingebaut ist, wie dies im Interesse der unerläßlichen guten Streckensicht für das Bedienungspersonal zweckmäßig ist. Im dargestellten Augenblick steht das vordere Drehgestell im Begriff, aus einer Geraden in einen Kurvenbogen einzufahren. Im gleichen Augenblick setzt die Drehung des Wagenkastens um die Vertikalachse und damit auch das Reaktionsmoment des Kreisels ein. Eine Fliehkraft am Pendel macht sich dagegen erst bemerkbar, wenn das hintere Drehgestell (und mit ihm der Kreisel) aus der Geraden in den Kurvenbogen gelangt. So entsteht eine kleine *Phasenverschiebung zwischen Kreisel- und Pendelmoment*, die auf den ersten Blick angesichts der in der Praxis üblichen parabolischen Übergangsbogen harmlos erscheint, die aber in Wirklichkeit eine äußerst unangenehme Störungsquelle darstellt und die Messungen im Bereich der Kurvenübergänge völlig unbrauchbar machen kann. Besonders groß werden die Fehler, wenn es auf kurvenreichen Strecken zwischen der Störung und der Eigenfrequenz zu resonanzartigen Erscheinungen kommt.

Damit rückte die Frage einer *wirksamen Dämpfung* in den Mittelpunkt der Betrachtungen. Eine Verstärkung des zwischen Pendel und

Wagenkasten geschalteten Dämpfers kam nicht in Betracht, da sie zu einer unzulässigen Beeinflussung des Meßsystems durch die Bewegungen des Fahrzeugs geführt hätte. Man verwendete daher zunächst ein indifferentes Pendel großer Trägheit als Dämpfungsbasis (Abb. 4). Dieses turmartige Gebilde wurde — um eine unerwünschte Schrägstellung zu vermeiden — durch eine schwache Feder mit dem Kreiselpendel gekoppelt. Die ermutigenden Resultate mit dieser Anordnung ließen den Bau einer ersten Serienausführung verantwortbar erscheinen, bei der ein Schwungrad als Dämpfungsbasis dient (Abb. 5). Diese Bauart bewährte sich aber auf kurvenreichen Strecken nicht, da die erwähnten Resonanzerscheinungen immer noch zu untragbaren Fehlern führten.

In dieser Lage wurde eine Anordnung eingeführt, die die Kreiselreaktionen selber zur Erzeugung einer Dämpfung heranzieht (Abb. 6). Der Kreisel ist hier halbkardanisch aufgehängt, indem zum Freiheitsgrad um die x-Achse ein solcher um die Vertikale hinzukommt. Der Drehung um diese Achse wirkt aber ein Dämpfer D und eine Feder F entgegen. Ein Störmoment um die x-Achse führt nun zunächst zu einer Präzession

Abb. 4. Verbesserter Prototyp aus dem Jahre 1949. Das als Dämpfungsbasis zur Ausschaltung des Einflusses von Störmomenten längerer Dauer dienende indifferente Pendel großer Trägheit, in Kastenbauart ausgeführt, ist hinter dem Kreiselpendel zu erkennen. Unter der Grundplatte ist das halbkreisförmige Gehäuse des Dämpfers teilweise sichtbar

um die z-Achse, statt einen sofortigen Pendelausschlag zu verursachen. Erst nach Vernichtung einer gewissen Energie durch den Dämpfer kann nun das Zusammenwirken von Feder- und Dämpfermoment zu einer geringfügigen Präzession um die x-Achse führen, die als Fehler in Erscheinung tritt. Mit anderen Worten: Man erhält ein Kreiselpendel mit stark verringerter Eigenfrequenz und wirksamer Dämpfung. Nach Umbau der ersten Geräte im Sinne dieses Prinzips (Abb. 7) konnten — mit Ausnahme extrem ungünstiger Verhältnisse — durchaus befriedigende Resultate erzielt werden. Heute steht eine größere Anzahl von Wagen mit diesen Kreiseln in verschiedenen Ländern im regelmäßigen Einsatz. In zwei Fällen wurde der Kreisel in die Wagenmitte versetzt (mit Fernübertragung der Meßresultate auf den außermittig angeordneten

Registrierapparat), womit die Hauptfehlerquelle vermieden und eine besonders gute Genauigkeit erzielt wurde.

Abb. 5. Erste Serienausführung aus dem Jahre 1952, eingebaut im Untersatz des Registriertisches eines Oberbaumeßwagens. Links die Dämpfungsbasis in Form eines etwa 200 kg schweren Schwungrades von etwa 80 cm Durchmesser. Rechts davon das kreisförmige Gehäuse des Dämpfers und anschließend das Kreiselpendel. Antrieb des Kreisels mit Gleichstrom durch zwei Spaltfeldservomotoren, gesteuert von einem kollektorartigen Geber-Empfänger-Synchronisationssystem. Der Empfänger ist vorne unter dem oberen Querträger des Untersatzes sichtbar. Alle Kreiselpendel dieser Bauart wurden 1953 gemäß Abb. 7 umgebaut

In neuester Zeit wurde die *wagenmittige Aufstellung des Kreisels* zur Norm erhoben. Damit wurde eine viel kleinere Bauart erforderlich, um die Raumverteilung im Wagen nicht unnötig zu erschweren. Dieses Ziel konnte auch erreicht werden, da das Pendel nur noch das praktisch vernachlässigbare Drehmoment eines induktiven Drehwinkelgebers aufzubringen hat (Abb. 8). Zur weiteren Genauigkeitserhöhung wurden die Hauptlager des Pendels auf eine ständig in oszillierender Drehbewegung befindliche Basis montiert. Der Dämpfung dient nicht mehr eine halbkardanische Aufhängung des Hauptkreisels, sondern ein Paar gegenläufiger gekoppelter Hilfskreisel mit vertikaler Drehachse. Dies hat den Vorteil, daß Dämpfung und Eigenfrequenz des Systems nicht mehr — wie bei Verwendung des Hauptkreisels mit seiner variablen Drehzahl — von der Fahrgeschwindigkeit abhängen, womit die bisher noch verbleibenden geringfügigen Fehler in gewissen Geschwindigkeitsbereichen völlig ausgeschaltet werden können.

Nur am Rande können im vorliegenden Rahmen die zahlreichen technischen *Nebenprobleme* Erwähnung finden, wie die Steuerung des Kreisels mit geschwindigkeitsproportionaler Drehzahl, die Übertragung des Meßresultats auf einen Registrierapparat und die Berücksichtigung des Relativwinkels zwischen Wagenkasten und Schienenebene. Die Entwicklung der einzelnen Lösungen im Laufe der letzten Jahre steht weitgehend im Zeichen der Ablösung rein mechanischer Mittel durch eine Kombination von Präzisionsmechanik und *Elektronik*.

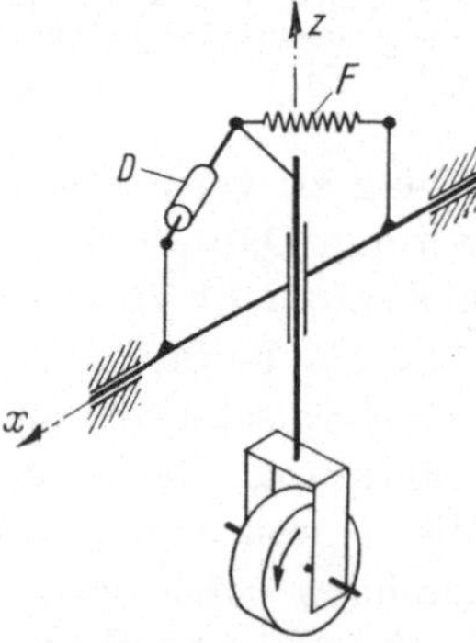

Abb. 6. Halbkardanische Aufhängung des Kreisels zur Dämpfung von Störschwingungen
D = Dämpfer; F = Feder

Eine weitere Randbemerkung gilt dem Umstand, daß das beschriebene Kreiselpendel bei beschleunigter Fahrt (Beschleunigung a) ein Pendelmoment

$$M_{Pa} = m \, L \, a \qquad (7)$$

Abb. 7. Verbesserte Serienausführung aus dem Jahr 1953 gemäß dem in Abb. 6 dargelegten halbkardanischen System. Der Dämpfer befindet sich im runden Gehäuse, das den Kreisel vollständig verdeckt. Die als Torsionsstab ausgebildete Rückführfeder ist im Rohrträger für das oben angeordnete Pendelgewicht untergebracht. Am linken Servomotor ist ein Schaltschütz, am rechten der Empfänger für die Synchronisation befestigt. Im Hintergrund zwei Kugelgetriebe, von denen eines als Drehmomentverstärker, das zweite als Differentiator zur Ermittlung der Verwindung des Geleises aus der Überhöhung dient

Abb. 8. Serienausführung aus dem Jahr 1962 auf seiner Grundplatte, deren Seitenkanten etwa 30 cm betragen. Rechts der Hauptkreisel, angetrieben durch den Wechselstromservomotor links mit eingebautem Tachometergenerator. Steuerung der Drehzahl über einen Servoverstärker durch Vergleich des vom Generator gelieferten Signals mit demjenigen eines gleichartigen Gebergenerators. Dämpfung durch gekoppeltes gegenläufiges Kreiselpaar mit elastischer Rückführung und Reibungsdämpfung. Der obere Hilfskreisel ist gut sichtbar, der untere fast völlig verdeckt. Vorne rechts der induktive Winkelgeber für die Fernübertragung des gemessenen Winkels auf die Registriervorrichtung. Das quaderförmige Gehäuse hinten links enthält eine Rührvorrichtung zur Reduktion der Reibung in den Lagern des Pendels

um die y-Achse erfährt, während zur Beschleunigung des Kreisels ein
Moment

$$M_{Ga} = J\,\frac{d\,\omega}{d\,t} = J\,c\,a \tag{8}$$

benötigt wird. Berücksichtigt man die Kompensationsbedingung (6),
so erkennt man, daß dem Kreiselpendel ein zweiter Freiheitsgrad um
die y-Achse gegeben werden könnte, womit ein Mittel zur *Bestimmung
der Rampenneigung* in Steigungen in voller Fahrt gegeben wäre. Bisher
wurde diese Möglichkeit in der Praxis noch nicht ausgenützt.

Es wäre undankbar, würde man diese Ausführungen schließen, ohne
die beiden Bahngesellschaften zu erwähnen, die durch ihr großzügiges
Entgegenkommen die Möglichkeit zu immer neuen Probefahrten gaben
und damit zum Erfolg der geschilderten Bemühungen in entscheidender
Weise beigetragen haben. Es handelt sich um die Schweizerischen
Bundesbahnen und die Italienischen Staatsbahnen.

Inertial Instruments with Gas Bearings

By

Walter Haeussermann

Huntsville, Ala., U.S.A.

1. Introduction

In the past two decades, the need for precise inertial guidance instrumentation and the desire for simple and small sensing components have resulted in extensive research and development. To achieve a high bearing perfection, engineers of the George C. Marshall Space Flight Center's Astrionics Division[1] chose the cylindrical externally-pressurized gas bearing which provides an almost torque-free support for the single-degree-of-freedom gyro [6].

One obvious advantage of the gas-bearing support is that the weight and therefore the angular momentum of a certain size gyro are not limited by average density requirements for the float as in the case of the liquid flotation bearing [1]. Consequently a maximum angular momentum with respect to gyro size can be obtained and, for a specified accuracy, comparatively high perturbation torques are possible for the gas-bearing gyroscopic instruments.

Temperature control and equalization requirements for the gas-bearing inertial components are very modest. The gyro motor mainly determines the power requirements; the temperature difference from the motor to the environment is caused solely by the losses of the gyro motor.

A disadvantage of the gas-bearing component is that gas is required from a high pressure supply or from a recirculating pump. This need is equivalent to either additional weight or power requirements. However, the evaluations for particular space flight missions yield that these requirements are small compared with the overall needs. The purity of the gas also demands special attention. Five micron filters are recommended; therefore, gas that has been cycled through a liquefying

---

[1] Former members of the Guidance and Control Laboratory of the Army Ballistic Missile Agency.

process is preferable. Furthermore, an inert gas is desirable to avoid corrosion.

2. Single-Degree-of-Freedom Gyro with Gas Bearing

The gas bearing is used only as a static bearing for the gimbal suspension of a single-degree-of-freedom gyro. It is realized that two-degree-of-freedom gyros can be designed with gas bearings, but because of design and manufacturing problems of such an instrument, particularly in view of precise spherical bearings and torque-free current transfer, the single-degree-of-freedom gyro has been preferred.

The gyro spin bearing in the present gas-bearing gyro is still a precision ball bearing; however, it may be replaced in the future by a self-lubricating gas bearing.

2.1 Description and Main Characteristics

The design and main components of the gyro are schematically shown in Fig. 1. The gimbal for the gyro motor and flywheel assembly

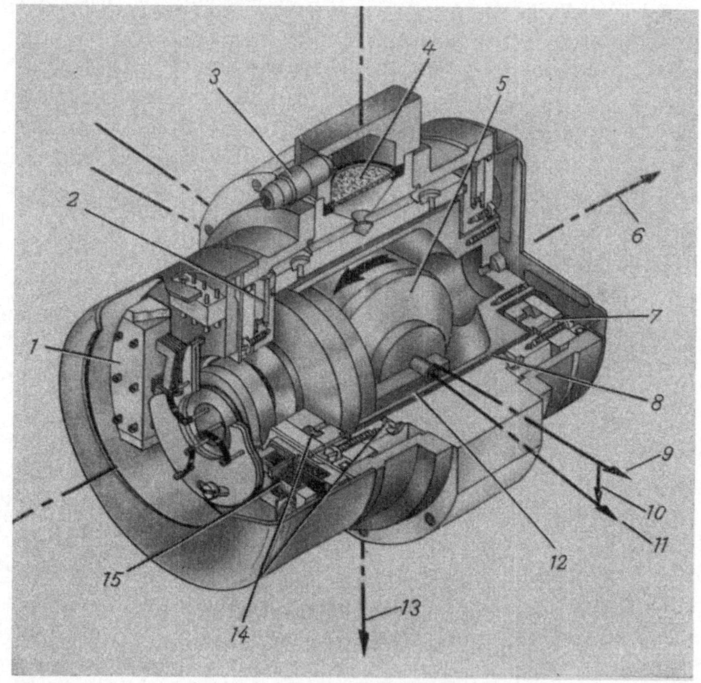

Fig. 1. Single axis integrating gyro

1 Torque generator; *2* Air passage; *3* Air inlet; *4* Air filter; *5* Gyro rotor; *6* Output axis (*OA*); *7* Air exhaust port; *8* Supporting air film; *9* Spin reference axis; *10* Gimbal angle; *11* Spin axis (*SA*); *12* Gimbal; *13* Input axis (*IA*); *14* Feeder ports; *15* Signal generator

has a cylindrical shape to form the journal and the two thrust gas
bearings. The cylinder is mounted in the gas-bearing sleeve and the two
end plates. Pressurized gas enters the gap between the inner and outer
parts through small holes in a circular arrangement on the cylinder
and on the end plates; the gas exit is provided on both ends of the
cylinder and in the center of the end plates. The only electrical connections
to the gimbal can are the three phase leads to the synchronous gyro
motor; band leads are used for small gyros; larger gyros possess centered
point-contact connections. The signal generator and the torque generator
are designed in such a way that no additional leads are needed to bridge
the bearing; both are of the a.c. type to avoid magnetic remanent
torques, which could occur from d.c. excitation. The signal generator
is a closed-loop sensor for the angular displacement β about the output
axis. The torque generator, operating like an eddy current motor,
provides only alignment torques for initial erection; no need has yet
been seen to use the torquer to compensate bias torques.

The instrument is designed as symmetrically as possible to eliminate
deformation from temperature changes resulting in center of gravity
shifts. For reasons of dimensional stability and low density, the bearing
sleeve, the end plates, and the bearing cylinder are made of beryllium.
Furthermore, special attention is given to a most direct and uniform
heat transfer to the environment.

2.2 Stabilization with the Servoloop

Single-degree-of-freedom gyros are used to stabilize the three axes
of a gimbal-mounted platform through individual servoloops and gimbal
motors. Each gyro with its servoloop can be considered as a system
stabilizing the input axis of the particular gyro. Assuming small angular
motions, Eqs. (1) and (2) describe the moments of the gyro (Fig. 2)
about the input and the output axes:

$$I_{IA}\,\ddot{\alpha} + H\,\dot{\beta} = M_d - M_{gm}, \tag{1}$$

$$I_{OA}\,\ddot{\beta} - H\,\dot{\alpha} = -\sum M_0. \tag{2}$$

For the stability analysis, an ideal gas bearing (possessing no disturbance
and no viscous shear torques) with $\sum M_0 = 0$ will first be considered.
Rearranging Eqs. (1) and (2) and applying the LAPLACE transform yield

$$\bar{M}_d(p) - \bar{M}_{gm}(p) = \frac{I_{IA}\,I_{OA}}{H}\,p^3\,\bar{\beta}(p) + H\,p\,\bar{\beta}(p) \tag{3}$$

and

$$\bar{\alpha}(p) = \frac{I_{OA}}{H}\,p\,\bar{\beta}(p). \tag{4}$$

It is evident from Eq. (3) that the servoloop producing the torque M_{gm}
must be a function containing at least the precession angle β and its

second derivative to obtain stabilization. To provide additional freedom in solving the stabilization problem and to care for practical network designs, a torque function

$$\overline{M}_{g.m}(p) = k_2\, p^2\, \overline{\beta}(p) + k_1\, p\, \overline{\beta}(p) + k_0\, \overline{\beta}(p) \tag{5}$$

will be selected. Thus, Eq. (3) will become

$$\frac{\overline{\beta}(p)}{\overline{M}_d(p)} = \frac{1}{\dfrac{I_{IA}\,I_{OA}}{H}\,p^3 + k_2\,p^2 + (H + k_1)\,p + k_0}. \tag{6}$$

Any practical layout of a servoloop is characterized by compromises. Nonlinearities are given by friction in mechanical drives and by saturation

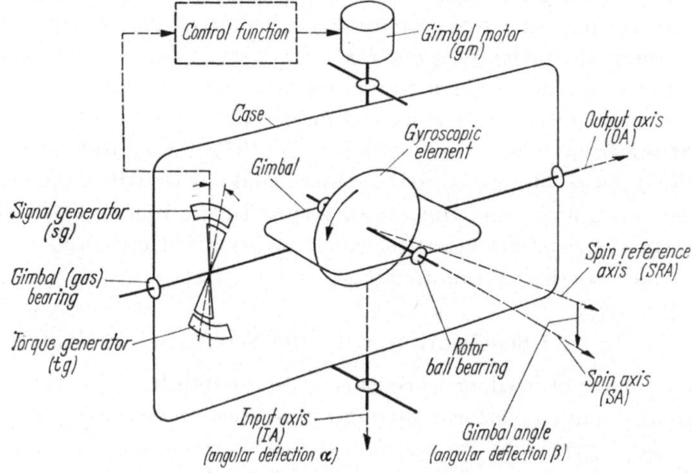

Fig. 2. Schematic diagram of servo control loop

I_{OA} Moment of inertia of gyro can about output axis; I_{IA} Moment of inertia of gyro and gimbal about input axis; H Rotor angular momentum; M_{gm} Moment of gimbal motor; M_d Disturbance torques about gimbal motor axis; ΣM_0 Error torques about output axis

of amplifiers; terms in addition to the necessary gain factors appear because of limited differentiating capabilities of the computational elements. Thus, Eqs. (1), (2), and (5) must be completed. Some terms will still be neglected because their influence disappears in view of the assumptions for linearization of first order terms. The improved set of equations is

$$I_{IA}\,\ddot{\alpha} + D(\dot{\alpha}) + H\,\dot{\beta} = M_d - M_{gm}, \tag{7}$$

$$I_{OA}\,\ddot{\beta} - H\,\dot{\alpha} + K_{sgl}(\beta) = -\sum M_0 \tag{8}$$

and

$$\cdots + m_2\,\ddot{M}_{gm} + m_1\,\dot{M}_{gm} + M_{gm} = k_0\,\beta + k_1\,\dot{\beta} + k_2\,\ddot{\beta} + \cdots. \tag{9}$$

In Eq. (7) a damping and friction function $D(\dot{\alpha})$ has been added, which contributes to the damping of the entire servoloop; the time constants m_i in Eq. (9) reduce the dynamic stability. Eq. (8) contains

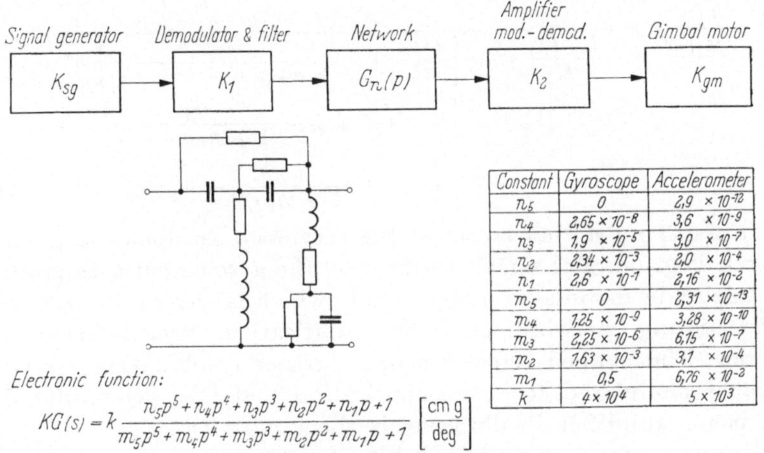

$$KG(s) = k\,\frac{n_5 p^5 + n_4 p^4 + n_3 p^3 + n_2 p^2 + n_1 p + 1}{m_5 p^5 + m_4 p^4 + m_3 p^3 + m_2 p^2 + m_1 p + 1}\left[\frac{\mathrm{cm\,g}}{\mathrm{deg}}\right]$$

Constant	Gyroscope	Accelerometer
n_5	0	$2,9 \times 10^{-12}$
n_4	$2,65 \times 10^{-8}$	$3,6 \times 10^{-9}$
n_3	$1,9 \times 10^{-5}$	$3,0 \times 10^{-7}$
n_2	$2,34 \times 10^{-3}$	$2,0 \times 10^{-4}$
n_1	$2,6 \times 10^{-1}$	$2,16 \times 10^{-2}$
m_5	0	$2,31 \times 10^{-13}$
m_4	$1,25 \times 10^{-9}$	$3,28 \times 10^{-10}$
m_3	$2,25 \times 10^{-6}$	$6,15 \times 10^{-7}$
m_2	$1,63 \times 10^{-3}$	$3,1 \times 10^{-4}$
m_1	$0,5$	$6,76 \times 10^{-2}$
k	4×10^4	5×10^3

Fig. 3. Block diagram of electrical circuit

a restoring function $K_{sgl}(\beta)$, which represents restoring forces about the output axis from the signal generator and electrical leads. By assum-

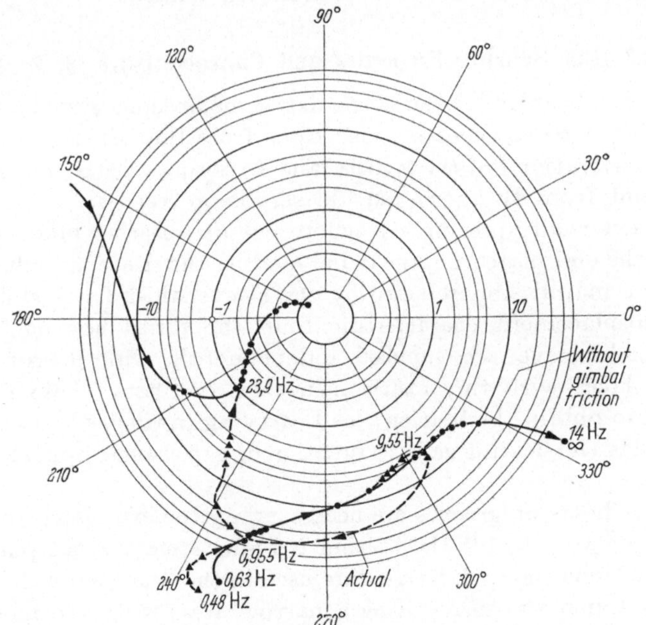

Fig. 4. Locus curves of servo control loop

ing proportional damping $D(\dot\alpha) = d\dot\alpha$ and proportional restoring torque relations $K_{sgl}(\beta) = k_{sgl}\beta$, the LAPLACE transform can be applied and yields:

$$\frac{\bar\beta(p)}{\bar M_d(p)} = \cfrac{1}{\cfrac{I_{IA}I_{OA}}{H}p^3 + \left[\cfrac{dI_{OA}}{H} + \cfrac{k_2}{1 + m_1 p + m_2 p^2 + \cdots}\right]p^2 + \\ + \left[H + \cfrac{I_{IA}}{H}k_{sgl} + \cfrac{k_1}{1 + m_1 p + \cdots}\right]p + \\ + \left[\cfrac{d}{H}k_{sgl} + \cfrac{k_o}{1 + m_1 p + \cdots}\right].} \tag{10}$$

In Fig. 3 an actual layout of the servoloop electronics is given as a block diagram. The signal generator on the gyro output axis produces an amplitude modulated 5 kHz signal, which is shaped by the triple differentiating network after preamplification, demodulation, and filtering. The shaped signal demands further amplification; thus the signal is modulated for a.c. amplification and then demodulated. A d.c. power amplifier finally controls the gimbal motor.

Nonlinearities, not yet included in Eqs. (7) and (8), require that the analytical assumptions be confirmed and supplemented by an experimental investigation of the servoloop. Fig. 4 shows the locus curves of the servoloop for the Saturn gyro without any gimbal friction about the input axis and with an approximated damping.

2.3 Gas Bearing Properties and Characteristics [2, 7, 8]

The gas bearing of the single-degree-of-freedom gyro is subjected during flight to considerable vibrations from the vehicle, to axial and radial accelerations of the vehicle, and to torques about the input axis that result from the gyro and the servoloop response.

The externally-pressurized cylindrical gas bearing takes the axial load by the end plates and the radial load by the sleeve; angular accelerations are mainly counteracted by the sleeve which has a steeper load versus displacement characteristic than the thrust bearing. The end plates and sleeve are supplied independently with pressurized gas through holes with tiny restrictor nozzles or filters. These restrictors are used to obtain the bearing's load carrying capability by gas pressure variation in the bearing gap as a function of gap changes from the bearing load.

Recess holes or grooves are necessary on the end plates to provide a sufficient area to lift the bearing cylinder from the end plate under load conditions; no such recesses are used in the sleeve, since the cylinder can only touch the sleeve along a narrow area; wedges formed by the different radii of the cylinder and sleeve give a sufficient lifting area.

Until recently, restrictor nozzles in the form of precisely punched aluminum foils have been used to restrict the inlet gas flow to the bearing. With the development of plastic filters, well-defined restrictors have been obtained which, together with a smaller film thickness of the gas bearing, reduce the gas flow considerably.

In the past years, theoretical investigations have progressed to permit an analysis and synthesis for the gas-bearing design under some limiting assumptions. Generally, REYNOLDS' equation, originally restricted to incompressible fluids, has been applied for compressible, laminar flow with the approximation of isothermal behavior. The analysis for the end bearing, based on the exact orifice equation and bearing equation, is in good agreement with experimental data. However, because of the non-uniform film thickness, the analysis for the bearing sleeve is limited to small eccentricity ratios and is much more complicated than the end bearing analysis, and the solution cannot be obtained in a general and closed form [3, 5, 11]. Thus the results of the analytical investigation are limited in their significance and must be compared with data from experimental investigations.

The gas-bearing design has been optimized for low gas flow and low gas pressure to obtain minimum error torques. Such a design must permit to some extent nonlinear load versus eccentricity characteristics. Fig. 5 exhibits pressure distributions at no bearing load and under radial and axial load conditions. In agreement with the static load versus displacement diagram (Fig. 6), the journal bearing pressure profile indicates an almost proportional relation with the load. Despite the higher flow rate, the end plate, with its less favorable pressure profile and load capability, possesses a more nonlinear load versus displacement characteristic than the journal bearing.

This nonlinear behavior of the bearing stiffness leads to dynamic response curves (Fig. 7), which are not only a function of design parameters but also a function of the excitation amplitude, the bearing supply pressure, and the ambient pressure. The frequency spectrum is somewhat wider than that of a linear system and may even possess unsteadiness [4].

The dynamic stability problem of the hydrostatic gas bearing has been treated analytically [10] with simplified assumptions; satisfactory agreement with experimental results has been obtained. The stability limit is mainly influenced by design parameters such as the gas supply pressure, pressure drop on the inlet restrictor, recess volume, and the thickness of the film.

Bearing error torques about the output axis are a consequence of unsymmetrical flow; changes of the unsymmetrical flow pattern, such as from elastic deformation or other dimensional changes of the bearing configuration, produce variations of the error torques. Therefore, constant and acceleration dependent (in first order proportional) torques will

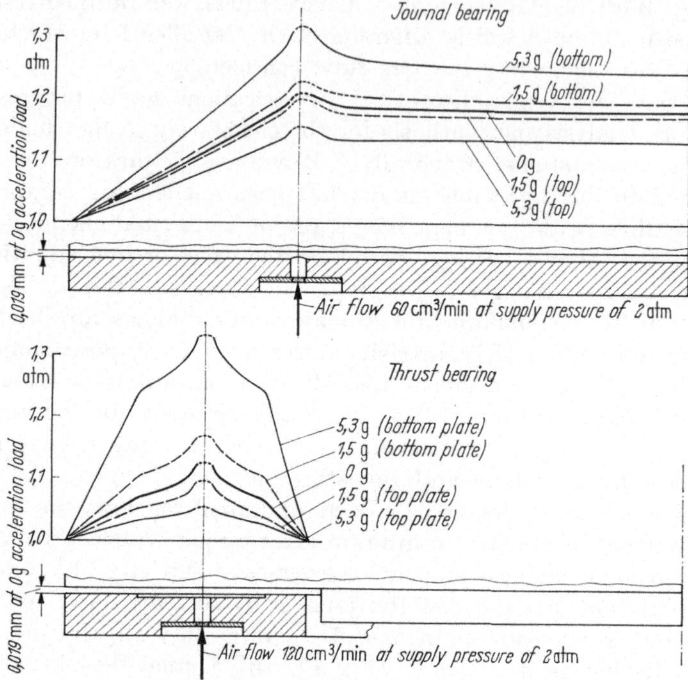

Fig. 5. Pressure profiles

be distinguished. Constant or turbine-type error torques usually vary with the position of the bearing in the sleeve and are a result of an

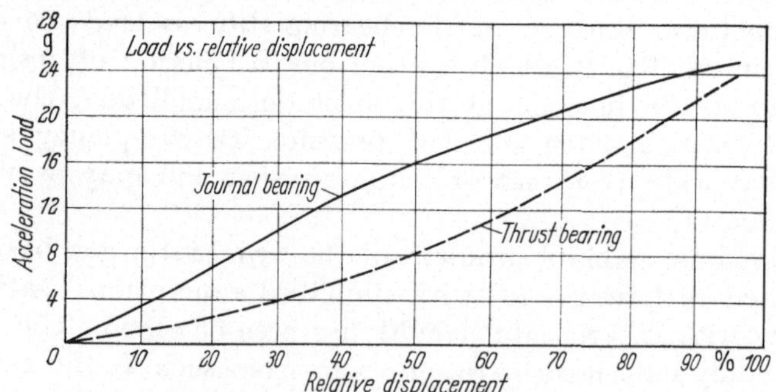

Fig. 6. Static load characteristics

unsymmetrical configuration of both, such as of the bearing surfaces, misaligned gas inlet and outlet paths, and out-of-roundness and out-of-squareness of the bearing parts. It is possible to compensate the turbine torque by an adjustable nozzle; this method should be cautiously applied, because it usually causes a flow pattern producing higher error torques when the bearing is subjected to acceleration that may occur in any direction with respect to the bearing axis. Acceleration dependent error torques are mainly a consequence of the gap changes under acceleration and resulting flow unsymmetries. Particularly, a small number of inlet nozzles will produce a pronounced unsymmetrical flow pattern under unfavorable load directions.

The analytical derivation of bearing error torques must be limited for many parameters to determine their influence to the order of magnitude of the error torque. Experimental investigations contribute

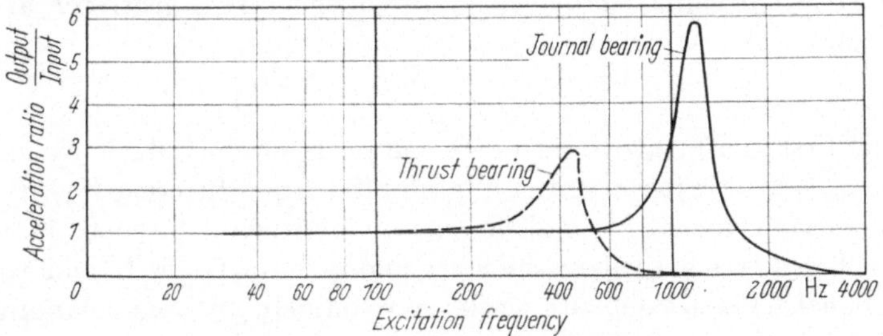

Fig. 7. Dynamic load characteristics

toward obtaining proper designs and tolerance restrictions. Error torques in today's manufacturing processes amount to fractions of a dyn cm for gas bearings supporting gyros with an angular momentum in the order of 10^6 cm^2 g s^{-1}, corresponding to a drift rate in the order of $0.01°/h$ to $0.1°/h$.

The most important considerations for low error torques are uniformity of the gas flow and a minimum gas flow for the particular load requirement. The first demand can be obtained by

a) a perfect cylindrical shape of the float and the sleeve,

b) accurately aligned gas inlets and outlets normal to the bearing surface,

c) a high number of gas inlets, at least 20 per journal bearing side and per end plate with equal gas flow within 1%,

d) a rigid design and use of stress-free material to avoid changes in symmetry from environmental factors and mounting,

e) a high bearing stiffness.

Tolerances for roundness and squareness are about 0.5 micron at a surface grade of 0.2 micron.

The second demand of a minimum gas flow can be obtained by an analytical optimization of the design parameters. Selecting the bearing stiffness is one of the factors that determines the ratio of constant to load dependent error torques caused by bearing unsymmetries.

2.4 Gyro Error Budget

The accuracy of the gyro is characterized by the drift rate $\dot{\alpha}$. Contributions from the transient response of the servoloop will be disregarded here; only quasisteady-state conditions, which give the largest error terms, will be considered. Eqs. (7), (8), and (9) deliver

$$\dot{\alpha}_{ss} = \frac{1}{H}\left[K_{sgl}(\beta) + \sum M_0\right] \quad \text{with} \quad \beta = \frac{M_d}{k_0} \tag{11}$$

or for a proportional torque function of the signal generator and the electrical leads

$$\dot{\alpha}_{ss} = \frac{1}{H}\left[\frac{k_{sgl}}{k_0} M_d + \sum M_0\right]. \tag{12}$$

The first drift rate term can be kept negligibly small by using a signal generator with a sufficiently small torque function $k_{sgl}(\beta)$. This can be accomplished by high frequency or optical pickups. However, it is still advisable to use a high servoloop gain factor k_0 and to keep the gimbal axis torque M_d small, particularly by well-balancing the stabilizer with its gimbals.

The second drift rate term, which is independent of the servoloop characteristics, is caused by the sum of all torques M_0 acting about the output or gas-bearing axis. These error torques will be grouped in constant torque terms, acceleration proportional terms, and acceleration in square proportional influences.

The constant torque terms that cause constant drift rates are listed in Table 1 with some design considerations for obtaining small torque values.

Table 1

Constant torques	Design considerations for small torques
Constant torques at $\beta = 0$	
from the signal generator	high frequency pickup
from the electrical leads	small restoring torque design
Electromagnetic torques from	low flux density in rotor
stator and rotor leakage	thick-wall bearing can serves as
flux, coupled with the bearing case	inductive magnetic shield
Constant components of gas-bearing	see paragraph 2.3
turbine torque	

Acceleration proportional torque terms and drift rates are caused by acceleration dependent turbine torques of the bearing sleeve and end plates (see par. 2.3) and by mass unbalances along the spin reference and the input axes. Proper balancing on a gyro test stand will bring these torques to zero within the measuring accuracy.

Acceleration squared proportional torques and drift rates can be kept small by attempting a design for isoelasticity of the gyro rotor and its bearing, the stator, and the inner gimbal structure. Similar torques caused by electrical lead compliance under acceleration can only be reduced by a careful design [9].

2.5 Characteristic Data of the Saturn Gas-Bearing Gyro (AB-5)

Because calibrations of the gas-bearing gyros do not deteriorate with long storage and operating times, methods to compensate for error torques have not been applied. Design specifications for missile and space vehicle requirements have been easily obtained in large quantity production without standby calibration and compensation. If desirable for higher accuracy, a compensation would be feasible in view of the good repeatability of gas-bearing error torques; the compensation should be applied in the guidance computation rather than by an electromagnetic precision torquer, which could have diminishing effects on the gyroscope.

Some characteristic design data of the Saturn vehicle's gyro are presented in Table 2. The repeatability of drift rates is better than $0.1\,°/h$ for constant error torques; the random error torque contribution of the non-"g"-dependent term of the gas bearing has been measured as better than $10^{-3}\,°/h$.

Table 2. *Design Data of Gyro and Accelerometer for Saturn Launch Vehicle*

Item	Dimension	Gyro	Accelerometer
Rotor angular momentum	$[cm^2\ g\ s^{-1}]$	2.1×10^6	0.128×10^6
Rotor spin axis angular velocity, synchronous speed at 400 Hz	[rpm]	24,000	12,000
Moment of inertia of gyro can about output axis I_{OA}	$[cm\ g\ s^2]$	1.1	0.3
Average density of gyro can	$[cm^{-3}\ g]$	2.9	2.8
Power requirement at 26 V, 400 Hz	[W]	10	5
Designed for maximum acceleration	[g]	20	20
Gas supply (2 atm supply pressure)	[l/min]	4	4
Accelerometer unbalance torque	[cm g]	—	25
Accelerometer scale factor	$[m\ s^{-1}/rev.]$	—	300

3. Pendulous Integrating Gyro with Gas Bearing

The single-degree-of-freedom integrating gyro unbalanced about the gyro output axis yields a drift rate about the gyro input axis proportional to the unbalance torque; thus the drift angle is proportional to the integral of the acceleration producing the unbalance torque.

3.1 Description and Main Characteristics of the Pendulous Integrating Gyro with Gas Bearing

Fig. 8 exhibits the arrangement of the gas bearing with the gyro mounted out of the center line to obtain the required unbalance about the gyro output axis by a shift of the mass center along the spin axis. The gas bearing is suspended with a gimbal motor (d.c. torquer) and

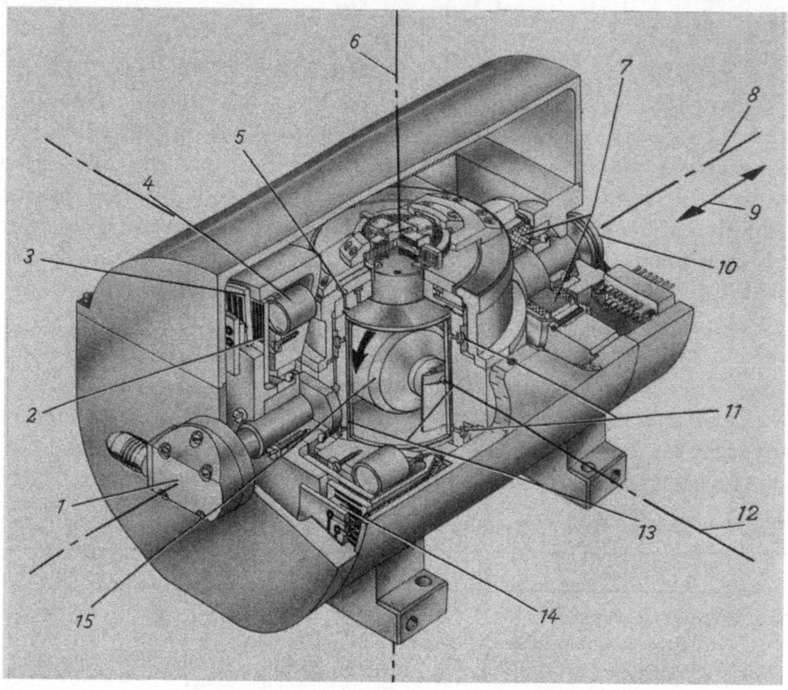

Fig. 8. Pendulous integrating gyro accelerometer

1 Air inlet; 2 Rotating ruled transparent disc; 3 Stationary ruled transparent disc; 4 Light source (4); 5 Air exhaust port; 6 Gyro output axis; 7 Torquer; 8 Gyro input axis; 9 Accelerometer measuring direction; 10 Slip ring capsule; 11 Feeder ports; 12 Spin reference axis; 13 Supporting air film; 14 Silicon sensing cell (4); 15 Gyro rotor

an optical digital encoder along the gyro input axis. In general, the same design consideration exists as for the balanced single-degree-of-freedom gyro. To assure a constant accelerometer scale factor, a synchronous spin motor, supplied from a power source with crystal-controlled frequency, is mandatory to guarantee a constant angular momentum of the gyro. A temperature independent scale factor is obtained by a mechanical temperature compensation. The increase in angular momentum caused by the expansion of the flywheel with increasing temperature is compensated by an equivalent increase of the pendulosity. Table 2 gives some characteristic data of the Saturn accelerometer.

3.2 Stabilization of the Servoloop

In principle, the derivations given for the stabilization of the single-degree-of-freedom gyro apply for the stabilization loop of the pendulous integrating gyro; the unbalance torque M_u, which is proportional to the acceleration to be measured, must be added as a perturbation function to the error torques $\sum M_0$. From Eq. (2) the steady-state condition results:

$$\dot{\alpha} = \frac{M_u}{H} = \frac{m_u}{H}\, a_{IA}, \tag{13}$$

where a_{IA} denotes the acceleration along the gyro input axis, and m_u denotes the unbalance torque about the gyro output axis per acceleration unit.

The scale factor m_u/H must be selected as a compromise; a high scale factor renders a more difficult servoloop with high gain factors and fast dynamic response, but it yields larger accelerometer output angles and less complex angular measuring devices for a desired velocity resolution α. To maintain the sensing direction, the servoloop of the pendulous integrating gyro must be designed stiffer than the servoloop of the balanced integrating gyro.

The servoloop design for the accelerometer is similar to the loop design of the gyro shown in Fig. 4; because of the stringent servoloop requirements, a fourth order differentiating network is used.

3.3 Gyro Accelerometer Errors

The accelerometer accuracy is mainly determined by the scale factor error. Eqs. (11) and (12) can directly be applied as drift rate errors for the pendulous integrating gyro, and the same considerations are valid for the individual error contributions. From Eqs. (12) and (13) the relative steady-state drift rate error per unit acceleration is

$$\Delta\dot{\alpha}_{ss} = \frac{1}{m_u}\left(\sum M_0 + \frac{k_{sgl}}{k_0}\, M_d\right). \tag{14}$$

A comparatively high unbalance m_u is advisable to obtain a small steady-state scale factor error; this high unbalance does not provide any problem to the gas bearing with its high stiffness toward translational and rotatory accelerations.

Errors caused by transients are inversely proportional to the angular momentum of the integrating gyro and can be reduced by a stiff control loop. Additional errors may occur from a misalignment of the gyro input and output axes; particular care must be given to the perpendicularity of both axes.

4. Gravity Vector Alignment

For an automatic initial alignment of a stabilized platform with
respect to the gravity vector, the accelerometer previously described
can be used in principle. However, because the output of the pendulous
integrating accelerometer corresponds to the integral of the measured
acceleration, an additional differentiation would be required in the
control loop in comparison to an accelerometer that directly indicates
the acceleration in the measuring direction.

4.1 Gas-Bearing Pendulum

Fig. 9. exhibits the design of the gas-bearing pendulum as an alignment indicator, which possesses a very stable static characteristic and

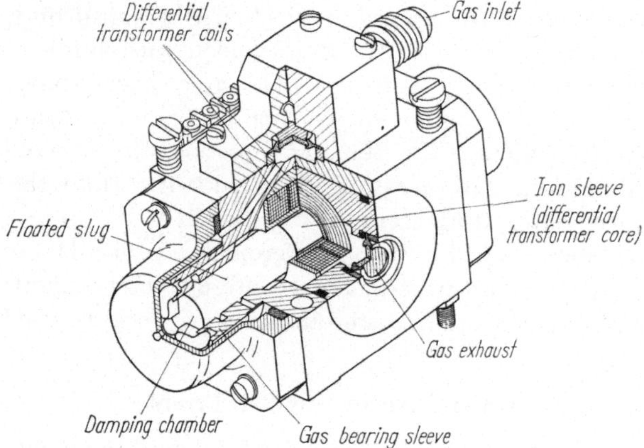

Fig. 9. Gas-bearing pendulum

highly symmetrical damping. A cylindrical slug floats in an externally-
pressurized sleeve. Slug displacement is determined by the balance of
acceleration forces acting on it and by the restoring force exerted from

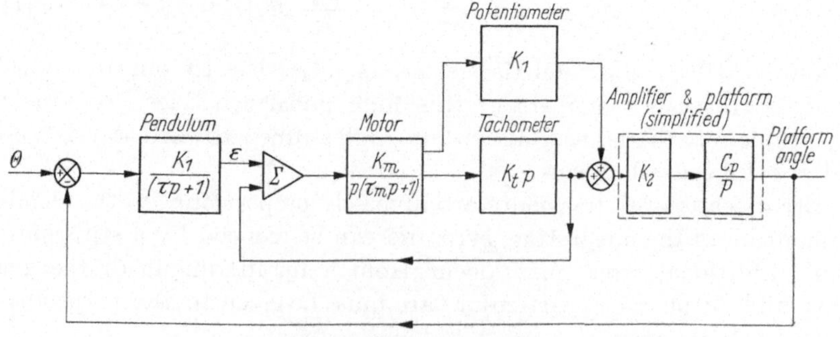

Fig. 10. Alignment servoloop

the magnetic flux. Thus the displacement is a function of the acceleration and is measured by the difference of voltages induced in the two outer coils of the differential transformer. Fig. 10 shows the alignment control loop with the gas-bearing pendulum.

4.2 Accuracy of the Gas-Bearing Pendulum Indicator

Characteristic data with respect to sensitivity and accuracy are:

Weight of slug [g]	4
Sensitivity [mV/°]	337
Threshold [arc sec]	± 3
Power requirement at 4 V, 400 Hz [W]	0.015
Gas supply (2 atm supply pressure) [l/min]	0.1
Time constant [s]	8

The output displacement and damping characteristics of the indicator are very symmetric to avoid errors under sinusoidal and transient excitation that may occur because of gust forces acting on big launch rockets possessing low bending mode frequencies.

5. Conclusions

To a great extent, the development and application of inertial instruments with gas bearings have been supported by experimental investigation of the gas-bearing properties. For design-parameter selection, more support by theoretical investigations is desirable, especially in view of reducing the gas and power requirements for long duration space flights. The simple adaptation of the gas pressure to the acceleration or load requirements of the instrument permits extremely low gas flow and error torques under free flight conditions.

Earlier problems with the gas-bearing support, such as servoloop control problems, have been solved satisfactorily.

The gas-bearing supported instruments have proven their feasibility in three major rocket programs, not only in view of accuracy, but also with respect to producibility and reliability.

6. Acknowledgment

The author wishes to thank the engineers in the Gyro and Stabilizer Branch of the Astronics Division for their contributions to the development and perfection of the gas-bearing instruments.

References

[1] DRAPER, C. S., W. WRIGLEY, and L. E. GROHE: The Floating Integrating Gyro and its Application to Geometrical Stabilization Problems on Moving Bases, IAS preprint No. 503, January 24—27, 1955.

[2] FULLER, DUDLEY D.: Gas-Lubricated Bearings, First International Symposium, Office of Naval Research, Department of the Navy, ACR-49, Washington, D.C.

[3] General Electric Co.: Gas Bearing Gyro Analysis, Contract NAS 8-2588, Progress Report No. 3, Pittsfield, Mass., March and May 1962.

[4] MAGNUS, K.: Anwendung nicht-linearer Schwingungen, VDI-Bericht No. 48, 1961.

[5] Mechanical Technology Incorporated Status Report for Analysis of "NASA" AB-5 Air Bearing, July 1, 1962.

[6] MUELLER, F. K.: A History of Inertial Guidance, Army Ballistic Missile Report, 1960.

[7] PETERS, A., and E. B. SCIULLI: A Bibliography (with abstracts) on Gas-Lubricated Bearings — Revised, Astia AD-264965, Interim Report I-A2049-16, October 15, 1961.

[8] PINKUS, O., and B. STERNLICHT: Theory of Hydrodynamic Lubrication, McGraw-Hill 1961.

[9] SAVET, P. H.: Gyroscopes, Theory and Design, McGraw-Hill 1961.

[10] STEVENSON, C., and L. LICHT: Experimental Determination of Stability Boundaries for an Externally-Pressurized, Gas-Lubricated Thrust Bearing, The Franklin Institute, Philadelphia, Pa., February 1962.

[11] TAO, L. N.: General Solution of REYNOLDS' Equation for a Journal Bearing of Finite Width. Quarterly Applied Mathematics, XVII, No. 2 (1959).

Superconductive Gyros

By

Theodor A. Buchhold

Schenectady, N.Y., U.S.A.

In order to build an accurate gyro, the number of parts which can introduce errors must be kept at a minimum. Unavoidable errors which are left should be constant and therefore can be compensated. A gyro operating at the temperature of liquid helium (4.2 °K) and using the phenomena of superconductivity promises to fulfill these requirements for the following reasons:

The superconductive gyro is simple in design and has only a few important parts. At the low temperatures the materials are chemically inactive, the tendency to creep decreases and the coefficient of thermal expansion approaches zero. Superconductivity allows magnetic bearings to be built in which the rotor floats on a thin magnetic flux. These bearings are stable, can operate in vacuum, have no wear and are practically frictionless. A gyro rotor can be brought to operating speed by a superconductive motor which is practically lossless.

A few low temperature phenomena will be explained prior to a more detailed description of this gyro. If a metal such as copper is cooled from normal to very low temperatures, its resistivity r decreases to a very low but finite value r_0 in approaching absolute zero. High purity material has a very small r_0-value. For normal copper r/r_0 is of the order 100, but for extremely pure specimens this ratio may become close to 1000. However, as lead is cooled, its resistivity also decreases until 7.2 °K is reached, at which point the resistivity suddenly becomes zero and the material therefore becomes superconductive. There are many pure metals such as lead, tin, vanadium, tantalum, niobium, etc., which are superconductive. Many alloys and compounds are also superconductors, such as niobium-zirconium, niobium-tin, vanadium-gallium, etc. Copper and silver are not superconductive.

If a superconductor is exposed to a magnetic field of increasing magnitude, a point will be reached at which the material becomes resistive. The value of the magnetic field at this transition is known as the critical field.

Fig. 1 shows the critical field strength as a function of temperature for a few pure metals. The diagram shows, for example, that niobium becomes superconductive slightly above 8 °K. At 4.2 °K, which is the temperature of liquid helium at atmospheric pressure, Nb can be exposed to magnetic fields up to about 1500 gauss. At higher fields the material becomes resistive. Critical field values shown in Fig. 1 depend on the measuring technique and also on the purity of the material. For example, values several times higher than shown have been measured for cold worked impure niobium.

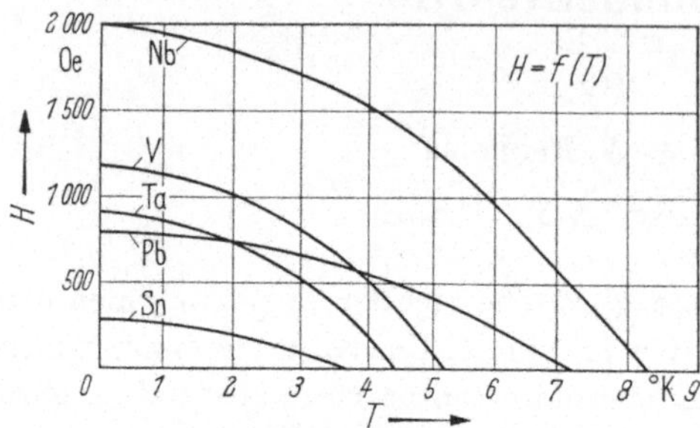

Fig. 1. Critical fieldstrength (H) as a function of absolute temperature (T)

Theory predicts that magnetic flux will not penetrate pure superconductors such as lead or niobium if they are cooled to the superconducting transition temperature prior to exposure to a magnetic field smaller than the critical field. A shallow surface penetration in the order of 10^{-5} cm is neglected, since it is not significant in many applications. This diamagnetic behavior can be used to build superconductive bearings and motors, provided the critical magnetic field H_c is not exceeded (about 1500 Oersted for Nb).

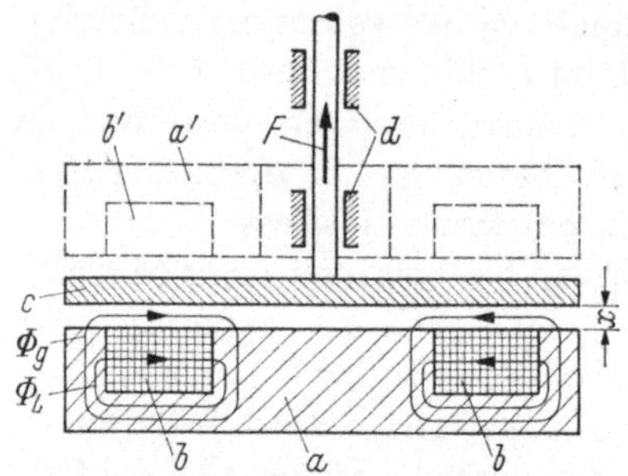

Fig. 2. First bearing principle

Fig. 2 shows the cross-section of a flat cylinder of iron a with a superconductive coil b made of niobium wire. Above the coil is a disc of niobium c guided by a mechanical bearing d. If the coil is energized, a flux ϕ_g is produced which cannot penetrate the superconductive disc. The flux lines, which are compelled to run parallel to the surface, develop a pressure which, according to MAXWELL theory, is given by

$$f = \frac{1}{2} H B \quad \text{or, if } f \text{ in } \frac{\text{kg}}{\text{cm}^2} \quad f = \left(\frac{B}{5000}\right)^2 .$$

The entire force F acting against the disc can be expressed in kg by

$$F = f A = \left(\frac{B}{5000}\right)^2 A . \tag{1}$$

Here, B is the flux density in gauss and A the effective area in cm². This upward repelling force makes it possible to design a simple magnetic bearing. The resulting inherent force stability cannot be achieved by using the normal magnetic behavior of materials.

The coil b, in which a current I flows, can be short-circuited by a superconductive switch. In a normal resistive coil circuit having a linked flux ϕ, current I and resistance R,

$$\frac{d\phi}{dt} = -IR.$$

In our superconductive circuit $R = 0$, therefore

$$\frac{d\phi}{dt} = 0, \quad \text{and} \quad \phi = \phi_0 = \text{const.} \tag{2}$$

The flux ϕ_g passing the gap x is

$$\phi_g = kBx, \tag{3}$$

where k is a constant.

The leakage flux ϕ_L through the coil is also proportional to the current I and thus to the flux density B, and therefore can be expressed for convenience as

$$\phi_L = kBx_i, \tag{4}$$

where x_i is a constant that can be thought of as an imaginary fixed gap. The entire linked flux ϕ_0, constant according to (2), is

$$\phi_0 = \phi_g + \phi_L = kB(x + x_i) \tag{5}$$

or

$$B = \frac{\phi_0}{k(x + x_i)}. \tag{6}$$

Since B is proportional to the coil current, this current changes with varying gap x in spite of ϕ_0 being constant.

The force F, proportional to B^2 on account of (1), is

$$F = \frac{K}{(x + x_i)^2}, \tag{7}$$

where K is another constant.

In order to obtain the stiffness or the spring constant C of the bearing positioned in the vicinity of $x = x_0$, let us form dF/dx:

$$C = \frac{dF}{dx} = -\frac{K}{(x + x_i)^3}.$$

Using Eq. (7) for the initial force F_0 and the original displacement x_0 and neglecting the minus-sign, the bearing spring constant becomes

$$C = \frac{2F_0}{x_0 + x_i}. \tag{8}$$

13*

If a second cylinder a' with coil b' is used (Fig. 2), the disc floats between the 2 coils, and the resulting stiffness is twice the value of Eq. (8).

Eq. (8) shows that in order to obtain a high stiffness, both the gap x_0 and the leakage gap x_i should be made as small as possible. The gap x_0 can be easily controlled, but the leakage flux, expressed by x_i, cannot, since it depends mainly on the wire insulation thickness.

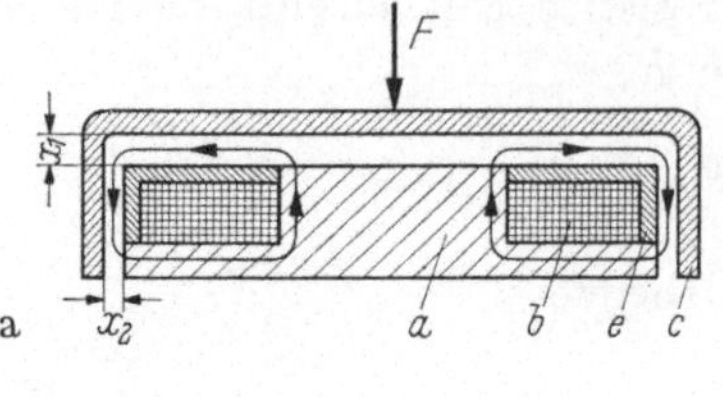

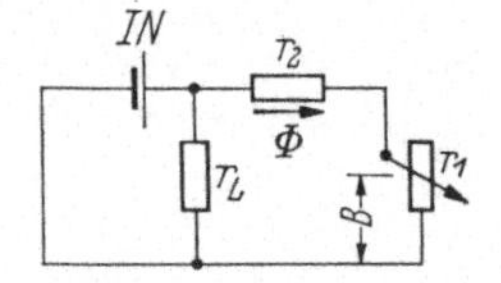

Fig. 3. a) Second bearing principle; b) Bearing schematic

A bearing principle in which the leakage flux is of no consequence is shown in Fig. 3. For many applications it is more advantageous. In Fig. 3a the iron cylinder a contains the coil b, which has a ring shaped niobium cover e, above which the disc c floats. The cover has a thin radial slit (not shown) in order to avoid a superconductive short circuit. The magnetic flux ϕ goes through the magnetic reluctance r_1 formed by the gap x_1 which for vertical movements is variable, and then through the constant reluctance r_2 of the gap x_2. The vertical force is

$$F = k\,B^2,$$

where k is a constant.

Fig. 3b is a schematic which may help to understand the bearing action of Fig. 3a. It shows the constant magnetomotive force IN of the coil with N turns and the current I. The reluctances are represented by r_1 and r_2. If the variable reluctance r_1 is increased, (gap x_1 becomes smaller and) the flux decreases. However, the ampere turns at r_1 increase (in an electrical analogy the voltage drop increases) and therefore the flux density B increases, and a greater force F is produced. The coil leakage can be represented by

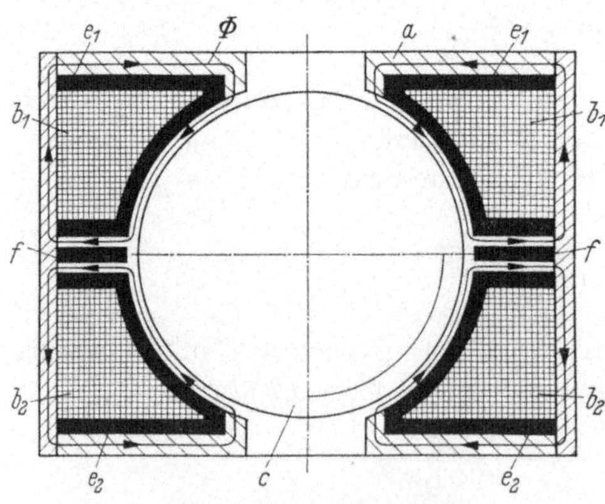

Fig. 4. Bearing for sphere

the reluctance r_L in parallel with $I\,N$, and as a result doesn't influence the flux ϕ or the flux densities in the gaps. The bearing is damped by eddy currents in the iron. The bearing surfaces, along which the flux is conducted, can be machined with great accuracy. The geometrical accuracy of the winding b is not important. The bearing also produces horizontal forces, and the mechanical guides d of Fig. 2 can be omitted.

Fig. 4 shows the application of this bearing principle to support a superconductive sphere. The parts a of the housing are of iron and contain the two coils b_1 and b_2, which are housed by the two niobium

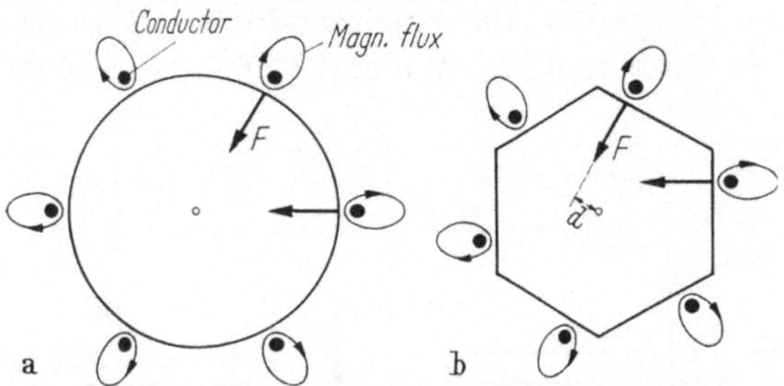

Fig. 5a and b. Motor principle

parts e_1 and e_2, having at least one verticle thin slit to avoid a super-conductive short. The flux ϕ of the upper part passes the gap formed by the superconductive ball and the supercon-ductive wall e_1 and then the constant gap formed by e_1 and the superconductive ring f. This bear-ing stably supports the sphere in all directions. The reluctance of this last path corresponds to the constant reluctance r_2 formed by the gap x_2 of Fig. 3a. The described bearing has worked successfully and is used for the superconductive gyro.

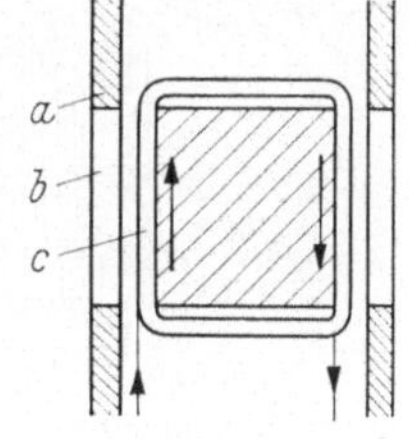

In order to obtain bearings of larger loading capacity, materials with high critical fields are needed. Today the best material is pure niobium with a critical field around 1500 Oersted. It may be possible that in the future compounds such as niobium-tin and vanadiumgallium may be produced pure enough so that bulk critical fields between 4500 and 6000 Oersted are obtained.

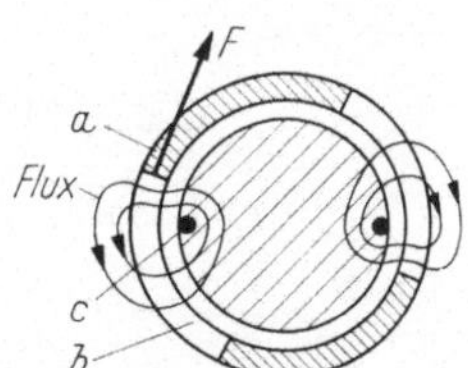

Fig. 6. Another motor arrangement

A superconductive motor is needed to drive a gyro. Fig. 5a shows a superconductive cylinder rotating in a superconductive bearing (not shown). The cylinder is surrounded by conductors which carry currents and produce magnetic lines which cannot penetrate into the cylinder. Forces F are produced which are perpendicular to the surface and hence produce no torque. If the conductors are part of a polyphase winding similar to that of an induction motor, the currents produce a rotating flux which only applies a pressure force to the surface but no torque. However, if the roundness of the surface is distorted, e.g. as shown in Fig. 5b, the surface forces F produce a torque. In a rotating field the rotor follows as a kind of synchronous motor. Such motors are practically lossless (outside power supply has losses) and can work in vacuum.

The motor drive for the superconductive gyro uses the same principle but in a different arrangement. Fig. 6 shows a hollow cylinder a

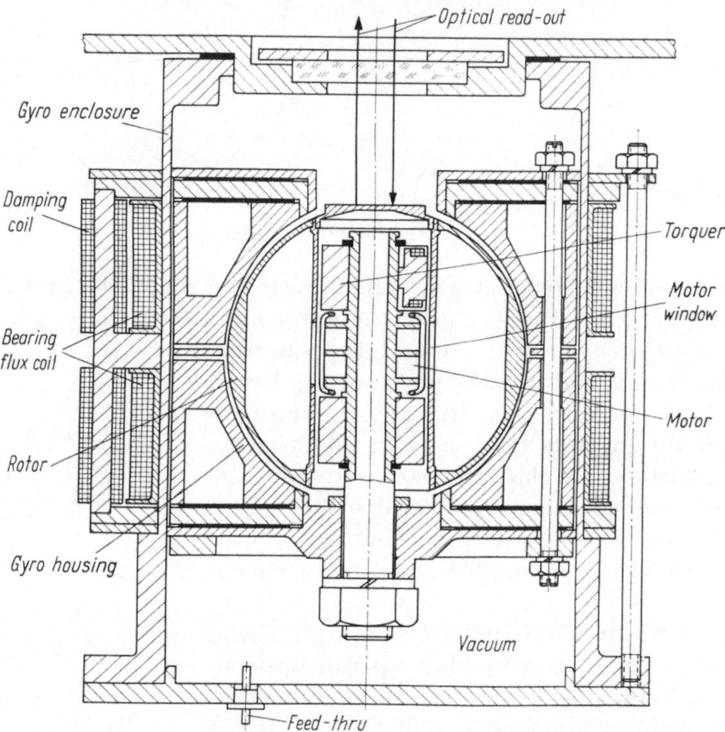

Fig. 7. Superconductive gyro

which is carried by superconductive bearings (not shown) and has open windows b. The current of the conductors c produce flux lines which exert a pressure F on the windows and therefore a torque. The turning rotor a will accelerate if an AC current through the conductors c has a maximum value when the rotor is in the position shown in Fig. 6. An amplifier initiated by a rotor optical pick-up provides the proper frequency and phase for the AC current. In order to start the motor in any position, a second winding (not shown) is used.

Fig. 7 shows a cryogenic gyro using superconductive bearings and a superconductive motor drive. The outside of the gyro enclosure is in a helium bath at 4.2 °K, and the evacuated inside contains the niobium gyro housing and the niobium spherical gyro rotor. The enclosure is surrounded by two bearing coils which produce the flux for the bearing operating as described in Fig. 4. The rotor is open at the bottom and contains a cylinder with windows for the motor drive. A cylindrical support, carrying the motor winding, and two sets of torquers protrude into this cylinder. Relative to these parts the rotor has a freedom of slightly more than one degree. A mirror is attached to the top of the sphere for the optical readout. It has openings used (not shown) for the motor pick-up. It is assumed that the gyro enclosure is mounted on a stabilized platform and that the optical readout, if deviating from zero, initiates a servosystem to realign the gyro enclosure with the gyro rotor spin axis.

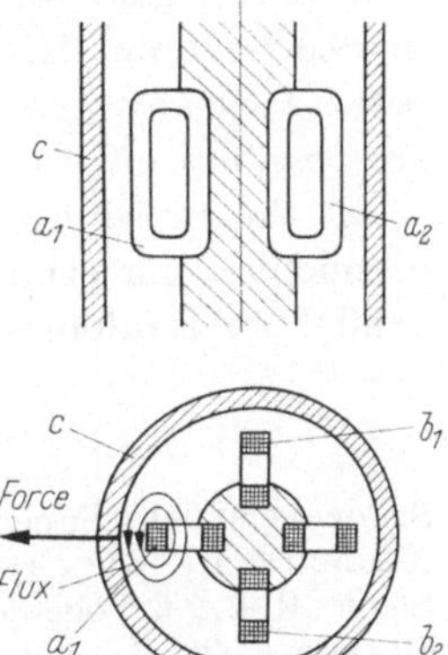

Fig. 8. Torquers

In order to operate the gyro, the bearing coils are first excited so that the rotor floats. Since the magnetic forces are perpendicular to the surface and are passing the center of the sphere, no torque is produced, and the rotor may have any position within its freedom. Two sets of torquers are used to align the rotor. Each set of consists of four coils, a_1, a_2 and b_1, b_2, (see Fig. 8; Fig. 7 shows another torquer design). If coil a_1 is excited, its flux produces a force on the cylinder c to the left, and if coil a_2 is excited, the force is to the right. With the optical

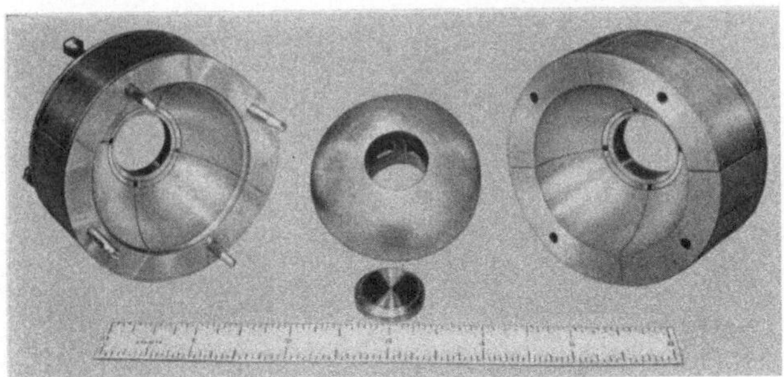

Fig. 9. Gyro parts

readout and proper excitation of the torquer coils the rotor can be aligned. Now, the rotor-drive similar to Fig. 6 is switched on and brings the gyro rotor to speed. The motor drive and the torquers are then switched off and the rotor is now a free gyro. In a gyro model (n = 15000/min) a coast-down time constant of about 3700 hours was observed, a value which can probably be improved several times. It is also possible to work continuously with a very small motor current sufficient to overcome the very small drag and keep the speed constant. A cryogenic gyro has errors too (nonsphericity, inaccuracy of the center of gravity). However, at low temperatures these errors are constant and can be compensated by the torquers which are fed with small calibrated currents. Fig. 9 shows parts of the housing and a rotor of an actually built cryogenic gyro.

One can also build a superconductive gyro where the ball has unlimited freedom. However, it is believed that the previous solution has better accuracy. Since cryogenic accelerometers and cryotron computers are possible, entire cryogenic inertial systems are feasible.

At the present time the major problems are in the field of superconductive materials which should allow higher fields and should exhibit no tendency to trap magnetic flux.

Bibliography

Schoenberg, D.: Superconductivity, London: Cambridge University Press 1952.
Mendelssohn, K.: Cryophysics, New York: Interscience 1960.
Scott, R. B.: Cryogenic Engineering, Princeton, N.J.: Van Nostrand 1959.
Buchhold, T. A.: Applications of Superconductivity. Sci. Amer., March 1960.
Buchhold, T. A.: The Magnetic Forces on Superconductors and their Applications for Magnetic Bearings. Cryogenics 203 (1961).
Simon, I.: Forces Acting on Superconductors in Magnetic Fields. J. appl. Phys. 24, 19 (1953).

Couplage entre frottement de glissement et frottement de pivotement dans la théorie de la toupie[1]

Par

Pierre Contensou

Châtillon-sous-Bagneux, France

1. Definition du probléme

La toupie est un gyroscope particulier dans lequel la liaison du rotor avec l'extérieur est assurée par le simple contact du corps tournant avec un solide de révolution fixe, généralement de forme plane ou sphérique.

Dans un nombre étendu de cas la toupie présente une aptitude frappante à immobiliser son axe de rotation suivant la verticale, et l'insensibilité de la direction ainsi jalonnée aux fluctuations rapides de la pesanteur apparente a donné très tôt l'idée d'utiliser la toupie, de préférence au pendule ordinaire, comme indicateur de verticale à bord d'un véhicule.

Dans la Marine française de tels instruments, auxquels reste attaché le nom de l'Amiral FLEURIAIS, sont en usage depuis la fin du XIX⁰ siècle. Associés à un sextant auxquel ils fournissent un horizon artificiel ils permettent de faire le point astronomique en l'absence de visibilité de l'horizon naturel. Un article de l'Ingénieur Hydrographe FAVÉ dans les Annales Hydrographiques de 1904 [1] décrit une série d'expériences exécutées à l'aide de deux exemplaires d'un nouveau modèle de l'horizon gyroscopique FLEURIAIS. Fig. 1 donne les principales caractéristiques de l'un de ces apparails. L'horizon gyroscopique FLEURIAIS qui fournit la verticale avec une précision de l'ordre de 2′ constitue

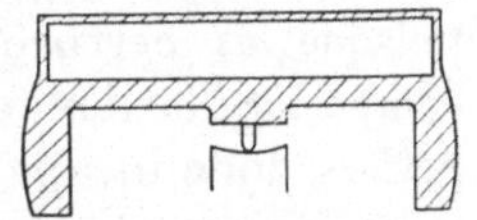

Fig. 1. Toupie FLEURIAIS

---

[1] L'auteur n'a eu connaissance, qu'après le Symposium, de l'article suivant: ERISMANN, TH.: Theorie und Anwendungen des echten Kugelgetriebes. Z. angew. Math. Phys., 15. 9. 1954.

Dans cet article, M. ERISMANN donne une théorie du frottement combiné de pivotement et de glissement identique, dans son principe, à celle qui est présentée dans le présent mémoire. Celuici n'apporte donc, comme élément original, que l'application de cette théorie à l'étude du mouvement de la toupie.

probablement, avec ses homologues d'autres nations, une des premières et des plus remarquables applications du gyroscope à l'art de la navigation.

A la lecture du mémoire de Favé et d'autres documents de la même époque, on est cependant frappé par un fait assez insolite. Un appareil aussi simple, le plus simple indicateur de verticale qu'on puisse imaginer après le fil à plomb, n'est pas dépourvu de mystère. La théorie rend compte de la précession de l'axe de la toupie autour de la verticale, mais elle est impuissante à expliquer le mouvement de nutation qui tend à ramener cet axe sur la verticale. Tout en admettant que cet effet est imputable au frottement du pivot, on semble incapable de le justifier par un calcul.

Les applications de la toupie comme instrument de navigation sont vraisemblablement limitées. Le caractère unilatéral de la liaison n'est compatible qu'avec un véhicule d'accélérations modérées. L'usure rapide des pivots et crapaudines ne s'accommoderait guère d'un service continu. La toupie n'en est pas moins, pour le Mécanicien, un sujet d'etude simple et fondamental, dont on peut s'étonner qu'il recèle encore de telles obscurités. Tenter de les éclaicir nous a paru mériter quelques efforts.

2. Les effets du frottement dans le cas du glissement et du pivotement combinés

Dans les conceptions habituelles de la mécanique rationnelle, le problème de la toupie avec frottement doit être traité successivement dans deux hypothèses, celle de l'adhérence et celle du glissement au point de contact. Or le régime de rotation stationnaire à axe vertical appartient à la famille des mouvements sans glissement. L'étude de la stabilité de ce régime doit être traitée dans la même hypothèse, puisque les perturbations infiniment petites à considérer ne peuvent comporter que des actions de contact tangentielles elles-mêmes infiniment petites, donc incapables de produire le glissement. Mais les mouvements sans glissements sont des mouvements sans résistance passive, dénués d'amortissement. Nous aurons l'occasion de vérifier que la toupie sans glissement présente des caractéristiques de précession un peu différentes de celles de la toupie sans frottement, mais est tout aussi dépourvue de nutation. Quant aux calculs que l'on peut faire en partant de conditions initiales assez éloignées du régime stationnaire pour qu'il y ait effective- ment glissement, ils peuvent révéler une certaine tendance au redresse- ment de l'axe, mais cette tendance disparait avec le glissement lui-même, c'est à dire toujours avant que la position verticale ne soit atteinte.

A cette contradiction entre la théorie et l'expérience on ne peut trouver que deux explications: ou bien il faut attribuer l'érection de a toupie à d'autres forces que le frottement du pivot, ou bien ce sont nos idées sur le frottement lui même qui sont à revoir. La première voie ne mène pas loin: la résistance de l'air, seule force complémentaire appréciable, parait d'un ordre de grandeur insuffisant. Elle entrainerait d'autre part une sensibilité des phénoménes à la forme de la toupie qu'aucune expérience ne suggère. C'est donc notre conception du frottement que nous sommes conduits à mettre en cause.

Les lois du frottement dans les trois cas particuliers du glissement pur, du roulement pur et du pivotement pur ne peuvent guère être mises en doute. Mais dans le cas où plusieurs de ces mouvements sont combinés le terrain est beaucoup moins solide. Les ouvrages de mécanique admettent, à défaut d'indications contraires, que les effets des mouvements composants se superposent, en entourant cette affirmation de prudentes réserves que l'on perd facilement de vue au moment des applications. Pourtant les efforts que nous sommes trop souvent amenés à déployer pour actionner un volant sur place dans nos tentatives pour garer nos voitures peuvent nous rendre perplexes à propos de l'indépendance du frottement de pivotement par rapport au roulement. Mais dans la théorie de la toupie, c'est une autre combinaison qui apparait de manière fondamentale, celle du glissement et du pivotement. Or il se trouve qu'il n'est pas très difficile de se faire au moins une idée des effets de cette combinaison. Il suffit d'étendre au mouvement avec glissement la théorie classique qui permet d'évaluer la résultante des actions du frottement, dans le cas du pivotement pur.

Nous nous bornerons au cas où les surfaces en contact sont, au moins localement, sphériques. La théorie ducontact de Hertz (par exemple [2]) nous apprend que les corps se touchent suivant la surface d'un petit cercle, dont le rayon ε dépend des coefficients d'élasticité des matériaux, de la charge d'appui N, des rayons de courbure des surfaces. La répartition des actions de contact normales est elliptique:

$$\sigma = N \frac{3}{2\pi\, \varepsilon^2} \sqrt{1 - \frac{\varrho^2}{\varepsilon^2}}, \tag{1}$$

ϱ étant la distance au centre d'un point du cercle de contact.

Si on admet que les lois du frottement de glissement s'appliquent à chaque élement de surface avec un coefficient de frottement f_0, on calcule de façon classique dans le cas du pivotement pur un coefficient de frottement de pivotement C_p donné par

$$C_p = \frac{1}{N} \int_0^\varepsilon 2\pi\, \varrho^2\, \sigma\, d\varrho = \frac{3\pi}{16} f_0\, \varepsilon. \tag{2}$$

Supposons maintenant qu'au pivotement de vitesse angulaire ω se superpose une translation de vitesse v suivant l'axe $O\,x_1$. La vitesse d'un point P (fig. 2) a pour composantes

$$v - \omega \varrho \sin\Theta, \qquad \omega \varrho \cos\Theta.$$

L'action de contact tangentielle par unité de surface, opposée à la vitesse et de grandeur $f_0 \sigma$, a comme composantes

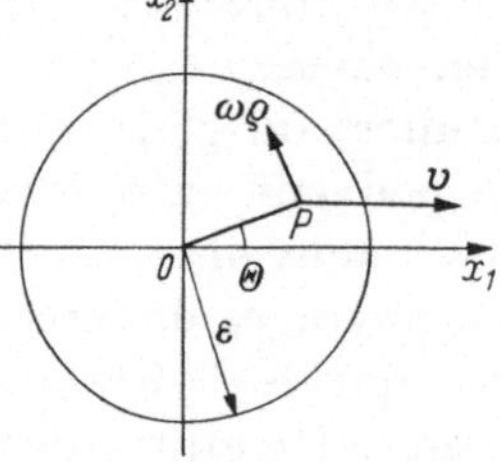

Fig. 2. Cercle de contact

$$\tau_1 = -f_0 \sigma \frac{v - \omega \varrho \sin\Theta}{\sqrt{v^2 - 2\omega \varrho v \sin\Theta + \omega^2 \varrho^2}},$$

$$\tau_2 = -f_0 \sigma \frac{\omega \varrho \cos\Theta}{\sqrt{v^2 - 2\omega \varrho v \sin\Theta + \omega^2 \varrho^2}}.$$

Des considérations de symétrie montrent immédiatement que l'intégrale de la composante τ_2, étendue à la surface du cercle de contact, est nulle. La résultante des actions tangentielles est donc une force T, opposée à la vitesse v.

On peut poser $T = f N$ avec

$$f = \frac{3 f_0}{2\pi \varepsilon^2} \int_0^\varepsilon d\varrho \left[\varrho \sqrt{1 - \frac{\varrho^2}{\varepsilon^2}} \int_0^{2\pi} \frac{v - \omega \varrho \sin\Theta}{\sqrt{v^2 - 2v \omega \varrho \sin\Theta + \omega^2 \varrho^2}} d\Theta \right]. \tag{3}$$

Cette quadrature ne se ramène pas à des fonctions élémentaires. Indiquons comment on peut pratiquement l'opérer. Si on pose $\dfrac{v}{\omega \varrho} = \lambda$, la deuxième intégrale définie s'écrit

$$\int_0^{2\pi} \frac{\lambda - \sin\Theta}{\sqrt{\lambda^2 - 2\lambda \sin\Theta + 1}} d\Theta = \frac{dI}{d\lambda} \quad \text{avec} \quad I = \int_0^{2\pi} \sqrt{\lambda^2 - 2\lambda \sin\Theta + 1}\, d\Theta.$$

Faisons le changement de variable $\varrho = u \varepsilon$ et posons $\varphi = v/\omega \varepsilon$. φ est un paramètre sans dimension caractérisant l'importance relative du glissement et du pivotement. On a

$$\lambda = \frac{\varphi}{u} \quad \text{et} \quad d\lambda = -\frac{\varphi}{u^2} du.$$

L'intégrale I est une fonction de u par l'intermédiaire de λ, et on a

$$\frac{dI}{d\lambda} = -\frac{u^2}{\varphi}\,\frac{dI}{du}.$$

L'expression (3) se transforme comme suit:

$$\frac{f}{f_0} = \frac{-3}{2\pi \varphi} \int_0^1 u^3 \sqrt{1 - u^2}\, dI(u).$$

Ceci s'intègre par partie, avec un terme tout intégré nul aux limites et donne

$$\frac{f}{f_0} = \frac{3}{2\pi \varphi} \int_0^1 \frac{I(u)}{\sqrt{1 - u^2}}\, u^2 (3 - 4u^2)\, du.$$

Posons encore $u = \sin\psi$. Il vient

$$\frac{f}{f_0} = \frac{3}{2\pi\,\varphi} \int\limits_0^{\pi/2} I(\psi)\,\sin\psi\,\sin 3\psi\,d\psi.$$

Il reste à évaluer I. Le changement de variable $\Theta = \dfrac{\pi}{2} - 2x$ donne

$$I = 4(1+\lambda) \int\limits_0^{\pi/2} \sqrt{1 - \frac{4\lambda}{(1+\lambda)^2}\sin^2 x}\,dx.$$

On trouve dans les tables l'intégrale elliptique E définie par

$$E(\alpha) = \int\limits_0^{\pi/2} \sqrt{1 - \sin^2\alpha\,\sin^2 x}\,dx.$$

Il faudra prendre pour α l'angle défini par $\sin^2\alpha = \dfrac{4\lambda}{(1+\lambda)^2}$ ou $\tan^2\dfrac{\alpha}{2} = \lambda = \dfrac{\varphi}{\sin\psi}$. Finalement nous aurons

$$\frac{f}{f_0} = \frac{\sigma}{\pi} \int\limits_0^{\pi/2} \left(1 + \frac{\sin\psi}{\varphi}\right)\sin 3\psi\,E(\alpha)\,d\psi \quad \text{avec} \quad \alpha = \frac{\varphi}{\sin\psi}. \tag{4}$$

La formule (4) permet de calculer la fonction $f/f_0(\psi)$, au prix du calcul numérique d'une intégrale définie par valeur de φ. Nous avons

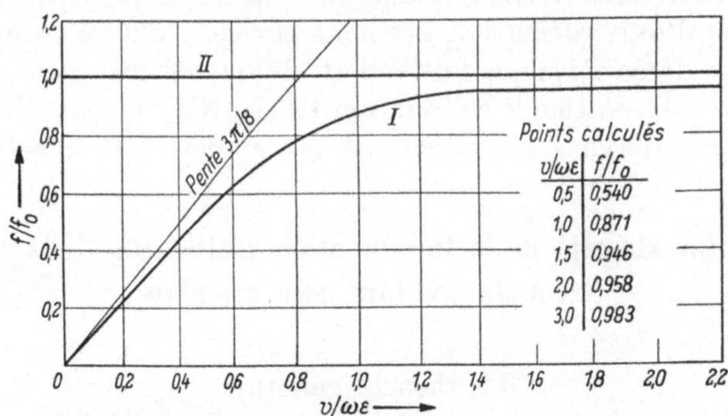

Fig. 3. Variation du coefficient de frottement en fonction de $v/\omega\varepsilon$

déterminé quelques points. Les résultats, qui n'ont que la précision de la règle à calcul sont consignés fig. 3. La courbe I présente une asymptote $f = f_0$ pour les grandes valeurs de v et une tangente d'inflexion à l'origine dont on calcule facilement la pente en supposant $v/\omega\varepsilon$ petit dans la formule (3). On trouve ainsi

$$f = \frac{3\pi}{8}f_0\,\frac{v}{\omega\varepsilon}. \tag{5}$$

C'est au voisinage de $v/\omega\,\varepsilon = 1$ que se trouve le genou de la courbe. Pour $v/\omega\,\varepsilon = 0{,}5$ on est encore à 10 % près sur la tangente à l'origine. Pour $v/\omega\,\varepsilon = 1{,}2$ on est déjà à 10 % près sur l'asymptote.

La courbe (I) se substitue à la ligne brisée (II) qui correspond à la théorie de la superposition. C'est dans le domaine des petites valeurs de $v/\omega\,\varepsilon$ que se manifeste la divergence. Le phénomène du frottement au repos a disparu, remplacé par un frottement s'annulant avec la vitesse et dans un certain domaine proportionnel à la vitesse. Un appareil ménager courant, la cireuse electrique, nous fournit une image amplifiée de ce phénomène. Une cireuse electrique repose sur le sol par des brosses circulaires tournant autour d'axes verticaux. Alors que ce lourd instrument est très dur à déplacer lorsqu'il n'est pas en fonctionnement, il glisse sur le parquet à la moindre sollicitation lorsque les brosses sont en marche. Le cas du solide pivotant n'en difère que par les dimensions très petites de la surface de contact. Mais l'effet reste significatif dans le cas de la toupie parce que ω est très grand. A partir de la théorie que nous développerons plus loin on peut calculer par exemple que le domaine de linéarité pratique du frottement de glissement pour une toupie Fleuriais correspond aux écarts de l'ordre du $\frac{1}{2}$ degré de son axe par rapport à la verticale.

Nous pourrions, à propos de la même combinaison de pivotement et glissement, calculer par la même méthode le couple de résistance au pivotement. Nous trouverions évidemment des résultats complémentaires. Dans le cas d'une vitesse de glissement élevée et d'un pivotement lent, il y aurait disparition du frottement de pivotement pour $\omega = 0$ et linéarisation de ce couple en fonction de ω. N'ayant pas d'application en vue, nous n'avons pas développé cet aspect de la question.

3. La théorie de la toupie avec frottement linéarisé
Toupie pivotant sur un plan

3.1 Théorie générale

Avec notre nouvelle conception du frottement, l'étude de la stabilité du régime stationnaire de la toupie, introduisant des vitesses de glissement infiniment petites, doit considérer le frottement de glissement comme proportionnel à la vitesse.

Nous traitons d'abord le cas où la toupie pivote sur un support plan et horizontal. Soient Ox_1 et Ox_2 deux axes rectangulaires de ce plan, Oz la verticale ascendante. La toupie, solide de révolution quelconque autour de l'axe GZ (fig. 4), est caractérisée par les éléments suivants: masse m, centre d'inertie G, centre de courbure du pivot C, point de contact P, rayon de courbure du pivot r, On pose $\overline{CG} = a$ et $h = a + r$.

Tout vecteur V de composantes X_1, X_2, Z sur Ox_1, Ox_2, Oz sera représenté par une composante horizontale complexe $X = X_1 + i X_2$ et une composante verticale Z. Nous utiliserons fréquemment la formule suivante, qui donne la composante horizontale du produit rectoriel:

$$(V \wedge V')_h = i(Z\,X' - X\,Z'). \qquad (6)$$

Nous noterons ξ la coordonnée horizontale complexe de G et α la projection horizontale complexe du vecteur unitaire de GZ. On a la coordonnée horizontale de C et de P:

$$x_c = x_p = \xi - a\,\alpha.$$

La vitesse du point du solide qui passe en P a pour valeur

$$v = \dot{\xi} - h\,\dot{\alpha} + i\,\omega\,\alpha\,r.$$

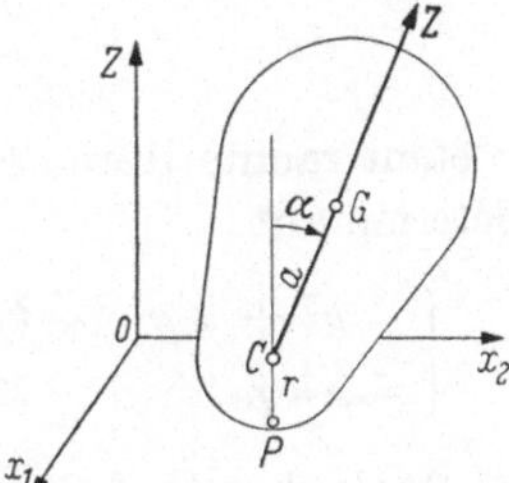

Fig. 4. Toupie sur un plan. Moments d'inertie centraux: par rapport à $Gz\ I = m\,p^2$, par rapport à un axe transversal $J = m\,\lambda^2$ $(\varrho^2 \leqq 2\,\lambda^2)$

La réaction sur le rotor en P a pour composante verticale

$$N = m\,g.$$

La composante horizontale T étant proportionnelle à v, nous écrivons

$$T = -\,k\,m\,v.$$

Pour ω constant et α petit les équations générales du mouvement du solide se réduisent à leurs projections horizontales

$$m\,\ddot{\xi} = F,$$

$$i\,J\,\ddot{\alpha} + I\,\omega\,\dot{\alpha} = L \quad \text{ou} \quad J\,\ddot{\alpha} - i\,I\,\omega\,\dot{\alpha} = -i\,L. \qquad (7)$$

F et L sont respectivement les projections horizontales de la somme géomètrique et du moment résultant des forces appliquées au solide. La seule force à considérer ici est la réaction au point de contact. Si on utilise (6) et (7), le système (7) s'écrit

$$\ddot{\xi} = \frac{T}{m}, \quad \lambda^2\,\ddot{\alpha} - i\,\varphi^2\,\omega\,\dot{\alpha} - a\,g\,\alpha = -h\,\frac{T}{m}. \qquad (8)$$

Indépendamment de toute hypothèse sur la valeur de T ce système fournit une relation entre α et ξ:

$$-\ddot{\xi}\,h = \lambda^2\,\ddot{\alpha} - i\,\varrho^2\,\omega\,\dot{\alpha} - a\,g\,\alpha$$

ou, en notation symbolique

$$\frac{\xi}{\alpha} = \frac{1}{h}\left(-\lambda^2 + i\,\frac{\varrho^2\,\omega}{p} + \frac{a\,g}{p^2}\right). \qquad (9)$$

Remplaçons d'autre part dans (8) la force T par sa valeur. Il vient

$$\ddot{\xi} + k(\dot{\xi} - h\,\dot{\alpha} + i\,\omega\,\alpha\,r) = 0,$$

$$\lambda^2\,\ddot{\alpha} - i\,\varrho^2\,\omega\,\dot{\alpha} - a\,g\,\alpha - k\,h\,(\dot{\xi} - h\,\dot{\alpha} + i\,\omega\,\alpha\,r) = 0. \tag{10}$$

Ce système d'équations linéaires admet des solutions de la forme

$$\xi = X\,e^{pt}, \quad \alpha = A\,e^{pt},$$

p étant racine d'une équation caractéristique qui s'écrit sous forme de déterminant

$$\begin{vmatrix} p^2 + k\,p & -k\,p + i\,k\,\omega\,r \\ -k\,h\,p & \lambda^2\,p^2 - (i\,\omega\,\varrho^2 - k\,h^2)\,p - a\,g - i\,\omega\,k\,h\,r \end{vmatrix} = 0.$$

Après développement et division par p (la racine $p = 0$ caractérisant l'indifférence en position dans le plan horizontal), on obtient l'équation caractéristique

$$f(p) \equiv \lambda^2\,p^3 + [-i\,\omega\,\varrho^2 + k\,(h^2 + \lambda^2)]\,p^2 - [a\,g + k\,i\,\omega\,(r\,h + \varrho^2)]\,p - k\,a\,g = 0 \tag{11}$$

ou, en mettant en évidence le rôle de k,

$$p(\lambda^2\,p^2 - i\,\omega\,\varrho^2\,p - a\,g) + k\,[(h^2 + \lambda^2)\,p^2 - i\,\omega\,(r\,h + \varrho^2)\,p - a\,g] = 0 \tag{12}$$

ou encore

$$(p + k)\,(\lambda^2\,p^2 - i\,\omega\,\varrho^2\,p - a\,g) + k\,h\,p(h\,p - i\,\omega\,r) = 0. \tag{12b}$$

Malgré l'existence de coefficients complexes dans les équations, la situation vis à vis de la stabilité est la même que dans la théorie habituelle des petits mouvements. A une valeur imaginaire pure de p correspond une précession pure. Pour qu'il y ait stabilité du régime stationnaire, il faut que les racines de l'équation aient toutes leur partie réelle négative.

On remarque que pour $k = 0$ (*absence de frottement*) l'equation (12) se réduit à

$$\lambda^2\,p^2 - i\,\omega\,\varrho^2\,p - a\,g = 0. \tag{13}$$

Les racines sont purement imaginaires à condition que

$$\omega^2 > 4\,a\,g\,\frac{\lambda^2}{\varrho^4}, \tag{14}$$

ce qui impose un minimum de ω lorsque a est positif. Si la condition (14) n'est pas remplie, l'instabilité est certaine puisque les racines de l'équation (13) sont réelles et de signe contraire. Quand la condition (14) est remplie, nous poserons $p = i\,u$, et l'équation (13) se transforme en

$$\lambda^2\,u^2 - \omega\,\varrho^2\,u + a\,g = 0. \tag{13b}$$

Dans une véritable toupie ω est très grand, et les deux racines de (13b) sont très peu différentes des valeurs

$$u = \frac{\omega \varrho^2}{\lambda^2} = v_0 , \qquad u = \frac{a\,g}{\omega\,\varrho^2} = u_0 ,$$

que l'on obtient en négligeant successivement le premier et le troisième terme de l'équation. L'équation (13b) elle même peut s'écrire

$$\frac{u^2}{v_0} - u + u_0 = 0 .$$

(Dans une toupie telle que le gyroscope FLEURIAIS il y a centre v_0 et u_0 un rapport de l'ordre de 10^4.)

Le cas ou k *est infiniment grand* est celui de *l'adherence* qu'implique la théorie habituelle du frottement. Il conduit à tirer de (12) l'équation (15) très analogue à (13):

$$(\lambda^2 + h^2)\,p^2 - i\,\omega\,(\varrho^2 + r\,h)\,p - a\,g = 0 \tag{15}$$

avec la forme complémentaire en u

$$(\lambda^2 + h^2)\,u^2 - \omega\,(\varrho^2 + r\,h)\,u + a\,g = 0 . \tag{15b}$$

Les racines pour ω grand sont sensiblement

$$u = \omega\,\frac{\varrho^2 + r\,h}{\lambda^2 + h^2} = v_1 , \qquad u = \frac{a\,g}{(\varrho^2 + r\,h)\,\omega} = u_1 .$$

Pour r petit u_1 diffère très peu de u_0, et v, diffère de v_0 par la substitution du moment d'inertie transversal relatif au pivot au moment central d'inertie. Comme nous l'avions annoncé, il n'y a pas plus d'amortissement pour k infini que pour $k = 0$.

Examinons maintenant ce qui se passe quand le paramètre k a une valeur finie et non nulle. Le passage de la stabilité à l'instabilité est caractérisé par l'existence d'une racine purement imaginaire de l'équation (12). Or pour p imaginaire pur, l'equation (12) dans laquelle les deux quantités entre crochets sont réelles ne peut être satisfaite que si ces deux quantités sont nulles simultanément, c'est à dire si une valeur de u est à la fois racine de (13b) et (15b). L'instabilité apparait par confusion d'une des fréquences propres du mouvement sans frottement avec une fréquence propre du mouvement sans glissement. Par soustraction de (13b) et (15b) on a immédiatement la valeur de la racine commune éventuelle

$$u = \frac{\omega\,r}{h} .$$

En reportant dans (13b) on trouve la condition

$$\omega^2\,\frac{r}{h}\left(\lambda^2\,\frac{r}{h} - \varrho^2\right) + a\,g = 0 .$$

Le signe du premier membre interviendra donc certainement dans la stabilité. Pour préciser davantage, plaçons nous dans un cas voisin ou

$$\omega^2 \frac{r}{h}\left(\lambda^2 \frac{r}{h} - \varrho^2\right) + a\,g = \eta$$

avec η petit. L'équation (12) aura une racine voisine de $i\,\omega\,\frac{r}{h}$. Nous poserons donc $h = i\,\omega\,\frac{r}{h} + q$, q étant petit. L'équation s'écrit alors

$$f\left(i\,\omega\frac{r}{h} + q\right) = f\left(i\,\omega\,\frac{r}{h}\right) + q\,f'_p\left(i\,\omega\,\frac{r}{h}\right) = 0.$$

Or

$$f\left(i\,\omega\,\frac{r}{h}\right) = \left(i\,\omega\,\frac{r}{h} + k\right)\eta,$$

$$f'_p\left(i\,\omega\,\frac{r}{h}\right) = \left(2\,\lambda^2\,i\,\omega\,\frac{r}{h} - i\,\omega\,\varrho^2\right)\left(i\,\omega\,\frac{r}{h} + k\right) + k\,h^2\,i\,\omega\,\frac{r}{h}.$$

En achevant le calcul on trouve que la partie réelle de q a toujours le signe de η. La condition de stabilité de la toupie, indépendante de la valeur de k, s'écrit donc

$$\omega^2 \frac{r}{h}\left(\lambda^2 \frac{r}{h} - \varrho^2\right) + a\,g < 0. \tag{16}$$

Pour ω très grand, et r non très petit, elle prend la forme simplifiée

$$h\left(\lambda^2 \frac{r}{h} - \varrho^2\right) < 0. \tag{16b}$$

La condition (16) couvre d'ailleurs la condition (14) car elle exprime que $\omega\,r/h$ est compris entre les racines de (13b) ce qui entraine leur réalité. C'est la seule condition de stabilité de la toupie à frottement linéaire.

3.2 Discussion de la condition de stabilité et classification des toupies

Nous distinguons les cas suivants:

a) $a > 0$ entrainant à fortiori $h > 0$.

    $\dfrac{r}{h} > \dfrac{\varrho^2}{\lambda^2}$ aucune stabilité possible quelque soit ω.

    $\dfrac{r}{h} < \dfrac{\varrho^2}{\lambda^2}$ stabilité *au dessus* d'une valeur critique de ω.

b) $a < 0$ mais $h > 0$.

    $\dfrac{r}{h} > \dfrac{\varrho^2}{\lambda^2}$ stabilité *au dessous* d'une valeur critique de ω.

    $\dfrac{r}{h} < \dfrac{\varrho^2}{\lambda^2}$ stabilité pour toutes les valeurs de ω.

c) $-a < 0$ et $h < 0$.

Pour toute configuration stabilité *au dessous* d'une valeur critique de ω.

3.3 Cas de la toupie rapide

On peut alors séparer l'étude du mouvement rapide de celle du mouvement lent.

Dans le mouvement rapide p est de l'ordre de ω. Dans l'équation (11) on peut négliger les termes en $a\,g$ et écrire

$$p^2 + \left[-i\,\omega\,\frac{\varrho^2}{\lambda^2} + k\left(1 + \frac{h^2}{\lambda^2}\right)\right] p - k\,i\,\omega\,\frac{r\,h + \varrho^2}{\lambda^2} = 0. \qquad (17)$$

On trouve facilement les conditions pour qu'une équation du second degré à coéfficients complexes ait des racines à partie réelle négative. Si cette équation s'écrit

$$p^2 + (a_1 + i\,a_2)\,p + b_1 + i\,b_2 = 0,$$

les conditions sont

$$a_1 > 0, \qquad a_1(a_1\,b_1 + a_2\,b_2) - b_2^2 > 0, \qquad (18)$$

ce qui donne ici : $r/h < \varrho^2/\lambda^2$. Cette condition est toujours remplie pour h négatif. Lorsque h est positif, elle est identique à (16 b). On peut en conclure que lorsque la toupie à h positif est instable, cette *instabilité affecte le mouvement rapide.*

L'équation (17) se resout sans difficulté dans le cas général. Si en particulier on admet $k \ll \omega$ on trouve comme racine

$$p = i\,\omega\,\frac{\varrho^2}{\lambda^2} - k\,h\left(\frac{h}{\lambda^2} - \frac{r}{\varrho^2}\right),$$

ce qui donne une idée de l'amortissement du mouvement rapide.

Dans le mouvement lent p est de l'ordre de grandeur de $u_0 = \dfrac{a\,g}{\varrho^2\,\omega}$. Dans l'équation (12) on peut abandonner le terme en p^3. Il reste

$$\left(-i + \frac{k}{\omega}\right) p^2 - \left[u_0 + k\,i\left(1 + \frac{r\,h}{\varrho^2}\right)\right] p - u_0 = 0. \qquad (19)$$

L'application du critérium (18) donne ici la condition $h > 0$. *Le mouvement lent est stable si le centre d'inertie est au dessus du point de contact, instable dans le cas contraire.*

L'équation (19) se résout sans difficulté. Si par example on suppose $u_0 \ll k \ll \omega$, ce qui est assez général, on trouve la racine

$$p = \frac{i\,u_0}{1 + \dfrac{r\,h}{\varrho^2}} - \frac{u_0^2}{k}\,\frac{r\,h}{\varrho^2}\,\frac{1}{\left(1 + \dfrac{r\,h}{\varrho^2}\right)^3}. \qquad (20)$$

L'amortissement change bien de signe avec h. Il est d'ailleurs très petit lorsque r et h sont petits.

Aux racines ainsi mises en évidence il faut naturellement ajouter une racine à partie réelle prépondérante de l'ordre de $p = -k$, du moins pour h petit, comme il ressort de (12 b).

14*

Fig. 5 récapitule les propriétés de stabilité du gyroscope sur support plan.

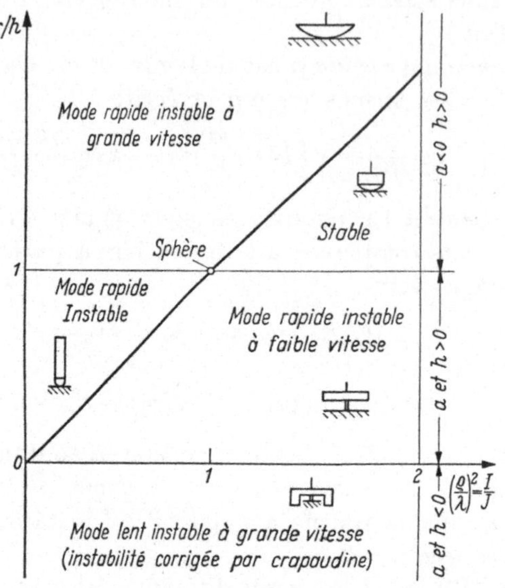

Fig.5 . Classification des toupies

4. La toupie sur crapaudine sphérique

Lorsque la toupie doit être utilisée comme indicateur de verticale, on adopte de toutes petites valeurs de r pour dimineur le frottement de pivotement. D'autre part le désir d'obtenir une vitesse de précession u_0 assez basse fait choisir a et h petits. Dans ces conditions la stabilité du mouvement lent est très petite si h est positif et disparait si h est négatif. Or l'expérience montre que la toupie Fleuriais est stable, et même rapidement amortie, bien qu'elle soit caractérisée par un h négatif. Son mystère n'est donc pas encore éclairci. Mais ici on doit faire intervenier comme essentiel le fait que sa crapaudine est une coupelle concave et non un élément de plan. La nécessité de la crapaudine concave apparait clairement si on considère la formule (9) qui donne la valeur de ξ/α. Pour le mouvement lent elle se réduit sensiblement à

$$\frac{\xi}{\alpha} = \frac{1}{h}\,\frac{a\,g}{p^2} = -\,\frac{\varrho^2}{h}\,\frac{\omega}{u_0}\,.$$

Dans le cas de la toupie Fleuriais on trouve $\xi/\alpha \sim 5{,}2$ km . Ceci signife que s'il était possible de placer une telle toupie sur un plan illimité, elle décrirait un cercle de 100 m de rayon lorsque son axe décrirait un cône de 1°. Or précisèment une toupie à h faiblement positif ou même négatif a obligatoirement un pivot situé dans une cavité, et ses déplacements doivent être strictement limités. Les phénomènes que nous avons décrits à propos de la toupie sur plan ne sont, en fait, observables que pour h positif et assez grand.

4.1 Equations du mouvement de la toupie à crapaudine sphérique

Nous appellerons $R + r$ le rayon de la crapaudine, de manière que R représente le rayon de la sphère décrite par le point C. La variable ξ sera remplacée par le petit angle Θ d'inclinaison du rayon OC. On a $\xi = -R\,\Theta + a\,\alpha$. La vitesse au point de contact $v = -[R\,\dot\Theta + r\,\dot\alpha + i\,\omega\,r\,(\Theta - \alpha)]$. La réaction normale a maintenant une composante horizontale $-m\,g\,\Theta$. Compte tenu de ces modifications, les équations générales deviennent

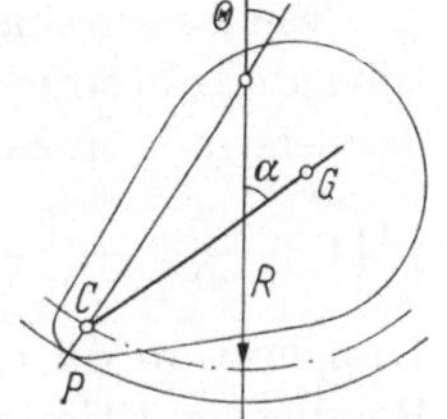

Fig. 6. Toupie à crapaudine concave

$$-R\,\ddot\Theta + a\,\ddot\alpha = g\,\Theta + k[R\,\dot\Theta + r\,\dot\alpha + i\,\omega\,r\,(\Theta - \alpha)],$$

$$\lambda^2\,\ddot\alpha - i\,\omega\,\varrho^2\,\dot\alpha = -g\,a\,(\Theta - \alpha) - k\,h[R\,\dot\Theta + r\,\dot\alpha + i\,\omega\,r\,(\Theta - \alpha)].$$

L'équation caractéristique s'écrit

$$\begin{vmatrix} a\,p^2 - k\,r\,p + i\,k\,\omega\,r & -p^2 - k\,p - \left(\dfrac{g}{R} + k\,i\,\omega\,\dfrac{r}{R}\right) \\[2ex] \lambda^2\,p^2 + p\,(-i\,\omega\,\varrho^2 + k\,r\,h) - i\,\omega\,k\,r\,h - g\,a & p\,k\,h + i\,\omega\,k\,h\,\dfrac{r}{R} + \dfrac{a\,g}{R} \end{vmatrix} = 0.$$

Son développement fournit une équation du quatrième degré en p de la forme

$$a_0\,p^4 + a_1\,p^3 + a_2\,p^2 + a_3\,p + a_4 = 0 \tag{21}$$

avec les coéfficients

$$\left.\begin{aligned} a_0 &= \lambda^2, \\[1ex] a_1 &= -i\,\omega\,\varrho^2 + k\,(\lambda^2 + h^2), \\[1ex] a_2 &= -i\,k\,\omega\,(\varrho^2 + r\,h) - a\,g + \frac{g}{R}\,(a^2 + \lambda^2) + i\,k\,\omega\,\frac{r}{R}\,(\lambda^2 + a\,h), \\[1ex] a_3 &= -k\,a\,g + k\,\frac{r}{R}\,(r\,g + \varrho^2\,\omega^2) - i\,\frac{g}{R}\,\omega\,\varrho^2, \\[1ex] a_4 &= -\frac{g}{R}\,(a\,g + i\,\omega\,k\,r\,h). \end{aligned}\right\} \tag{22}$$

L'équation (21) est trop compliqué pour se prêter à une discussion générale. Nous nous bornerons au cas de la toupie rapide $\omega \gg u_0$. Nous supposerons que R n'est ni trop, grand ni trop petit soit

$$\frac{r}{R} \ll 1 \quad \text{et} \quad \frac{g}{R} \gg u_0^2,$$

Cas du mouvement rapide. Dans l'équation (17) l'existence de $1/R$ ne modifie que le terme constant, dans lequel il faut remplacer

$$- i \, k \, \omega (\varrho^2 + r \, h)$$

par

$$- i \, k \, \omega \left[\varrho^2 + r \, h - \frac{r}{R} \, (\lambda^2 + a \, h) \right].$$

La modification est négligeable si r/R est petit. L'existence de la crapaudine ne modifie que peu le mouvement rapide.

Cas du mouvement lent. L'équation (19) est remplacée par l'équation suivante, obtenue en conservant les termes prépondérants des trois derniers monômes de l'équation (21):

$$p^2 \left(1 + \frac{r \, h}{\varrho^2} \right) + \left[\frac{g}{k \, R} + i \left(\omega \, \frac{r}{R} - u_0 \right) \right] p + \frac{g}{R} \left(\frac{r \, h}{\varrho^2} - i \, \frac{u_0}{k} \right) = 0 . \qquad (23)$$

L'application du critérium (18) montre que la stabilité est acquise sous la seule condition

$$1 + \frac{r \, h}{\varrho^2} > 0 \quad \text{soit} \quad h > - \frac{\varrho^2}{r} . \qquad (24)$$

L'existence de la crapaudine sphérique, dans une très large gamme de rayons, a donc assuré la stabilité du mouvement lent, à l'exception seulement de valeurs négatives de h très élevées en valeur absolue si r est petit.

Supposons maintenant $\dfrac{r \, h}{\varrho^2}$ petit devant l'unité et R assez petit pour que u_0 soit négligeable devant $\omega \, \dfrac{r}{R}$ (ce qui est largement compatible avec r/R petit). Les seuls termes qui subsistent dans l'équation (23) contiennent $1/R$ en facteur, et l'équation se réduit à

$$p \left(\omega \, r \, i + \frac{g}{k} \right) = g \left(i \, \frac{u_0}{k} - \frac{r \, h}{\varrho^2} \right).$$

Ceci donne

$$p = u_0 \, i \, \frac{u_0 \, \varrho^4 + k^2 \, r^2 \, a \, h}{u_0 \, \varrho^4 + k^2 \, r^2 \, a^2} - \frac{k \, u_0^2 \, r^2 \, \varrho^2}{\mu_0 \, \varrho^4 + k^2 \, r^2 \, a^2} . \qquad (25)$$

Lorsque k varie de 0 à l'infini, la partie imaginaire varie de u_0 à u, comme dans le cas du support plan. Mais l'amortissement est toujours positif pour k fini et non nul. Il est maximum pour $k = \dfrac{u_0 \, \varrho^2}{a \, r}$. Pour cette valeur particulière de k on obtient le résultat très simple

$$p = \frac{i}{2} \, (u_0 + u_1) - \frac{u_0}{2} \, \frac{r}{a} . \qquad (26)$$

La précession observée est alors la moyenne de la précession sans frottement et de la précession sans glissement. Cette circonstance particulière parait justement se présenter sensiblement dans le cas des gyroscopes expérimentés par FAVÉ.

FAVÉ trouve expérimentalement des vitesses de précession inférieures de 11 % à celles qu'il a calculées par la formule $u_0 = \dfrac{a \, g}{\omega \, \varrho^2}$. S'il avait pris h au lieu de a il les aurait trouvées inférieures de 20%. Cette hypothèse donne pour l'amortissement $\frac{u_0}{2}\frac{r}{a}$ une valeur de l'ordre de 5×10^{-3}, qui correspond bien à l'ordre de grandeur de l'amortissement observé, d'après l'unique courbe du genre donnée par FAVÉ, et à condition de négliger la première demi-oscillation qui correspond à un amortissement franchement plus élevé.

Revenons à la valeur particulière que nous devons supposer à k pour qu'il en soit ainsi:

$$k = \frac{u_0\,\varrho^2}{\omega\,r} = \frac{g}{\omega\,r}\,. \tag{27}$$

La définition de k par $T = m\,k\,v = f\,m\,g$ donne $k = \frac{g\,f}{v}$, où f a la valeur définie par (5): $f = \frac{3\pi}{8}\,f_0\,\frac{v}{\omega\,\varepsilon}$, d'où

$$k = \frac{3\pi}{8}\,g\,\frac{f_0}{\omega\,\varepsilon}\,. \tag{28}$$

L'amortissement maximum est réalisé si les valeurs de k (27) et (28) coincident, c'est à dire si

$$f_0 = \frac{8}{3\pi}\,\frac{\varepsilon}{r}\,.$$

Pour $r = 0{,}15$ mm on a à peu près $\varepsilon = 0{,}005$ mm. Le coéfficient f_0 serait alors de 0,027, valeur dont l'ordre de grandeur n'est pas très éloigné de la vraisemblance. Il est probable en fait que k a une valeur plus élevée que celle qui correspond à l'optimum.

4.2 Examen du cas $R = 0$

Le cas du plan traité en premier lieu correspondait au cas de $R = $ infini. On peut se demander ce qui se passe si on a strictement $R = 0$, c'est à dire si la crapaudine est étroitement ajustée sur le pivot. L'équation (21) se réduit à la forme

$$[g(a^2 + \lambda^2) + i\,k\,\omega\,r(\lambda^2 + a\,h)]\,p^2 +$$
$$+ [k\,r(r\,g + \varrho^2\,\omega^2) - i\,g\,\omega\,\varrho^2]\,p - g(a\,g + k\,i\,\omega\,r\,h) = 0$$

qui pour l'étude du mouvement lent se réduit à

$$i\,k\,r\,\frac{\lambda^2 + a\,h}{\varrho^2}\,p^2 + p(k\,\omega\,r - i\,g) - g(u_0 + k\,i\,r\,h\,\varrho^2) = 0\,.$$

La condition (13) indique ici qu'il y a instabilité en raison de excepté dans le cas très spécial de $\lambda^2 + a\,h < 0$. La toupie sur crapaudine ajustée serait donc instable. Mais il est probable qu'un jeu infime remet cette conclusion en question, une valeur de R inférieure au dixième de millimètres suffisant à donner à la pulsation caractéristique $\sqrt{g/R}$ une valeur voisine de ω.

14 a*

5. Conclusion

L'hypothèse de la linéarité du frottement appliquée à l'étude de la toupie nous a permis de rendre compte des principales observations expérimentales relatives à cet appareil.

La toupie à $h > 0$ n'est sujette qu'à une instabilité du mouvement rapide, aisément identifiable par le fait qu'on voit le rotor se déplacer par rapport à l'axe instantané de rotation, quasi immobile dans l'espace absolu. Cette circonstance se produit si $r/h > \varrho^2/\lambda^2$, c'est à dire si la toupie pivote sur un bout trop arrondi. Dans certains cas, et c'est le principe de certains jouets, on peut voir la toupie lancée sur un gros bout, se coucher puis se dresser sur son petit bout.

Lorsque h est négatif, le mouvement rapide est toujours stable, mais le mouvement lent deviendrait instable si le support restait plan. On devrait voir alors l'axe instantané de rotation, pratiquement fixe dans le rotor, précessionner en s'écartant de la verticale. Mais le phénomène est en fait masqué par la concavité qu'il faut bien donner à la crapaudine.

Un rayon de crapaudine qui peut être pris quelconque dans une large gamme, étendue du millimètre au kilomètre, sauve la situation, rétablit la stabilité et assure un amortissement convenable, les caractéristiques du mouvement étant à peu près indépendante de ce rayon. On s'en étonnera moins si on songe que R peut varier très largement sans que la pulsation caractéristique $\sqrt{g/R}$ cesse d'être encadrée par u_0 et ω (de 1 à 10^8 pour $\omega/u_0 = 10^4$).

La théorie qui a été donnée du frottement dans le cas du pivotement et glissement combinés ne doit certainement pas être prise eu pied de la lettre. Mais le principe de la linéarisation du frottement de glissement par le pivotement parait solidement confirmé par la conformité à l'expérience des conséquences que nous en avons tirées.

6. Remerciements

Nous devons exprimer notre gratitude à M. l'Ingénieur Général de l'Artillerie Navale Cuny, qui ayant été amené à étudier des perfectionements à l'horizon gyroscopique Fleuriais, nous a fourni l'occasion de nous intéresser à la théorie de cet appareil. Les nombreuses conversations que nous avons eu à ce sujet ont largement contribué à nous suggérer la solution qui vient d'être proposée.

References

[1] Favé: Notice sur l'horizon gyroscopique Fleuriais. Ann. hydrographiques, 1904.

[2] Pigeaud: Resistance des matériaux et élasticité, Gauthier-Villars.

Experimentelle Untersuchungen am kardanisch gelagerten schnellen symmetrischen Kreisel mit Lagerreibung

Von

Christoph Wehrli und **Adolf Jacob**

Zürich, Schweiz

1. Einleitung

Es ist wohlbekannt, daß die Reibung in den Lagern eines kardanisch aufgehängten Kreisels eine Abweichung der Bewegung von der idealen ohne Lagerreibung bewirkt. Wird das Problem des Reibungseinflusses rein theoretisch angepackt, so sind in den Lagern AA, BB und CC des in Abb. 1 schematisch dargestellten Kreisels Reibungsmomente anzunehmen, für die mehr oder weniger idealisierte Reibungsgesetze gelten. In dieser Weise haben R. GRAMMEL und H. ZIEGLER [1] diese Aufgabe für den schnellen symmetrischen Kreisel mit verschiedenen

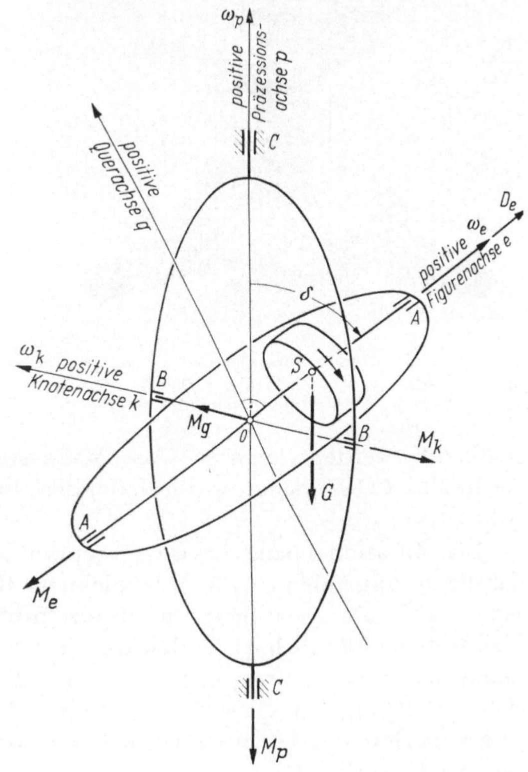

Abb. 1. Rechtsdrehender Kreisel im Kardangehänge mit den Achsen AA, BB, CC und den Reibungsmomenten M_e, M_k und M_p (bei positiven Drehungen ω_e, ω_k, ω_p), dem Schweremoment $M_g = Q \cos \delta = G s \cos \delta$ und dem Eigendrehimpuls $D_e = A \omega_e$. $OS = s$. Nach [1]

Arten von Reibung angegriffen und dabei z. T. neue, überraschende Ergebnisse betreffend Zu- und Abnahme der Präzessionsgeschwindigkeit sowie Sinken und Steigen des Schwerpunktes beim schweren Kreisel gefunden.

Die experimentelle Behandlung dieses Problemkreises, um die es hier geht, erfolgte in enger Anlehnung an die Theorie, wodurch die Möglichkeit geschaffen wurde, aus ihr gewonnene Aussagen zu überprüfen. Dies bedingte, daß sämtliche Versuche bei lotrechter Achse CC und in einem Drehzahlbereich, für den der Kreisel als schnell gelten kann, durchzuführen waren. Die zweite Versuchseigenschaft gestattet, die Massen der Kardanringe zu vernachlässigen.

In Abb. 2 sehen wir den speziell für diese Versuche von der Firma Schuler & Söhne in Zürich gebauten, durchwegs mit Kugellagern versehenen Kardankreisel ohne Eigenantrieb. Die Massen der Kardanringe aus Leichtmetall sind im Vergleich zur Rotormasse klein. Um die Möglichkeit zu erhalten, verschiedene Reibungsarten am gleichen Kreisel zu studieren, wurden Bremsen angebracht, mit denen zudem die Reibungsmomente gegeneinander ab-

Abb. 2. Versuchskreisel

$A = 350 \cdot 10^3 \text{ gcm}^2$, $G = 8290 \cdot 10^3 \text{ dyn}$, $Q = 1264 \cdot 10^3 \text{ erg}$, $s = OS = 0{,}153$ cm, Rotordurchmesser $= 19{,}3$ cm

gestimmt werden können. (Als Maßsystem für die Meßresultate diente das CGS-System, was insbesondere bei den Diagrammen zu beachten ist.)

Der Zusammenhang zwischen bremsendem Moment und Drehzahl für die im folgenden als *flüssig* bezeichnete Reibung in den Kugellagern erwies sich als nichtlinear, die beobachtete Bewegung des Kreisels aber trotzdem ähnlich wie bei linearem Reibungsgesetz. Durch genügend starke zusätzliche Bremsung wurde der Fall der *trockenen* Reibung. d. h. praktisch betragsmäßig konstanter Reibungsmomente erreicht. Das Experiment zeigt hier eine qualitativ recht gute Übereinstimmung mit der Theorie.

2. Allgemeine Beziehungen

Mit der Bezeichnung e für die Figurenachse, k für die Knotenachse und p für die Präzessionsachse bedeuten ω_e, $\omega_k = \dot\delta$ und ω_p Komponenten des Winkelgeschwindigkeitsvektors, wobei die üblichen Vorzeichenkonventionen gelten sollen. Wie aus Abb. 1 hervorgeht, ist die Vorzeichenfestsetzung für die Komponenten M_e, M_k und M_p des Reibungsmomentvektors umgekehrt.

Da wir uns auf den schnellen Kreisel beschränken, darf der Drall in erster Näherung durch den Eigendrall ersetzt werden, der mit dem Trägheitsmoment A des Rotors bezüglich e durch $A\,\omega_e$ gegeben ist. Der Drallsatz, formuliert für den mit dem (k, q, e)-System mitbewegten Beobachter, wo q die Querachse bedeutet, liefert die modifizierten EULERschen Gleichungen [2]:

$$A\,\dot\omega_e = -M_e, \tag{2.1}$$

$$A\,\omega_e\,\omega_p \sin\delta = G\,s\,\sin\delta - M_k, \tag{2.2}$$

$$A\,\omega_e\,\omega_k = M_q. \tag{2.3}$$

Anhand von Abb. 1 verifizieren wir auch leicht die Beziehung

$$M_p = M_q \sin\delta + M_e \cos\delta,$$

mit der (2.3) in

$$A\,\omega_e\,\omega_k \sin\delta = M_p - M_e \cos\delta \tag{2.4}$$

übergeht.

Aus diesen Gleichungen lassen sich ohne Benutzung eines speziellen Reibungsgesetzes einige allgemeine Folgerungen betreffend die im Experiment zu erwartende Bewegung ziehen, wobei eventuelle Sperrungen vorbehalten bleiben. So sinkt zum Beispiel der Schwerpunkt immer ab, wenn die Vertikalkomponente $M_e \cos\delta$ von M_e die Ungleichung

$$M_e \cos\delta < M_p \tag{2.5}$$

befriedigt, also bei genügend großem Winkel δ. Der Grenzfall δ_Q folgt aus (2.5) bei Gleichheit der beiden Seiten; dann hängt das Verhalten des Schwerpunkts vom Reibungsgesetz ab. Bei Anfangslagen oberhalb δ_Q hingegen beginnt der Schwerpunkt — wieder unabhängig vom Reibungsgesetz — immer zu steigen, und bringt die Figurenachse ohne Umkehr in vertikale Lage, wenn nicht vorher Ungleichung (2.5) zur Gleichung wird. Tritt letzteres ein, so sind auch die Bedingungen für Umkehr der Bewegung in der Grenzlage erfüllt, und der Schwerpunkt wird nach anfänglichem Steigen bis in die tiefste Lage absinken ([1], S. 354).

3. Bewegung bei flüssiger Reibung

Durch Messung der Momente M_e und der zugehörigen Drehzahlen ω_e zeigt sich, daß das Reibungsgesetz in den Lagern $A\,A$ ohne zusätzliche Bremsung von der Form

$$M_e = \varepsilon_e\,\omega_e^l \tag{3.1}$$

ist, wo ε_e eine nichtnegative und l eine positive Konstante bedeuten. In Abb. 3 sehen wir die Meßwerte für einen Auslaufversuch auf doppelt logarithmischem Papier eingetragen. Die Meßpunkte streuen um die gezeichnete Gerade, die als Bild von (3.1) betrachtet werden kann und durch welche die Werte für ε_e und l bestimmt sind.

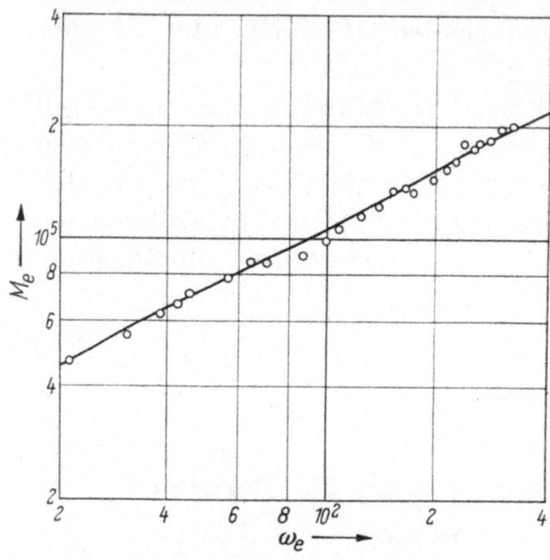

Abb. 3. Flüssige Reibung
Eigenlagerreibung $M_e(\omega_e)$. Ansatz: $M_e = \varepsilon_e\,\omega_e^l$; eingezeichnete Gerade: $l \approx 0{,}508,\ \varepsilon_e \approx 9750$

Der gleichartige Bau der Lager in BB und CC berechtigt uns, die betreffenden Reibungsgesetze in der Form

$$M_k = \varepsilon_k\,\omega_k^m, \qquad M_p = \varepsilon_p\,\omega_p^n \qquad (3.2)$$

anzunehmen. Die Werte für ε_k, ε_p, m und n lassen sich aus technischen Gründen freilich nicht in gleicher Weise ermitteln. Die Kenntnis dieser Größen ist im folgenden nicht notwendig, ausgenommen jene von n, auf deren Bestimmung wir jedoch nicht eingehen können. Es sei noch darauf hingewiesen, daß die Potenzfunktionen in (3.1) und (3.2) aus mechanischen Gründen ungerade vorauszusetzen sind.

Für die experimentelle Ermittlung der Bewegung, insbesondere der Änderungen des Winkels δ, wurde der Versuchskreisel bei einer

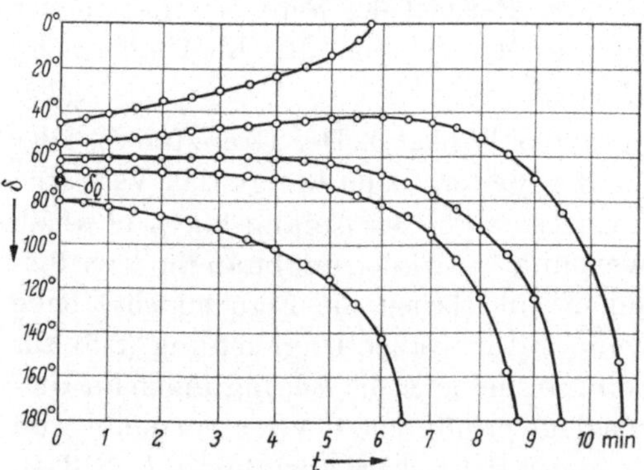

Abb. 4. Flüssige Reibung
$\delta(t)$ für verschiedene Anfangslagen δ_0, $\omega_0 = 125{,}6\ s^{-1}$
$(n_0 = 1200\ \mathrm{U\,min^{-1}});\ \delta_Q \approx 71^\circ$

stets gleich gewählten Drehzahl ω_0, aber verschiedenen Ausgangslagen δ_0 sich selbst überlassen. Mit den Meßwerten für δ, aufgetragen über der Zeit t, lassen sich die Kurven von Abb. 4 zeichnen, wobei wir uns auf eine Auswahl von fünf Versuchen beschränken. Sie zeigen schön das in Abschnitt 2 beschriebene Verhalten und weisen im wesentlichen den Verlauf auf, den R. Grammel und

H. Ziegler bei linearem Reibungsgesetz gefunden haben. Um den Verlauf noch etwas besser mit dem theoretischen vergleichen zu können, benutzen wir die Gln. (2.1), (2.2) und (2.4).

Unter Verwendung von $Q = G\,s$ und $u = \cos\delta$ folgt mit (3.1) und (3.2)

$$A\,\dot{\omega}_e = -\varepsilon_e\,\omega_e^l, \tag{3.3}$$

$$A\,\omega_e\,\omega_p\,(1-u^2)^{\frac{m+1}{2}} = Q\,(1-u^2)^{\frac{m+1}{2}} + \varepsilon_k\,\dot{u}^m, \tag{3.4}$$

$$A\,\omega_e\,\dot{u} = \varepsilon_e\,\omega_e^l\,u - \varepsilon_p\,\omega_p^n. \tag{3.5}$$

Das zum Anfangswert ω_0 passende Integral von (3.3) lautet

$$\omega_e = \omega_0\left[1 + \frac{(l-1)\,\varepsilon_e\,\omega_0^{l-1}}{A}\,t\right]^{\frac{1}{1-l}}$$

und erhält mit dem neuen Zeitmaß

$$T = \left[1 + \frac{(l-1)\,\varepsilon_e\,\omega_0^{l-1}}{A}\,t\right]^{\frac{1}{l-1}} \tag{3.6}$$

die einfache Form

$$\omega_e = \frac{\omega_0}{T}. \tag{3.7}$$

Verwenden wir die neuen Variablen u und T, so nehmen die Kurven von Abb. 4 die in Abb. 5 wiedergegebene Gestalt an. In diesen Variablen läßt sich leicht ein qualitativer Vergleich mit dem Spezialfall $\varepsilon_k = 0$ anstellen. Nach Elimination von ω_p aus (3.4) und (3.5) finden wir nämlich mit (3.7) leicht

$$u = \frac{1}{l+n-1}\left\{[(l+n-1)\,u_0 + u_Q]\,T - u_Q\,T^{l+n}\right\}, \qquad (l+n-1 \neq 1). \tag{3.8}$$

Darin bedeuten $u_0 = u(1)$ und u_Q den Quotienten der anfänglichen Reibungsmomente M_{p0} und M_{e0}:

$$u_Q = \frac{M_{p0}}{M_{e0}}.$$

Neben einer der experimentell erhaltenen Kurven sehen wir in Abb. 5 das Bild von (3.8) mit der gleichen Anfangsordinate u_0. Fassen wir die experimentellen Kurven als Lösungen $u(T)$ von (3.4) bzw. (3.5) auf, so haben wir das gleiche Bild wie beim theoretisch ausführlich behandelten Fall mit linearem Reibungsgesetz ([1] S. 359).

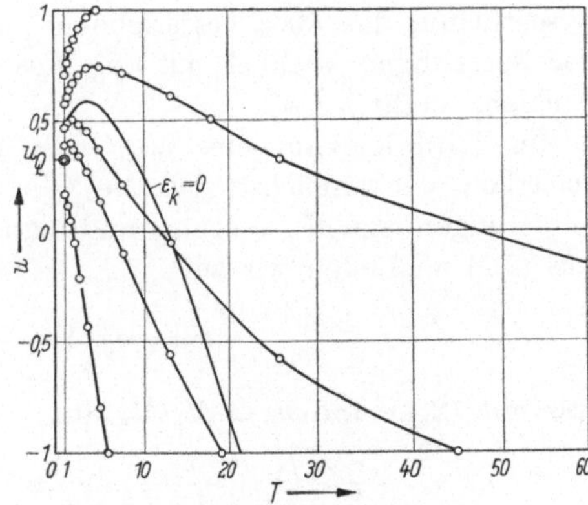

Abb. 5. Flüssige Reibung. (u, T)-Diagramm
$T = (1 - 1{,}474 \cdot 10^{-3}\,t)^{-2{,}074}$ aus Gl. (3.6) mit
$\bar{l} = 0{,}518$ und $\bar{\varepsilon}_e = 10\,740$.
Theoretische Kurve für $\varepsilon_k = 0$: $u = -2{,}132\,(0{,}100\,T - 0{,}325\,T^{0{,}531})$ aus Gl. (3.8) mit $\bar{l} = 0{,}518$, $n = 0{,}013$, $u_Q = 0{,}325$

4. Bewegungen und Sperrungen bei trockener Reibung

Für trockene Reibung in den Lagern $A\,A$, d. h. konstantes Reibungsmoment M_e, verlangt (2.1) einen zeitlich linearen Verlauf von ω_e. Dies konnte durch die am Versuchskreisel vorhandenen Bremsen praktisch erzielt werden. Die aus dem linearen Verlauf von ω_e gewonnenen Werte von M_e fallen jedoch für die einzelnen Versuche leicht verschieden aus. Zur Erreichung konstanter Momente M_k und M_p mußten um die betreffende Achse gewickelte, über reibungsarme Umlenkrollen laufende Fäden mit angehängten Gewichten benutzt werden, da die mit den eingebauten Bremsen erzeugten Momente infolge der kleinen Winkelgeschwindigkeiten starken Schwankungen unterworfen waren.

Auch bei diesen Versuchen wurde der Kreisel bei stets gleich gewählter Anfangsdrehzahl ω_0 aus verschiedenen Lagen δ_0 losgelassen. Neben $u_0 = \cos\delta_0$ ist hier auch die gegenseitige Abstimmung von M_e, M_k, M_p und Q für die sich einstellende Bewegung maßgebend.

Die Theorie führt auf die Unterscheidung von fünf Fällen, von denen nur jene angeführt seien, zu denen auch experimentelle Ergebnisse vorliegen:

a) $M_p > M_e$, $M_k > Q$; völlige Sperrung der Schwerpunktsbewegung $\dot{u}$ und der Präzession ω_p.

b) $M_p < M_e$, $M_k > Q$; Steigen des Schwerpunktes bei $\omega_p > 0$ für $u > u_q$, Sinken bei $\omega_p < 0$ für $u < -u_q$, Sperrung von $\dot{u}$ und ω_p, wenn $-u_q < u < u_q$.

c) $M_p > M_e$, $M_k < Q$; Sinken bei $\omega_p > 0$, wenn $-u_p < u < u_p$, Sperrung von $\dot{u}$ und ω_p für $u > u_p$ und $u < -u_p$.

Die zu diesen drei Fällen durchgeführten Versuche ergaben im wesentlichen das eben beschriebene Verhalten, das — abgesehen von den Sperrungen — auch mit den Feststellungen von Abschnitt 2 im Einklang steht.

Im Hinblick auf eine geeignete Darstellung der Meßergebnisse bemerken wir zunächst, daß die Gln. (2.1), (2.2) und (2.4) mit den Forderungen $\operatorname{sgn} M_p = \operatorname{sgn}\omega_p$ und $\operatorname{sgn} M_k = \operatorname{sgn}\omega_k$ auch hier gelten. Aus (2.1) schließen wir auf

$$\omega_e = \omega_0\left(1 - \frac{M_e}{A\,\omega_0}t\right), \qquad (4.1)$$

was mit (2.4) und $u_q = M_p/M_e$ auf

$$\frac{A\,\omega_0}{M_e}\left(1 - \frac{M_e}{A\,\omega_0}t\right)\dot{u} = u \mp u_q, \quad (\omega_p \gtrless 0) \qquad (4.2)$$

führt. Diese Gleichung läßt sich mit

$$\tau = -\ln\left(1 - \frac{M_e}{A\,\omega_0}t\right) \qquad (4.3)$$

in der einfachen Form

$$\frac{du}{d\tau} = u \mp u_q, \qquad (\omega_p \gtrless 0) \tag{4.4}$$

schreiben. Das Bild von (4.4) in der Phasenebene $(du/d\tau,\ u)$ ist eine Gerade.

Abb. 6 zeigt die Meßresultate, dargestellt in der Phasenebene, für die beiden möglichen Bewegungen von Fall b (bezeichnet mit b_1 und b_2) und für jene von Fall c (bezeichnet mit c). Dabei stützt sich die Umrechnung von t auf τ auf den im betreffenden Versuch festgestellten

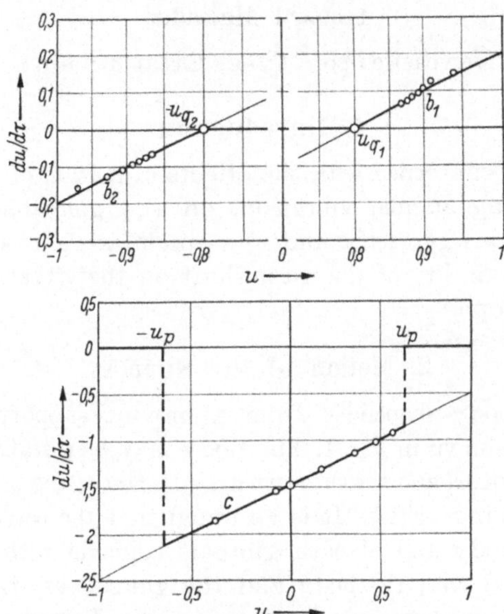

Abb. 6. Trockene Reibung. Phasendiagramme

τ aus Gl. (4.3) mit $\omega_0 = 209{,}4\ s^{-1}$ ($n_0 = 2000$ U min^{-1}) und $M_e = 1120 \cdot 10^3$ für b_1, $1109 \cdot 10^3$ für b_2 und $634 \cdot 10^3$ für c

Wert von M_e. Aus diesem Grund stimmen in Fall b die beiden Werte u_{q_1} und u_{q_2} nicht genau überein. Die Grenzen zwischen Sinken des Schwerpunktes und Sperrung im Fall c ergibt sich aus dem Stillstand der Präzession, für den nach (2.2) $\sin\delta = M_k/Q$, also $u_p = \sqrt{1 - (M_k/Q)^2}$ gilt.

Zusammenfassend stellen wir fest, daß auch bei trockener Reibung das Experiment die aus der Theorie gewonnenen Aussagen recht gut bestätigt.

Literatur

[1] GRAMMEL, R., u. H. ZIEGLER: Ing.-Arch. 24, 351 (1956).
[2] TIMOSHENKO, S., and D. H. YOUNG: Advanced Dynamics, New York/Toronto/London: 1948, S. 334.

Aspects of the Gimbal Suspension of Gyroscopes

By

Leonard Maunder

Newcastle upon Tyne, Great Britain

1. Introduction

This paper is concerned with the effects of motion of the supporting member, including angular vibration, on a) a gimbal-supported platform, b) a two-axis gyroscope and c) a single-axis gyroscope, and with the effects of flexibility of the rotor-shaft on the vibration of a single-axis rate gyroscope.

2. Motion of the Support

Consider a body suspended from a moving support by means of two gimbals, as shown in Fig. 1. The body may be a stabilized platform or a high-speed rotor, and the support may be the casing of an instrument or part of a moving vehicle. It is assumed that the centres of mass of the suspended body and of both gimbals coincide with the centre of suspension O, and that the body and the gimbals are free of external torques. In these circumstances the body can be affected only by torques applied to it by the inner gimbal. These may be considered in two components, one acting about the bearing axis which consists of frictional and any deliberately applied control torques, and the other a perpendicular component arising from normal reactions. If the inner gimbal had no inertia, these components would be identical with those transmitted from the outer to the inner gimbal, and if in turn the outer gimbal had no inertia they would be equal to the components derived via the outer bearing from the support. The masses or inertias of the gimbals will in general modify this result.

Let $O\overline{X}\,\overline{Y}\,\overline{Z}$ (Fig. 1) be a set of axes fixed to the support, $OXYZ$ to the outer gimbal, $Oxyz$ to the inner gimbal and $O\xi\eta\zeta$ to the body. All sets are orthogonal; $O\overline{X}$, $O\overline{Y}$ and Oz are taken in the directions of the three bearing axes, and $O\overline{X}$ and OX, OY and Oy, Oz and $O\zeta$ are assumed to coincide in pairs. Let $(\Omega_1, \Omega_2, \Omega_3)$ define the component angular velocities of the support about its axes $O\,\bar{X}\,\bar{Y}\,\bar{Z}$ and $(\theta_1,\,\theta_2,\,\theta_3)$ define the directions of the other axes relative to those of the support.

We first consider a problem of statics. If T_X, T_y and T_ζ are the component torques exerted respectively on the outer gimbal by the support, the inner gimbal by the outer gimbal and the suspended body by the inner gimbal, in each case about the axis of the connecting bearing, we may determine by resolution the remaining two component torques T_ξ and T_η which act on the body through normal reactions. It is convenient at this stage to neglect the effect of gimbal inertias, which will be con-

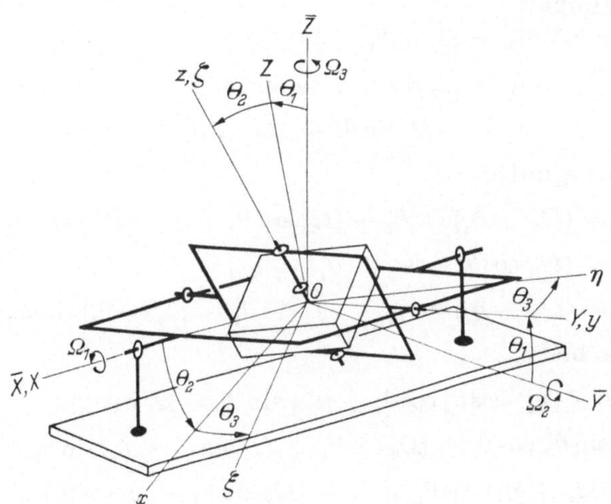

Fig. 1. Body suspended in two gimbals

sidered later, and to use the asterisk superscript to indicate a frictional or control torque, both of which are assumed to be known functions of the corresponding gimbal angles. Then, provided the angle θ_2 does not equal $\pi/2$ radians, the six simultaneous equations of equilibrium for the outer and inner gimbals give on reduction

$$\left.\begin{aligned}
T_\xi &= T_X^* \sec\theta_2 \cos\theta_3 + T_y^* \sin\theta_3 - T_\zeta^* \tan\theta_2 \cos\theta_3, \\
T_\eta &= -T_X^* \sec\theta_2 \sin\theta_3 + T_y^* \cos\theta_3 + T_\zeta^* \tan\theta_2 \sin\theta_3.
\end{aligned}\right\} \tag{1}$$

It will be noted that T_X^* and T_ζ^* make very large contributions to the resultant torque on the suspended body as θ_2 approaches the value $\pi/2$, although the inertia effects associated with any motion of the gimbals are then also of increasing importance. Eqs. (1) may be inverted to determine the control torques T_X^*, T_y^* and T_ζ^* required to counteract any external disturbances $T_{\xi d}$, $T_{\eta d}$ and $T_{\zeta d}$ that may be applied to the body. The results are shown in Eqs. (2),

$$T_X^* = -T_{\xi d} \cos\theta_2 \cos\theta_3 + T_{\eta d} \cos\theta_2 \sin\theta_3 - T_{\zeta d} \sin\theta_2, \left.\vphantom{\begin{matrix}1\\1\\1\end{matrix}}\right\}$$
$$T_y^* = -T_{\xi d} \sin\theta_3 - T_{\eta d} \cos\theta_3, \qquad\qquad\qquad\qquad\qquad (2)$$
$$T_\zeta^* = -T_{\zeta d}.$$

The essential kinematical relations required for the study of inertia effects are shown in Eqs. (3), where the three component angular velocities of each of the three members of the system are expressed in terms of the gimbal angles and the motion of the support. For the outer gimbal:

$$\omega_X = \Omega_1 + \dot\theta_1, \left.\vphantom{\begin{matrix}1\\1\\1\end{matrix}}\right\}$$
$$\omega_Y = \Omega_2 \cos\theta_1 + \Omega_3 \sin\theta_1, \qquad\qquad (3\,\mathrm{a})$$
$$\omega_Z = -\Omega_2 \sin\theta_1 + \Omega_3 \cos\theta_1;$$

for the inner gimbal:

$$\omega_x = (\Omega_1 + \dot\theta_1) \cos\theta_2 + (\Omega_2 \sin\theta_1 - \Omega_3 \cos\theta_1) \sin\theta_2, \left.\vphantom{\begin{matrix}1\\1\\1\end{matrix}}\right\}$$
$$\omega_y = (\Omega_2 \cos\theta_1 + \Omega_3 \sin\theta_1) + \dot\theta_2, \qquad\qquad (3\,\mathrm{b})$$
$$\omega_z = (\Omega_1 + \dot\theta_1) \sin\theta_2 - (\Omega_2 \sin\theta_1 - \Omega_3 \cos\theta_1) \cos\theta_2;$$

and for the body:

$$\omega_\xi = (\Omega_1 + \dot\theta_1) \cos\theta_2 \cos\theta_3 + (\Omega_2 \sin\theta_1 - \Omega_3 \cos\theta_1) \times$$
$$\times \sin\theta_2 \cos\theta_3 + (\Omega_2 \cos\theta_1 + \Omega_3 \sin\theta_1 + \dot\theta_2) \sin\theta_3,$$
$$\omega_\eta = -(\Omega_1 + \dot\theta_1) \cos\theta_2 \sin\theta_3 - (\Omega_2 \sin\theta_1 - \Omega_3 \cos\theta_1) \times \qquad (3\,\mathrm{c})$$
$$\times \sin\theta_2 \sin\theta_3 + (\Omega_2 \cos\theta_1 + \Omega_3 \sin\theta_1 + \dot\theta_2) \cos\theta_3,$$
$$\omega_\zeta = (\Omega_1 + \dot\theta_1) \sin\theta_2 - (\Omega_2 \sin\theta_1 - \Omega_3 \cos\theta_1) \cos\theta_2 + \dot\theta_3.$$

Various special results can be obtained from these equations, including the angular velocities arising when either the support or the suspended body is stationary. The former follow at once by making $\Omega_1 = \Omega_2 = \Omega_3 = 0$ and the latter by putting $\omega_\xi = \omega_\eta = \omega_\zeta = 0$. In the latter case the gimbal motions are expressed in terms of the motion of the vehicle by Eqs. (4),

$$\dot\theta_1 = -\Omega_1 - \Omega_2 \sin\theta_1 \tan\theta_2 + \Omega_3 \cos\theta_1 \tan\theta_2, \left.\vphantom{\begin{matrix}1\\1\\1\end{matrix}}\right\}$$
$$\dot\theta_2 = -\Omega_2 \cos\theta_1 - \Omega_3 \sin\theta_1, \qquad\qquad\qquad (4)$$
$$\dot\theta_3 = \Omega_2 \sin\theta_1 \sec\theta_2 - \Omega_3 \cos\theta_1 \sec\theta_2.$$

We shall retain the asterisk superscript to denote a component torque acting about the axis of a bearing and indicate the direction of a component by a subscript. Thus (T_X^*, T_Y, T_Z) are the torques applied to the outer gimbal by the support about OX, OY and OZ respectively,

(T_x, T_y^*, T_z) are those applied to the inner gimbal by the outer gimbal about Ox, Oy and Oz, and $(T_\xi, T_\eta, T_\zeta^*)$ are those applied to the suspended body by the inner gimbal about $O\xi, O\eta$ and $O\zeta$. The general equations of rotational motion of the system may then be written down in terms of these torques and the component angular momenta of the parts, namely, (h_X, h_Y, h_Z) for the outer gimbal, (h_x, h_y, h_z) for the inner and (h_ξ, h_η, h_ζ) for the body. For the outer gimbal:

$$
\left.
\begin{aligned}
T_X^* - T_x \cos\theta_2 - T_z \sin\theta_2 &= \dot{h}_X - h_Y \omega_Z + h_Z \omega_Y, \\
T_Y - T_y^* &= \dot{h}_Y - h_Z \omega_X + h_X \omega_Z, \\
T_Z + T_x \sin\theta_2 - T_z \cos\theta_2 &= \dot{h}_Z - h_X \omega_Y + h_Y \omega_X;
\end{aligned}
\right\} \quad (5a)
$$

for the inner gimbal:

$$
\left.
\begin{aligned}
T_x - T_\xi \cos\theta_3 + T_\eta \sin\theta_3 &= \dot{h}_x - h_y \omega_z + h_z \omega_y, \\
T_y^* - T_\xi \sin\theta_3 - T_\eta \cos\theta_3 &= \dot{h}_y - h_z \omega_x + h_x \omega_z, \\
T_z - T_\zeta^* &= \dot{h}_z - h_x \omega_y + h_y \omega_x;
\end{aligned}
\right\} \quad (5b)
$$

and for the body:

$$
\left.
\begin{aligned}
T_\xi &= \dot{h}_\xi - h_\eta \omega_\zeta + h_\zeta \omega_\eta, \\
T_\eta &= \dot{h}_\eta - h_\zeta \omega_\xi + h_\xi \omega_\eta, \\
T_\zeta^* &= \dot{h}_\zeta - h_\xi \omega_\eta + h_\eta \omega_\xi.
\end{aligned}
\right\} \quad (5c)
$$

The angular momenta on the right-hand sides of these equations depend on the inertias of the components and on the appropriate angular velocities. It will suffice, however, to refer to the three that apply to the outer gimbal. They are

$$
\left.
\begin{aligned}
h_X &= I_{XX}\,\omega_X - I_{XY}\,\omega_Y - I_{ZX}\,\omega_Z, \\
h_Y &= I_{YY}\,\omega_Y - I_{YZ}\,\omega_Z - I_{XY}\,\omega_X, \\
h_Z &= I_{ZZ}\,\omega_Z - I_{ZX}\,\omega_X - I_{YZ}\,\omega_Y,
\end{aligned}
\right\} \quad (6)
$$

where (I_{XX}, I_{YY}, I_{ZZ}) are the moments of inertia about OX, OY and OZ and (I_{XY}, I_{YZ}, I_{ZX}) the corresponding products of inertia. If $OXYZ$ are principal axes of inertia at O, then $I_{XY} = I_{YZ} = I_{ZX} = 0$. Similar expressions, with appropriate subscripts, apply to the inner gimbal and to the body. When Eqs. (3) for the angular velocities are substituted in (6) and the results substituted in the general equations of motion (5), a set of nine simultaneous equations are obtained for the three angular velocities $\dot{\theta}_1$, $\dot{\theta}_2$ and $\dot{\theta}_3$ and for the six unknown components of torque (T_Y, T_Z), (T_x, T_z) and (T_ξ, T_η). In view of the length of the resulting equations, however, there is little to be gained by proceeding with the general case, but special cases may readily be considered.

15*

2.1 Stabilized Platform

We now assume that the suspended body is a stabilized platform. When its support performs a prescribed rotation, certain disturbances will arise which depend on the inertias and the motion of the gimbals. If the platform is to remain fully stabilized, these torques must be counteracted by suitable control torques T_X^*, T_y^*, and T_ζ^* at the bearings. Their values may be determined from Eqs. (5).

If the platform is stationary in space, the component angular velocities of the outer and inner gimbals are

$$\begin{aligned}
\omega_X &= -\dot\theta_3 \sin\theta_2, & \omega_Y &= -\dot\theta_2, & \omega_Z &= -\dot\theta_3 \cos\theta_2, \\
\omega_x &= 0, & \omega_y &= 0, & \omega_z &= -\dot\theta_3,
\end{aligned} \tag{7}$$

and the corresponding angular momenta

$$\begin{aligned}
h_X &= -I_{XX}\,\dot\theta_3 \sin\theta_2 + I_{XY}\,\dot\theta_2 + I_{ZX}\,\dot\theta_3 \cos\theta_2, \\
h_Y &= -I_{YY}\,\dot\theta_2 + I_{YZ}\,\dot\theta_3 \cos\theta_2 + I_{XY}\,\dot\theta_3 \sin\theta_2, \\
h_Z &= -I_{ZZ}\,\dot\theta_3 \cos\theta_2 + I_{ZX}\,\dot\theta_3 \sin\theta_2 + I_{YZ}\,\dot\theta_2,
\end{aligned} \tag{8a}$$

$$h_x = I_{zx}\,\dot\theta_3, \qquad h_y = I_{yz}\,\dot\theta_3, \qquad h_z = -I_{zz}\,\dot\theta_3. \tag{8b}$$

Substitution of these expressions in Eqs. (5) gives the values of the bearing torques which make the platform torques T_ξ, T_η and T_ζ zero. We neglect frictional effects, which have been considered previously, and obtain after some reduction the expressions

$$\begin{aligned}
T_X^* &= -[(I_{XX} + I_{zz})\sin\theta_2 - (I_{ZX} + I_{zx})\cos\theta_2]\,\ddot\theta_3 + I_{XY}\,\ddot\theta_2 \\
&\quad -I_{YZ}\,\dot\theta_2^2 + (I_{YZ}\cos\theta_2 + I_{XY}\sin\theta_2 + I_{yz})\,\dot\theta_3^2 \cos\theta_2 \\
&\quad -[(I_{XX} + I_{YY} - I_{ZZ}) + 2I_{ZX}\tan\theta_2]\,\dot\theta_2 \dot\theta_3 \cos\theta_2, \\
T_y^* &= I_{yz}\,\ddot\theta_3 - I_{zx}\,\dot\theta_3^2, \\
T_\zeta^* &= 0.
\end{aligned} \tag{9}$$

These are the required control torques. When the axes of reference are principal axes of inertia, their values become

$$\begin{aligned}
T_X^* &= -(I_{XX} + I_{zz})\,\dot\theta_3 \sin\theta_2 - (I_{XX} + I_{YY} - I_{ZZ})\,\dot\theta_2 \dot\theta_3 \cos\theta_2, \\
T_y^* &= T_\zeta^* = 0.
\end{aligned} \tag{10}$$

In this form the torques are expressed in terms of the gimbal angles and their variations, from which the desired control action may be derived, but it is also of interest to consider the expressions in terms of the motion of the support. Assume, for example, that the support has a periodic motion defined by equations

$$\Omega_1 = \Omega_3 = 0, \qquad \Omega_2 = p\,\lambda \cos p t, \tag{11}$$

which corresponds to a pitching motion about $O\overline{Y}$ of amplitude $\pm\lambda$ and frequency p. If λ is very small compared with unity, the gimbal angles may be written as

$$\theta_1 = \alpha_0 + \alpha_1, \qquad \theta_2 = \beta_0 + \beta_1, \qquad \theta_3 = \gamma_0 + \gamma_1, \tag{12}$$

where the first terms are constant and the second are small variations defined to the first order in λ by equations

$$\left.\begin{aligned}
\alpha_1 &= -\lambda\sin\alpha_0\tan\beta_0\sin pt, \\
\beta_1 &= -\lambda\cos\alpha_0\sin pt, \\
\gamma_1 &= \lambda\sin\alpha_0\sec\beta_0\sin pt.
\end{aligned}\right\} \tag{13}$$

If we now take the case of principal axes as represented by Eqs. (10) and perform the necessary substitutions, we find the following expression for the single remaining control torque, as far as second-order terms in λ,

$$\begin{aligned}
T_X^* = {}& \lambda p^2 (I_{XX} + I_{zz})\sin\alpha_0\tan\beta_0\sin pt \\
& + \lambda^2 p^2 [2(I_{XX} + I_{zz})\tan^2\beta_0 + \tfrac{1}{2}(2I_{XX} + I_{YY} - I_{ZZ} + I_{zz})] \times \\
& \times \sin\alpha_0\cos\alpha_0\cos 2pt + \\
& + \lambda^2 p^2 \left(\frac{I_{YY} - I_{ZZ} - I_{zz}}{2}\right)\sin\alpha_0\cos\alpha_0. \tag{14}
\end{aligned}$$

Thus in addition to terms which vary harmonically at frequencies p and $2p$, this component contains a term of constant magnitude. Other specified motions of the support may be considered similarly. It is apparent from the structure of the governing equations that, except in special circumstances, the required control torques will always contain a constant component, even when the motion of the support is harmonic. Conversely, it can be shown that if such control torques are not applied, steady torques will be exerted on the platform which will cause drift. A special case of the latter will now be considered.

2.2 Two-Axis Gyroscope

We assume that the suspended body is a high-speed rotor whose axis of spin is directed along $O\zeta$. We also assume that no control torques are exerted, that friction at all bearings may be neglected, that all axes of reference are principal axes of inertia, that the rotor spins about $O\zeta$ at constant angular velocity n, and, to take a special case, that the support is again displaced with the harmonic pitching motion defined by Eqs. (11). The gimbal angle θ_3 may now be dropped from the analysis, since axes $Oxyz$ can be taken as axes of reference for the rotor, and the two remaining equations of motion may be derived either from Eqs. (4) or from direct consideration of the rates of change of the appropriate angular momenta about the moving axes OX and Oy. They are

$$[A'' + (A + A') \cos^2\theta_2 + C' \sin^2\theta_2]\, \ddot{\theta}_1 + C\, n\, \dot{\theta}_2 \cos\theta_2 -$$

$$-2(A' + A - C')\, \dot{\theta}_1\, \dot{\theta}_2 \sin\theta_2 \cos\theta_2 +$$

$$+ (A + A' - C')\, \dot{\Omega}_2 \sin\theta_1 \sin\theta_2 \cos\theta_2 + C\, n\, \Omega_2 \cos\theta_1 \cos\theta_2 +$$

$$+ [B + B' + B'' - C'' - (A + A') \sin^2\theta_2 - C' \cos^2\theta_2] \times$$

$$\times \sin\theta_1 \cos\theta_1\, \Omega_2^2 +$$

$$+ [B + B' + (A + A' - C') (2\cos^2\theta_2 - 1)] \sin\theta_1 \Omega_2\, \dot{\theta}_2 = 0, \quad (15\,\mathrm{a})$$

$$(B + B')\, \ddot{\theta}_2 - C\, n\, \dot{\theta}_1 \cos\theta_2 + (A + A' - C')\, \dot{\theta}_1^2 \sin\theta_2 \cos\theta_2 -$$

$$- C\, n\, \Omega_2 \sin\theta_1 \sin\theta_2 + (B + B')\, \dot{\Omega}_2 \cos\theta_1 -$$

$$- (A + A' - C')\, \Omega_2^2 \sin^2\theta_1 \sin\theta_2 \cos\theta_2 -$$

$$- [(B + B') + (A + A' - C') (2\cos^2\theta_2 - 1)] \Omega_2\, \dot{\theta}_1 \sin\theta_1 = 0, \quad (15\,\mathrm{b})$$

where (A'', B'', C''), (A', B', C') and (A, B, C) are written for brevity as the principal moments of inertia of the outer gimbal, inner gimbal and rotor respectively.

We may assume a solution in the form

$$\theta_1 = \alpha_0 + \alpha_1, \qquad \theta_2 = \beta_0 + \beta_1, \tag{16}$$

where α_0 and β_0 are constants and α_1 and β_1 denote small variations. Let us also consider the special case $\beta_0 = 0$, i.e. the mean position of the inner gimbal is perpendicular to the outer gimbal. This illustrates the essential features of the resulting motion without algebraic complication. On inserting the given value of Ω_2, the linearized equations become

$$\left.\begin{aligned}
A_0\, \ddot{\alpha}_1 + C\, n\, \dot{\beta}_1 &= -C\, n\, p\, \lambda \cos\alpha_0 \cos p t, \\
- C\, n\, \dot{\alpha}_1 + B_0\, \ddot{\beta}_1 &= B_0\, p^2\, \lambda \cos\alpha_0 \sin p t,
\end{aligned}\right\} \tag{17}$$

where $A_0 = A + A' + A''$ and $B_0 = B + B'$. The steady-state solution involves variation only in β_1 and is

$$\alpha_1 = 0, \qquad \beta_1 = -\lambda \cos\alpha_0 \sin p t. \tag{18}$$

Thus the outer gimbal does not rotate in its bearings, but it does of course rotate about the perpendicular axis OZ, carrying the inner gimbal with it in this motion.

A solution of higher order may be obtained by assuming

$$\theta_1 = \alpha_0 + \alpha_2, \qquad \theta_2 = \beta_1 + \beta_2, \tag{19}$$

where α_2 and β_2 are of the second order in λ. Substitution of Eqs. (19) and (18) in the governing Eqs. (15) then gives on reduction two simultaneous linear equations in α_2 and β_2,

$$\left.\begin{aligned}
A_0\ddot{\alpha}_2 + C\,n\,\dot{\beta}_2 &= \frac{1}{4}\,p^2\,\lambda^2\sin 2\alpha_0(I_1 + I_2\cos 2p\,t), \\
-\,C\,n\,\dot{\alpha}_2 + B_0\ddot{\beta}_2 &= -\frac{1}{4}\,C\,n\,p\,\lambda^2\sin 2\alpha_0\sin 2p\,t,
\end{aligned}\right\} \qquad (20\mathrm{a})$$

where

$$I_2 = I_1 + 2(A + A' - C'), \quad I_1 = (C' + C'' - B''). \qquad (20\mathrm{b})$$

Thus in addition to terms on the right-hand side which vary at frequency $2p$, there is a term of constant magnitude associated with $\dot{\beta}_2$. The second-order motion therefore consists of oscillations of both gimbals relative to the support at frequency $2p$, together with a steady drift of the inner gimbal from its reference position. The latter will occur at a rate

$$\dot{\beta}_2 = \frac{\lambda^2}{4}\,\frac{I_1\,p^2}{C\,n}\sin 2\alpha_0. \qquad (21)$$

This result applies only to a special case, but once again it is clear from the governing equations that similar steady second-order drifts will occur for other specified motions of the support and initial positions of the gimbals. The motion is of the same type as that discussed by MAGNUS [1] and PLYMALE and GOODSTEIN [2], although the problem there considered concerned free nutation in a stationary support, which gave zero drift for perpendicular gimbals. The basic physical mechanism is, however, the same. It is also employed by the falling cat, which, by suitable adjustment of its inertias, contrives to turn through 180° without ever developing angular momentum.

2.3 Single-Axis Rate Gyroscope

When a single-axis rate gyroscope as shown diagrammatically in Fig. 2 is mounted on a support which in addition to a continuous rotation is subjected to vibration, similar effects can occur as a result of gimbal motions. Let Ω, the angular velocity of the support, again have components $(\Omega_1, \Omega_2, \Omega_3)$ about its axes $O\overline{X}\overline{Y}\overline{Z}$, and let $Oxyz$ be the principal axes of inertia of the gimbal at 0. Then if k is the torsional stiffness of the spring constraint, and if the torsionaldamping is assumed to be derived from a viscous constant c, the equation of motion for the gimbal angle θ_1 can be shown to be

$$\begin{aligned}
(A + A')\ddot{\theta}_1 + c\,\dot{\theta}_1 + k\,\theta_1 = &-(A + A')\dot{\Omega}_1 - \\
&- C\,n\,(\Omega_2\cos\theta_1 + \Omega_3\sin\theta_1) - (A + B' - C') \times \\
&\times (\Omega_2\cos\theta_1 + \Omega_3\sin\theta_1)(\Omega_2\sin\theta_1 - \Omega_3\cos\theta_1), \qquad (22)
\end{aligned}$$

232 Leonard Maunder

which, for small θ_1, gives to the first order

$$(A + A') \ddot{\theta}_1 + c \dot{\theta}_1 + [k + C n \Omega_3 + (A + B' - C') (\Omega_2^2 - \Omega_3^2)] \theta_1$$
$$= -(A + A') \dot{\Omega}_1 - C n \Omega_2 + (A + B' - C') \Omega_2 \Omega_3. \qquad (23)$$

Now the angular velocity of spin, n, is normally very much larger than the components of the impressed angular velocity, and thus the third term in the modified coefficient of stiffness may be neglected compared with the second. Moreover if the instrument is used to measure Ω_2, then to keep θ_1 small it is necessary that k be large enough to make $(C n/k) \Omega_2 \ll 1$: thus if Ω_3 is of the same order as Ω_2, the second term in the coefficient will normally be small compared with the first. It may still not be altogether negligible, for in addition to its effect on the steady-state deflection corresponding to a constant value of Ω_2, it can, when Ω_3 is a variable function of time, result in a time-dependent effective stiffness

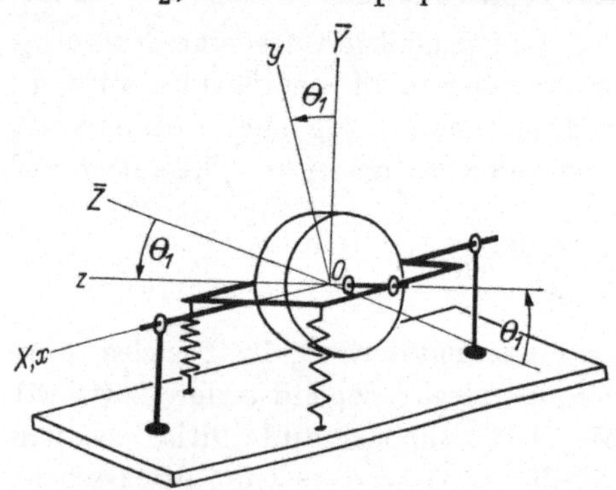

Fig. 2. Single-axis rate gyroscope

which in turn leads to potential instabilities. If, however, this aspect of the motion is ignored, the effects of the forcing terms on the right-hand side of (23) remain to be considered. Let us suppose that $\Omega_1 = 0$, that the instrument is being used to measure an angular velocity that is dominantly Ω_2, and that there is a vibration of amplitude $\pm \lambda$ and frequency p superimposed on the applied angular velocities about an axis inclined at γ to Oy. We may write

$$\begin{cases} \Omega_2 = \Omega_2' + p \lambda \cos\gamma \cos p t, \\ \Omega_3 = \Omega_3' + p \lambda \sin\gamma \cos p t, \end{cases} \qquad (24)$$

where Ω_2' and Ω_3' are constants, and substitute in (23) to obtain

$$(A + A') \ddot{\theta}_1 + c \dot{\theta}_1 + k \theta_1 = -C n \Omega_2' - C n p \lambda \cos\gamma \cos p t +$$
$$+ (A + B' - C') \Omega_2' \Omega_3' +$$
$$+ (A + B' - C') (\Omega_2' \sin\gamma + \Omega_3' \cos\gamma) \times$$
$$\times p \lambda \cos p t +$$
$$+ (A + B' - C') p^2 \lambda^2 \sin\gamma \cos\gamma \cos^2 p t. \qquad (25)$$

The third term on the right-hand side will normally be small compared with the first and the fourth with the second. Of the remaining three terms the first provides the normal steady deflection $\theta_1' = -(Cn/k)\,\Omega_2'$, the second will give rise to a vibration at frequency p of amplitude readily determined from the standard second-order equation of vibration theory, while the last can be expressed as a constant together with a term varying at frequency $2p$. The latter is of interest only in so far as resonance may be concerned but the former will modify the steady-state reading of the instrument to the value

$$\theta_1' = -(C\,n/k)\,\Omega_2' + \frac{1}{4}\,(A + B' - C')\,p^2\,\lambda^2\sin 2\gamma. \tag{26}$$

The magnitude of the error evidently depends on the frequency of the vibration as well as on its amplitude and direction. It can be made zero by suitable choice of inertias, but if this is not done then it can, with a relatively high frequency structural vibration, affect the correct reading appreciably.

A very similar analysis applies to a single-axis integrating gyroscope, although in that case there is of course no spring. The steady torque developed by an inclined vibration will cause a steady drift at a rate which depends on the viscous damping

3. A Single-Axis Rate Gyroscope with Flexible Shaft

The final section of this paper concerns the effect of flexibility in the rotor-shaft of a single-axis rate gyroscope. Normally the stiffness of the shaft will be large compared with the stiffness of the restraining spring, but there will inevitably be some degree of flexibility in the mounting, and this will modify the response of the instrument to any impressed vibration. Similar effects in a two-axis gyroscope have been noted previously in theoretical analyses [3, 4]. Experimental observations have also been made recently by A. P. R. WIPPELL and will be reported in a paper now in the course of preparation.

We assume in Fig. 2 that the rotor is mounted centrally on a shaft of rotational bending stiffness K and that the component rotations about Ox and Oy due to elastic deformations in the shaft are ε_1 and ε_2 respectively. Then, if θ_1 is the rotation of the gimbal about Ox, the linearized equations of rotational motion, when the supporting member is stationary, are

$$\left.\begin{aligned}
A\,(\ddot{\varepsilon}_1 + \ddot{\theta}_1) + C\,n\,\dot{\varepsilon}_2 + K\,\varepsilon_1 &= 0, \\
A\,\ddot{\varepsilon}_2 - C\,n\,(\dot{\varepsilon}_1 + \dot{\theta}_1) + K\,\varepsilon_2 &= 0, \\
A'\,\ddot{\theta}_1 + k\,\theta_1 - K\,\varepsilon_1 &= 0.
\end{aligned}\right\} \tag{27}$$

Assuming a solution of the form

$$\theta_1 = \bar{\theta}_1\cos p\,t, \qquad \varepsilon_1 = \bar{\varepsilon}_1\cos p\,t, \qquad \varepsilon_2 = \bar{\varepsilon}_2\sin p\,t, \tag{28}$$

we find the frequency equation

$$a_3 (p^2)^3 - a_2 (p^2)^2 + a_1 p^2 - a_0 = 0, \tag{29}$$

where the coefficients are

$$\left.\begin{aligned}
a_3 &= A^2 A', \\
a_2 &= A^2 (k + K) + 2 A A' K + A' C^2 n^2, \\
a_1 &= (A + A') K^2 + 2 A K k + C^2 n^2 (K + k), \\
a_0 &= K^2 k.
\end{aligned}\right\} \tag{30}$$

Eq. (29) has three positive roots for p^2 at all values of n. Their variations with n can readily be determined in particular numerical cases. When $n = 0$, for example, the three modes of vibration consist of (a) a rotation of the rotor about Oy with fixed gimbal at frequency $p'_2 = \sqrt{K/A}$, and (b) and (c) two modes in which both rotor and gimbal rotate in phase and out of phase respectively about Ox at frequencies p'_1 and p'_3 given by the roots of

$$A A' p^4 - [A (K + k) + A' K] p^2 + K k = 0. \tag{31}$$

When n is very large, the three frequencies are approximately

$$p_1 = \frac{K}{C n} \sqrt{\frac{k}{K + k}}, \qquad p_2 = \sqrt{\frac{K + k}{A'}}, \qquad p_3 = \frac{C n}{A}. \tag{32}$$

The lowest frequency corresponds to a mode of vibration in which the axis of the rotor describes a cone relative to the gimbal in the opposite direction to the spin, while the gimbal oscillates through a comparatively large amplitude. The frequency tends to zero at large rates of spin, and hence the system is susceptible in this mode to low-frequency disturbances. The intermediate frequency corresponds to an unusual mode shape at high rotor speeds in which the absolute rotation of the rotor in space is almost confined to ε_2, while the gimbal oscillates as if the rotor were fixed. The third mode corresponds to high frequency nutation with the axis of the rotor describing a circular cone relative to an almost stationary gimbal, the traverse in this case being in the same direction as the spin.

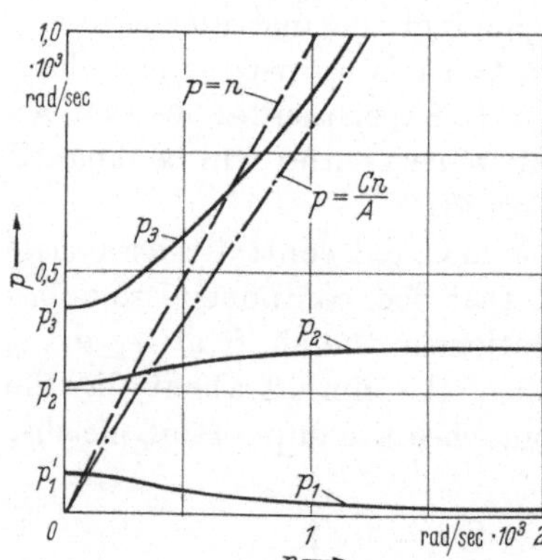

Fig. 3. Natural frequencies of a single-axis rate gyroscope with flexible shaft. $A = 1.5 \times 10^{-4}$, $A' = 1 \times 10^{-4}$, $C = 1.2 \times 10^{-4}$, $K = 10$, $k = 1$ units of in., lb, sec, rad

The variations of the frequencies in a particular numerical case are illustrated in Fig. 3, from which the existence of three critical speeds of rotation may be deduced.

4. Conclusions

Expressions have been obtained which determine the torques applied to a body suspended in gimbals due to friction at bearings and due to motion of the support. The control torques required to counteract these disturbances have been determined in the case of a stabilized platform and have been shown to include a constant disturbance of the second-order when the motion of the support is an angular vibration. Similarly, angular vibration of the support of a free two-axis gyroscope has been shown to cause a steady second-order drift, and angular vibration of the support of a single-axis rate gyroscope to cause a steady second-order error in the reading of the instrument.

In the third section of the paper flexibility of the shaft of a single-axis rate gyroscope has been shown to result in three natural frequencies at all rotor speeds. At high speeds, the highest of these approaches the frequency of nutation of a free gyroscope, the lowest tends to zero and the intermediate tends to a constant finite value. Up to three critical speeds of rotation can exist.

5. Acknowledgements

The author acknowledges with thanks the assistance given in the calculations relating to the gyroscope with a flexible shaft by Mr. J. CRAWLEY of the Department of Mechanical and Marine Engineering, King's College. He is also indebted to Professor R. N. ARNOLD of the University of Edinburgh who kindly read and commented upon the manuscript.

References

[1] MAGNUS, K.: Beiträge zur Dynamik des kräftefreien, kardanisch gelagerten Kreisels. Z. angew. Math. Mech. **35**, (1955).

[2] PLYMALE, B. T., and R. GOODSTEIN: Nutation of a Free Gyro Subjected to an Impulse. J. appl. Mechanics 365 (1955).

[3] MAGNUS, K.: Die Schwingungen des Kreisels, der mit Massen elastisch gekoppelt ist. Proc. Conf. Vibration at Göttingen and Kassel, October 1938, p. 28.

[4] MAUNDER, L.: Natural Frequencies of a Free Gyroscope Supported in Gimbals on an Elastic Shaft. J. Mech. Engng. Sci. **3**, No. 4, 318 (1961).

The Effects of Angular Vibration on the Performance of Position Gyroscopes

By

Robert S. Read

Barkingside, Great Britain

1. Introduction

In this paper it is proposed to describe a gyrodynamic effect not fully appreciated by many who design or use gyros, and further to demonstrate the magnitude of the effect and means whereby it may be minimised. Although the phenomenon is liable to arise in any gyro with two degrees of freedom, the discussion only deals with the reaction of aircraft azimuth gyros to angular oscillations.

Fig. 1 is a diagrammatic representation of an azimuth gyro. The outer gimbal has complete freedom about its axis (vertical when the aircraft is in level flight), but the inner gimbal has only plus and minus 80° of freedom about its axis to avoid "gimbal lock", that is the coincidence of the spin and outer gimbal axes. The rotor is carried in the inner gimbal, and their axes are perpendicular. The rotor axis is either kept nominally horizontal or nominally orthogonal to the outer gimbal axis by means of a gravity actuated switch or a displacement sensor controlling a torque motor mounted on the outer gimbal axis. Changes in aircraft heading are derived from a synchro also mounted on the outer gimbal axis. Fig. 2 shows the complete gyro and Fig. 3 the gimbal assembly removed from the housing. Generally such a gyro has a random drift rate of 1° to 2° per hour and may form part of a compass system, in which it would be monitored to the earth's magnetic meridian. It may also be used "free", in which case it would generally be compared with astro observations periodically during flight.

It is not proposed to elaborate on the applications of such gyros, but it is obvious that there must be a severe limit on the rate at which an instrument may be permitted to drift if a satisfactory track is to be flown. There are various causes of apparent drift, such as earth's rotation, which the navigator may take into account, but random drift of the gyro itself cannot be allowed for. A random drift rate of plus or minus 1°/hour is a useful test figure, but it will be shown that the test conditions are very significant.

Under some flight conditions the performance of a gyro may be very stable and at other times quite unsatisfactory, and there are problems in analysing such behaviour. It is difficult on the bench to

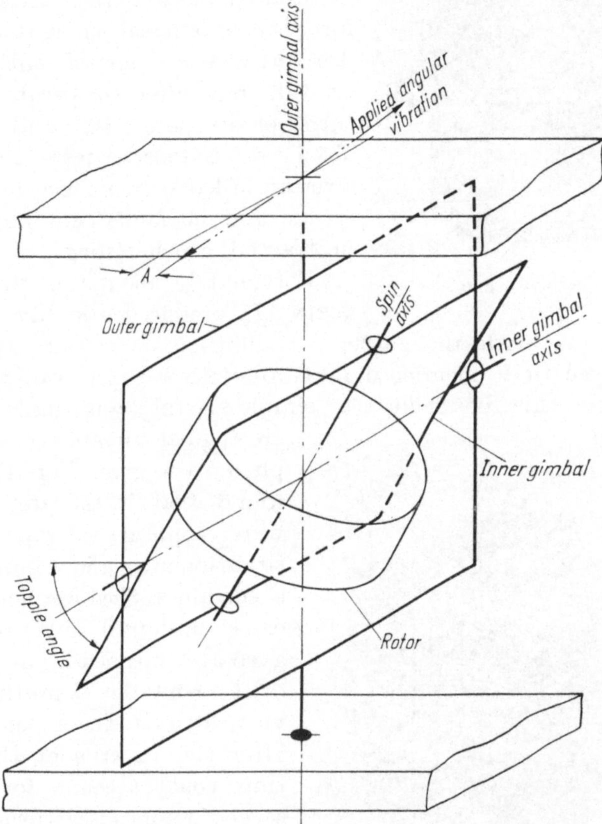

Fig. 1. Diagram of system

completely simulate an aircraft in flight, if only because some parameters are not known and the effects of others are not appreciated. As an example, the rolling motion of an aircraft may induce a drift rate in an azimuth gyro. This is a function of roll angle and frequency, heading and inner gimbal erection rate. This is a separate problem and will not be expanded in this paper.

Advances in other airborne equipment and increasing speeds now require heading stability better than 1°/hour. Against this requirement, however, one may set the possibility of an azimuth gyro drifting at a rate as high as 100°/sec or 360,000°/hour, although, fortunately, this condition cannot persist for even one second. The following history shows an engineer's analysis of the problem.

Fig. 2. Azimuth gyro

An azimuth gyro which had established a very good record for reliability in many civil aircraft was chosen for a certain naval jet fighter aircraft. Aerobatic trials proved entirely successful, but after comparatively mild turns errors of 5°, 10°, and 15° were observed. Extensive tests in a light aircraft failed to reproduce any similar errors, and no faults were found during protracted bench testing.

Fortunately about this time GOODSTEIN [1] produced a highly analytical paper dealing with the effects of vibration on certain gyroscopes. The 100°/sec drift mentioned in GOODSTEIN's paper was incredible. To explore this possibility, a simple fixture was made whereby an angular vibration could be applied to a gyro (Fig. 4). It was found that if the inner gimbal were toppled to represent the situation arising in a banked turn, a certain applied frequency would cause sustained nutation of the gyro accompanied by a very rapid drift about the azimuth (i.e. the vertical) axis. There was no doubt after this experiment that vibration could account for the observed rerors after turns; all the required conditions were present in flight. As the aircraft changed its bank angle, entering or leaving the turn, the angle between the spin axis and the azimuth axis would vary. As the aircraft turned, the am-

Fig. 3. Gimbal assembly-azimuth gyro

bient vibration would rotate about the gimbal system, and vibrations of the right frequency range were known to exist.

It was now necessary to understand the mechanism, firstly, of how the nutation of the gyro was maintained and secondly, how this oscillation was rectified to produce a drift, and then to devise means of preventing the drift if not the nutation. Further enquiry led to papers by Magnus [2] and by Plymale and Goodstein [3] from which some clues to the problem were obtained and a physical appreciation was

Fig. 4. Angular vibration equipment

built up, covering maintained nutation, drift due to nutation and the effects of dynamic unbalance of the gimbals.

2. Nutation

Nutation is the typical conical oscillation of the gyro spin axis, at a frequency which is a function of the rotor momentum, the inertia of the gimbals and the topple angle.

In practice the nutation frequency is the natural frequency of the system, and as far as an azimuth gyro is concerned, it is a function of heading, bank angle and pitch angle and is typically 167 c.p.s. in level flight and 72 c.p.s. when banked 65° about the inner gimbal axis. As with other resonant systems, the gyro may be said to have a Q or amplification factor. When forced at its natural frequency, the amplitude of the gimbals is much greater than that of the applied force, to the extent of 20 to 50 (Goodstein). We suggest it may be 200 to 400.

The cone of oscillation of the spin axis is normally elliptical, because the inertias of the gimbals about their axes are not identical.

3. Maintained Nutation

When a gyro whose rotor and gimbals are perfectly balanced and orthogonal has an angular oscillation applied to it about an axis normal to the outer gimbal axis, there will be no effect. Now consider the same gyro to have its inner gimbal toppled with respect to the outer gimbal, as when an aircraft performs a banked turn. A component of the rotor momentum will now appear about the outer gimbal axis. To this extent, then, the inner gimbal will comprise a single-degree-of-freedom gyro.

If the angular oscillation of the system occurs in the plane of the two gimbal axes, it will be seen that the inner gimbal has to an extent, depending upon its topple angle, lost its freedom and will process in an oscillatory manner as its axis is forced. Conservation of momentum dictates that the outer gimbal shall oscillate 90° out of phase with the inner, and the spin axis will describe a cone.

If the initial forcing frequency corresponds with the natural nutation frequency of the gyro, then the amplitude of the spin axis oscillation will increase according to the Q of the system.

4. Nutation Drift

Strictly, the displacement of the outer gimbal during nutation could be calculated, and the term "drift" might be considered inadmissible. But as the user would never know all the parameters, it is safe to say it is unpredictable, and the term "nutation drift" will therefore be used to describe the displacement of a gimbal of a nutating gyro.

5. Mechanism of Nutation Drift in a Dynamically Balanced Gyro

Consider a gyro as previously described with rotor and gimbals balanced so that there are no disturbing torques. Assume also that the inner gimbal is toppled to an appreciable angle and an angular oscillation of the outer frame of the instrument is maintaining the gyro in a state of nutation (Fig. 1).

Consider now the rotor momentum as a vector quantity, resolved about two axes—the outer gimbal axis and an axis normal to the inner and outer gimbal axes. It will be seen that these components of momentum are varying throughout a nutation cycle. During the half cycle in which the topple angle is greater, there will be a greater component of rotor momentum about the outer gimbal axis. More work is therefore put into the inner gimbal during this half cycle by the forcing frequency than during the second. But to keep the total momentum of the system constant throughout a cycle, the outer gimbal must travel farther during the first than the second half cycles. Further, the corresponding changes in the component of rotor momentum in the plane of the outer gimbal also cause it to be precessed farther during the first half cycle. The result is that the locus of a point on the inner gimbal will be a cycloid with a progressive motion about the outer gimbal axis.

Having established a physical reasoning for the nutation drift of a perfectly balanced gyro, the next step was to produce a similar picture of the effects of dynamic unbalance of the inner gimbal as suggested by MAGNUS.

6. Dynamic Balancing

As it is assembled, the inner gimbal of a gyro will not be in balance (Fig. 5, diag. a) about its axis. The first stage would normally be to bring it into static balance, in which it will have no preferred position of rest under the influence of gravity. It is not likely to be in dynamic balance however (diag. b). The next stage reduces the dynamic unbalance about its axis but leaves the inner gimbal with a principal axis of inertia normal to its axis of rotation (diag. c). This constitutes a dynamic unbalance when referred to the outer gimbal axis, except for the special case when it is normal to the outer gimbal axis. This may not correspond with orthogonality of the gimbal axes, because the principal axis of inertia may not coincide with the rotor spin axis.

Finally then, it is necessary to obtain dynamic balance of the inner gimbal about the outer gimbal axis (diag. d).

Dynamic unbalance of the rotor may also be significant to drift,

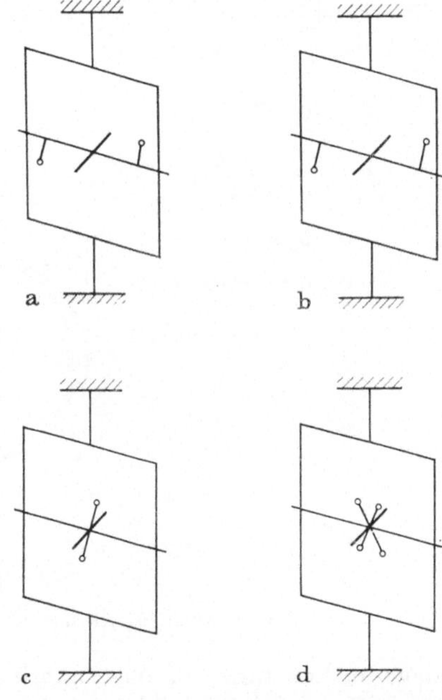

Fig. 5a—d. Stages in balancing inner gimbal a) Unbalanced about I.G. axis; b) Static balance about I.G. axis; c) Dynamic balance about I. G. axis; d) Dynamic balance about I.G. and O. G. axes for any topple angle

but this generally receives careful attention, if only to safeguard the rotor bearings, and it will not be discussed further.

7. Nutation Drift due to Dynamic Unbalance of Inner Gimbal

Now working back from a theoretically perfect gyro to a practical one, consider the three diagrams in Fig. 6, which represent a gyro with its inner gimbal toppled and nutating. Diag. a) represents the situation when the inner gimbal is dynamically balanced about its own axis and the outer gimbal axis for all topple angles. Diag. b) represents the gyro when its inner gimbal is dynamically balanced about the inner gimbal axis but *not* about the outer gimbal axis. Diag. c) represents the gyro when its inner gimbal is not dynamically balanced

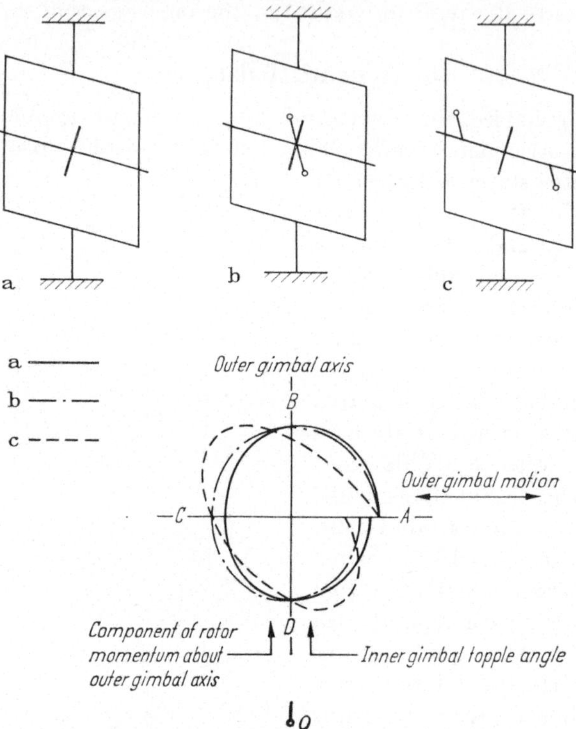

Fig. 6. Nutation cycle due to dynamic unbalance as predicted

about either inner or outer gimbal axis. For clarity the symmetrical mass of the inner gimbal is omitted, and only the residual unbalanced components are shown.

In situation a) the inner gimbal is completely balanced, and the system is maintained in a state of nutation. Nutation drift will occur, and the locus of the end of the rotor shaft will be as shown by the full line in the elliptical figure. A point *O* would represent orthogonality. In the second situation we have the same gyro nutating, but the inner gimbal is not in dynamic balance about the outer gimbal axis. In other words: it has a principal axis of inertia which does not correspond with one of the axes of freedom of the system. Oscillation about the outer gimbal axis will produce a centrifugal couple fluctuating at double frequency. The same torque will be applied about the inner gimbal axis twice per cycle. The torque is a function of velocity and will therefore be a maximum at B and D. This torque will precess the outer gimbal in the same direction during each half cycle, but in fact will go farther during the half cycle ABC, as a greater component of the rotor momentum is about the outer gimbal axis and therefore not contributing to the stiffness of the system in azimuth.

In the third case we introduce dynamic unbalance of the inner gimbal about its own axis. Now a further torque will be produced about the inner gimbal; this time it is a function of acceleration about

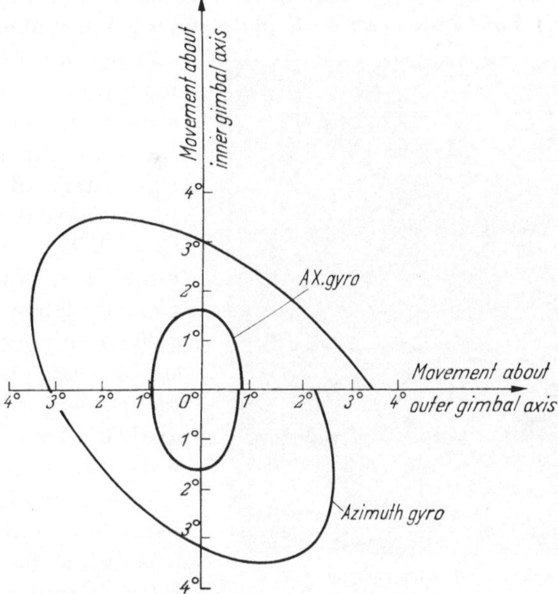

Fig. 7. Nutation cycle of two gyros as observed

the outer gimbal axis and therefore 90° out of phase with the torque produced by the previous condition. At point A the outer gimbal has its maximum acceleration about its own axis, and the unbalance couples will produce their maximum torque which will decline as the system reaches its maximum velocity at B. Having gained momentum, the couples will react producing a reverse torque. At C we have maximum acceleration again, but in the opposite sense to that in the first quadrant, and as there is less rotor momentum wasted about the outer gimbal axis, the gimbal will not be precessed back as far as it was forward. It may also be seen that the *nutation amplitude* is itself increased by dynamic unbalance of the inner gimbal.

We now have a picture of the contribution, to nutation drift, of dynamic unbalance of the inner gimbal about its own and the outer gimbal axes. The validity of the arguments is supported by practical work on a standard gyro. A high speed film was taken of a gyro while it was drifting under the influence of maintained nutation, and Fig. 7 shows the locus of a point on the inner gimbal. It will be seen that the larger figure bears a marked resemblance to the predicted locus.

8. Experimental Verification

A fixture was constructed whereby a small angular oscillation could be applied to an azimuth gyro about an axis normal to its outer gimbal axis. An outer base frame carried a plate mounted in rubber grommets and restrained from lateral movement by tensioned steel tapes. On the plate was fixed the gyro and a rigid means of connection to a horizontal vibrator (Fig. 8). The gyro was provided with an inductive pick off (slab synchro) capable of giving electrical signals corresponding with the position of the outer gimbal. In preliminary tests the standard drift recording equipment was used with modifications to cope with the very high rates encountered.

Fig. 8. Angular vibration equipment

It was not possible to modify the standard gyro to effect the adjustments in dynamic unbalance, so an experimental gyro was made using a new design of rotor and inner gimbal, which was more symmetrical, in a large outer gimbal giving clearance for experimental balance weights (Fig. 9).

To achieve dynamic balance of the inner gimbal, a pivoted frame like an outer gimbal was constructed (Fig. 10). The technique for balancing the inner gimbal about its own axis was to spin it on its own bearings and observe the oscillation of the frame. By adjusting the balance weights, this motion of the outer frame could be reduced to near zero. The next step was to dynamically balance the inner gimbal about the outer gimbal axis by oscillating the frame and observing the inner gimbal. It would generally assume a particular attitude indicating a principal axis of inertia normal to the outer gimbal axis.

By further adjustment of the balance weights, the tendency of the inner gimbal to take up a preferred position when the system was oscillated could be eliminated.

Testing the experimental gyro in various states of dynamic unbalance, but always statically balanced, the following nutation drift rates were observed with the topple angle 60° and an applied amplitude of ± 0.5 min. of arc (0.00015 radians):

<pre>
        dynamically balanced about both axes   10°/sec,
        dynamically balanced about inner gimbal axis only 35°/sec,
        dynamically balanced about outer gimbal axis only 35°/sec,
    not dynamically balanced about either gimbal axis   80°/sec.
</pre>

A more precise technique was then adopted which involved taking high speed films of the standard and experimental gyros and analysing

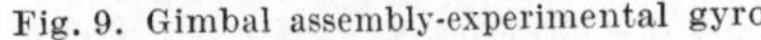

Fig. 9. Gimbal assembly-experimental gyro   Fig. 10. Dynamic balancing fixture

the motion frame by frame. Fig. 7 shows the locus of a point on the inner gimbal of each gyro duly corrected for viewing aspect. The Azimuth Gyro was in its standard condition, and the experimental gyro AX was dynamically balanced.

It is interesting to compare this experimental result with that obtained from a consideration of the mechanics of the system and to note that the drift rate of the balanced gyro was 10°/sec, using the expressions of GOODSTEIN and of MAGNUS, 7°/sec, and 6°/sec respectively were calculated. It will be noted that nutation drift has not been eliminated, but its reduction by dynamically balancing the inner gimbal is significant. Other precautions must be adopted to prevent it completely.

9. Conclusions

Working through this problem was a stimulating exercise. With the aid of the mathematical work of both Goodstein and Magnus it was possible to produce a physical explanation of maintained nutation, nutation drift and the effects of dynamic unbalance of the inner gimbal, which were further confirmed by experiment. This was most encouraging, because gyros so often do not behave as predicted, and it was rather surprising that the physical explanation should be so well borne out by experiment, considering that a gyro is far from a solid state device.

Vibration tests on a number of different high quality azimuth and vertical gyros have shown them all to be liable to drift at rates approaching and some exceeding 100°/sec. It may, by now, be the practice of gyro engineers to take the necessary steps to minimise nutation drift. If it is not so, then they must be warned of its very toxic effects. The smallest dose in a vertical gyro could prove lethal.

10. Acknowledgements

The author wishes to acknowledge the skill and patience of his colleagues in both the experimental aspects of this work and in the expression of the physical processes.

Particularly he would express his appreciation of the encouragement given by Mr. G. Wikkenhauser, under whose direction the work was carried out, and of the helpful contacts with Dr. Magnus and Dr. Goodstein. Finally, he wishes to thank the Directors of S. Smith & Sons (England) Ltd. for permission to present this paper.

References

[1] Goodstein, R.: A Perturbation Solution of the Equations of Motion of a Gyroscope. The American Society of Mechanical Engineers, Paper No. 59-A-5.

[2] Magnus, K.: Drift Phenomenon of an Oscillating Gyroscope in a Cardan Suspension. Presented at the First International Congress of Aeronautical Sciences, Madrid 1958.

[3] Plymale, B. T., and R. Goodstein: Nutation of a Free Gyro Subjected to an Impulse. J. Appl. Mechanics 365/66 (1955).

Rectified Rotary Vibration in Two-Degree-of-Freedom and in Single-Degree-of-Freedom Gyros

By

J. Stanley Ausman

Woodland Hills, Calif., U.S.A.

1. Introduction

It is well known that rotary vibrations may be rectified, even by perfectly balanced and perfectly aligned gyros, to produce a steady, average gyro drift rate. This phenomenon has been called by various names including kinematic drift, $\theta\,\phi$ drift, coning, wobble drift, and non-commutative drift. By whichever name it is known it is of some concern to manufacturers of precision gyro-stabilized platforms, because it occurs even in perfect gyros.

The purpose of the present paper is to determine and compare the susceptibility of both single-degree-of-freedom (SDF) gyros and two-degree-of-freedom (TDF) gyros to drift when rotary vibrations are applied to the outer case of the gyro. The method of approach will be to derive the equations of motion for a TDF gyro while employing small angle approximations to eliminate all but the most predominant non-linear terms. The SDF gyro equations follow as a special case of the more general TDF gyro equations. The magnitude of the drift rate due to rectified rotary vibration is estimated by substituting the solution to the linearized equations into the predominant non-linear terms which are then treated as errors.

The analysis throughout is consistent with application to gyro-stabilized platforms. This permits small angle approximations to be made not only to the platform angular displacements but also to the gyro gimbal angles themselves. Also the gyro's static and dynamic balance will be presumed perfect so as to concentrate the study on those rectified rotary vibration effects which occur even on perfect gyros.

2. Gyro Equations

2.1 Inner Gimbal Axis

The gyro equations can be developed from Newtonian mechanics by equating the time rate of change of angular momentum to the applied torques. Applied to the gyro float shown in Fig. 1,

$$\dot{H}_f = (\dot{H}_f)_f + \boldsymbol{\omega}_f \times H_f = L_f, \tag{1}$$

where

$\dot{H}_f$ is the time rate of change of the float angular momentum vector H_f with respect to inertial coordinates x-y-z,

$(\dot{H}_f)_f$ is the time rate of change of the vector H_f with respect to the float coordinate system x_f-y_f-z_f,

$\boldsymbol{\omega}_f$ is the angular velocity vector of the float coordinate system with respect to inertial coordinates,

L_f is the vector sum of all torques externally applied to the float.

The inner gimbal axis equation results from the z_f component of Eq. (1), which is

$$I_{fz}\dot{\omega}_{fz} + \omega_{fx}I_{fy}\omega_{fy} - \omega_{fy}(H + I_{fx}\omega_{fx}) = L_{fz}, \tag{2}$$

where x_f, y_f, and z_f are assumed to be principle axes of the float, I_{fx}, I_{fy}, and I_{fz} are the corresponding principle moments of inertia, and ω_{fx}, ω_{fy}, and ω_{fz} are the components of the angular velocity of the float relative to inertial space.

For gyros mounted on and controlling a stabilized platform, Eq. (2) can be simplified because the angular rates ω_{fx}, ω_{fy}, and ω_{fz} are generally small with respect to the spin velocity of the rotor. Furthermore, the principle moments of inertia are nearly equal so that

$$(I_{fy} - I_{fx})\,\omega_{fx} \ll H$$

and Eq. (2) simplifies to

$$I_{fz}\dot{\omega}_{fz} - \omega_{fy}H = L_{fz}. \tag{3}$$

Referring to Fig. 1 we can write for ω_{fy} and ω_{fz}

$$\omega_{fy} = \dot{\phi}_y + \dot{\theta}_1 - \dot{\phi}_x(\phi_z + \theta_2), \tag{4}$$

$$\omega_{fz} = \dot{\phi}_z + \dot{\theta}_2 + \dot{\phi}_x(\phi_y + \theta_1). \tag{5}$$

where third-order terms in the small angles ϕ_x, ϕ_y, ϕ_z, θ_1, and θ_2 and their rates have been neglected. This is a very good approximation for gyros which are mounted on and controlling a stabilized platform. Substituting Eqs. (4) and (5) into (3) we obtain

$$I_{fz}(\ddot{\phi}_z + \ddot{\theta}_2) - H(\dot{\phi}_y + \dot{\theta}_1) = L_{fz} - H\dot{\phi}_x(\phi_z + \theta_2) - I_{fz}\frac{d}{dt}[\dot{\phi}_x(\phi_y + \theta_1)].$$

$$\tag{6}$$

The torque L_{fz} externally applied to the inner gimbal axis can be written in the form

$$L_{fz} = -D_2\,\dot\theta_2 - K_2\,\theta_2 + L'_{2e} + L_{2a}, \qquad (7)$$

where

D_2 represents an inner gimbal axis viscous damping factor,
K_2 represents an inner gimbal axis elastic spring rate,
L'_{2e} represents inner gimbal axis error torques, and
L_{2a} represents control torques applied to the inner gimbal axis.

Substitution of Eq. (7) into (6) yields

$$I_{fz}\,\ddot\theta_2 + D_2\,\dot\theta_2 + K_2\,\theta_2 - H\,\dot\theta_1 = -I_{fz}\,\ddot\phi_z + H\,\dot\phi_y + L_{2e} + L_{2a}, \qquad (8)$$

where the non-linear terms on the right-hand side of Eq. (6) have been lumped in with the other error torques L'_{2e} to form L_{2e}.

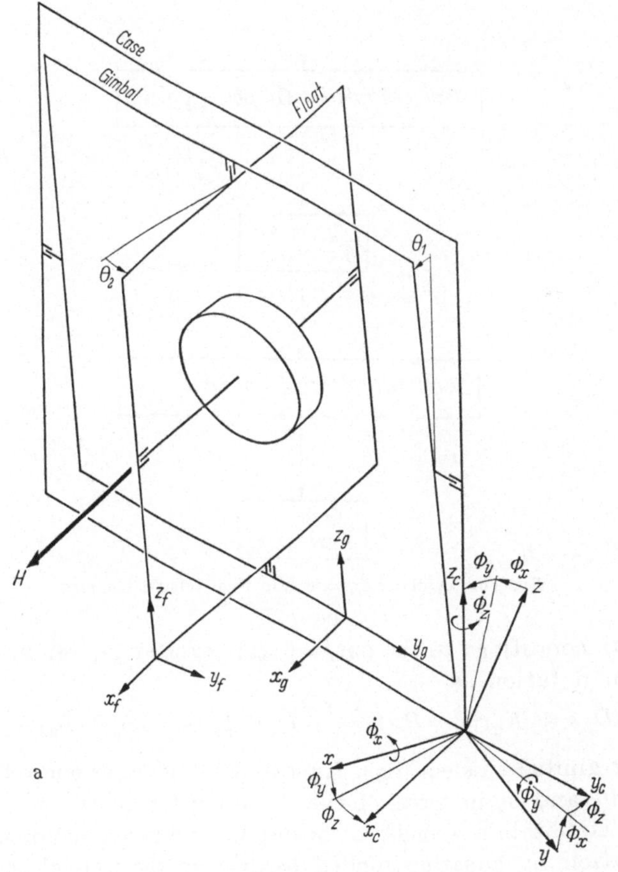

Fig. 1a. Functional sketch of two-axis gyro

J. Stanley Ausman

We are interested in the steady state solution to Eq. (8) in the presence of oscillatory inputs. Assuming that sufficient time has elapsed

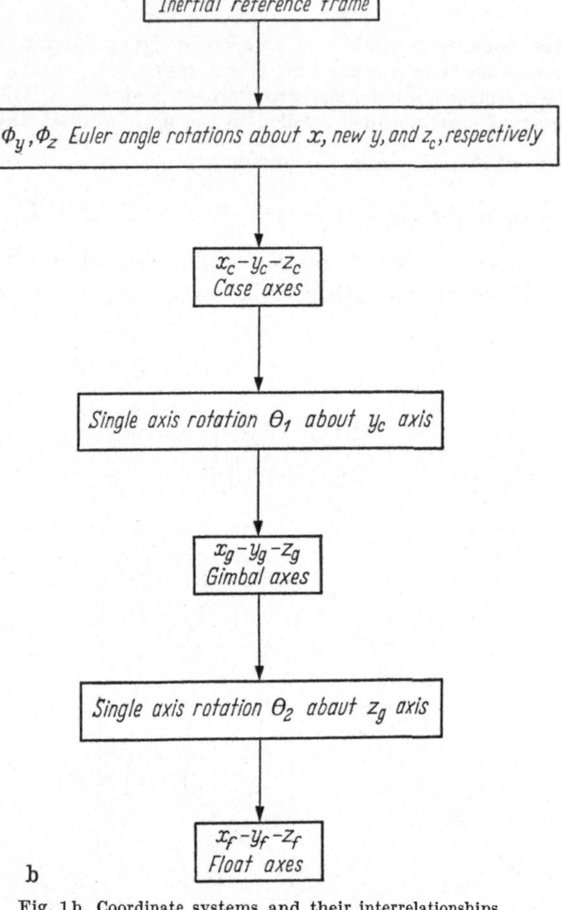

Fig. 1 b. Coordinate systems and their interrelationships

for initial conditions to die out, we can express Eq. (8) in LAPLACE transform notation as

$$(I_{fz} s^2 + D_2 s + K_2)\,\theta_2 - H s\,\theta_1 = -I_{fz} s^2\,\phi_z + H s\,\phi_y + L_{2e} + L_{2a}. \quad (9)$$

The inner gimbal axis equation, Eq. (8) or (9), gives us one relationship between θ_1 and θ_2 in terms of the "driving functions" ϕ_z, ϕ_y, L_{2e}, and L_{2a}. To obtain a second relationship we will derive the outer gimbal axis equation by equating applied torques to the inertial reaction of the gimbal-float combination.

2.2 Outer Gimbal Axis

The angular equation of motion for the gimbal-float combination is

$$\dot{H}_f + \dot{H}_g = (\dot{H}_f + \dot{H}_g)_g + \omega_g \times (H_f + H_g) = L_g, \tag{10}$$

where

$\dot{H}_g$ represents the time rate of change of the gimbal angular momentum vector H_g with respect to inertial coordintes, x-y-z,

$(\dot{H}_f + \dot{H}_g)_g$ represents the time rate of change of the vector sum $H_f + H_g$ with respect to the gimbal coordinate system, x_g-y_g-z_g,

ω_g is the angular velocity vector of the gimbal coordinate system with respect to inertial coordinates,

L_g is the vector sum of all torques externally applied to the gimbal.

The outer gimbal axis equation results from the y_g component of Eq. (10):

$$(I_{fy} + I_{gy})(\ddot{\phi}_y + \ddot{\theta}_1) + H(\dot{\phi}_z + \dot{\theta}_2) = L_{gy} + 2\,\text{nd-order terms.} \tag{11}$$

The same approximations appear in Eq. (11) as were made earlier, namely, that third-order terms in the small angles ϕ_x, ϕ_y, ϕ_z, θ_1, and θ_2 and their rates are negligible.

The torque L_{gy} externally applied to the outer gimbal axis can be expressed in the form

$$L_{gy} = - D_1 \dot{\theta}_1 - K_1 \theta_1 + L'_{1e} + L_{1a}, \tag{12}$$

where

D_1 represents an outer gimbal axis viscous damping factor,
K_1 represents an outer gimbal axis elastic spring rate,
L'_{1e} represents outer gimbal axis error torques, and
L_{1a} represents control torques applied to the outer gimbal axis.

Substitution of Eq. (12) into (11) and rearranging yields

$$(I_{fy} + I_{gy})\ddot{\theta}_1 + D_1 \dot{\theta}_1 + K_1 \theta_1 + H \dot{\theta}_2 = -(I_{fy} + I_{gy})\ddot{\phi}_y -$$
$$- H \dot{\phi}_z + L_{1e} + L_{1a}, \tag{13}$$

where the 2nd-order non-linear terms indicated on the right-hand side of Eq. (11) have been lumped in with the other error torques L'_{1e} to form L_{1e}.

In steady-state LAPLACE transform notation Eq. (13) becomes

$$[(I_{fy} + I_{gy})s^2 + D_1 s + K_1]\theta_1 + H s \theta_2 = -(I_{fy} + I_{gy})s^2 \phi_y -$$
$$- H s \phi_z + L_{1e} + L_{1a}. \tag{14}$$

The outer gimbal axis equation, Eq. (13) or (14) provides a second relationship between θ_1 and θ_2. Eqs. (9) and (14) provide a pair of simultaneous equations for solution of θ_1 and θ_2 in terms of the driving functions ϕ_y, ϕ_z, L_{1e}, L_{1a}, L_{2e}, and L_{2a}. Solution of Eqs. (9) and (14) yield

$$\theta_1 = -\phi_y +$$

$$+ \frac{F_2(s)[(D_1 s + K_1)\phi_y + L_{1e} + L_{1a}] - Hs[(D_2 s + K_2)\phi_z + L_{2e} + L_{2a}]}{H^2 s^2 + F_1(s) F_2(s)}, \quad (15)$$

$$\theta_2 = -\phi_z +$$

$$+ \frac{Hs[(D_1 s + K_1)\phi_y + L_{1e} + L_{1a}] + F_1(s)[(D_2 s + K_2)\phi_z + L_{2e} + L_{2a}]}{H^2 s^2 + F_1(s) F_2(s)}, \quad (16)$$

where

$$F_1(s) = (I_{fy} + I_{gy}) s^2 + D_1 s + K_1$$

and

$$F_2(s) = I_{fz} s^2 + D_2 s + K_2.$$

The corresponding equation for a SDF gyro is readily obtained by setting either θ_1 or θ_2 equal to zero in Eq. (9) or in Eq. (14), respectively. Arbitrarily picking y as the input axis and z as the output axis of a SDF gyro, we set θ_1 equal to zero and obtain from Eq. (9)

$$\theta = -\phi_z + \frac{Hs\phi_y + (Ds + K)\phi_z + L_e + L_a}{I_z s^2 + Ds + K}, \quad (17)$$

where the subscripts 2 and f have been removed in order to distinguish the SDF equation from the TDF equations.

2.3 Non-Linear Error Torque

In actual application the gyro is mounted on a stabilized platform whose servo control system applies rates $\dot\phi_y$ and $\dot\phi_z$ which are just sufficient to maintain the gyro pick-off angles, θ_1 and θ_2, equal to zero. Setting θ_1 and θ_2 equal to zero in Eq. (8) provides us with the required rate $\dot\phi_y$ to maintain the gyro pick-off angles at null,

$$\dot\phi_y = \frac{I_{fz}\ddot\phi_z - L_{2e} - L_{2a}}{H}. \quad (18)$$

That portion of $\dot\phi_y$ caused by error torques L_{2e}, is termed "drift rate" and is designated ε_y:

$$\varepsilon_y = -\frac{L_{2e}}{H}. \quad (19)$$

The z axis drift rate ε_z can be inferred from Eq. (13) in the same manner, but to avoid needless repetition we will consider only the y-axis drift of the TDF gyro.

Let us now determine the magnitude of the gyro drift rate component ε_y due to the non-linear terms which were included in L_{2e}. Assuming that the gyro is otherwise perfect so that these non-linear terms comprise the whole of the error torques, we have for a TDF gyro from Eqs. (6) and (19)

$$\varepsilon_y = -\frac{L_{2e}}{H} = (\phi_z + \theta_2)\,\dot{\phi}_x + \frac{I_{fz}}{H}\frac{d}{dt}\,[\dot{\phi}_x(\phi_y + \theta_1)]. \qquad (20)$$

Similarly, for a SDF gyro whose y-axis is the input axis

$$\varepsilon_y = -\frac{L_e}{H} = (\phi_z + \theta)\,\dot{\phi}_x + \frac{I_z}{H}\frac{d}{dt}\,[\dot{\phi}_x\,\phi_y]. \qquad (21)$$

Let us now consider the situation in which the gyro case is subjected to rotary vibration such that ϕ_x, ϕ_y, and ϕ_z oscillate sinusoidally at frequency ω. The ϕ_y and ϕ_z oscillations by virtue of Eqs. (15), (16), and (17) cause θ_1 and θ_2, in the case of a TDF gyro, and θ, in the case of a SDF gyro, to oscillate sinusoidally at the same frequency.

For example, let us represent the oscillations by

$$\dot{\phi}_x = |\dot{\phi}_x|\sin(\omega t + \gamma_x), \qquad (22)$$

$$\phi_y = |\phi_y|\sin\omega t, \qquad (23)$$

$$\phi_y + \theta_1 = |\phi_y + \theta_1|\sin(\omega t + \gamma_y), \qquad (24)$$

$$\phi_z + \theta_2 = |\phi_z + \theta_2|\sin(\omega t + \gamma_z), \qquad (25)$$

where γ_x, γ_y, and γ_z represent phase angles relative to the ϕ_y oscillations. Substitution of the above expressions into Eq. (20) yields

$$\varepsilon_y = \frac{1}{2}|\phi_z + \theta_2||\dot{\phi}_x|\,[\cos(\gamma_z - \gamma_x) - \cos(2\omega t + \gamma_x + \gamma_z)] +$$

$$+ \frac{I_{fz}\,\omega}{H}|\phi_y + \theta_1||\dot{\phi}_x|\sin(2\omega t + \gamma_x + \gamma_y). \qquad (26)$$

For SDF gyros similar results are achieved by substituting Eqs. (22), (23), and (25) into Eq. (21). The drift rate is observed to have a constant term as well as sinusoidal terms of frequency 2ω. The error torque $-H\,\varepsilon_y$ could now be inserted back into Eqs. (15), (16), and (17) as new driving functions, thereby building up a perturbation series solution to the basically non-linear differential equations.

It will be observed, however, that if such a procedure is carried out, the double frequency sinusoidal components are introduced only into $\phi_y + \theta_1$, $\phi_z + \theta_2$, and $\phi_z + \theta$. The other term $\dot{\phi}_x$ in each of the 2nd-order non-linear products remains unchanged and still oscillates sinusoidally at frequency ω. This means that the double frequency sinusoidal components, when substituted back into Eqs. (20) and (21), will produce error torques of the form $\cos 2\omega t \sin\omega t$ or $\sin 2\omega t \sin\omega t$, which have a zero mean. In other words, the next term in the perturbation series contains no constant error torque. We conclude that Eq. (26) contains the only significant constant drift rate term produced by rectification of sinusoidal oscillations of the case, namely

$$\bar{\varepsilon_y} = \frac{1}{2}\,|\phi_z + \theta_2|\,|\dot{\phi}_x|\cos(\gamma_z - \gamma_x), \quad \text{(TDF gyros)} \tag{27}$$

$$\bar{\varepsilon_y} = \frac{1}{2}\,|\phi_z + \theta|\,|\dot{\phi}_x|\cos(\gamma_z - \gamma_x), \quad \text{(SDF gyros)} \tag{28}$$

where $\bar{\varepsilon_y}$ represents the average gyro drift rate over an integral number of vibration cycles.

Eqs. (16) and (17) provide the means for determining the magnitudes $|\phi_z + \theta_2|$ and $|\phi_z + \theta|$. Specifically, if we simplify the notation by setting

$$H = 10^6 \text{ dyne-cm-sec},$$
$$D = D_1 = D_2 = 10^4 \text{ dyne-cm-sec},$$
$$K = K_1 = K_2 = 10^3 \text{ dyne-cm},$$
$$I = I_{fz} = I_{fy} + I_{gy} = I_z = 10^3 \text{ gm-cm}^2$$

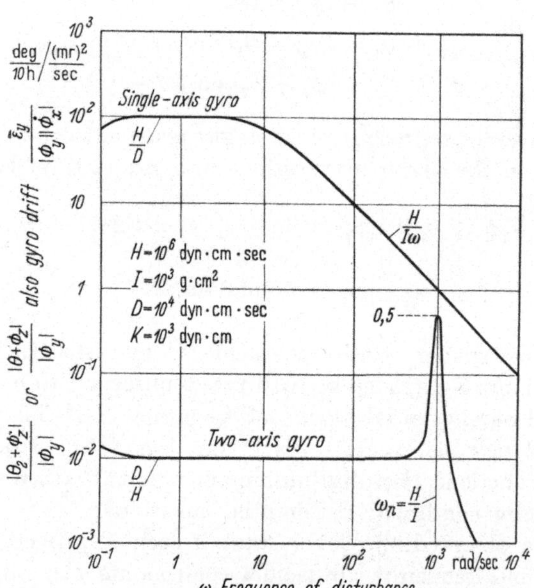

Fig. 2. Comparative maximum drift rate due to cross-axis sensitivity of single-axis and two-axis gyros to rotational disturbances applied to the gyro's outer case

(the typical numerical values will be used later for numerical calculations), we have from Eq. (16) for TDF gyros
(1) cross-axis sensitivity

$$\frac{|\phi_z + \theta_2|}{|\phi_y|} = \left|\frac{(D\,s + K)\,H\,s}{I^2 s^4 + 2ID\,s^3 + H^2 s^2 + 2KD\,s + K^2}\right|_{s=j\omega} \tag{29}$$

and (2), direct-axis sensitivity

$$\frac{|\phi_z + \theta_2|}{|\phi_z|} = \left| \frac{I\,D\,s^3 + D^2\,s^2 + 2\,K\,D\,s + K^2}{I^2\,s^4 + 2\,I\,D\,s^3 + H^2\,s^2 + 2\,K\,D\,s + K^2} \right|_{s=j\,\omega}, \tag{30}$$

where D^2 and $I\,K$ have been neglected with respect to H^2, and $j = \sqrt{-1}$.
Similarily, from Eq. (17) we have for SDF gyros
(1) cross-axis sensitivity

$$\frac{|\phi_z + \theta|}{|\phi_y|} = \left| \frac{H\,s}{I\,s^2 + D\,s + K} \right|_{s=j\,\omega} \tag{31}$$

and (2), direct axis sensitivity

$$\frac{|\phi_z + \theta|}{|\phi_z|} = \left| \frac{D\,s + K}{I\,s^2 + D\,s + K} \right|_{s=j\,\omega} \tag{32}$$

Eqs. (29) through (32) make use of the fact that if the transfer
function $F(s)$ is known, the steady state amplitude response to a

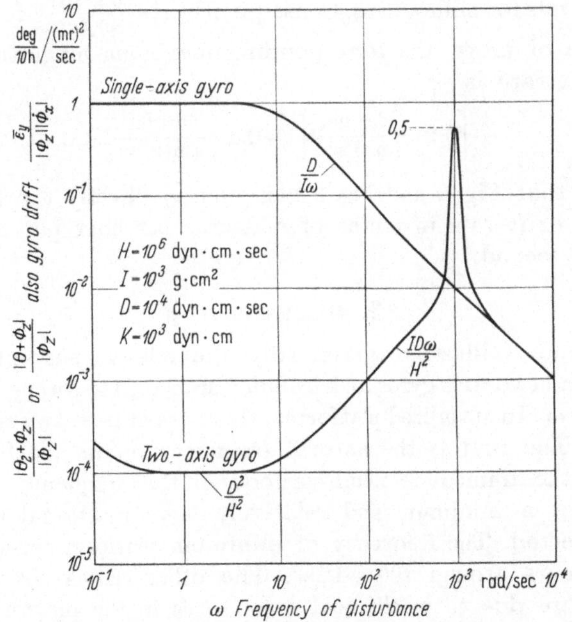

Fig. 3. Comparative maximum drift rate due to direct-axis sensitivity of single-axis and two-axis gyros to rotational disturbances applied to the gyro's outer case

sinusoid of frequency ω is given by $|F(j\,\omega)|$. Cross axis sensitivities
given by Eqs. (29) and (31) are plotted in Fig. 2 for the parameter
values listed earlier. Direct axis sensitivities given by Eqs. (30) and (32)
are plotted in Fig. 3 for these same parameter values. The corresponding
average drift rate per unit angle and angular rate input is from Eqs. (27)

and (28)

$$
\frac{\bar{\varepsilon}_y}{|\dot{\phi}_y|\,|\dot{\phi}_x|} \lessgtr
\begin{cases}
\dfrac{1}{2}\,\dfrac{|\phi_z + \theta_2|}{|\phi_y|}\,, & \text{TDF gyro (y axis)} \\[2ex]
\dfrac{1}{2}\,\dfrac{|\phi_z + \theta|}{|\phi_y|}\,, & \text{SDF gyro}
\end{cases}
\tag{33}
$$

$$
\frac{\bar{\varepsilon}_y}{|\phi_z|\,|\dot{\phi}_x|} \lessgtr
\begin{cases}
\dfrac{1}{2}\,\dfrac{|\phi_z + \theta_2|}{|\phi_z|}\,, & \text{TDF gyro (y axis)} \\[2ex]
\dfrac{1}{2}\,\dfrac{|\phi_z + \theta|}{|\phi_z|}\,. & \text{SDF gyro}
\end{cases}
\tag{34}
$$

Typical units for Eqs. (33) and (34) are

$$
\frac{\bar{\varepsilon}_y}{|\phi_y|\,|\dot{\phi}_x|} = \frac{\dfrac{\text{radians}}{\text{sec}}}{(\text{radians})\left(\dfrac{\text{radians}}{\text{sec}}\right)} = \frac{2 \times 10^5\,\dfrac{\text{sec of arc}}{\text{sec}}}{(10^3\,\text{mr})\left(\dfrac{10^3\,\text{mr}}{\text{sec}}\right)} = \frac{0.2\ \text{deg/hr}}{(\text{mr})^2/\text{sec}}\,,
$$

where mr stands for milliradians. Consequently, if $\dfrac{|\phi_z + \theta_2|}{|\phi_y|}$, for example, has a value of unity, the corresponding maximum magnitude of the average drift rate is

$$
\frac{1}{2}\left[0.2 \cdot \frac{\text{deg/hr}}{(\text{mr})^2/\text{sec}}\right] = 0.1 \cdot \frac{\text{deg/hr}}{(\text{mr})^2/\text{sec}}\,.
$$

This means that Fig. 2 and Fig. 3 also display directly the magnitude of the gyro drift rate in tenths of a degree per hour per milliradian squared per second.

3. Discussion

Figs. 2 and 3 illustrate graphically the relative susceptibility of single-axis and two-axis gyros to drift when subjected to rotary vibrations of frequency ω. In stabilized platforms, there are at least two frequencies of interest. The first is the natural frequency of the platform servo system. In the immediate neighborhood of this frequency the servo stiffness is at a minimum and relatively large rotational excursions may be expected. The frequency of minimum platform servo stiffness typically occurs around 100 rad/sec. The other critical frequency or frequencies are due to mechanical resonances in the platform gimbal structure. Such resonances generally lie in the frequency range between 10^2 and 10^3 rad/sec. Vibration disturbances at these resonant frequencies will be severely amplified because of small structural damping and will almost invariably be accompanied by rotational components.

In the example shown in Fig. 2 the two-axis gyro is much less susceptible to rotational vibration than is the single-axis gyro (0.001 deg/hr per mr²/sec compared to 1 deg/hr per mr²/sec at $\omega = 10^2$ rad/sec).

Of course, the design parameters for gyros can differ drastically from those given in Fig. 3; however, both SDF and TDF gyros are presently being manufactured with parameter values close to those values listed in Fig. 2. From Fig. 2 it is seen that to minimize non-linear gyro drift due to rectified rotary vibration, TDF gyros should have a low damping ratio D/H, while single-axis gyros should have high damping ratios.

Eqs. (33) and (34) consider the worst possible case of rectification in which $\dot{\phi}_x$ and $\phi_z + \theta_2$ are either in-phase or 180 degrees out of phase ($\gamma_z - \gamma_x = n\pi$, n being an integer). If $\dot{\phi}_x$ and $\phi_z + \theta_2$ are 90 degrees out of phase ($\gamma_z - \gamma_x = \pm \pi/2$), the average drift rate ε_y is zero as evinced in Eq. (27). Rectified rotary vibration drift, may vary between zero and the maximum values plotted in Figs. 2 and 3 as the phase between $\dot{\phi}_x$ and $\psi_z + \theta_2$ (or between $\dot{\phi}_x$ and $\phi_y + \theta_1$) varies from 90 degrees to 0 or 180 degrees.

Perhaps the most common example of in-phase vibration is the one in a which rotary vibration occurs about a direction which has components along all three axes x, y, and z. In this case the ϕ_x, ϕ_y, and ϕ_z rotary vibration components will either be in phase or 180 degrees out of phase with each other. Let us assume for example that they are all in phase. The time derivative $\dot{\phi}_x$ will lead by 90 degrees. We can estimate the phase of the other important term, $\phi_z + \theta_2$, from Figs. 2 and 3 by noting that lines of $+1$ slope on log amplitude vs. log frequency diagrams correspond to $+90$ deg phase, horizontal or zero slope lines correspond to zero phase, lines of -1 slope correspond to -90 degree phase, lines of -2 slope correspond to -180 degree phase, etc. Applying this rule to the TDF gyro curve in Fig. 2, we see that in the frequency range of primary interst (100 rad/sec), $\phi_z + \theta_2$ is in phase with ϕ_y which is 90 degrees out of phase with $\dot{\phi}_x$ and no rectification will occur. However, in the case of the SDF gyro near 100 rad/sec $\phi_z + \theta$ lags ϕ_y by 90 degrees and is therefore 180 degrees out of phase with $\dot{\phi}_x$ and maximum rectification will occur.

In Fig. 2 the two-axis gyro nutation resonance which occurs at 10^3 rad/sec in the example chosen is of some interest. It may be shown that regardless of the gyro-parameter values, the resonant peak reaches a value of $1/2$ (0.05 deg/hr per mr^2/sec) at the nutation frequency $\omega_n = H/I$. This is still less than the corresponding single axis gyro value which is 1 (0.1 deg/hr per mr^2/sec) at this same frequency.

The direct-axis sensitivity $(\phi_z + \theta_2)/\phi_z$ shown in Fig. 3 is much less significant in the 100 rad/sec frequency range than is the cross-axis sensitivity $(\phi_z + \theta_2)/\phi_y$ shown in Fig. 2. The TDF gyro curve in Fig. 3 again exhibits a nutation peak equal to $1/2$ at the nutation frequency

$\omega_n = H/I$. The phase relationship, however, is 90 degrees different from that of the nutation peak in Fig. 2. In Fig. 3 the phase between $\phi_z + \theta_2$ and ϕ_z goes from $+90$ degrees below the nutation frequency ω_n to -90 degrees above ω_n and passes through 0 degrees at ω_n. As previously discussed this situation will normally result in $\phi_z + \theta_2$ being 90 degrees out of phase with $\dot{\phi}_x$ which in turn means that no rectification or steady drift will occur due to direct axis sensitivity at the nutation frequency.

4. Conclusions

1. Two degree-of-freedom gyros are much less susceptible to drift due to rectified rotary vibrations then are single-degree-of-freedom gyros.

2. To minimize rectified rotary vibration drift two-degree-of-freedom gyros should have a small damping ratio D/H, while single-degree-of-freedom gyros should have a large damping ratio D/H.

Bibliography

[1] Cannon, Jr., R. H.: Kinematic Drift of Single-Axis Gyroscopes. J. appl. Mechanics 25, No. 3, 357 (1958).

[2] Goodman, L. E., and A. R. Robinson: Effect of Finite Rotations on Gyroscope Sensing Devices, ASME Paper No. 57-A-30.

[3] Stewart, R. M.: Some Effects of Vibration and Rotation on the Drift of Gyroscopic Instruments. ARS Paper No. 644–658.

[4] Plymale, B. T., and R. Goodstein: Nutation of a Free Gyro Subjected to an Impulse. ASME Trans. (J. appl. Mechanics) 22, 365/66 (1955).

Some Effects of Vibration on Gyroscopic Equipment Performance

By

John M. Buchanan

Cambridge, Mass., U.S.A.

List of Symbols

a_{ia}, a_{oa}, a_{sa} linear acceleration components along gyroscopic element axes

a_{cf} centrifuge machine radial acceleration

C_i, C_o, C_s coefficients of viscous coupling between gyro case and gyroscopic element

e_i, e_o gyro "error signals" or angular displacement of gyroscopic element from gyro case reference axes

G_l servo-loop compensation function

I_i, I_o, I_s moments of inertia of the gyroscopic element

$I_{(gim)}, I_{i(gim)}, I_{o(gim)}$ moments of inertia of gyro-controlled platform

I_{rotor} moment of inertia of gyro rotor

K_i, K_o, K_s coefficients of elastic coupling between gyro case and gyroscopic element

K_m coefficient of elastic coupling between gyro motor and rotor

K_t gyro-controlled platform servo loop gain or ratio: control torque/e_o

p Laplace transform operator

P_{wh} pendulosity of gyro rotor perpendicular to its spin axis

P_{ia}, P_{oa}, P_{sa} pendulosity components of the gyroscopic element

$(tc)_{lead}$ time constant of the lead or phase-advance network in the servo loop compensation

$T_{do(sin)}, T_{do(cos)}, T_{di(sin)}, T_{di(cos)}$ disturbing torques on the gyro-controlled platform varying as $\sin w_{vb} t$ and $\cos w_{vb} t$

T_u gyroscopic element mechanical torques due to non-ideal design which cause drift (precession)

W_{ig}, W_{og} angular velocity of gyro-controlled platform with respect to inertial space

$W_i = W_{ia(ca-is)}; W_o,$ etc.   angular velocity of instrument gyro case about the inputs, output and spin axes with respect to inertial space

W_{ac} gyroscopic accelerometer indicated acceleration

W_{cf} centrifuge machine angular velocity

$W_{sg} = W_{s(b\,a\text{-}is)} = W_{s(sin)}$ angular vibration velocity of platform base motion along the s direction

W_{spin} average angular velocity of gyro rotor

w_{m-r} $\sqrt{K_m/I_{rotor}}$

w_{vb} vibratory frequency

1. Introduction

Since spinning wheels in space have the characteristic of remaining fixed in angular orientation, they are possible sources of a frame of reference which is needed to navigate a moving vehicle. The necessity for carrying the spinning wheel aboard the moving base requires, however, that contact with it must be made in some manner. We might say that a major subject of gyrodynamics concerns the effect of this contact on the ideal and desirable characteristic of a rotating mass. To be useful, then, we first must contact the wheel through a bearing for its shaft and, secondly, through coupling to a motor which sustains its speed. The configuration which results we define here as the *gyroscopic element*. The bearing system defines the direction of angular momentum. The torsional coupling of the motor to the rotor, which is essentially elastic (synchronous electric motor) or viscous (induction motor), together with the inertias involved, form a system excitable by angular vibration.

We next must place and, in some manner, contain the gyroscopic element within a *case* against the linear acceleration of the moving base to which the case is attached[1]. This we may do either by use of elastic restraints directed toward the center-of-gravity or, more neatly, by application of Archimedes' principle of flotation. In general, however, the result is *a system in which the angular motion of the case is coupled to the gyroscopic element by both viscous and elastic means*.

The final step making the device useful is the provision of electrical or optical measurement of relative angular motion between the gyro case and gyroscopic element. We denote the combination of gyro case, gyroscopic element and angular readout as the *instrument gyro*, on the further note that angular readouts, or *gyro error signals*, are maintained at or near zero by having the instrument control the platform on which it is mounted with a servo loop.

2. Kinematic Equations of the Instrument Gyro

If we next apply basic mechanics to the generalized device just described, we arrive at a set of equations given in Information Summary I. These equations are derived in terms of the two variables available to the instrument user: *gyro case motion* in inertial space and *gyro error signals*. They include, in particular, the fact that finite error signals produce components of all case motions along a gyroscopic element axis. The major assumptions made in the derivation are:

a) Rotor spin-axis, $(s\,a)$, is coincident with a principal axis of the gyroscopic element.

---

[1] The torque required to sustain the rotor speed must also be supplied by the case through the coupling system.

b) Principal moments of inertia of the gyroscopic element are all equal.

c) Material of the gyroscopic element structure is indefinitely stiff. If we make the further assumption that relative motion between case and gyroscopic element about the non-gyroscopic spin-axis is zero, these equations reduce to those given in Information Summary II. We note that they are non-linear since they contain coefficients of the error signals proportional to the time-varying case motions. The other coefficients are the inertias and case-to-gyroscopic element coupling coefficients. The driving functions for the equations are the inertia and gyroscopic torques due to case motion and the mechanical torques, T_u, due to non-ideal design of the gyroscopic element and to environmental conditions. We also note that H_s, the instrument angular momentum, consists of a constant magnitude, $H = I_{\text{rotor}} \, W_{\text{spin}}$, plus a kinematic term which depends upon case $(s\,a)$ angular motion, case linear acceleration, rotor pendulosity, and coupling coefficients, motor-to-rotor and case-to-gyroscopic element. These equations describe the kinematics of the single-degree-of-freedom gyro and the two-degree-of-freedom gyro. In the former, one of the coupling coefficients, preferably the viscous coupling, C_i, is made very large and therefore one of the error signals, (e_i), approaches zero. The equations are not completely applicable to the "free" gyro (so called) in which a second gimbal is inserted between the gyroscopic element and gyro case, since this additional body and its coupling coefficients create additional kinematics.

3. Kinematic Equations of a Two-Axis Gyro-Controlled Platform

We next apply these equations to the gyro-controlled platform used in inertial navigation systems. In the interest of more clearly demonstrat-

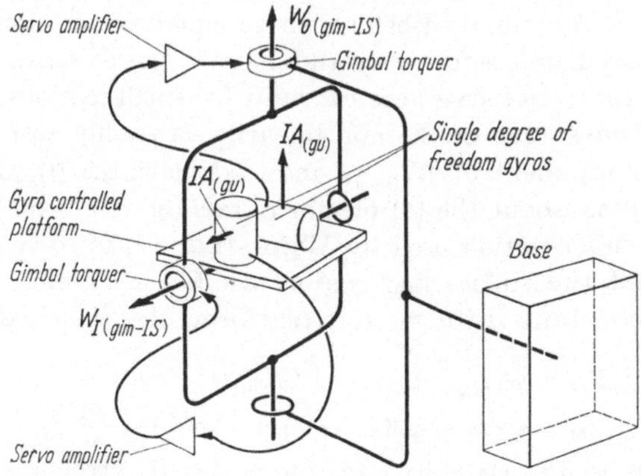

Fig. 1. Functional diagram — two-axis gyro-controlled platform

ing the principles of our topic, we choose to apply them to a two-axis rather than the conventional three-axis platform. In this situation (Fig. 1), two single-degree-of-freedom instruments or one two-degree-of-freedom instrument are used to control a gimballed platform through servo loops (consisting of the error signals, servo amplifiers, and gimbal torquing motors). After summing torques about the platform axes and eliminating the error signals in Information Summary II, the kinematic equations for the platform motion in inertial space become as shown in Information Summary III (i and o denote controlled platform axes and s the uncontrolled axis). The driving functions for the equations are now disturbing torques, T_d, which are applied to the platform by such means as gimbal bearing friction and platform pendulosity and the gyroscopic element uncertainty torques, T_u. The symbols, F_{ia}, F'_{ia}, etc., denote kinematic functions of the servo loop[1]. They have an effect in the equations which is reduced as servo gain, $K_t \to \infty$, and increased as the frequency of T_d increases.

4. Drift of a Two-Axis Gyro-Controlled Platform due to Angular Vibrations within the Control Frequency Range

If we consider the situation of Fig. 2, in which

a) the base supporting the gimballed platform has sinusoidal angular vibration about all axes,

b) there is induced about the two controlled axes of the platform disturbing torques of the same frequency,

c) the frequency of vibration is within the control range of the two servos (such that the terms F_{oa}/K_t, F'_{oa}/K_t, F_{ia}/K_t, and F'_{ia}/K_t may be considered zero),

then the kinematic equations reduce to that shown in Information Summary IV[2]. As remarked before, these equations are non-linear (and similar to MATHIEU's equations) and have a power series solution [1] in $\sin wt$, $\cos wt$, and $\sin wt \cos wt$ valid for small motions and driving functions. [The source of the non-linearity is readily seen in Fig 2 as due to the component of $W_{s(\text{ba-is})}$ induced along the (i) platform axis due to rotations about the (o) platform axis (or vice versa).] When we apply the series solution used by WEINSTOCK [1] to solve for the W_{og} and W_{ig}, and the $\sin^2 wt$ and $\cos^2 wt$ coefficients, which produce the first-order, constant drifts in the platform, the principal results for

---

[1] Example: $F'_{ia} \approx p^2 I_{i(\text{gim})} C_0 (1 + p I_0/C_0)/G_l,$

$$G_l = \text{servo amplifier compensation,} \; \frac{1 + p(t\,c)_{\text{lead}}}{1 + p(t\,c)_{\text{lag}}}.$$

[2] Apologies to the mathematicians for mixing the operator p with explicit time functions in this Summary.

one of the axes are

$$W_{o\,(\text{gim-is})} = \frac{1}{2}\,\frac{T_{do\,(\sin)}\,W_{s\,(\sin)}}{K_t}$$

$$+\,\frac{1}{2}\,\frac{T_{di\,(\cos)}\,W_{s\,(\sin)}\,K_o}{w_{vb}\,H\,K_t}$$

$$+\,\frac{1}{2}\,\frac{T_{di\,(\sin)}\,W_{s\,(\sin)}\,C_o}{H\,K_t}$$

$$+\,\cdots.$$

It is seen that the drift rate of one of the platform axes is proportional to disturbing torques about that axis, which are in phase with the angular vibration (of the uncontrolled axis), and also to disturbing torques about the *other* (controlled) axis, which are both in and out of phase with the angular vibrations. The latter source of drift is further proportional to the magnitude of the coupling coefficients between case and gyroscopic element of the instrument controlling the second axis. A somewhat similar case can be made for

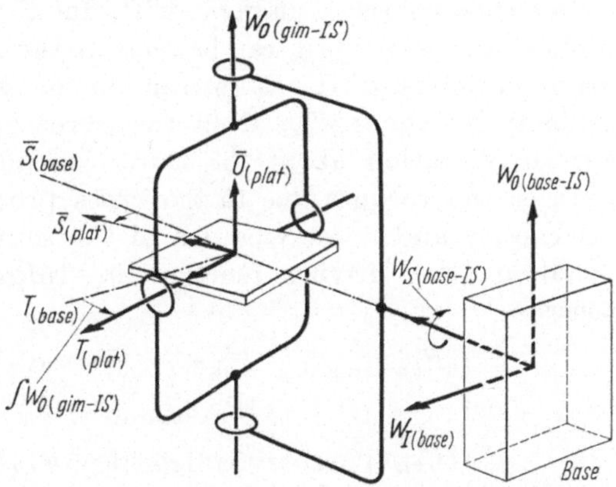

Fig. 2. Functional diagram — two-axis gyro-controlled platform subjected to sinusoidal base motion

sinusoidal "noise" signals which may exist at the gyro error signal output. Since we are applying the mechanics, we give two examples:

Example 1

Let $T_{d\,(\text{all components})}/K_t = 10^{-5}$,

$K_o = 0$, $C_o/H = 1$,

$W_{sg} = 10^{-3}\,\text{rad/sec}$ (about $10''$ at 3 cps).

Then the *drift rate* $= W_{o\,(\text{gim-is})} = 10^{-8}\,\text{rad/sec} \approx \frac{1}{7}\,\text{meru}$.

Example 2

Let $T_d/K_t = 10^{-5}$, $w_{vb} = 1\,\text{rad/sec}$,

$C_o = 0$, $K_o/H = 1$,

$W_{sg} = 10^{-3}\,\text{rad/sec}$ (one millirad. at this frequency).

Then the *drift rate* $= W_{o\,(\text{gim-is})} \approx \frac{1}{7}\,\text{meru}$.

We acknowledge previously published papers by Cannon [2], Goodman [3] and others on this type of gyro platform drift. In [2] the study was made assuming that the *gyro platform* had been given angular vibrations. In the above study we have related the third axis angular vibration with the disturbing torques producing the platform angular vibration and extended the investigation to include effects of case-to-gyroscopic element coupling.

5. Two-Axis Gyro-Controlled Platform Drift due to Combined Linear and Angular Vibration

A second source of platform drift, due to the same type of mechanics we have just described, can be seen in the kinematic equations, Information Summary III, as interaction of vibratory mechanical "uncertainty" torques, T_u, about the gyroscopic element axes with the angular vibration about the third (uncontrolled) axis. Thus, if we consider the torques due to the cross product of gyroscopic element pendulosity and linear vibration of the same frequency as the angular vibration, the driving function in Information Summary IV becomes[1]

$$\left| \begin{array}{l} [P'_{oa}\, a_{sa(\sin)} - P'_{sa}\, a_{oa(\sin)}]\, \sin w_{vb} t \\ \qquad + [P'_{oa}\, a_{sa(\cos)} - P'_{sa}\, a_{oa(\cos)}]\, \cos w_{vb} t \\ [P_{sa}\, a_{ia(\sin)} - P_{ia}\, a_{sa(\sin)}]\, \sin w_{vb} t \\ \qquad + [P_{sa}\, a_{ia(\cos)} - P_{ia}\, a_{sa(\cos)}]\, \cos w_{vb} t \end{array} \right| .$$

Solution of the equations for terms which cause a constant drift rate about one of the axes results in

$$W_{o(\text{gim-is})} = \frac{1}{2}\, \frac{P_{sa}\, a_{ia(\cos)}\, W_{s(\sin)}}{H}$$

$$- \frac{1}{2}\, \frac{P_{ia}\, a_{sa(\cos)}\, W_{s(\sin)}}{H}$$

$$+ \cdots .$$

Thus the steady drift of one platform axis due to combined linear and angular vibration is proportional to the out-of-phase linear vibration component and to the pendulosity of the gyroscopic element controlling the other axis. A case very similar to this can be made for pendulosity

---

[1] The equations are written for a platform controlled by either two single-degree-of-freedom gyros or one two-degree-of-freedom gyro. For the former case, P'_{oa} and P'_{sa} actually denote pendulosity along the spin axis and input axis, respectively, of the gyro controlling W_{og}. For the latter, the superscript is dropped.

torques of the *platform*, which are reduced by K_t. Applying the result above:

Example 3

Let $P_{sa}/H = -P_{ia}/H = 10$ meru/g $(7.2 \times 10^{-7}$ rad/g-sec$)$,

$a_{sa} = a_{oa} = 10$ gravities, $W_{sg} = 10^{-3}$ rad/sec $(5'' $ at 7 cps$)$

Then the *drift rate* $= 0.1$ meru.

6. Two-Axis Gyro-Controlled Platform Drift due to Angular Vibration within the Controllable Frequency Range and the Dynamic Component of Instrument Angular Momentum, H_s

A third type of platform drift due to angular vibration may be found by including the effect of the kinematic component of the instrument gyro angular momentum, H_s, in Information Summary II. Neglecting the effect of wheel pendulosity, then assuming an undamped synchronous motor-rotor drive and large viscous coupling, C_s, the angular momentum becomes

$$H_s \approx H + \frac{I_{\text{rotor}} W_{sa(\text{ca-is})}}{1 + p^2 I_{\text{rotor}}/K_m}.$$

We note that for frequencies less than the rotor-motor natural frequency, $w_{m-r} = \sqrt{K_m/I_{\text{rotor}}}$, the kinematic component of H_s is $I_{\text{rotor}} W_{sa(\text{ca-is})}$, and for frequencies much greater than w_{m-r} it is attenuated. The equations of Information Summary IV will now have additional non-linear coefficients, $I_{\text{rotor}} W_{sg}$ (Information Summary V), and their solution for steady platform drift in the presence of sinusoidal W_{sg} and T_d (as in Section 4) gives additional terms

$$[\Delta W_{o(\text{gim-is})}]_{\substack{\text{motor-}\\\text{rotor}\\\text{coupling}}} = \frac{I_{\text{rotor}} W_{s(\sin)}}{2 H K_t} \left[\frac{w_{vb} T_{di(\cos)} C_o}{H} + \frac{T_{di(\sin)} K_o}{H} \right] + \cdots.$$

This additional drift for one of the platform axes is apparently proportional only to angular vibration of the uncontrolled axis, disturbing torques about the second (controlled) axis, and case-to-gyroscopic element coupling in the gyro controlling this second axis. If we further consider a special case in which the angular vibration frequency is equal to the motor-rotor natural frequency, the expected additional drift would be many times larger than that indicated above (in the absence of damping), due to the large magnitude of

$$\frac{I_{\text{rotor}} W_{sg}}{1 - w_{vb}^2/w_{m-r}^2}.$$

Examples of drift at frequencies less than w_{m-r}:

Example 4

Let $\quad T_d/K_t = 10^{-5}, \qquad I_{\text{rotor}}/H = 10^{-3},$
$\qquad K_o = 0, \qquad C_o/H = 1, \qquad W_{sg} = 2 \times 10^{-3}.$

Then the *additional drift rate* $= 10^{-11}$ rad/sec $= 1/7000$ meru.

7. Effects of Vibratory Angular Velocity on a Gyroscopic Accelerometer in the Centrifuge Machine Environment

We next examine the vibratory angular velocity effects on the gyroscopic accelerometer placed in a particular motion environment. We review the well-known principle of this device: The single-degree-of-freedom instrument gyro is made pendulous along its spin axis. The error signal controls the rotational speed of a platform which is aligned with the gyro input axis. When the base of the device is given linear acceleration, the resulting $(o\,a)$ pendulosity torque is offset by the gyroscopic torque which the platform servo calls for. The platform rotational speed, W_{ac}, is therefore proportional to input acceleration by the factor P_{sa}/H. It may be required to check the linearity of this accelerometer under sustained acceleration greater than one gravity, and we may choose the centrifuge machine to accomplish this. We then have the problem of separating the machine's centrifugal acceleration effects on the accelerometer from its angular velocity effects. If we examine the situation (Fig. 3), we see that one possible effect may be due to centrifugal angular velocity components along the $o\,a$ and $s\,a$ gyro instrument case axes. These components are varying sinusoidally with the angular $(i\,a)$ motion of the gyro-controlled platform with respect to the centrifuge arm. Thus, for a non-rotating Earth

$$W_{oa(\text{ca-is})} = W_{cf} \sin W_{ac} t,$$
$$W_{sa(\text{ca-is})} = W_{cf} \cos W_{ac} t.$$

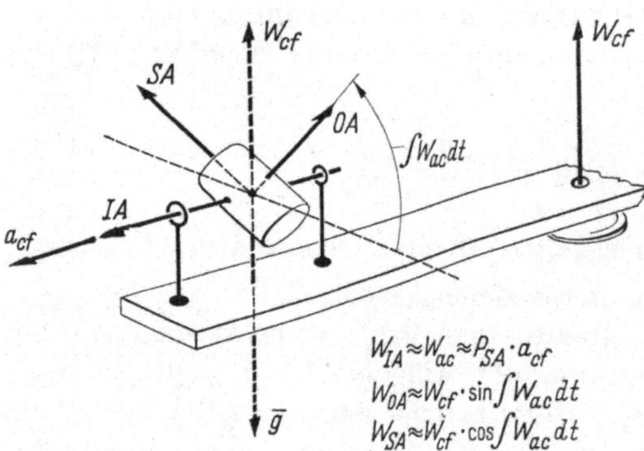

Fig. 3. Functional diagram — gyroscopic accelerometer subjected to centrifuge environment

We have then a case of an out-of-phase angular "vibration" imposed on the case motion. If these are within the controllable frequency range of the servo and $G_l = 1$, the kinematic equations of Information Summary I become

$$\left[H + (H \, W_{cf} \cos W_{ac} t) \left(\frac{I_{(gim)}}{K_t \, G_l} \right) p \right] W_{ac}$$
$$= -I_o \, W_{ac} \, W_{cf} \cos W_{ac} t + P_{sa} \, a_{cf}.$$

The series solution of this equation gives terms proportional only to $(\sin W_{ac} t)(\cos W_{ac} t)$, and therefore it would appear there are no steady-state rectified effects on the accelerometer indications due to these two oscillatory inputs. But this is not the case if we consider the effect of the lead-network of the servo loop compensation, $G_l = \left(1 + p \, (t \, c)_{\text{lead}} \right)$. The kinematic equation becomes

$$\left[H \left(1 + p \, (t \, c)_{\text{lead}} \right) + (H \, W_{cf} \cos W_{ac} t) \left(\frac{I_{(gim)}}{K_t} \right) p \right] W_{ac}$$
$$= -I_o \, W_{ac} \, W_{cf} \cos W_{ac} t + I_o \, (t \, c)_{\text{lead}} \, W_{ac}^2 \, W_{cf} \sin W_{ac} t + P_{sa} \, a_{cf},$$

and its series solution for steady-state error induced by the sinusoidal motions is

$$(E) \; W_{ac} = \frac{- W_{ac}^3 \, W_{cf}^2 \, I_o \, I_{(gim)} \, (t \, c)_{\text{lead}}}{H \, K_t} \left[\frac{1 - 2 \, W_{ac}^2 \, (t \, c)_{\text{lead}}^2 + \cdots}{1 + W_{ac}^2 \, (t \, c)_{\text{lead}}^2 + \cdots} \right].$$

Thus an error in the accelerometer reading is generated by this motion environment proportional to a_{cf}^4.

Example 5

Let $\quad W_{ac} = W_{cf}^2 = a_{cf} = 10$ gravities,

$$(t \, c)_{\text{lead}} = 10^{-2}, \qquad I_o/H = 10^{-3}, \qquad I_{(gim)}/K_t = 10^{-5}.$$

Then $(E) \, W_{ac} \approx 10^{-6}$ gravity.

8. Acknowledgment

This report was prepared under the auspices of DSR Project 52-156, sponsored by the Ballistic Systems Division of the Air Force Systems Command through USAF contract AF 04(647)-303 with Massachusetts Institute of Technology, Instrumentation Laboratory.

The publication of this report does not constitute approval by the Air Force of the findings or the conclusions contained therein. It is published only for the exchange and stimulation of ideas.

References

[1] WEINSTOCK, H.: A Study of the Responce of the Single-Degree-of-Freedom Integrating Gyroscope to Angular Vibration, Report E-885, Instrumentation Laboratory, Massachusetts Institute of Technology, January 1960.

[2] CANNON, JR., R. H.: Kinematic Drift of Single-Axis Gyroscopes. J. appl. Mechanics, Trans. ASME **25**, 357—360 (1958).

[3] GOODMAN, L. E., and A. R. ROBINSON: Effect of Finite Rotations on Gyroscopic Sensing Devices. J. appl. Mechanics, Trans. ASME **25**, 210—213 (1958).

Information Summary I

Complete Kinematic Performance Equations for the Gyroscopic Instrument (for $I_o \doteq I_s \doteq I_i$ and Spin-Axis Coincident with a Principal Axis of the Gyroscopic Element)

Output variables (gyro error signals)   Input or driving functions

$$\begin{vmatrix} I_i p^2 + C_i p + K_i & H_s P & I_i W_o p + I_i \dot{W}_o \\ + H_s W_s & -I_i W_s P - I_i \dot{W}_s & -H_s W_i \\ \\ -H_s p & I_o p^2 + C_o p + K_o & I_o W_i p - I_o \dot{W}_i \\ I_o W_s p + I_o \dot{W}_s & +H_s W_s & -H_s W_o \\ \\ I_s W_o p - I_s \dot{W}_o & I_s W_i p + I_s \dot{W}_i & I_s p^2 + C_s p + K_s \end{vmatrix} \cdot \begin{vmatrix} e_i = A_{ia\,(\text{ge-ca})} \\ \\ e_o = A_{oa\,(\text{ge-ca})} \\ \\ e_s = A_{sa\,(\text{ge-ca})} \end{vmatrix} = \begin{vmatrix} -I_i \dot{W}_i - H_s W_o + T_{u(ia)} \\ \\ -I_o \dot{W}_o + H_s W_i + T_{u(ca)} \\ \\ -I_s \dot{W}_s \qquad\quad + T_{u(sa)} \end{vmatrix}$$

Information Summary II

Complete Kinematic Performance Equations for the Gyroscopic Instrument (for $I_o \doteq I_s \doteq I_i$ and $e_s = 0$), Spin Axis Coincident with a Principal Axis of the Gyroscopic Element

Output variables (gyro error signals)   Input or driving functions

$$\begin{vmatrix} I_i p^2 + C_i p + K_i & H_s p \\ + H_s W_s & -I_i W_s p - I_i \dot{W}_s \\ \\ -H_s p & I_o p^2 + C_o p + K_o \\ + I_o W_s p + I_o \dot{W}_s & + H_s W_c \end{vmatrix} \cdot \begin{vmatrix} e_i = A_{ia\,(\text{ge-ca})} \\ \\ e_o = A_{oa\,(\text{ge-ca})} \end{vmatrix} = \begin{vmatrix} -I_i \dot{W}_i - H_s W_o + T_{u(ia)} \\ \\ -I_o \dot{W}_o + H_s W_i + T_{u(ca)} \end{vmatrix}$$

$$\text{where } H_s \doteq H + \frac{\left[W_s I_{wh} - \dfrac{P_{wh} H}{K_m} (a_{oa} \cos W_{wh} t - a_{ia} \sin W_{wh} t) \right] \cdot [1 + p\, C_s/K_s]}{(p^3 I_{wh} C_s/K_s K_m + p^2 I_{wh}/K_m + p\, C_s/K_s + 1)} \qquad \begin{array}{l}\text{(for synchronous}\\ \text{motor whell-drive)}\end{array}$$

$W_{i,o,s} = W_{ia(\text{ca-is})}$, etc $T_u =$ mechanical torque uncertainties $P_{wh} =$ wheel pendulosity about its spin axis

$I =$ polar moment of inertia $C,\ K =$ coefficients of viscous and elastic restraint on ge, resp.

Information Summary III

Kinematic Equations for a Two-Axis, Gyro Controlled Platform (for $e_s = T_u = 0$)

Output variables (platform angular motion) — Input or driving functions (platform torque disturbances)

$$\left| \begin{array}{cc} \left[H + \dfrac{F_{oa}}{K_t} - I_i \dot{W}_{sg}\left(\dfrac{1}{p}\right) - I_i W_{sg} \right] & \left[p\, I_i - p\, \dfrac{F'_{oa}}{K_t} - H W_{sg}\left(\dfrac{1}{p}\right) \right] \\[2ex] \left[p\, I_o - p\, \dfrac{F_{ia}}{K_t} - H W_{sg}\left(\dfrac{1}{p}\right) \right] & -\left[H + \dfrac{F'_{ia}}{K_t} + I_o \dot{W}_{sg}\left(\dfrac{1}{p}\right) + I_o W_{sg} \right] \end{array} \right| \cdot \left| \begin{array}{c} W_{o(\text{gim-is})} \\[2ex] W_{i(\text{gim-is})} \end{array} \right| = \left| \begin{array}{c} -T_{do}\dfrac{F''_{oa}}{K_t} - p\,T_{di}\dfrac{H}{K_t G_t} \\[2ex] -T_{di}\dfrac{F''_{ia}}{K_t} - p\,T_{do}\dfrac{H}{K_t G_t} \end{array} \right|$$

F = gyro-servo control loop kinematic funktion T_d = torque disturbance to the platform K_t = gyro-servo control loop gain

Information Summary IV

Approximate Kinematic Equations for a Two-Axis, Gyro Controlled Platform for Frequencies within the Control Range and Sinusodial Disturbing Torques and Base Motions

$$\left[I + \left(W_{sg}\sin w\,t + W_{sg}\cos w\,t\left(\dfrac{1}{p}\right) \right)\dfrac{I_i}{H} \right] W_{og} + \left[\dfrac{I_i}{H}\,p - W_{sg}\sin w\,t\left(\dfrac{1}{p}\right) \right] W_{ig} = a\sin w\,t + b\cos w\,t$$

$$\left[\dfrac{I_o}{H}\,p - W_{sg}\sin w\,t\left(\dfrac{1}{p}\right) \right] W_{og} - \left[1 + \left(W_{sg}\sin w\,t + w\,W_{sg}\cos w\,t\left(\dfrac{1}{p}\right) \right)\dfrac{I_o}{H} \right] W_{ig} = c\sin w\,t + d\cos w\,t$$

where: $W_{s(\text{ba-is})} = W_{sg}\sin w\,t$ w = vibration frequency

Information Summary V

Approximate Equations for a Two-Axis Gyro-Controlled Platform for Disturbing Torque and Base Motion Frequencies within the Control Range Showing Effect of Kinematic H_s

$$\left[1 + \dfrac{I_{\text{rotor}}}{H}\,W_{sg}\sin w\,t \right] W_{og} + \left[\dfrac{I_i}{H}\,p - W_{sg}\sin w\,t\left(\dfrac{1}{p}\right) \right] W_{ig} = a\sin w\,t + b\cos w\,t$$

$$\left[\dfrac{I_o}{H}\,p + W_{sg}\sin w\,t\left(\dfrac{1}{p}\right) \right] W_{og} - \left[1 + \dfrac{I_{\text{rotor}}}{H}\,W_{sg}\sin w\,t \right] W_{ig} = c\sin w\,t + d\cos w\,t$$

Behavior of Gyroscopic Instruments in a Random Vibration Environment

By

George R. Pitman, Jr., and **Raymond E. Goodson**

El Segundo, Calif., U.S.A.

1. Introduction

The rectification of angular vibrations within a gyroscopic instrument is a well-known phenomenon and is a limiting factor in the utilization of these instruments. These effects are particularly predominant in those applications in which the gyroscope is mounted directly to the vehicle. If the gyro is mounted on a stable platform, the platform provides isolation of the instrument from the angular vibrations of the vehicle. This isolation renders the kinematic drift of a gyro relatively less important than other errors such as fixed torques, torques due to mass unbalance and those due to compliance effects. However, in body mounted applications the gyroscopes are not isolated from the vehicle motions, and kinematic drift can become the significant source of error. The effect has been referred to by various workers as the $\theta \, \dot{\phi}$ *effect*, *kinematic drift*, the *coning error* and *kinematic rectification*.

In this paper we shall compute the drift rate of a single-degree-of-freedom gyro excited by random angular motions, applied about an arbitrary axis through the instrument and characterized by a given autocorrelation function. The gyro drift rate is defined as the time average of the difference between those torques acting about the output axis of the gyro and the torque due to motion about its imput axis, divided by the angular momentum of the rotor. In addition to the torque due to simultaneous motions about the input and spin axes, there is a torque present due to simultaneous motions about the spin axis and output axis, which is proportional to the ratio of the exciting frequency and the nutation frequency of the gyro, and which may be the dominant error for high excitation frequencies. The drift rate is a function of the cross-correlation functions of the motions about the various axes. Since, in general, an arbitrary rotation of a rigid body can be represented by a rotation about a single axis (EULER's theorem), this rotation can be resolved into components along the principle axes of the gyro, and the cross-correlation between the various motions can be obtained from the autocorrelation function of the angular motion. Once the cross-correlation functions are derived, the drift rate of the gyro can be evaluated if the autocorrelation of the excitation is known. In this paper three cases are considered: a discreet frequency spectrum, a band limited gaussian noise signal, and a narrow band spectrum such as would be obtained if the gyro were mounted on a vibration isolator. The drift rates of a SDF gyro operated as a rate gyro, a proportional gyro and an integrating gyro are evaluated for each of the above mentioned excitations.

2. Response of a SDF Gyro to Angular Vibrations

The analysis of the response of a SDF gyro to an angular vibration environment begins with the equation for the torques acting about the output axis of the gyro [1], which can be written in the form

$$I_0 \ddot{\theta} + D \dot{\theta} + K \theta = H \dot{\phi}_x - H \theta \dot{\phi}_y - I_0 \ddot{\phi}_z, \qquad (2.1)$$

where

I_0	is the moment of inertia of the gimbal about the output axis of the gyro,
θ	is the output angle or the measured angle between the gimbal and the gyro case,
D	is the viscous damping coefficient of the gyro,
K	is the proportional restraint of the float relative to the case,
H	is the angular momentum of the rotor,
$\dot{\phi}_x, \dot{\phi}_y, \dot{\phi}_z$	are the angular rates of the case relative to an inertial frame of reference about the input axis, the spin reference axis, and the output axis respectively as shown in Fig. 1

and where the dots represent differentiation with respect to time.

The quantities on the right side of Eq. (2.1) are the torques which act on the float about the output axis of the gyro. Ideally, the gyro should respond only to motions about the input axis, and consequently the last two terms on the right side of Eq. (2.1) represent error torques which cause the gyro to respond in an undesirable fashion. Since we are interested in the ability of the gyro to maintain a spatial reference over an extended period of time, the drift rate of the gyro is defined as the

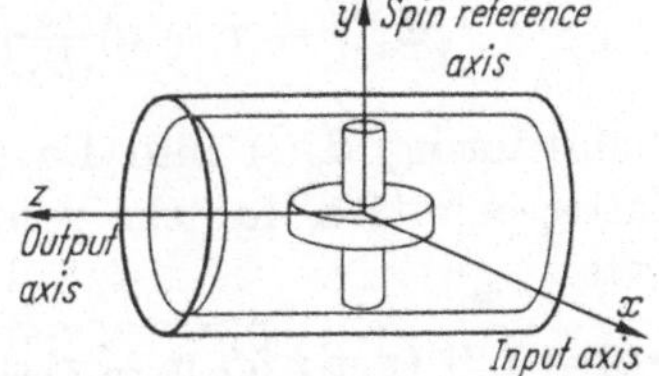

Fig. 1. Definition of the principle axes of a SDF gyroscope

time average of an equivalent input rate which is produced by the error torques. The equivalent input rate due to these torques can thus be written as

$$\delta\dot\phi_x = \theta\dot\phi_y + \frac{I_0}{H}\ddot\phi_z. \tag{2.2}$$

If ε denotes the gyro drift rate, then taking the time average of Eq. (2.2) yields

$$\varepsilon = \widetilde{\delta\dot\phi_x} = \widetilde{\theta\dot\phi_y} + \frac{I_0}{H}\widetilde{\ddot\phi_z}, \tag{2.3}$$

where the wavy lines over the quantities in this equation indicate time averages. The last term in this equation will be zero if $\dot\phi_z$ has a zero or a constant mean value, as is generally the case, and consequently will be neglected in the sequel. Thus only the $\theta\dot\phi_y$ term remains, and it is this term which gives rise to the kinematic drift of the gyro.

In order to evaluate the kinematic drift of the gyro, it is necessary to obtain a solution of Eq. (2.1) for the output angle θ. Since this equation is a linear differential equation with a time varying coefficient, we can use Picard's method to obtain a solution. If the ouput angle θ is small, then the term $H\,\theta\,\dot\phi_y$ will be small compared to the term $H\,\dot\phi_x$ and consequently can be treated as a perturbation to the differential equation. The first order solution of Eq. (2.1), based on Picard's method, is

$$\theta_1(t) = \int_0^\infty W(\tau)\left[\dot\phi_x(t-\tau) - \frac{I_0}{H}\ddot\phi_z(t-\dot\tau)\right]d\tau, \tag{2.4}$$

where $W(\tau)$ is the unit impulse response function of the gyro and is the particular solution of the differential equation

$$I_0\,\ddot W(t) + D\dot W(t) + KW(t) = H\,\delta(t). \tag{2.5}$$

In this equation $\delta(t)$ is the unit impulse function. The second order solution can be found by substituting $\theta_1(t)$, given by Eq. (2.5), into Eq. (2.1) and solving the resulting equation, which yields

$$\theta_2(t) = \int_0^\infty W(\tau)\,d\tau\left\{\dot\phi_x(t-\tau) - \frac{I_0}{H}\ddot\phi_z(t-\tau) - \dot\phi_y(t-\tau)\int_0^\infty W(\sigma)\,d\sigma\times\right.$$
$$\left.\left[\dot\phi_x(t-\tau-\sigma)\frac{I_0}{H}\ddot\phi_z(t-\tau-\sigma)\right]\right\}. \tag{2.6}$$

Substituting $\theta_2(t)$ into Eq. (2.3) and neglecting the last term in the latter equation for the reason given above yields for the gyro drift rate

$$\varepsilon(t) = \int_0^\infty W(\tau)\,d\tau\left\{\widetilde{\dot\phi_x(t-\tau)\,\dot\phi_y(t)} - \frac{I_0}{H}\widetilde{\dot\phi_y(t)\,\ddot\phi_z(t-\tau)} - \int_0^\infty W(\sigma)\,d\sigma\times\right.$$
$$\left.\left[\widetilde{\dot\phi_x(t-\tau-\sigma)\,\dot\phi_y(t-\tau)\,\dot\phi_y(t)} - \frac{I_0}{H}\widetilde{\dot\phi_y(t)\,\dot\phi_y(t-\tau)\,\ddot\phi_z(t-\tau-\sigma)}\right]\right\}. \tag{2.7}$$

If the excitation is a gaussian process, then it can be shown that all of the odd moments of the time averages [2] are zero, and consequently the second integral in the above equation is zero. In the sequel, we shall restrict ourselves to the case in which the excitations are small enough so that the third and higher order terms in the solution are negligible, and under these assumptions the drift rate can be approximated by

$$\varepsilon = \int\limits_0^\infty W(\tau) \left[\overline{\dot\phi_x(t-\tau)\,\dot\phi_y(t)} - \frac{I_0}{H} \overline{\dot\phi_y(t)\,\dot\phi_z(t-\tau)} \right] d\tau$$

$$= \lim_{T\to\infty} \frac{1}{T} \int\limits_0^\infty d\tau \, W(\tau) \int\limits_0^T dt \, \dot\phi_y(t) \left[\dot\phi_x(t-\tau) - \frac{I_0}{H} \ddot\phi_z(t-\tau) \right]. \quad (2.8)$$

In this equation, the second integration represents the time averages indicated in the first. The latter equation can be written in the form

$$\varepsilon = \int\limits_0^\infty W(\tau) \left[\Phi_{xy}(\tau) - \frac{I_0}{H} \Phi_{yz}(-\tau) \right] d\tau, \quad (2.9)$$

where Φ_{xy} and Φ_{yz} are the cross-correlation functions between the angular rates and their derivatives about the various gyro axes. Thus, the evaluation of the kinetmatic drift of the gyro depends upon the cross-correlations between the angular rates about the gyro axes.

The impulse response function of the gyro will depend upon the mode of operation of the gyro. For a rate gyro the proportional restraint term, characterized by K, will be large, and the impulse response function will take the form

$$W(t) = \frac{H}{I_0} \frac{1}{\omega_0 \sqrt{1-\zeta^2}} e^{-\zeta\omega_0 t} \sin\omega_0 \sqrt{1-\zeta^2}\,t, \quad (2.10)$$

where

$$\omega_0^2 = K/I_0, \qquad 2\zeta\omega_0 = D/I_0. \quad (2.11)$$

For a proportional gyro the proportional restraint term will be negligible; the viscous damping term will dominate, and the unit impulse response function becomes

$$W(t) = \frac{H}{D}(1 - e^{-\beta t}), \quad (2.12)$$

where $\beta = D/I_0$. Finally, for an integrating gyro both the viscous damping term and the proportional restraint term are negligible compared to the moment of inertia of the gimbal, and the impulse response function becomes

$$W(t) = \frac{H}{I_0} t. \quad (2.13)$$

3. Calculation of the Cross-Correlation Functions

To find the cross-correlation functions which appear in Eq. (2.9), it is necessary to assume a model for the vibrations which are applied to the gyro. We shall assume that a vibratory angular rate, $\dot{\phi}$, is applied to the gyro about an arbitrary axis passing through the gyro case. The orientation of this axis relative to the principle axes of the gyro is shown in Fig. 2. The polar coordinates η and ξ specify the orientation of the axis around which the vibration takes place. Thus the x, y and z components of this angular rate can be written as

$$\left.\begin{aligned}
\dot{\phi}_x(t) &= \dot{\phi}(t)\,\cos\eta\,\cos\xi, \\
\dot{\phi}_y(t) &= \dot{\phi}(t)\,\sin\eta\,\cos\xi, \\
\dot{\phi}_z(t) &= \dot{\phi}(t)\,\sin\xi.
\end{aligned}\right\} \tag{3.1}$$

If these components of the angular rates are now substituted into Eq. (2.11), one obtains

$$\Phi_{xy}(\tau) = \cos\eta\,\cos^2\xi\,\lim_{T\to\infty}\frac{1}{T}\int_0^T \dot{\phi}(\tau)\,\dot{\phi}(\tau+t)\,d\tau = \frac{1}{2}\sin 2\eta\,\cos^2\xi\,\Phi_{\dot{\phi}}(t),$$

$$\tag{3.2}$$

where $\Phi_{\dot{\phi}}(t)$ is the autocorrelation function for the angular rate. Since, however, the direction of the vibratory motion applied to the gyro

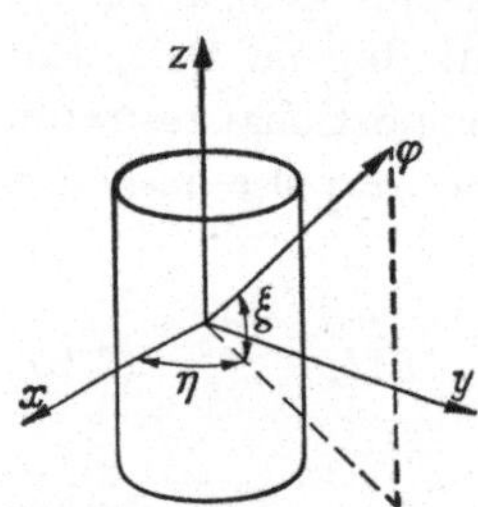

may be considered as a random variable, Eq. (3.2) can be averaged in the square over the η and ξ variables, and the resulting cross-correlation function becomes

$$\Phi_{xy}(\tau) = \frac{\sqrt{3}}{8}\,\Phi_{\dot{\phi}}(\tau). \tag{3.3}$$

In a similar fashion, it can be shown that the cross-correlation function $\Phi_{y\dot{z}}$ can be written as

$$\Phi_{y\dot{z}}(\tau) = \frac{1}{4}\frac{d}{d\tau}\,\Phi_{\dot{\phi}}(\tau). \tag{3.4}$$

Fig. 2. Definition of the direction of an applied angular rate relative to the principle axes of the gyroscope

Thus if the autocorrelation function of the vibratory motion applied to the gyro or alternately, the power spectral density is known, then the drift rate of the gyro can be found by substitution of Eqs. (3.3) and (3.4) into Eq. (2.9) with the appropriate weighing function, and evaluation of the resulting definite integral.

The analysis, developed above for angular vibrations about an arbitrary axis, is also valid for coning motions of the gyro. If an axis, fixed to the case of the gyro, is processed about an inertially fixed axis at a rate Ω, the angular motion of the gyro case will be described by

the equation [3]
$$\ddot{\boldsymbol{\phi}} = \boldsymbol{\Omega} \times \dot{\boldsymbol{\phi}} \tag{3.5}$$

which, for a constant value of Ω, has the solution [4]

$$\dot{\boldsymbol{\phi}} = \dot{\boldsymbol{\phi}}(0)\cos\Omega t - \frac{\boldsymbol{\Omega} \times \dot{\boldsymbol{\phi}}(0)}{\Omega}\sin\Omega t + \frac{\boldsymbol{\Omega}\,[\boldsymbol{\Omega} \times \dot{\boldsymbol{\phi}}(0)]}{\Omega^2}(1 - \cos\Omega t). \tag{3.6}$$

For example, if the z axis of the gyro is processed about an inertially fixed axis, then the x and y components of the angular rate of the case are given by

$$\dot{\phi}_x = \dot{\phi}_x(0)\cos\Omega t + \dot{\phi}(0)\sin\Omega t, \tag{3.7}$$

$$\dot{\phi}_y = \dot{\phi}_y(0)\cos\Omega t - \dot{\phi}_x(0)\sin\Omega t, \tag{3.8}$$

i.e. by two angular rates which are ninety degrees out of phase with each other. The cross-correlation function between these rates can be readily found and the resulting kinematic drift computed from Eq. (2.9).

4. Application to a SDF Gyro

In this section we shall consider a number of applications of the SDF gyro, which are of practical interest. The first case is one in which a SDF gyro is excited with an angular vibratory motion which has a discreet frequency spectrum. In this case the autocorrelation function for the angular motion takes the form

$$\Phi_{\dot\phi}(\tau) = \sum_{i=1}^{n} \dot{\phi}_i^2 \cos\omega_i\tau. \tag{4.1}$$

The second case which is considered is one in which the gyro is subjected to a wide band excitation, characterized by gaussian noise with a correlation function of

$$\Phi_{\dot\phi}(\tau) = \dot{\phi}_{\mathrm{rms}}^2\, e^{-\alpha|\tau|}, \tag{4.2}$$

where α is the band width of the GAUSSIAN noise. Finally, as a third case we shall consider the situation in which the gyroscope is mounted on a vibration isolator. If the isolator is characterized by a transfer function $F(s)$ and is excited by wide band GAUSSIAN noise, the auto-correlation function at the angular motion of the case will be

$$\Phi_{\dot\phi}(\tau) = \dot{\phi}_{\mathrm{rms}}^2\,\frac{1}{2\pi}\int_{\infty}^{\infty}|F(i\,\omega)|^2\,e^{i\omega\tau}\,d\omega. \tag{4.3}$$

In this case we shall assume that the shock isolation system is character-ized by a second order transfer function with a natural frequency ω_s and a damping ratio ζ, so that the transfer function takes the form

$$F(s) = \frac{2\zeta\,\omega_s s + \omega_s^2}{s^2 + 2\zeta\,\omega_s s + \omega_s^2}. \tag{4.4}$$

Substitution of this into Eq. (4.3) and integration yields for the cor-relation function

$$\Phi_{\dot\phi}(\tau) = \dot{\phi}_{\mathrm{rms}}^2\, e^{-\zeta\omega_s|\tau|}\cos\omega_s\tau, \tag{4.5}$$

where $\dot\phi_{rms}$ is the root-mean-square of the amplitude of the excitation at the gyro case.

The drift rates for the various modes of gyro operation can be found by substituting the appropriate impulse response functions and correlation functions for the excitation into Eq. (2.7). For the nine configurations of impulse response functions and excitations the drift rate integrals have been evaluated and are presented in Table 1.

It should be noted that in all cases the kinematic drift consists of two terms. The first term represents the drift due to the interaction of angular rates about the spin and input axes, and the second term represents the drift due to interaction of angular rates about the output and spin axes. In all cases, the second term is of a higher degree in the characteristic frequency of the excitation, which means that this term may dominate the first at high frequencies. The first term is the one which is usually referred to as kinematic drift, and the effects of motion about the output axis are not considered; however, in many applications it is this latter term which may be important if the excitation contains high frequency components.

Table 1 provides criteria for the selection of a gyro for a particular application. If a rate gyro is used, the natural frequency of the caging loop should be as high as possible, since in all cases the response is inversely proportional to frequency of the gyro. For a proportional gyro the characteristic or cutoff frequency of the gyro should be as high as possible for the same reasons. A comparison of the three types of gyros shows that, for a discrete spectrum excitation, the additional integration provided by the proportional and integrating gyros reduces the drift rates of the gyros by a factor of two and four respectively at high frequencies. In the case of gaussian white noise excitation, there is no significant choice between the various types of gyros, since the bandwith of the noise will generally be much greater than the characteristic frequencies of the rate and proportional gyros. If the gyro is mounted on a vibration isolator, the natural frequency of the isolator should be as low as possible consistent with the system frequency response requirements.

In order to obtain a feeling for the magnitude of the drift rates induced by the kinematic drift phenomena, a typical gyro with the following characteristics is assumed:

$$H = 10^5 \text{ dyne-cm-sec}, \quad D = 5 \times 10^4 \text{ dyne-cm-sec},$$
$$I_0 = 100 \text{ gm-cm}^2, \qquad K = 10^8 \text{ dyne-cm/rad}.$$

The characteristic term which describes the drift rate, $\dfrac{\sqrt{3}}{8}\dfrac{H}{I_0}\dot\phi_{rms}^2$, has a numerical value of $2.18 \times 10^{-4}\,\dot\phi_{rms}^2$ rad-sec and corresponds to a drift rate of $43°/\text{hr}/\text{mr}^2/(\text{rad}/\text{sec})^2$. This drift rate can be reduced in two ways: First, by making the bandwidth of the gyro greater than the characteristic frequency of the excitation. In this example, the natural frequency of the caging loop of the rate gyro is 160 cps, and the cutoff frequency of the proportional gyro is 80 cps. Thus in order to reduce the drift rate by a factor of 100, the exciting frequencies can be no greater than 16 and 8 cps respectively. To obtain a greater reduction in gyro drift rate requires a sacrifice in the angular momentum of the gyro which in most applications is undesirable. The second alternative is to isolate the gyro from the excitation by vibration isolator. To decrease the gyro drift rate, the resonant frequency of the isolator must be low compared to the characteristic frequencies of the gyro. If the resonant frequency is 0.1 times the characteristic frequency of the gyro and the damping ratio of the isolation system is 0.7, then the drift rates are reduced by factors of 200 and 18 for the rate and proportional gyros respectively. Thus vibration isolation is an effective method of reducing the kinematic drift effects of the gyro and has a greater effect on a rate gyro than on the proportional gyro.

If the gyro is mounted on a gyro stabilized platform, then the amplitudes of the excitations will be extremely low of the order of a few seconds of arc, and thus the kinematic drift rates will be small. For example, if the amplitude of the excitation is 5 arc-sec in the example quoted above, the drift rate will be less than $0.0005°/\text{hr}$ depending upon the frequency of the excitation. The attenuation factor for the drift rate is $\omega^2/(\omega^2 + \beta^2)$ for discrete frequencies. Thus, if the frequency of the excitation is much lower than the cutoff frequency of the gyro, the drift rate will become negligible. For low excitation frequencies the proportional gyro will exhibit lower kinematic drift rates than the integrating gyro, due to the fact that the drift of an integrating gyro is independent of frequency.

From the above discussion we can conclude that, for accuracies required for navigational purposes, it is not feasible to utilize body mounted gyros unless they are sufficiently well isolated from the angular vibrations of the vehicle. The required isolation may well be so great as to make vibration isolation impractical for the achievement of acceptable drift rates. If the gyro is mounted on a stable platform, then it is possible to reduce the kinematic drift by many orders of magnitude.

References

[1] AUSMAN, J. S.: Theory of Intertial Sensing Devices, Intertial Guidance, edited by G. R. PITMAN, New York: J. Wiley 1962.

[2] LANING, J. H., and R. H. BATTIN: Random Processes in Automatic Control, New York: McGraw-Hill 1956, pp. 82—85.

[3] GOLDSTEIN, H.: Classical Mechanics, Reading: Addisan-Wesley 1955, p. 162.

[4] PITMAN, G. R.: Intertial Guidance, New York: J. Wiley 1962, pp. 464/465.

Table 1. *Gyro Drift Rates*

Excitation and correlation function	Gyro Drift Rate		
	Rate gyro	Proportional gyro	Integrating gyro
Discrete spectrum $\dot\phi^2 \cos\omega t$	$\dfrac{\dot\phi^2}{2}\left[\dfrac{\sqrt{3}}{4}\dfrac{H}{I_0}\dfrac{1}{\omega_0^2} - \dfrac{\zeta\,\omega^2}{\omega_0^3}\right];\ \omega \ll \omega_0$ $\dfrac{\dot\phi^2}{2\omega^2}\left[\dfrac{\sqrt{3}}{4}\dfrac{H}{I_0} + \zeta\,\omega_0\right];\ \omega_0 \ll \omega$	$\dfrac{\dot\phi^2}{8}\left[\sqrt{3}\,\dfrac{H}{I_0} + 2\,\dfrac{\omega^2}{\beta}\right]\dfrac{1}{\omega^2+\beta^2}$	$\dfrac{\dot\phi^2}{16}\left[\sqrt{3}\,\dfrac{H}{I_0} - 2\omega\right]\dfrac{1}{\omega^2}$
Gaussian noise $\dot\phi_{\mathrm{rms}}^2\, e^{-\alpha|t|}$	$\dfrac{\dot\phi_{\mathrm{rms}}^2}{8}\left(\sqrt{3}\,\dfrac{H}{I_0} - 2\alpha\right)\times \\ \times\dfrac{1}{\alpha^2+\omega_0^2+2\zeta\,\omega_0\,\alpha}$	$\dfrac{\dot\phi_{\mathrm{rms}}^2}{8}\left[\sqrt{3}\,\dfrac{H}{I_0} + 2\alpha\right];\ \dfrac{1}{(\alpha+\beta)\,\alpha}$	$\dfrac{\dot\phi_{\mathrm{rms}}^2}{8}\left[\sqrt{3}\,\dfrac{H}{I_0} + 2\alpha\right]\dfrac{1}{2\alpha}$
Gaussian noise through shock mount $\dot\phi_{\mathrm{rms}}^2\, 2\zeta\,\omega_s\,|t|_{\cos\omega_s t}$	$\dfrac{\dot\phi_{\mathrm{rms}}}{8}\left[\dfrac{\sqrt{3}\,H}{I_0\,\omega_s^2} + \dfrac{2\zeta}{\omega_s}\right];\ \omega_0^2 > \omega_s^3$	$\dfrac{\dot\phi_{\mathrm{rms}}^2}{8}\left[\sqrt{3}\,\dfrac{H}{D}\dfrac{\zeta}{\omega_s(1+\zeta^2)} - \right. \\ \left. -\dfrac{2(1-\zeta^2)}{\beta(1+\zeta^2)}\right];\ \omega_s \gg \beta$	$\dfrac{\dot\phi_{\mathrm{rms}}^2}{8}\sqrt{3}\left[\dfrac{H}{I_0}\dfrac{(1-\zeta^2)}{(1+\zeta^2)} + 2\zeta\,\omega_s\right] \\ \times\dfrac{1}{\omega_s^2(1+\zeta^2)}$
Unit impulse response	$\dfrac{H}{K}\,\delta(t);\quad \omega_0^2 = \dfrac{K}{I_0}$	$\dfrac{H}{D}(1 - e^{-\beta t});\quad \beta = \dfrac{D}{I_0}$	$\dfrac{H}{I_0}\,t$

Balancing of Gyroscopes

By

Jacob P. Den Hartog

Cambridge, Mass., U.S.A.

1. Introduction

The term "balancing" is usually understood to mean the process of eliminating the bearing motions and forces of a rotating object at the frequency of rotation by the addition of small correction weights in suitable locations. In a narrow sense the disturbance is due to centrifugal force proportional to $m\,\omega^2$. In a more general sense the word "balancing" includes the elimination of *all* effects of rotational frequency, caused not only by centrifugal forces, but also by forces of geometric, aero-and hydro-dynamic or electromagnetic origin. Such effects are always associated with some geometric non-symmetry and may be lumped under the general term of "geometric unbalance" as distinguished from "inertia unbalance". Geometric types of unbalance sometimes can be corrected by small inertia correction masses, and sometimes this is impossible. The intensity of geometric unbalance effects usually is not proportional to the square of the speed; in such a case correction by small masses, if at all possible, is good for one speed only.

2. Geometric Unbalance of Rotor, Caused by Statically Indeterminate Support

The rotor of the conventional type of gyroscope is mounted in two ball bearings in a more or less statically determinate manner, so that misalignment of the rotor or of the stator does not lead to locked up forces. However, if the ball bearings are capable of transmitting a moment as well as a sidewise force, the rotor support is statically indeterminate and misalignment of either member or both will cause a locked up stress condition. If the rotor is "straight", i.e., if its two journal center lines coincide, while the stator bearing center lines do not coincide, this locked up stress system is fixed in the stator and is independent of rotation; hence does not cause unbalance. If, on the other hand, the rotor is misaligned, i.e., if its two journal center lines do not coincide, and if the stator is perfect, the locked up stress field rotates. Since the resultant of the forces on the stator must be zero, this condition still is not an "unbalance" for a rigid stator. But when the stator is deformable, the the rotating strain or deformation field in the stator is an "unbalance" of rpm frequency, but of constant intensity, independent of the speed of rotation. It can be corrected by balance weights at one speed only. With the accuracy of manufacture of actual instruments this type of geometric unbalance is presumably negligibly small, but it points up the necessity of very accurate machining to extremely close tolerances.

3. Geometric Unbalance Caused by Deviations from 90-Degree Angles between the Three Instrument Axes

If in a single-degree-of-freedom gyro instrument the angle between the spin axis and the *output* axis is $90° + d\varphi$, then there is an angular momentum component $H\,d\varphi$ along the ouput axis (H being the angular momentum of the gyro wheel). The time variation of this component is $\dot{H}\,d\varphi$, which constitutes a spurious output signal. The value of $\dot{H}$ can be caused by variations in bearing friction or variations in the (electric or other) driving torque of the rotor. These quantities are of a random nature and do not have rpm frequency. Hence, nothing can be done to overcome this type of error other than accurate workmanship, ensuring good constancy of the friction torque as well as of the driving torque.

If the angle between the spin axis and the *input* axis is $90° + d\psi$, there is an angular momentum component $H\,d\psi$ along the input axis, which has a rate of change component along the output axis (and hence a spurious signal) of $H\,\omega_s\,d\psi$, where ω_s is the instrument rotation about the spin axis. In other words, the instrument responds to angular speeds of the stator about the spin axis, which it is not supposed to do. This situation is taken care of in the calibration of the instrument where the input axis is defined and determined as the axis perpendicular to the one giving zero input to the instrument; i.e., the spin axis.

These seem to be the only geometrical types of inaccuracy to be discussed in connection with the rotating part of the gyro. Others on the non-rotating gimbal will be mentioned later.

4. Inertia Balance of the Rotor

This is a simple matter as long as the rotor or gyrowheel can be regarded as rigid, which in practice is equivalent to saying that the lowest lateral or flexural natural frequency of the rotor on "immovable" or "rigid" bearings exceeds the running speed by a factor of at least 2, or better still, 3 or 4. This being the case in all properly constructed gyros, the balancing required is the two-plane classical procedure, for which extremely sensitive and accurate balancing machines are available on the market or can be home-made, adapted to the dimensions of the rotor in hand. The sensitivity of the electronic pick-up devices used for the detection of amplitude and phase of the residual vibration in this process seems capable of being pushed up beyond our present desires, and the limitation appears to be twofold: 1. the presence of "noise" and 2. the actual application of the correction weights.

For example, a 220 gram gyrowheel designed for 12,000 rpm operation can be and is now being balanced in a balancing machine, running also at 12,000 rpm, to correction weights of 0.15 milligrams (or less), which corresponds to a center of gravity eccentricity of 3.5×10^{-6} cm. This means that in the presence of a balancing cradle of nearly equal weight as that of the rotor the amplitude signal to be detected is 1.8×10^{-6} cm. The 0.15 milligram correction is applied by a careful touch with a drill, which constitutes one of the present limitations of the process. The other limitation is that a vibration of 1.8×10^{-6} cm amplitude at 12,000 rpm frequency has to be detected in the presence of a more or less continuous frequency "noise" amplitude spectrum, caused by extraneous irregularities, mostly originating in the ball bearings.

The corrections applied tend to remove all signals at rpm frequency from all possible sources, which notably includes the geometric type of unbalance discussed in paragraph 2. Only if the balancing process is carried out at the same speed as the operation of the gyro and also if the balancing is done in the same stator as used in actual operation, only then will the correction tend to remove both the inertial and geometric unbalance.

5. Spurious Signals Caused by Residual Unbalance in Rotating Parts

Referring to Fig. 1 the centrifugal force of one unbalance mass Δm is: $\Delta m \, \omega^2 \, r$, and its moment about the output axis is: $\Delta m \, \omega^2 \, r \, a \sin \omega t$. The residual error left in the rotor after completion of the balancing process can be considered as consisting of two masses Δm of magnitude equal to or smaller than .15 mg with an arbitrary phase angle between them. The worst moment about the output axis occurs with both $\Delta m = .15$ mg and 180 degrees of phase angle. This moment then is $2 \Delta m \, \omega^2 \, r \, a \sin \omega t$. With $r = 2.6$ cm, $2a = 2.4$ cm, $\omega = 12,000 \, \pi/30$ and $m = .15$ mg this gives $M_t = 1500 \, dyne \, cm$ at rotational frequency.

The angular amplitude θ_0 about the output axis caused by this torque is less than $M_t/I_{0a} \, \omega^2$, which with an inertia $I_{0a} = 1800$ g cm^2

of the instrument about its output axis leads to $\theta_0 = 0.1$ *second of arc*. The sensitivity of the angular sensing device in the output axis is such that it detects angles much smaller than the above value, so that the servomechanism is subjected to a stimulus of 0.1 second of arc at rpm frequency, which it tends to follow. Since the natural frequency of the servo-loop is very much lower than the gyro rpm, this stimulus is largely ignored by the servo-loop. However, the stimulus angle θ_0 must be kept small: if it becomes much larger than the value just quoted it may saturate the servomechanism. Since the unbalance input is alternating, with a zero integral over a long time, it will not cause any direct error signal, so that the only trouble caused by bad balance is a possible overload on the servomechanism.

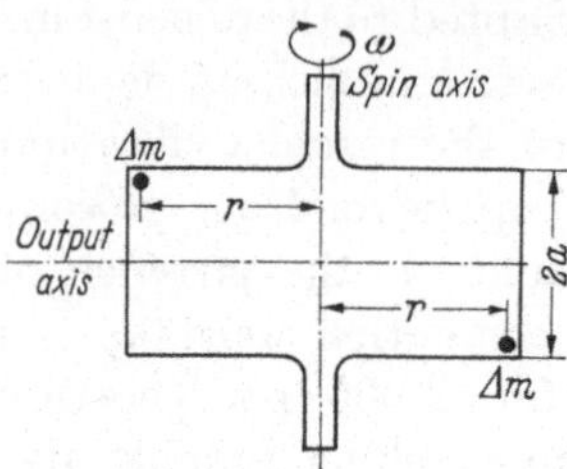

Fig. 1. Residual unbalance

6. Static Balance of the Gimbal System

In the single-degree-of-freedom gyro there is only one gimbal ring, i.e., the can in which the gyro wheel is mounted and which floats in a heavy fluid. Since this "gimbal" or can does not rotate at any appreciable speed, the only requirement for balance (against gravity or acceleration) is that the resultant of the gravity and buoyancy forces must be in the axis of rotation, in this case in the output axis. This is accomplished by mounting the instrument on a turntable or in such a fixed position that the earth rotation signal is eliminated and then applying or shifting balance weights on the can until a nearly zero signal is obtained: an elaborate process. Ordinarily this is done in three steps:

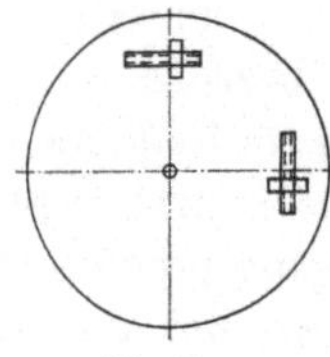

Fig. 2
Fine balancing by
screw adjustments

First a rough balance of the can before assembly of the instrument.

Second a fine balance after assembly by making two screw adjustments, one in each of the two directions perpendicular to the output axis, as shown in Fig. 2. Each one of the two little weights of steel is about 0.8 grams, immersed in a fairly heavy liquid. One full turn of this weight on the screw displaces it to an amount corresponding to 24 dyne cm torque on the output axis. The sensitivity of the instrument is such that a rotation of one revolution in 24 hours (one earth rate) corresponds to 145 dyne cm torque. This then constitutes the limiting balance operation of the instrument proper. If we tolerate a spurious signal of 0.01 earth rate in the instrument, the static balance weights have to be adjusted to an angular position of about 20 degrees.

The *third* stage might be called "balance by computer". After the second stage has been completed, there still is a residual torque which causes the instrument to send a constant speed-of-rotation signal to the computer. During the calibration process this is noted, and the computer is instructed to subtract this amount. Since the intensity of the signal depends on the intensity and the direction of the gravity or acceleration vector, the instruction to the computer depends on the measured acceleration.

It is interesting to compare the static residual torque on the gimbal with the amplitude of the rpm frequency torque of the unbalance of the rotating parts. For 0.01 earth rate the static balance is down to 1.45 dyne cm on the output axis; the best obtainable rotating balance of the wheel leaves an (rpm frequency) torque of 1500 dyne cm: a thousand times larger than the static torque.

A more refined analysis of the static balance must distinguish four points: 1. the center of gravity of the can plus contents, 2. the center of buoyancy or geometric center of the can, 3. the output axis journal center or rather the center of the electromagnetic field taking the place of the bearing and 4. the geometric center of the hollow enclosing the can, or the center of the circle representing the outside boundary of the flotation fluid. The location of the last of these four points does not affect the static equilibrium. After balancing is accomplished by shifting the center of gravity relative to the other points by adjusting the two screws of Fig. 2, we are left with three parallel forces passing through these three points: the weight (or inertia force) of the can passing through the center of gravity; the buoyancy force passing through the buoyancy center, and the difference between these two forces passing through the journal center. Since this latter difference force is much smaller than the other two, the balancing process tends to bring the centers of gravity and buoyancy very close together, while their common distance to the journal center is much larger. However, as long as static balance is obtained to a sufficient degree of accuracy, we do not care what is the distance between the gravity center and the journal center. This then is a type of "geometrical" unbalance which can be eliminated completely by suitable correction weights and subsequent nulling of the computer.

An eccentricity of the fourth point mentioned above with respect to the other three results is an uneven distribution of the flotation liquid thickness around the can. This does not affect buoyancy and has no consequence whatever when there is no motion. A difference does occur when there is an angular speed $\dot\theta$ of the can inside the liquid. Instead of introducing a pure damping torque, the inaccuracy will give rise to a viscous force in addition to the torque. Since this force

is taken by the output-axis (magnetic-) bearings, the only consequence
is a possible variation in the rotational damping constant of the device,
which is not of practical significance.

7. Acknowledgment

I am indebted to Messrs. Arnold Smith and Herbert Weinstock
of M.I.T.'s Instrumentation Laboratory for valuable advice in the
preparation of this paper.

Discussion

K. Magnus: Die Bemerkung, daß ein statisches Auswuchten des Kardan-
rahmens ausreichend ist, gilt sicher für solche Kreisel, die auf einer stabilisierten
Plattform montiert werden sollen. Im anderen Fall jedoch ist es bei genaueren
Geräten notwendig, auch den Rahmen dynamisch auszuwuchten, d. h. die Trägheitshauptachsen in die Gerätehauptachsen zu bringen. Geschieht das nicht, dann
können unter dem Einfluß von Schwingungen erhebliche Fehler auftreten, wie
dies z. B. in dem Vortrag von Herrn Read gezeigt wurde.

Wenn solche Störmomente, die nicht durch Schwerpunktsverschiebungen,
sondern z. B. durch magnetische Restmomente hervorgerufen sind, durch Ver-
schieben von Ausgleichsgewichten im Laboratorium kompensiert werden, dann
gilt diese Kompensation nur in einem Beschleunigungsfeld von $1g$, nicht aber
bei anderen Beschleunigungen oder im Zustand der Schwerelosigkeit bei Satelliten.

J. P. Den Hartog: I agree that one-plane (static) balance is sufficient only when
the object to be balanced has negligible angular velocity. This is the case for the
gimbals of gyros mounted on stabilized platforms, but may not be sufficiently
true for the gimbals of less refined instruments subjected to violent manoeuvers
or angular vibration.

The correctness of Dr. Magnus' second remark is obvious.

A Fluid Rotor Gyro Mechanization

By

Willis G. Wing

Great Neck, N.Y., U.S.A.

For the past several years the Sperry Gyroscope Company has been working on the development of a gyroscope concept in which the active angular momentum is that of a spinning mass of fluid. The fluid mass is confined in an approximately spherical cavity and is spun through spin of the cavity; the cavity is mounted on conventional bearings and driven by an external motor.

Before proceeding further with a discussion of the principle of operation it is well to discuss the reason for our interest in this approach. Everyone with more than a nodding acquaintance with gyroscopes is well aware that static balance instability of the sensitive assembly of a gyroscope is one of the major sources of drift error. Furthermore, there are a multitude of sources for mass balance shift; these include such sources as material instability, bearing wear, lubricant shift, thermal gradients, mechanical shift of fits, and asymmetrical expansion under absolute temperature changes. Control of these various sources of mass balance shift involves very expensive initial development, expensive manufacture of detail parts and elaborate and expensive testing and adjustment. The major cause for interest in the fluid rotor approach is the simple fact that a body of homogenous fluid which completely fills a cavity of any shape is inherently in mass balance. A homely illustration of this is that a container of water will not circulate under the influence of gravity even though the container is dented. In other words, the containing cavity need not be precisely shaped in manufacture, and changes to its shape after manufacture will not change the mass balance. It should be noted at this point that shifts which may occur in the spin bearings for the cavity have no influence on the mass balance of the fluid body.

Full realization of the value of this concept requires that the fluid body be truly homogenous, and for this reason thermal gradients are important, particularly in the axial direction. Much more important, however, is a requirement that no floats or voids be present in the fluid body; a shift in the center of gravity of any such discontinuity will create a mass balance shift in the body as a whole. For instance, a tubular void centered about the spin axis would become parabolic under axial acceleration and cause a corresponding mass balance shift; this would therefore constitute a source of an-isoelasticity. The above discussion makes it clear that the best results will be obtained if the cavity is completely filled with fluid and means are provided to allow for the determination of the direction of the fluid body spin axis without the use of floats or voids.

The key to the successful instrumentation of the fluid rotor gyro concept lies in the method used to determine the angular direction of

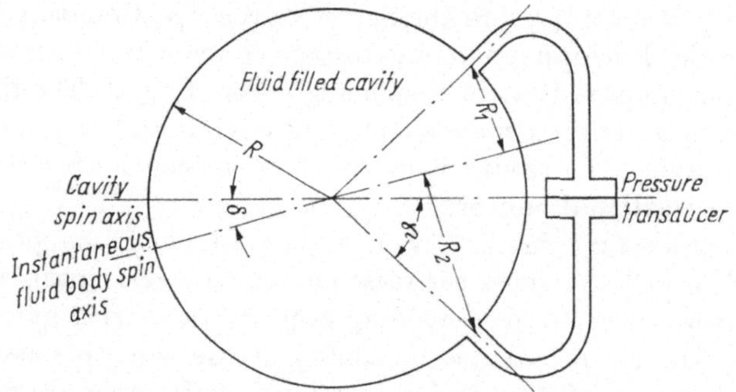

Fig. 1. Basic fluid rotor gyro

the spin of the fluid body. As will be discussed later, there is a tendency for the fluid body to align its spin axis with that of the cavity so that any deviation between these axes constitutes a source of drift; it is, therefore, important that the means used to measure this angle have as its zero reference the direction of the actual spin axis of the cavity. We now have two fundamental requirements on this measurement means; it must require no floats or voids in the fluid body, and it must be accurately referenced to the actual cavity spin axis.

The particular approach to this which has been used at Sperry can be easily understood by reference to Fig. 1.

In this figure the axis of spin of the fluid body (considered for the moment as having a uniform angular velocity throughout) is indicated as being displaced from the cavity spin axis through an angle, δ. Also indicated are two pressure ports, each at an angle, θ, to the cavity spin axis and an interconnecting passage containing a differential pressure transducer. Under the indicated condition, it is seen that the radius of one of the pressure ports with respect to the spin axis of the fluid body is greater than that of the other; for this reason the centrifugally induced pressures are different at the two ports. Half a revolution after the pictured condition the ports have exchanged positions, and the differential pressure has reversed sign. The differential pressure transducer is thus subjected to an essentially sinusoidal pressure proportional to the angle, δ, and at a frequency identical with the spin frequency.

Based on the geometry indicated in Fig. 1 the pressure difference applied to the transducer is given by

$$\Delta P = \frac{1}{2}\,\varrho\,\Omega^2\,R^2 \sin 2\theta \sin 2\delta.$$

It is seen that the maximum pressure is developed when $\theta = 45°$; using this value and assuming small values of δ the value of ΔP is given by

$$\Delta P \approx \varrho\,\Omega^2\,R^2\,\delta.$$

It is to be noted that the zero value of δ is indeed referenced to the actual spin axis of the cavity and that, because of the compensating effect of the fluid filled connecting passage, the angles of the two ports are not required to be equal. No null error results from unequal angles.

It has never proven possible to obtain an exact solution to the NAVIER-STOKES equation for this device. Attempts at such a solution have always required some simplifying assumption (such as zero radial velocity), and the resulting solutions have always been in radical disagreement with experimental results. A satisfactory solution results from a boundry layer derivation which considers the relative motion between the fluid body and the cavity walls to be an oscillatory motion at spin frequency. This derivation leads to the conclusion that the relative shear occurs in a very thin layer of fluid and that the fluid body, in the main, has a uniform angular velocity; the simple geometric derivation for the differential pressure is, therefore, considered to be satisfactory. The time constant for the restoration of the fluid body spin axis to alignment with the cavity spin axis is found by this derivation to be given by

$$\tau = \frac{R}{5}\sqrt{\frac{2}{\Omega\nu}}.$$

Laboratory results have indicated that this is substantially correct; actual time constants tend to be greater if only this shearing effect is considered. It is of interest that the character of the pressure transducer used has an influence on the time constant. Any transducer having a finite hydraulic impedance will tend to reduce the time constant.

Another aspect of the dynamics revealed both by the derivation and by laboratory tests is that the restoring torque on the fluid body due to the boundry layer shear has two components, one of which is in such a direction as to cause precession of the fluid body into alignment, while the other (and equal) component is in such a direction as to cause

the fluid body spin axis to nutate about the cavity spin axis. The net
result is that the fluid body spirals somewhat in the process of aligning.

Realistic time constants based on practical sizes, spin speeds and
liquids tend to be in the range from .1 to 1.0 seconds, leading to angular
displacements of from .1 to 1 arc seconds per degree per hour; from this
it is evident why the zero reference for the pick-off must be very
accurately the direction of the cavity spin axis.

As an indication of the practical aspects of this gyro approach,
consider a device with the following parameters:

Cavity radius	2.5	cm
Spin speed	628	Radians/sec
Kinematic viscosity of fluid	.008	Stokes
Density of fluid	1.8	grams/cc;

then

$$\Delta P = 4.45 \times 10^6 \text{ dynes/cm}^2/\text{radian}$$

or

$$21.6 \text{ dynes/cm}^2/\text{arc sec.}$$

and

$$\tau = .32 \text{ seconds.}$$

Thus for a one degree per hour input a .32 arc second angle would be
developed and a pressure difference of about 7 dynes per square centi-

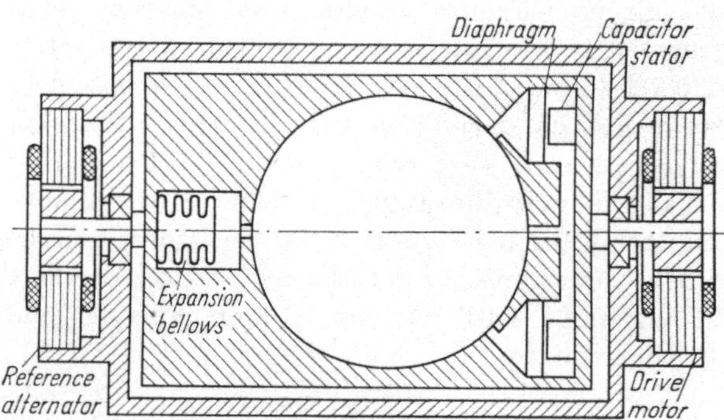

Fig. 2. Practical form of fluid rotor gyroscope

meter would be available. Since good microphone devices can sense
oscillatory pressures in the order of 10^{-4} dynes per square centimeter,
it becomes evident that very low angular rates can be sensed.

Practical construction has tended to be much like that shown in
Fig. 2. It is to be noted that this is basically like Fig. 1, except that
two capacitance microphone pressure transducers are used which are
hydraulically in series and the planes of the diaphragms are normal
to the spin axis. This construction avoids errors due to the action of
gravity on the diaphragms and also largely cancels out sensitivity to

axial vibration. It is also to be noted that an expansion bellows is included which is centered on the spin axis and communicates with the cavity through a small diameter passage.

It is quite important in the practical construction of such a device as this that the rotating assembly be quite stiff to minimize deflections under the influence of acceleration normal to the spin axis. Deflections can readily cause the rotational axis of the pressure ports to be at a small angle to the effective cavity spin axis with a resultant bias error. Since this bias error is proportional to acceleration, the resultant drift error has all of the appearance of a mass unbalance effect.

This general class of gyroscope is evidently a two degree of freedom device. There is, of course, only one signal output, and this is proportional

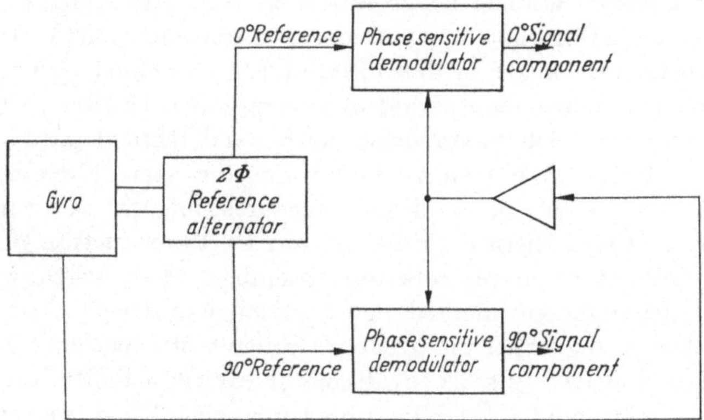

Fig. 3. Elementary signal processing

to the angular displacement between the spin axes (and, therefore, to the input rate in the steady state), but this is an AC signal having a frequency equal to spin frequency and a phase angle, relative to the mechanical angle of the spinning cavity, which is a measure of the direction of the axis of the input. For practical use, therefore, a reference generator is attached to the spin axis and supplies a spin frequency voltage for use in the resolution of the signal into its two components. Fig. 3 indicates the general nature of the signal processing required to obtain the two signal components.

There are two basic types of application foreseen for this type of gyroscope. Because it is, inherently, a rate gyroscope, it is obviously useful for control system damping applications. In general it is desirable that rate gyroscopes have relatively short time constants; this implies the use of small rapidly spinning cavities.

The second general application is for platform stabilization. Here a long time constant is desirable, and the larger more slowly rotating cavity is best. In addition it may be necessary for platform stabilization applications to have something approaching pure error integration in the servo loop; without such integration a drift rate proportional to platform torque can be expected.

At this point it seems appropriate to discuss actual experience with this class of device. The first unit built had a cavity diameter of 10.2 cm and used a very crude pressure transducer; this unit was intended purely for the gross checking of the theory. The most important result obtained with this device was the finding that the actual time constant was very short compared to first theoretical predictions.

The second unit had a 7.6 cm cavity, more refined pressure transducer and provisions to modify the cavity shape to determine whether prolate or oblate cavities were to be preferred to spherical cavities. The net result was a finding that cavity shape was quite uncritical. A number of drift tests were made on this unit, and it was found to be good to about .05° per hour over a period of several days. The drift was found to be almost completely correlated with axial thermal gradients.

Several units were then built having the same (7.6 cm) cavity diameter, but with special design features for the attenuation of externally induced thermal gradients and for the reduction of gravity induced deflections in the rotating assembly. These features proved effective although only limited drift testing was done.

The design on which the greatest amount of experience has been obtained is one having a 3.8 cm diameter cavity; a limited number of these have been sold for a stabilization application. Fig. 4 is a reasonably good indication of the performance of this unit. This is a recording of the output of one axis of a gyroscope with its spin axis vertically oriented. The first part of the trace was taken with the device being rotated at 30° per minute about its spin axis so that the 11.3° per hour horizontal component of earth rate was sinusoidally modulated; the latter part of the trace was taken with the device not rotating. The first of the trace is useful largely in obtaining a calibration which can be applied to the randomness of the latter part.

Also on Fig. 4 is an expanded trace which indicates the character of the high frequency noise. It is uncertain how much of this noise is seismic and how much is internal to the unit (bearing noise, for instance, has a substantial contribution in the region near one cps because of differential rotation of the ball groups in the two bearings), in any event, the magnitude of the displacement required to produce such a noise amplitude is of the order of .1 arc second.

A large part of the drift uncertainties in this unit come about due to the manner of signal generation. In order to avoid the use of mechanical slip rings, a high frequency excitation has been used on the pressure transducer. This excitation is carried on to the rotating assembly by a magnetic slip ring, and the signal is brought off the rotating assembly by a similar device. Some spin frequency modulation is produced in these slip rings, and this has proven to vary somewhat with time.

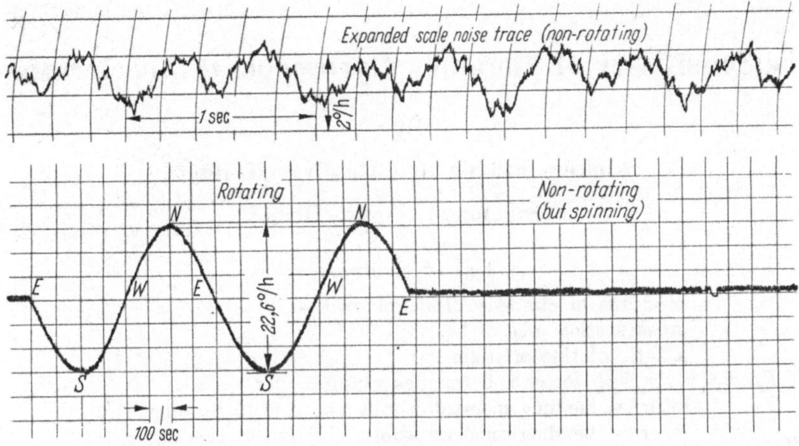

Fig. 4

Measurement of horizontal component of earth rate and random drift. Fluid rotor gyroscope

It is still uncertain what the ultimate limits are for the performance of this class of device. Present work is largely concentrated on means to attenuate external thermal gradients and to improve the means of handling the slip ring problem; it is believed that in both of these areas large improvements are possible.

The Sensitivity of Vibratory Gyroscopes to Acceleration

By

Andrew Stratton and **Geoffrey H. Hunt**

Farnborough, Great Britain

List of Symbols

E	modulus of elasticity of beam or tine
S	cross section area of beam
l	length of tine or beam
F_x, F_y, F_z, τ_x, τ_y, τ_z	forces and torques along x, y, z
M_{yz}	internal bending moment about Oy due to bending z
M_{zy}	internal bending moment about Oz due to bending y
k_y, k_z	radius of gyration of cross section of undeflected beam about Oz and Oy axes
C_y, C_z	compliance along, Oy, Oz
$\omega_1, \omega_2, \omega_{y3}$, ω_{z3}	angular frequencies in gravity field obtaining
$\Delta_1 \omega_g$	change in frequency with $1g$ applied
$\Delta \omega = \omega_1 - \omega_2$	
g_x, g_y, g_z	components of gravity
M_1, M_2	mass of tines
M_3	mass of fork base
$O\,x_1 y_1 z_1$	axes referred to principle axes of elasticity of tine 1
$O\,x_2 y_2 z_2$	axes referred to principle axes of elasticity of tine 2
$O\,x_3 y_3 z_3$	axes referred to principle axes of elasticity of output stem

The origin in each case is the position of the torsion axis when no forces are applied to the system.

Note: Subscripts a refer to free end of beam and b to the base, subscripts 1, 2, 3 to the tines and torsion stem respectively.

1. Introduction

In the conventional "rotating wheel" gyroscope, rotation of the spin axis relative to inertial axes is opposed by an inertial (gyroscopic) reaction torque which is unidirectional for a constant direction of rotation of the spin axis.

Another class of instruments (vibratory or oscillatory gyroscopes) is possible in which unidirectional rotation relative to inertial axes generates alternating reaction forces. An early instrument of this form, based on a single vibrating tine was developed by MEREDITH [1] and in its most familiar form—a vibrating tuning fork—has been the subject of attention of a number of workers. BARNABY, CHATTERTON and GERRING [2] cautioned that "several more years of development may pass before the invention is refined for simple application", and various theoretical aspects have been examined by MORROW [3], and FEARNSIDE and BRIGGS [4].

NEWTON [5] has examined the fundamental limitation of the tuning fork type of instrument that is set by thermal noise, and in a comparison with the rotating wheel instrument has suggested that greater research effort should be directed towards the vibratory type.

This paper considers in detail errors induced in the instrument by applied acceleration.

2. The Basic Instrument

It is convenient to consider the instrument in two parts—the inertial element which generates the alternating reaction force, and the output element, which is the means of measuring the reaction force. In Fig. 1 the inertial element is a vibrating tuning fork which has a periodically varying moment of inertia about the X-axis. If the instrument is rotated around the X-axis with a rate Ω relative to inertial axes $OX_IY_IZ_I$, then an alternating reaction force may be considered to result from the CORIOLIS force due to the alternating velocity of the tines in the rotating axis system $OXYZ$. This alternating force is detected and measured by the output element which in Fig. 1 is a torsional support, tuned to the tine frequency, the torsional oscillation of the output system being measured by some suitable detector.

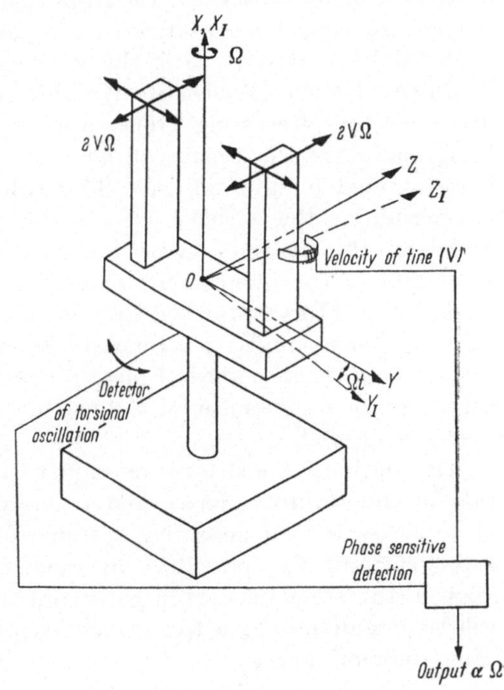

Fig. 1. Vibratory gyroscope

Practical experience with instruments of this type shows that even in the absence of an input rate Ω there is a residual signal from the

system which, being falsely interpreted as an input rate, is equivalent
to the drift error in a rotating wheel gyroscope. This residual signal
is found to be sensitive to external environment, and in particular to
contain components which are proportional to applied accelerations;
these components are analogous to the mass-unbalance errors in rotating wheel gyroscopes. MORROW [3] has examined some of the mechanisms
causing this residual signal, however, published work has so far given
little attention to the effects of gravity or linear acceleration. The object
of this paper is to examine these effects.

For a theoretical investigation the following methemathical model
is used:

Inertial Element. The forces acting on each tine are derived and
reduced to torques and forces referred to axes with origin at the centre
of cross section of the base of the tine. The forces and torques acting
on the base of the fork as a whole are then calculated, referred to axes
defined by the output system, the effect of lateral motion of the base
of the fork being considered. The amplitude and phase of these forces and
torques are considered relative to the CORIOLIS forces that would be
produced by a rotation Ω of the whole instrument.

Output System (Torsion Stem). This is considered as a measuring
device for the alternating torques applied by the fork base, allowance
being made for the bending of the torsional stem under the lateral
forces applied by the fork base. This calculation is only taken as far
as determining the torsional stress in the stem. Consideration of effects
arising in the instrumentation for measuring the resulting torsional
strain and of the interactions arising from the torsional oscillation of
the fork base (FEARNSIDE and BRIGGS [4]) are beyond the scope of this
paper. If, for example, as is common practice, the twist on the torsion
stem is used as a method of measurement, it will be found that the
magnitude of some numerical factors, but not the form of the g coefficients, is altered.

The phase of the stress is referred to the velocity of the tines and
thus to the CORIOLIS forces, and no account is taken of subsequent
phase shifts in the measuring system (for example detuning of the
output system). In a practical instrument the components of the torsion
stress in the stem that are in phase quadrature with the tine velocity
will be attenuated by a factor which depends on the stability of this
phase discrimination.

3. Basic Mechanics of Acceleration Dependent Torques

Acceleration or gravity sensitive torques result from the basic
mechanisms of Fig. 2. In Fig. 2a a mass m, acted on by a gravitational
force g_z, is vibrating along the y axis, and the consequent periodic

variation in the moment arm of g_z about the axis OX is opposed by a periodic stress $- m\, g_z\, y_0\, \cos \omega\, t$ in phase with the vibration amplitude. In Fig. 2b a periodic force acts on $\dot{m}$, which is deflected in the y direction proportional to the gravitational force; this variation in moment arm with g causes a stress variation of $- m\, C_y\, g_y\, F_0\, \cos \omega\, t$. The more general

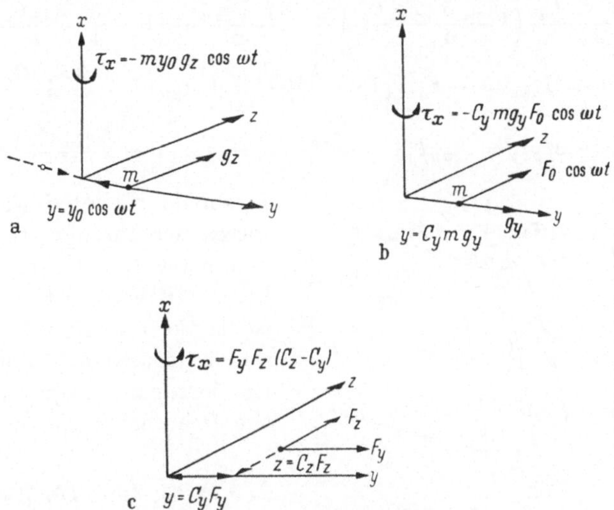

Fig. 2a—c. Basic mechanic of acceleration dependent torques
a) Periodic variation in moment arm; b) Periodic force-moment arm proportional to acceleration; c) Anisoelastic stress

case is shown in Fig. 2c where m is deflected to (y, z) under the action of forces F_y, F_z; the torsion stress about Ox is

$$\tau_x = F_y\, z - F_z\, y = F_y\, F_z (C_z - C_y). \tag{1}$$

If F_y and F_z (or y and z) are unidirectional or have the same frequency, then τ_x has a unidirectional component, which is the familiar anisoelastic torque in the rotating wheel gyroscope. In the vibratory instrument however the output system is responsive only to torques which have the same period as the vibrating sensitive element; i.e. an anisoelastic torque at operating frequency can result from simultaneous application of a steady force and an alternating force at tine frequency. In this case the torque is proportional to the applied steady force.

3.1 Stress at the Base of a Bent Beam

To extend these basic concepts for application to the torsion stem and the tines of a tuning fork gyro, the stresses at the base of a bent beam with simultaneous deflections (y, z) are determined. Consider the beam of Fig. 3 and assume that the applied forces and torques are large compared with the distributed forces on the beam so that the latter may be neglected. By Eq. (A 3) of the Appendix the internal stresses acting on the base are

$$-\tau_{bx} = \tau_{ax} + F_{ay}F_{az}(C_y - C_z)\left[1 - \frac{6F_{ax}(C_y + C_z)}{5l}\right] +$$

$$+ \frac{3F_{az}\tau_{az}C_y}{2l}\left(1 - \frac{5}{4}\frac{F_{ax}C_y}{l}\right) + \frac{3F_{ay}\tau_{ay}C_z}{2l}\left(1 - \frac{5}{4}\frac{F_{ax}C_z}{l}\right), \tag{2}$$

$$-M_{byz} = -F_{az}l\left(1 - \frac{F_{ax}C_z}{l}\right) + \tau_{ay}\left(1 - \frac{3F_{ax}C_z}{2l}\right), \tag{3}$$

$$-M_{bzy} = F_{ay}l\left(1 - \frac{F_{ax}C_y}{l}\right) + \tau_{az}\left(1 - \frac{3F_{ax}C_y}{2l}\right). \tag{4}$$

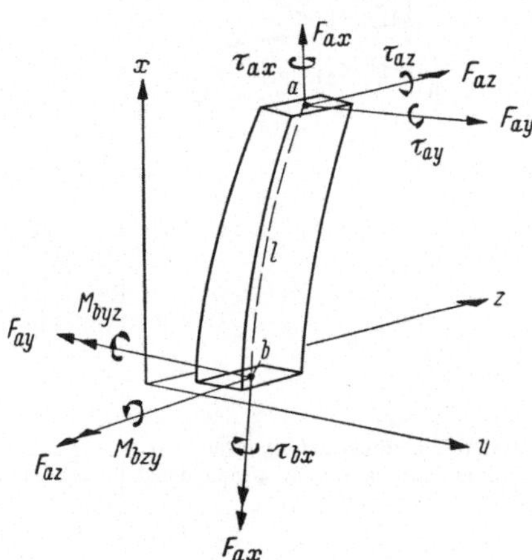

Fig. 3. Stresses at base of a beam subjected to combined banding and torsional forces

It should be noted that all the forces act through the axis of symmetry (torsion axis) of the beam. Even if the beam is isoelastic a torsional stress can still be caused by interaction of the forces and torques applied to the free end of the beam.

4. Forces and Torques at the Base of a Tine

For brevity the analysis will be confined to the case of zero damping. It will be assumed that the tine is vibrating with amplitude y_{a_1} along the principal axis of elasticity. The mass of the tine is concentrated at G_1. The forces and torques at the free and are thus (Fig. 4)

[By using Eqs. (A 2).]

$$F_{ax_1} = M_1 g_{x_1} + \frac{3}{2}M_1\omega^2 y_{a_1}\frac{\Delta y_1}{l}, \tag{5.1}$$

$$F_{ay_1} = M_1 g_{y_1} + M_1\omega^2 y_{a_1}, \tag{5.2}$$

$$F_{az_1} = M_1 g_{z_1}, \tag{5.3}$$

$$\tau_{ax_1} = M_1 g_{z_1}\Delta y_1 - (M_1 g_{y_1} + M_1 y_{a_1}\omega^2)\Delta z_1, \tag{5.4}$$

$$\tau_{ay_1} = M_1 g_{x_1}\Delta z_1, \tag{5.5}$$

$$\tau_{az_1} = -M_1 g_{x_1}\Delta y_1. \tag{5.6}$$

To obtain the equation of motion of the tine in vibration, (5.2) is substituted in (A 3) and, taking only the alternating terms

$$\left(1 - \frac{\omega^2}{\omega_1^2}\right)y_{a_1} = y_{b_1}, \tag{6}$$

where $_0\omega_1^2 = \dfrac{1}{M_1 C_{y_1}}$ is the natural angular frequency of the tine with g_{x_1} and y_{a_1} zero, and

$$\omega_1^2 = {}_0\omega_1^2\left[1 + \frac{6\,g_{x_1}}{5\,l_0\,\omega_1^2}\right], \qquad \frac{6\,g_{x_1}}{5\,l_0\,\omega_1^2} \ll 1. \tag{7}$$

It is convenient to write

$$\frac{\Delta_1\,\omega_g}{\omega_1} = \frac{\omega_1 - {}_0\omega_1}{\omega_1} = \frac{3g}{5\,l\,\omega_1^2} \tag{8}$$

approximately.

For $\omega_1 = 2\pi \times 590$, $l = 5\,\mathrm{cms}$, $g = 981\,\mathrm{cm/sec^2}$ then $\dfrac{\Delta_1\,\omega_g}{\omega_1} = 1.4 \times 10^{-5}$. Eq. (8) exhibits the well known dependence on acceleration of the frequency of a tuning fork.

The periodic stresses at the base of the tine are, to the first order, from Eqs. (2), (3), (4), (5),

$$-\tau_{b\,x_1} = -M_1 y_{a_1}\omega^2 l\left\{\frac{\Delta z_1}{l} + \frac{5}{3}\frac{\Delta_1\,\omega_g}{\omega_1}\frac{g_{z_1}}{g}\left(1 - \frac{C_z}{C_y}\right)_1\right\}, \tag{9}$$

$$-M_{b\,y\,z_1} = 0, \tag{10}$$

$$-M_{b\,z\,y_1} = M_1 y_{a_1}\omega^2 l\left\{1 - \frac{5\,\Delta_1\,\omega_g}{\omega_1}\frac{g_{x_1}}{g}\right\}, \tag{11}$$

$$-F_{b\,y_1} = M_1 y_{a_1}\omega^2; \qquad F_{b\,z_1} = 0. \tag{12}$$

A similar set of equations, with suffix 2, apply for the second tine. For comparison the CORIOLIS torque resulting from an input rate Ω is (for both tines)

$$\tau_c = j\,4 M_1 y_{a_1}\,\omega\,\Omega\,r.$$

A torque τ is thus equivalent in magnitude to that produced by an input rate

$$\Omega_\tau = \frac{\tau\,\Omega_N}{M_1 y_{a_1}\,\omega^2\,l},$$

where

$$\Omega_N = \frac{\omega\,l}{4\,r}. \tag{13}$$

For $l = 5\,\mathrm{cms}$, $r = 1.5\,\mathrm{cms}$, $\omega = 2\pi \times 590\,\mathrm{radians/sec}$, $\Omega_N = 6.3 \times 10^8\,\mathrm{degrees/hr}$.

5. Combination of the Two Tines and Output Stem

The resultant forces and moments applied to the output stem are then determined,

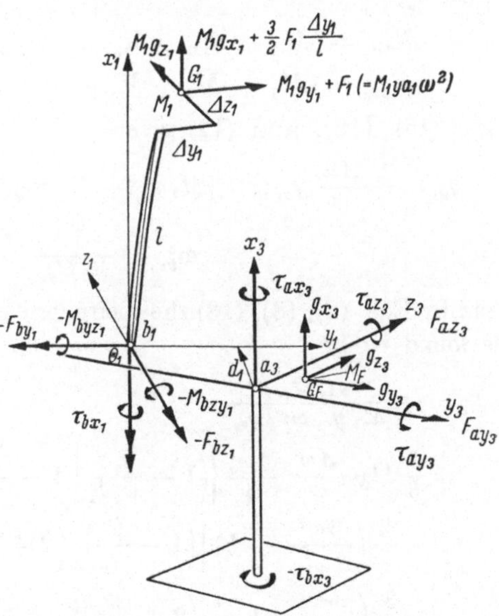

Fig. 4. Forces and moments on output stem

referred to the axis system $OX_3 Y_3 Z_3$ (Fig. 4), and the stress $\tau_{b x_3}$ at the base of the torsion stem by Eq. (2). The variation in $\tau_{b x_3}$ with g_x, g_y, g_z then gives the g coefficients of the system, which can be compared with the CORIOLIS force through Eq. (13). For brevity only two special cases will be considered by way of illustration.

5.1 Effect of Lateral (y) Vibration at the Fork Base

If $\theta_1 = \theta_2 = 0$, then $z_{a_3} = 0$. If the only asymmetry is a difference in natural frequency of the tines and the effect of g_x is neglected, then, from Fig. 4 and Eqs. (9) to (12),

$$\tau_{a x_3} = -(\tau_{b x_1} + \tau_{b x_2}) = -\left[M_1 y_{a_1} + M_2 y_{a_2} - M_1 y_{a_1} \frac{\Delta \omega}{\omega}\right] \omega^2 l \times$$

$$\times \frac{5}{3} \frac{\Delta \omega_g}{\omega} \frac{g_{z_3}}{g} \left(1 - \frac{C_z}{C_y}\right)_1 , \tag{14}$$

$$\tau_{a z_3} = -(M_{b z y_1} + M_{b z y_2}) = [M_1 y_{a_1} + M_2 y_{a_2}] \omega^2 l, \tag{15}$$

$$\left. \begin{aligned} &F_{a y_3} = M_3 \omega^2 y_{a_3} + [M_1 y_{a_1} + M_2 y_{a_2}] \omega^2; \\[4pt] &y_{a_3} = C_{y_3}\left[F_{a y_3} + \frac{3 \tau_{a z_3}}{2 l_3}\right] \quad [\text{Eq. (A 3)}], \end{aligned} \right\} \tag{16}$$

$$y_{a_3} = y_{b_1} = y_{b_2} = \left(1 - \frac{\omega^2}{\omega_1^2}\right) y_{a_1} = \left(1 - \frac{\omega^2}{\omega_2^2}\right) y_{a_2} \quad [\text{Eq. (6)}]. \tag{17}$$

The non periodic forces applied to the stem are, for G_F coincident with a_3,

$$\begin{aligned} {}_0F_{a y_3} &= (M_1 + M_2 + M_3) g_{y_3}; & {}_0\tau_{a y_3} &= -(M_1 + M_2) l g_{z_3}, \\ {}_0F_{a z_3} &= (M_1 + M_2 + M_3) g_{z_3}; & {}_0\tau_{a z_3} &= (M_1 + M_2) l g_{y_3}. \end{aligned} \tag{18}$$

Eqs. (15), (16), and (17) give

$$y_{a_3} = -\frac{\Delta \omega}{\omega} y_{a_1}; \qquad [M_1 y_{a_1} + M_2 y_{a_2}] = \frac{2 M_3}{5}\left(1 - \frac{\omega_{y_3}^2}{\omega^2}\right) \frac{\Delta \omega}{\omega} y_{a_1};$$

$$\omega_{y_3}^2 = \frac{1}{M_3 C_{y_3}},$$

and by Eqs. (2), (8), (13) the coefficient of g sensitivity in the z direction is found to be

$$\begin{aligned} L_z &= -\frac{\tau_{b x_3} \Omega_N g}{M_1 y_{a_1} \omega^2 l g_{z_3}} \\[6pt] &= \frac{5}{3} \Omega_N \frac{\Delta \omega}{\omega} \frac{\Delta \omega_g}{\omega} \left\{ \left(1 - \frac{C_z}{C_y}\right)_1 \left[1 - \frac{2}{5} \frac{M_3}{M_1}\left(1 - \frac{\omega_{y_3}^2}{\omega^2}\right)\right] - \right. \\[4pt] &\quad - \frac{2}{5}\left(\frac{3 \omega^2}{2 \omega_{y_3}^2} + 1\right)\left[\left(1 - \frac{C_z}{C_y}\right)_3 \left(2 + \frac{M_3}{M_1}\right) - \frac{3 l}{l_3}\left(\frac{C_z}{C_y}\right)_3\right] + \\[4pt] &\quad \left. + \frac{3}{5}\left(\frac{\omega^2}{\omega_{y_3}^2} - 1\right)\frac{l}{l_3}\left(2 + \frac{M_3}{M_1}\right)\right\} \quad °/\mathrm{hr}/\mathrm{g}. \end{aligned} \tag{19}$$

This coefficient results from base motion arising from unequal natural frequencies of the tines. For the constants already used and with $\Delta\omega/\omega_1 = (M_1 - M_2)/2\,M_1 = 1/160$

$$\frac{5}{3}\,\Omega_N\,\frac{\Delta\omega}{\omega}\,\frac{\Delta\omega_g}{\omega_1} = 55\,°/\mathrm{hr}/\mathrm{g}.$$

5.2 Effect of Misalignment of the Principal Axes of the Tines

If the only asymmetry is θ_1 and $\theta_2 \neq 0$, then neglecting the effect of g_x Fig. 4 and Eqs. (9) to (13) give for the g_{y_3} dependent term

$$\tau_{a\,x_3} = -(\tau_{b\,x_1} + \tau_{b\,x_2}) = M_1\,y_{a_1}\,\omega^2\,l\,\frac{5}{3}\,\frac{\Delta\omega_g}{\omega}\,\frac{g_{y_3}}{g}\,(\theta_1 - \theta_2)\left(1 - \frac{C_z}{C_y}\right)_1, \quad (20)$$

$$\tau_{a\,y_3} = M_{b\,z\,y_1}\,\theta_1 + M_{b\,z\,y_2}\,\theta_2 = M_1\,y_{a_1}\,\omega^2\,l\,(\theta_1 - \theta_2), \tag{21}$$

$$F_{a\,z_3} = M_3\,\omega^2\,z_{a_3} + M_1\,y_{a_1}\,\omega^2\,(\theta_1 - \theta_2); \quad Z_{a_3} = C_{z_3}\left[F_{a\,z_3} + \frac{3\tau_{a\,y_3}}{2\,l_3}\right]. \tag{22}$$

Eqs. (21) and (22) give

$$Z_{a_3} = \frac{5}{2}\,\frac{M_1\,y_{a_1}(\theta_1 - \theta_z)\,\omega^2}{M_3\,(\omega_{z_3}^2 - \omega^2)}; \qquad \omega_{z_3}^2 = \frac{1}{M_3\,C_{z_3}}, \tag{23}$$

and by Eqs. (2), (8), (13), (18) the coefficient of g sensitivity in the y direction is

$$\begin{aligned}
L_y &= -\frac{\tau_{b\,x_3}\,\Omega_N\,g}{M_1\,y_{a_1}\,\omega^2\,l\,g_{y_3}} \\
&= \frac{5}{3}\,\Omega_N\,\frac{\Delta\omega_g}{\omega_1}\,(\theta_1 - \theta_2)\left\{\left(1 - \frac{C_z}{C_y}\right)_1 + \right. \\
&\quad + \frac{M_3}{M_1}\left[\frac{\dfrac{3\,\omega^2}{2\,\omega_z^2} + 1}{\omega_z^2/\omega^2 - 1}\right]\left[\left(\frac{C_y}{C_z} - 1\right)_3\left(2 + \frac{M_3}{M_1}\right) + \frac{3\,l}{l_3}\left(\frac{C_y}{C_z}\right)_3\right] + \\
&\quad \left. + \frac{3}{2}\,\frac{l}{l_3}\,\frac{\omega^2}{\omega_z^2}\left(1 + \frac{2\,M_1}{M_3}\right)\right\}\,°/\mathrm{hr}/\mathrm{g}\,.
\end{aligned} \tag{24}$$

For the constants already used and $(\theta_1 - \theta_2) = 3\times 10^{-4}$ rad (1 min.arc)

$$\frac{5}{3}\,\Omega_N\,\frac{\Delta\omega_g}{\omega}\,(\theta_1 - \theta_2) = 4\cdot 3\,°/\mathrm{hr}.$$

It will be noted that, unlike L_z, L_y is magnified by resonance of the base motion in the z direction.

6. Experimental Results

Measurements have been made on the g sensitivity of an experimental instrument by using the "polar axis" test commonly used for inertial gyroscopes. The instrument is mounted on a table rotating about an axis parallel to the earth's axis. If the OX (measuring) axis of the fork is in the plane of the table, then rotation either of the table or the earth produces no output. Any variation in output is then due to the varying direction of gravity.

If the XY plane of the fork is in the plane of the table, then a component $g_y = g \cos\varphi \sin\psi$ is applied along OY and $g_z = g \sin\varphi$ along OZ, φ being the latitude and ψ the position of the X axis relative to the vertical plane.

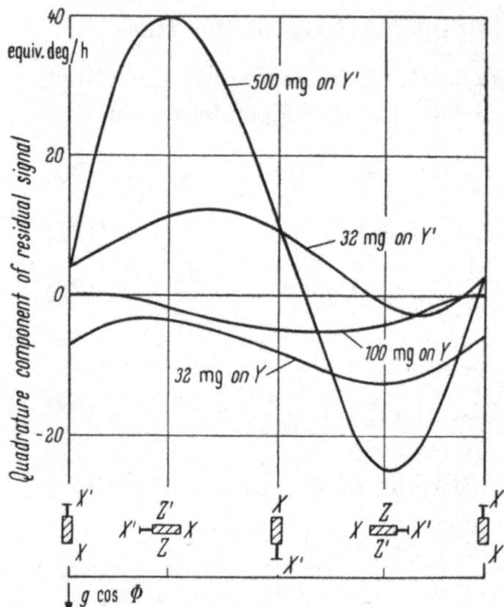

Fig. 5. Acceleration sensitivity as a function of tine unbalance

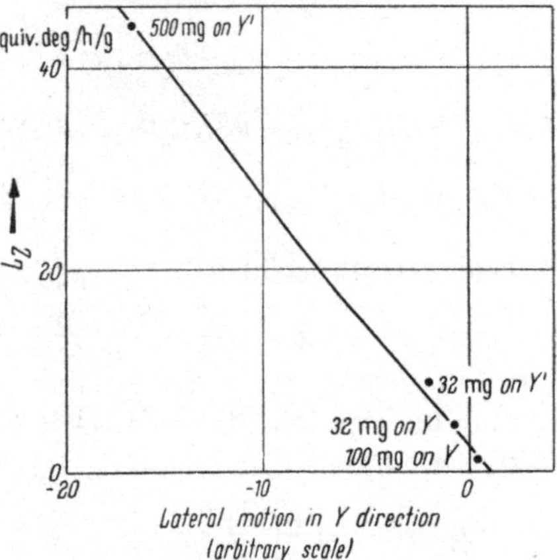

Fig. 6. Acceleration sensitivity as a function of motion of base of fork

A continuous record of the output can be plotted as the table rotates, and a FOURIER analysis of the records enables the coefficients $L_y(g_y)$ and $L_x(g_x)$ to be determined.

If the XZ plane of the fork is in the plane of the table, then $L_z(g_z)$ and L_x can be determined.

Asymmetries were then introduced into the fork to vary the coefficients. Fig. 5 shows the effect of varying the relative resonant frequencies of the tines by means of a small change in mass at the end of the tines. The OY vibration of the base was measured, and Fig. 6 shows the expected linear relationship between L_z and the base motion. It will also be noticed that L_z is not zero when the base motion is zero, indicating that the tines have different anisoelastic coefficients. The value observed ($\simeq 1.5°/\mathrm{hr}$) corresponds to a difference of $\doteq 1.5 \times 10^{-4}$.

A comparison of measured and predicted values of L_z is made difficult by the assumption in the theory of concentrated mass at the tine ends, but the order of magnitude is in agreement with Eq. (19). As can be seen from the curves, an L_x coefficient was obtained, and this was found to be a function of $\Delta M/M$. Accuracy of measurement did not permit a quantitative comparison.

As a check on the effect of varying θ, material was removed from the base of the tines on one side to make the cross section wedge shaped and change the direction of motion. Fig. 7 shows the results obtained. The order of magnitude is again in agreement with theory [Eq. (24)], the large effect observed being due to the transverse resonant frequency of the base being nearly equal to the fork frequency. An L_x coefficient was also obtained, as can be seen from the curves, and this was substantially independent of θ.

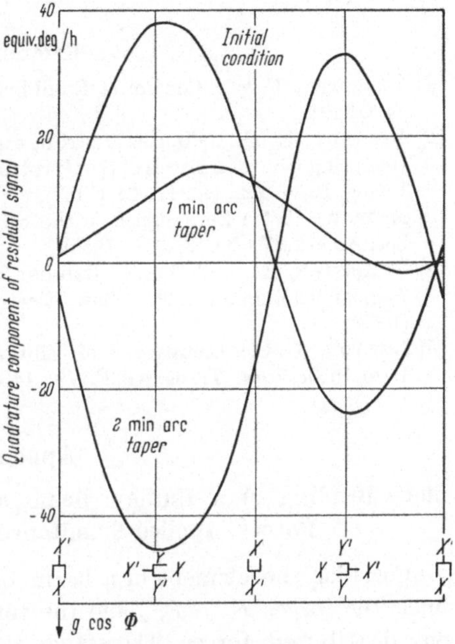

Fig. 7. Acceleration sensitivity as a function of tine taper

7. Summary and Conclusions

Theory predicts and experiment confirms that the tuning fork space reference has coefficients of the residual signal which are proportional to acceleration along all three axes and are due to compliance of the tines and the torsion stem.

The magnitude of the coefficients depends on

a) the degree of anisoelasticity,

b) the matching of the anisoelasticity of the two tines,

c) the direction of vibration of the tines,

d) the difference in natural frequency of the tines, which results in a transverse vibration of the base,

e) change in natural frequency of the fork under longitudinal acceleration.

In the absence of damping these components of the residual signal are in phase quadrature with the operating signal and will be reduced by a factor which depends on the phase stability of the ouput system. Damping of the motion will however give rise to components which are in phase with the operating signal.

Further study of all these effects is indicated if the latent potential in this class of instrument is to be realised.

8. Acknowledgment

The experimental results were obtained by A. E. W. Hobbs.

References

[1] Meredith, F. W.: Control of Equilibrium in the Flying Insect. Nature **163**, 74 (1949).

[2] Barnaby, R. E., J. B. Chatterton, and F. H. Gerring: General Theory and Operating Characteristics of the Gyrotron Angular Rate Tachometer. Aeronaut. Engng. Rev. **12**, No. 11, 24 (1953).

[3] Morrow, C. T.: Zero signals in the Sperry Tuning Fork Gyrotron. J. acoust. Soc. Amer. **27**, No. 3, 581 (1955).

[4] Fearnside, K., and P. A. N. Briggs: The Mathematical Theory of Vibratory Angular Tachometers. Proc. Inst. Elect. Engrs., Lond., **105**, Part C, No. 7, 155 (1958).

[5] Newton, G. C.: Comparison of Vibratory and Rotating Wheel Gyroscopic Rate Indicators. Trans. AIEE. **79**, 143 (1960).

Appendix

Static Bending of a Uniform Beam under the Action of Torques and Forces Applied Simultaneously to the Free End

Consider the element of a beam bending in the y direction (Fig. 8) under the forces F_{ay}, F_{ax} and the torque τ_{az}, and ignore the effect of any distributed forces. The standard beam equations give

$$M_{zy} = \tau_{az} + F_{ay}(l-x) - F_{ax}(y_a - y) = E S k_y^2 \frac{d^2 y}{dx^2}. \qquad (A1)$$

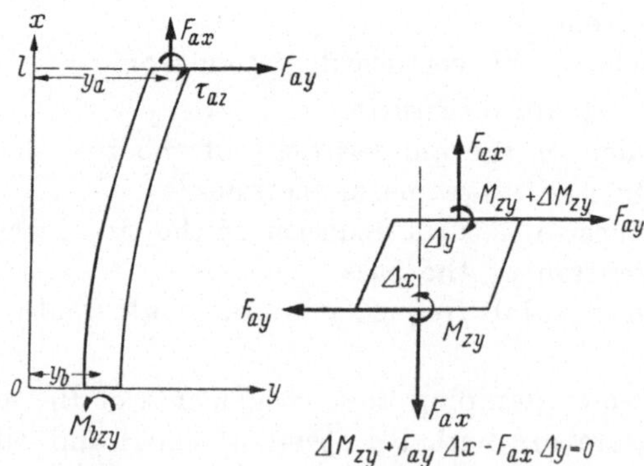

Fig. 8. Static bending of a beam under the action of torques and forces applied simultaneously to the free end

If the effect of F_x on y is second order compared with that of F_y, then the value of $y_a - y$ for $F_x = 0$ may be substituted.

By integration and with the boundary condition $\left(\dfrac{dy}{dx}\right)_{x=0} = 0$

$$\left(\frac{dy}{dx}\right)_{F_x=0} = \frac{3\,C_y}{l^3}\left[\tau_{az}(x) + \frac{F_{ay}}{2}\left\{l^2 - (l-x)^2\right\}\right],$$

$$(y_a - y)_{F_x=0} = \frac{3\,C_y}{l^3}\left[\frac{C_{az}}{2}\,(l^2 - x^2) + \frac{F_{ay}}{2}\left(l^2\,\overline{l-x} - \frac{1}{3}\,(l-x)^3\right)\right], \quad (A\,2)$$

where $C_y = \dfrac{l^3}{3\,E\,S\,k_y^2}$ is the static compliance to a force F_{ay}. On substituting into Eq. (A 1) and integrating this gives

$$y_a - y_b = C_y\left\{F_{ay}\left(1 - \frac{6\,F_{ax}\,C_y}{5\,l}\right) + \frac{3\,\tau_{az}}{2\,l}\left(1 - \frac{5}{4}\,\frac{F_{ax}\,C_y}{l}\right)\right]. \quad (A\,3)$$

This equation will hold for $\dfrac{F_{ax}\,C_y}{l} \ll 1$.

It will be noted that the effective compliance is reduced by the factor F_{ax}, which gives an additional restoring moment proportional to the displacement.

———